Humangeographie kompakt

Tim Freytag · Hans Gebhardt ·
Ulrike Gerhard · Doris Wastl-Walter
Hrsg.

Humangeographie kompakt

Springer Spektrum

Herausgeber

Prof. Dr. Tim Freytag
Institut für Umweltsozialwissenschaften
und Geographie
Universität Freiburg
Freiburg, Deutschland

Prof. Dr. Ulrike Gerhard
Geographisches Institut
Universität Heidelberg
Heidelberg, Deutschland

Prof. Dr. Hans Gebhardt
Geographisches Institut
Universität Heidelberg
Heidelberg, Deutschland

Prof. Dr. Doris Wastl-Walter
Geographisches Institut
Universität Bern
Bern, Schweiz

ISBN 978-3-662-44836-6   ISBN 978-3-662-44837-3 (eBook)
DOI 10.1007/978-3-662-44837-3

Die Deutsche Nationalbibliothek verzeichnet diese Publikation in der Deutschen Nationalbibliografie; detaillierte
bibliografische Daten sind im Internet über http://dnb.d-nb.de abrufbar.

Springer Spektrum
© Springer-Verlag Berlin Heidelberg 2016

Grafiken und Abbildungsbearbeitung: Brigitt Gaida
Planung: Merlet Behncke-Braunbeck

Gedruckt auf säurefreiem und chlorfrei gebleichtem Papier.

Springer-Verlag GmbH Berlin Heidelberg ist Teil der Fachverlagsgruppe Springer Science+Business Media
(www.springer.com)

Vorwort

Eine wissenschaftliche Betrachtung von Mensch und Raum zählt zu den zentralen Aufgaben der Humangeographie. In ihrer Anfangsphase als wissenschaftliche Disziplin ging es der Geographie vorwiegend darum, das menschliche Wirken auf der Erdoberfläche räumlich differenziert zu erfassen, zu systematisieren und zu erklären. Inzwischen richtet sich das Forschungsinteresse stärker darauf, raumbezogene Handlungen und Vorstellungsbilder kritisch zu hinterfragen und aufzudecken wie Räume von Menschen geschaffen und transformiert werden – sowohl auf einer materiellen als auch auf einer symbolischen Ebene. Es herrscht das Bewusstsein vor, dass Räume und deren territoriale Grenzen nicht von sich aus existieren, sondern als ein Zwischenergebnis menschlicher Aushandlungsprozesse zu verstehen sind. In diesem Zusammenhang gewinnt die Auseinandersetzung mit Aspekten von Macht, Konflikt und Steuerung an Bedeutung. Nicht nur auf der globalen Ebene des aktuellen Umbaus von Staatensystemen (z. B. Naher Osten oder Ukraine) oder der räumlichen Vernetzung der globalen Ökonomie, sondern auch im Alltag wird vielfach Geographie „gemacht".

Die „Humangeographie kompakt" wendet sich an Studieninteressierte und Studierende in den Bachelor- und Lehramtsstudiengängen der Geographie. Das Buch gibt einen Einstieg und Überblick und soll zu einer weiteren Beschäftigung mit der Humangeographie anregen. Bedingt durch die kompakte Form werden die behandelten Themen nicht vollkommen systematisch und erschöpfend behandelt. Es geht vielmehr darum, grundlegende Begriffe sowie aktuelle Themen und Perspektiven der Humangeographie möglichst anschaulich und interessant zu vermitteln. Als Autorinnen und Autoren der Kapitel dieses Buches konnten führende Vertreterinnen und Vertreter der betreffenden humangeographischen Teilgebiete gewonnen werden. Ausgehend von einer übersichtlichen Gliederung werden die wesentlichen fachlichen Zusammenhänge vermittelt und Grundbegriffe vorgestellt. Einzelne Exkurse dienen der exemplarischen Vertiefung und Veranschaulichung. Dabei sollen auch Themen und Fragestellungen angesprochen werden, die in anderen Lehrbüchern mitunter zu kurz kommen. Am Ende jedes Kapitels finden sich ergänzende Literaturempfehlungen und eine Liste der wichtigsten in diesem Kapitel behandelten Begriffe und Konzepte. Die „Humangeographie kompakt" wurde ebenso wie die „Physische Geographie kompakt" (2010) als Ergänzung zum umfassenden Werk „Geographie. Physische Geographie und Humangeographie" konzipiert, das in seiner zweiten Auflage (2011) über 1300 Seiten umfasst und inzwischen als Standardlehrbuch für das Geographiestudium gilt. Weitere Perspektiven und Schwerpunktsetzungen in diesem Buch ergänzen das Bild einer vielschichtigen, auch interdisziplinär bedeutsamen Humangeographie, die sich an Grenzen und Randbereiche wagt, dabei aber das Kernanliegen – die Betrachtung räumlich relevanter Prozesse – nicht aus den Augen verliert.

Ziel der acht Kapitel dieses Buches ist es, einen Überblick über die wichtigsten Themen der zentralen Teilgebiete der Humangeographie zu geben und dabei die *emerging fields* in Forschung und Lehre in den Vordergrund zu stellen. Im Einleitungskapitel (Kap. 1) wird auf besonders aktuelle Themen der Humangeographie eingegangen. Dabei kommen vor allem die Vielfalt und Multidimensionalität humangeographischer Fragestellungen und deren Entwicklung innerhalb der Disziplin zum Ausdruck. Verbindungen zwischen natur- und sozialwissenschaftlicher Geographie werden im Beitrag zur Gesellschaft-Umwelt-Forschung (Kap. 2) dargestellt. Die folgenden Kapitel behandeln die großen Teilgebiete der Humangeographie. Weil es sich dabei um disziplinübergreifende Fragestellungen handelt, welche die Humangeographie mit spezifischem Fokus auf räumliche Aspekte aufgreift, wird auf die gängige Betitelung als „Bindestrichgeographien" (z. B. Bevölkerungs-, Sozial- oder Wirtschaftsgeographie) verzichtet. Dadurch soll eine integrative humangeographische Sichtweise betont werden.

Das Kapitel „Bevölkerung und Migration" (Kap. 3) legt seinen Schwerpunkt auf den demographischen Wandel, die weltweite Flüchtlingsproblematik und die durch hochtourige Mobilität ausgelösten gesellschaftlichen Veränderungen. Es werden neben den klassischen Modellen und Grundbegriffen vor allem die aktuellen gesellschaftlichen Themen in den Mittelpunkt gerückt, zu deren Analyse und Bewältigung die Geographie beitragen kann. Im Beitrag zur Sozialgeographie (Kap. 4) werden gegenwärtige gesellschaftliche Veränderungen und Dimensionen sozialer Differenzierung in einer theorieinformierten Perspektive in den Blick genommen und das Bewusstsein für sozialräumliche Ungleichheiten geschärft. Der konstruktivistische Blick auf die Welt, die Frage, wie „Weltbilder" erzeugt werden und in kulturelle Diskurse eingebettet sind und welche teilweise harten politischen Folgen solche Weltkonstruktionen haben, bringt Konzepte der Neuen Kulturgeographie und der Politischen Geographie eng zusammen (Kap. 5). Dabei wird ein besonderes Augenmerk auf Themen gelegt, die innerhalb der Kulturgeographie bisher eher am Rande angesprochen wurden – Kulturgeographie und Sprachen sowie die neue Rolle der Religionen und auch Fragen von *Gender*-Gerechtigkeit und Sexualität bzw. Transsexualität.

Die heutige Weltgesellschaft ist primär eine städtische Gesellschaft – auch und gerade in den Ländern des globalen Südens. Die Ansprüche der Reichen an exklusives Wohnen kollidieren mit den Wünschen der Armen auf ein menschenwürdiges Leben. Im Kapitel „Stadt und Urbanität" (Kap. 6) rücken Fragen der räumlichen Segregation und Fragmentierung in den Vordergrund, aber auch Aspekte der Restrukturierung und Transformation von Stadträumen in verschiedenen städtischen Gesellschaften vornehmlich der westlichen Welt, die aber auch für andere Regionen bedeutsam sind. Das Kapitel „Wirtschaft und Entwicklung" (Kap. 7) nimmt vor allem globale räumliche Verflechtungen und Vernetzungen in den Blick und versucht, das Entstehen (oder Ausbleiben) von Innovationen und deren räumliche Manifestationen in Clustern zu verstehen. Es geht aber auch um die gesellschaftspolitische Einbettung von wirtschaftlichem Handeln im Rahmen kultureller Geographien der Ökonomie und um die Pfadabhängigkeit wirtschaftlicher Entwicklungen. Das abschließende Kapitel „Nach der Entwicklungsgeographie" (Kap. 8) wendet sich speziell den Ländern des globalen Südens zu. Die Erkenntnis, dass internationale Entwicklungszusammenarbeit (bisher) nicht zu einer Verringerung der Wohlstandsunterschiede zwischen Nord und Süd geführt hat, sondern vielmehr zu deren Verschärfung sowie zu neuen, postkolonialen Abhängigkeiten, hat den Begriff des *post-development* stärker in den Blickpunkt gerückt. In der Geographischen Entwicklungsforschung dominiert daher heute die Perspektive einer Kritischen Sozial- bzw. Humangeographie, welche der Praxis des neoliberalen Wirtschaftsmodells skeptisch gegenübersteht. Im Ganzen dienen alle acht Kapitel dazu, wichtige Themen und Diskussionen der aktuellen Humangeographie einzufangen und in einem kompakten Lehrbuch miteinander zu verbinden.

Jedes neu konzipierte Buch verdankt seine Entstehung neben den Autorinnen und Autoren einer Vielzahl von Mitwirkenden und bedarf der Unterstützung zahlreicher Helferinnen und Helfer. Wir haben dem Verlag Springer Spektrum für die Übernahme des Bandes in sein Verlagsprogramm und insbesondere Christiane Martin zu danken, die mit großem Sachverstand und Engagement die redaktionelle Bearbeitung übernommen hat. Weiterhin gilt unser Dank der Freiburger Kartographin Birgitt Gaida, die verlässlich und schnell zahlreiche Karten und Abbildungen erstellt hat. Für das sorgfältige und kritisch-konstruktive Gegenlesen und Kommentieren der eingereichten Manuskripte danken wir Daniel Egli, Johanna Hauber, Helge Piepenburg, Ben Schmid und den anderen beteiligten studentischen Hilfskräften, Mitarbeiterinnen und Mitarbeitern an den Universitäten Bern, Freiburg und Heidelberg. Schließlich bedanken wir uns bei den Autorinnen und Autoren für die ausgezeichnete Zusammenarbeit und wünschen unseren Leserinnen und Lesern eine anregende Lektüre.

Freiburg, Heidelberg und Bern im Frühjahr 2015   Tim Freytag, Hans Gebhardt,
                                          Ulrike Gerhard und Doris Wastl-Walter

Mitwirkende

Herausgeberinnen und Herausgeber

Prof. Dr. Tim Freytag, Freiburg

Prof. Dr. Hans Gebhardt, Heidelberg

Prof. Dr. Ulrike Gerhard, Heidelberg

Prof. Dr. Doris Wastl-Walter, Bern

Autorinnen und Autoren

Prof. Dr. Ludger Basten, Dortmund

Prof. Dr. Tim Freytag, Freiburg

Prof. Dr. Hans Gebhardt, Heidelberg

Prof. Dr. Ulrike Gerhard, Heidelberg

Prof. Dr. Benedikt Korf, Zürich

Prof. Dr. Annika Mattissek, Freiburg

Dr. Samuel Mössner, Freiburg

Prof. Dr. Eberhard Rothfuß, Bayreuth

Dr. Patrick Sakdapolrak, Bonn

Prof. Dr. Christian Schulz, Luxemburg

Prof. Dr. Doris Wastl-Walter, Bern

Prof. Dr. Rainer Wehrhahn, Kiel

Prof. Dr. Hans-Martin Zademach, Eichstätt

Redaktion

Dipl.-Geogr. Christiane Martin, Köln

Inhaltsverzeichnis

Humangeographie heute: eine Einführung

Tim Freytag, Hans Gebhardt, Ulrike Gerhard, Doris Wastl-Walter

Berlin-Mitte, Einkaufspassage „Quartier 206" in der Friedrichstraße, 2011 (Foto: Tim Freytag)

© Springer-Verlag Berlin Heidelberg 2016
T. Freytag et al. (Hrsg.), *Humangeographie kompakt*, DOI 10.1007/978-3-662-44837-3_1

In welcher Zeit leben wir? In der „Postmoderne", wie es viele Geisteswissenschaftlerinnen und Geisteswissenschaftler beschreiben, oder in der „Risikogesellschaft", wie uns Soziologen wie Ulrich Beck (1986) eindrücklich vor Augen geführt haben? Aus humangeographischer Sicht ist unsere Gegenwart vor allem durch eine Neuordnung räumlicher Bezüge und Verflechtungen zwischen den Menschen und deren Umwelt geprägt. Dies zeigt sich nicht nur durch die wachsende Bedeutung digitaler Informations- und Kommunikationsmedien, sondern auch durch Innovationen im Bereich von Mobilität und Transport. Die Gegenwart erscheint uns sehr vielfältig und manchmal auch widersprüchlich. In diesem einleitenden Kapitel wird aufgezeigt, was die Besonderheit der Humangeographie ausmacht, welche Themenfelder für sie relevant sind und wie sie im Laufe der Zeit als Disziplin geformt und verändert wurde.

1.1 Was ist Geographie, was ist Humangeographie?

Das 21. Jahrhundert ist ein Jahrhundert der Geographie, denn wir leben heute in einer Gesellschaft, in der Räume und Raumzugänge, Verfügbarkeiten wie räumliche Nutzungsbeschränkungen auf verschiedenen Ebenen neu ausgehandelt und damit Geographien im buchstäblichen Sinne neu „gemacht" werden. Eine humangeographische Perspektive eröffnet Zugänge, um die aktuellen Veränderungen sowie deren Ursachen und Auswirkungen besser zu verstehen.

Seit dem Ende des Kalten Kriegs entsteht im Bereich der internationalen Beziehungen eine neue Vielfalt und Unübersichtlichkeit raumbezogener Bilder, Diskurse und Zugehörigkeiten. Wir beobachten die Herausbildung neuer und den Zerfall alter Staaten sowie den massiven Umbau von Staatlichkeiten wie jüngst in Nordafrika oder im Vorderen Orient. Es entstehen mehr und mehr neue „Räume im Ausnahmezustand" – sei es im politischen Sinne, wie in den sogenannten Zerfallsstaaten von Somalia oder Syrien, sei es in ökologischer Hinsicht, wenn wir zum Beispiel an die durch Radioaktivität verseuchten Regionen von Tschernobyl oder Fukushima denken. Egal ob es sich um Naturgefahren, Wirtschaftskrisen, Kriege oder Terrorismus handelt – die Medienberichterstattung vermittelt uns alltäglich das Bild einer bedrohten und sich rasch verändernden Welt. Dabei werden nicht nur politische **Räume neu ausgehandelt,** sondern auch deren wirtschaftliche und kulturelle Rolle befindet sich in einem fortwährenden Wandel. Den USA und der „alten Welt" mit ihren Ökonomieblasen und Krisensymptomen, ihren kaum zu bewältigenden Schuldenbergen steht das Emporwachsen der BRICS-Staaten (Brasilien, Russland, Indien, China und Südafrika) gegenüber. Die nächsten Jahrzehnte werden uns in veränderte staatliche Beziehungen und neue politische, ökonomische und kulturelle Weltordnungen führen.

Aushandlungsprozesse um Räume finden jedoch nicht nur im globalen und nationalen Rahmen statt, sondern auch im Kleinen und im Alltäglichen wie zum Beispiel in unseren Städten, Gemeinden und Nachbarschaften. Öffentliche und private Räume, wie zum Beispiel die als Gated Communities bezeichneten geschlossenen Wohnkomplexe als Kennzeichen von Nutzungskonkurrenzen und -konflikten um Infrastrukturprojekte, bestimmen das sich verändernde Raumgefüge unserer Kulturlandschaft. Ausgehandelt werden schließlich auch personale Identitäten und deren räumliche Zuordnung. Wie zeigt sich diese Transkulturalität in der Praxis? Spricht man zum Beispiel von deutschen Türken oder von türkischen Deutschen? Hybride Formen von Kultur und Lebensstilen sowie neue Handlungsmuster, Gewohnheiten und Normen verändern unsere Raumbezüge und den Alltag in Räumen. Dies wird beispielsweise erkennbar bei der Nutzung von GPS-fähigen Smartphones oder virtuellen Check-ins in materielle Räume.

Die oben genannten Themen und die skizzierten Konzepte werden selbstverständlich nicht durch die geographische Wissenschaft allein oder an vorderster Front bearbeitet. Die Humangeographie vermag aber aufgrund ihrer **„innerdisziplinären Interdisziplinarität"** und ihres differenzierten Blicks auf die Konstitution und Konstruktion von Räumen ein gewichtiges Wort im fächerübergreifenden Diskurs der Gesellschaftswissenschaften mitzusprechen. Beiträge der Geographie zeichnen sich insbesondere dadurch aus, dass sie in empirischer Forschungsarbeit anhand konkreter Fallbeispiele verschiedene Perspektiven und Ansätze zusammenführen und somit der Komplexität vieler Problemlagen sehr viel eher gerecht werden, als dies bei monoperspektivischen Arbeiten möglich ist. Geographie wird zu einem wissenschaftlichen „Haus der Begegnung" und damit zu einem spannenden Fach. So erklärt die australische Kulturgeographin Fae Gale:

> I was attracted to geography as a young student because it was so broad. Its field of study was the whole world and all the people in it. Unlike many other disciplines it offered me a vast array of choice and a great deal of freedom. No set road had to be taken, no line of inquiry was prohibited. Geography not only allowed, it encouraged free thought, and a creative use of intelligence (Gale 1992).

Die Geographie ist eines der ganz wenigen Universitätsfächer, das zugleich eine Natur- und eine Gesellschaftswissenschaft darstellt. Geographie verbindet naturwissenschaftliche Themen (z. B. Naturrisiken) mit gesellschaftlichen Problemstellungen (z. B. den unterschiedlichen Folgen von Katastrophen in verschiedenen Staaten und Regionen der Erde). Ein Hurrikan in den Südstaaten der USA hat andere gesellschaftliche Folgen als auf Haiti. Geographie verknüpft gegenwärtige Ereignisse mit langfristigen Entwicklungen (z. B. aktuelle Dürreperioden mit dem globalen Klimawandel, Erdbeben mit den tektonischen Prozessen der Erdkruste). Geographie ist überdies eine Wissenschaft der „ganzen Welt", auch wenn sie diese oft kleinräumig untersucht. Denn die Geographie bewegt sich auf mehreren räumlichen Maßstabsebenen, je nach Blickwinkel der Betrachtenden und Forschenden. Sie hat eine erdteilübergreifende Sicht und lebt vom Wechsel der Betrachtungsperspektiven. Geographinnen und Geographen versuchen, unsere alltäglichen Weltbilder zu dekonstruieren und kritische Perspektiven gegenüber den me-

Exkurs 1.1 Raumkonzepte

Die Kultur- und Sozialwissenschaften erkennen in ihrer Forschungsarbeit seit einigen Jahren zunehmend die Bedeutung räumlicher Aspekte. Diese Hinwendung zu raumbezogenen Fragestellungen wird auch als *spatial turn* bezeichnet. Daraus ergeben sich Querbezüge zur Geographie und insbesondere zur Humangeographie. Denn die Humangeographie befasst sich aufgrund ihrer Forschungstradition schon längere Zeit mit den Fragen danach, welche Konzepte, welche Vorstellungen von Raum es eigentlich gibt und welche Rolle diese für das Fach spielen. Mit Weichhart (1999), Wardenga (2006) und Freytag (2014) lassen sich etwas zusammengefasst und vereinfacht vier unterschiedliche Raumkonzepte unterscheiden:

Raum als Container

In diesem auch im Alltag vorherrschenden Verständnis werden Räume als eine Art „Container" verstanden, in dem bestimmte Sachverhalte der physisch-materiellen Welt enthalten sind. Der Raum existiert unabhängig von seiner dinglich-materiellen Füllung (z. B. Geologie, Siedlungen, Verkehrswege), er bleibt bestehen, wenn seine Inhalte beseitigt werden. Dieses Raumverständnis prägt(e) vor allem die landes- und länderkundliche Tradition der Geographie.

Raum als System von Lagebeziehungen

In diesem Verständnis wird Raum durch immaterielle Relationen und Beziehungen konstituiert. Es geht um Standorte, Distanzen und Lagerelationen. Dem Raum kommt eine ordnende Funktion zu, er stellt gewissermaßen eine logische Struktur dar, innerhalb derer Elemente gedanklich eingepasst und verortet werden. Im Unterschied zum Containerraum ist dieser Raum nicht gegenständlich, sondern er existiert in Form eines Ordnungsrasters oder einer Struktur, in der unterschiedliche Gegenstände untergebracht werden können. Ein solches Verständnis spielt vor allem in der quantitativen *spatial analysis* eine Rolle, wenn relationale Raummodelle entwickelt werden.

Raum als Kategorie der Sinneswahrnehmung

Bei diesem Verständnis geht es nicht um Räume als Container oder Ordnungsstruktur, sondern um Räume, die durch Individuen oder Institutionen wahrgenommen und erlebt werden. In diesem Sinne werden wahrgenommene Ausschnitte des Erdraums mit subjektiver Bedeutung, mit Zuschreibungen aufgeladen und die Welt wird räumlich differenziert. Dabei entsteht automatisch ein selektives, verzerrtes, interpretiertes Bild der Realität. Ein typisches Beispiel sind *mental maps*, also kognitive Karten, die wir von unserer Umwelt entwerfen (Abschn. 4.5 und 4.6).

Raum als Konstruktion

Das jüngste Raumverständnis in der Geographie geht davon aus, dass wir jederzeit, in unserem Alltagsverhalten „Geographie machen", das heißt Räume konstituieren. In diesem Raumverständnis wird danach gefragt, wer unter welchen Bedingungen und aus welchen Interessen heraus wie über bestimmte Räume kommuniziert und sie durch alltägliches Handeln, durch alltägliche Praktiken fortlaufend produziert und reproduziert. Ein solches Raumverständnis liegt der Sozialgeographie im Verständnis von Werlen (1997) sowie generell der konstruktivistischen Humangeographie zugrunde.

---

dialen Erzählungen zu wirtschaftlichen, gesellschaftlichen und politischen Vorgängen auf der Erde zu entwickeln. Geographie ist schließlich eine bildliche Wissenschaft: Karten, Luftbilder, Satellitenbilder, 3-D-Simulationen sind die charakteristischen Arbeitsinstrumente, die von vielen verstanden, angenommen und weitergegeben werden.

Die **Humangeographie** (früher auch als Anthropogeographie oder Kulturgeographie bezeichnet) ist der gesellschaftswissenschaftliche Zweig der Geographie und befasst sich mit dem Verhältnis von Menschen und Räumen (Exkurs 1.1). Gemeint sind damit räumliche Ordnungen und Muster gesellschaftlichen Handelns, wie sie sich zum Beispiel in den baulichen Strukturen von Städten oder in der räumlichen Organisation von Wirtschaftsräumen zeigen. Gemeint sind auch die Räume in unseren Köpfen, die Vorstellungen, die wir uns von fremden oder eigenen Regionen machen, die Bedeutung, mit der wir Orte symbolisch aufladen. Spannend für Geographinnen und Geographen sind besonders die Verflechtungen zwischen Räumen (z. B. die weltweiten wirtschaftsräumlichen Verbindungen, die globale Vernetzung von Wissen, aber auch die Beziehungen zwischen Nachbarschaften und ihren Bewohnern) sowie die Berührungspunkte und Verbindungslinien zwischen verschiedenen räumlichen Ebenen (global – national – regional – lokal). Humangeographie ist die Wissenschaft von der räumlichen Organisation menschlichen Handelns und den Beziehungen zwischen Gesellschaft und Umwelt.

In älteren Lehrbüchern findet sich noch die „klassische" Aufteilung der Geographie in die sogenannte Allgemeine Geographie mit ihren verschiedenen Teildisziplinen (Agrar-, Siedlungs-, Verkehrsgeographie usw.) und die Länderkunde. Auch wenn diese Teilbereiche (sogenannte Bindestrich-Geographien) nach wie vor existieren, gilt heute das Selbstverständnis einer integrierenden und disziplinoffenen Geographie, bei der die „Grenzen" verschwimmen und viele Querverbindungen bestehen. Den zahlreichen Querverbindungen wird auch in diesem Lehrbuch Rechnung getragen, indem Verweise zwischen den Kapiteln bestehen und ein Bewusstsein dafür geschaffen wird, dass manche Themen auch anders zugeordnet werden könnten.

1.2 Aktuelle Fragen im Blick der Humangeographie

Die folgende Auswahl aktueller Themenfelder der Humangeographie bietet einen Vorgeschmack auf das, was in den folgenden Kapiteln dieses Lehrbuchs weiter ergänzt und vertieft werden soll.

Naturgefahren und *man-made hazards*

Die Humangeographie und insbesondere die Gesellschaft-Umwelt-Forschung befasst sich mit Naturgefahren und -risiken in einer gesellschaftswissenschaftlichen Perspektive, aber auch mit den Risiken neuer, schwer beherrschbarer Technologien (Atomkraft, Gentechnologie usw.) und den Umweltveränderungen im 21. Jahrhundert. Gefragt wird danach, wie in Gesellschaften Risiken definiert und vermieden werden können, wer über Definitionshoheit und Machtressourcen verfügt, um seine Vorstellungen durchzusetzen. Ein aktuelles Themenfeld ist beispielsweise die Politische Geographie des Klimawandels, das heißt die Frage, welche Gefahren (für wen) konstruiert und diskutiert werden.

Migration und Mobilität

Globalisierungsprozesse haben seit einigen Jahrzehnten eine weltweite Bevölkerungsmigration in Gang gesetzt. Migration, interkulturelle Beziehungen und Multilokalität von Migrantenfamilien werden damit zu einem wichtigen Thema der Humangeographie. Eine hochtourige Mobilität zwischen den Kontinenten, das Entstehen neuer translokaler Lebensformen zwischen hier und dort, einerseits die privilegierten Manager und Expatriierten als moderne „Nomaden des Weltmarkts" und andererseits das Millionenheer der Zwangsmigrantinnen und -migranten aus den Armutsregionen der Erde – all dies sind originäre Themen einer Raumwissenschaft wie der Geographie (Abb. 1.1). Migration kann dabei den Verlust räumlicher Identität und Identifikation bedeuten, sie ist häufig mit räumlicher Exklusion auf der polit-ökonomischen wie der symbolisch-kulturellen Ebene verknüpft. Zugleich ist sie Zeichen einer immer mobiler werdenden Weltbevölkerung, die neue Lebensstile, Haushaltsformen und Bildungsansprüche hervorbringt und somit den gesamten Erdball von der groß- bis zur kleinräumigen Ebene neu mischt. In vielen Global Cities werden infolge des Booms der Dienstleistungsökonomie Arbeitskräfte angeworben, die zum Teil aus den ehemaligen Kolonialstaaten oder den Ländern des globalen Südens stammen und für die neue städtische Ökonomie unerlässlich sind.

Prozesse der gesellschaftlichen Differenzierung

Die Vorstellung deutlich voneinander abgegrenzter gesellschaftlicher Schichten tritt in unserer Zeit zugunsten flexiblerer Formen der gesellschaftlichen Differenzierung in den Hintergrund. Vielerorts besteht ein Trend zur Pluralität von Lebensformen, deren Ausdifferenzierung in sozialer wie auch in räumlicher Hinsicht zu beobachten ist. So dominieren zum Beispiel in einzelnen Stadtteilen bestimmte Lebensformen, während andere dort über-

Abb. 1.1 Politische Kampagne gegen den Zuzug von Einwanderern, aufgenommen im Londoner East End, 2010 (Foto: H. Gebhardt)

lagert oder verdrängt werden. Zudem werden Geschlecht, Ethnizität und andere „klassische" Kategorien zur Differenzierung der Bevölkerung in unserer Zeit zunehmend hinterfragt und teilweise neu definiert (Exkurs 1.2, Abschn. 5.2), ohne dass damit zwangsläufig eine Abkehr von traditionellen Vorstellungen und Rollenverständnissen verbunden sein muss. Dem Bewusstsein um die soziale Konstruiertheit und den normativen Charakter gesellschaftlicher Rollen steht eine Praxis der Reproduktion sozialer Handlungsmuster gegenüber. Dies betrifft nicht nur geschlechtsbezogene Vorstellungen, sondern etwa auch gesellschaftliche Positionen, die durch Bildungsbeteiligung und den Erwerb von Bildungsabschlüssen ausgehandelt werden.

Räumliche Konflikte und Geopolitik

Die Erde ist inzwischen fast vollständig politisch unter den Nationalstaaten aufgeteilt. Ein letztes Gebiet, in dem derzeit über eine erstmalige Territorialisierung gestritten wird, ist die Arktis, welche im Zeichen des globalen Klimawandels sowohl für die Schifffahrt wie die Förderung der Rohstoffe auf dem Meeresgrund interessant wird.

Politisch-geographische Entwicklungen seit dem Ende des Ost-West-Konflikts um 1990 haben keineswegs das sogenannte „Ende der Geschichte" oder eine neue friedliche Weltordnung erbracht. Auseinandersetzungen zwischen Nationalstaaten finden zwar kaum mehr statt, wohl aber „neue" Kriege, die sich im transnationalen Rahmen entfalten (internationale Terrornetzwerke) oder aber innerhalb der *failed states* im *shatterbelt* dieser Erde. Lokale Konflikte haben nicht selten globale Auswirkungen und reichen weit über ihre eigentliche Konfliktregion hinaus (Entführungen und Geiselnahme, Piraterie auf offener See mit entsprechender Instrumentalisierung der internationalen Medienöffentlichkeit). Es entstehen weltweit immer neue „Räume mit beschränkter Staatlichkeit", „Räume im Ausnahmezustand",

Exkurs 1.2 Auflösung von essentialistischen Kategorien

Analog zur Veränderung der Vorstellungen von Raum (Exkurs 1.1) haben sich auch die Konzepte von anderen Kategorien bzw. von Kategorisierung verändert. Unter dem Einfluss von **Konstruktivismus und Postmoderne** wendet man sich immer mehr von essentialistischen Vorstellungen ab („das ist so und so") zugunsten der Frage „Wie wird das gedacht?". Daraus ergeben sich die Anschlussfragen „Wer denkt sich das so?" bzw. „Unter welchen Rahmenbedingungen bzw. Machtverhältnissen wird das so gedacht?" oder auch „Wo denkt man das so?".

Es werden vermeintlich natürlich gegebene Kategorien dekonstruiert und einer neuen Denkweise zugänglich gemacht. Als Beispiel kann die im Alltag häufig als natürlich vorgegeben erachtete Zweigeschlechtlichkeit von Männern und Frauen dienen. Dabei handelt es sich um eine **gesellschaftlich strukturierende Kategorie,** mit der weltweit unterschiedliche Bildungs- und Karrierechancen von als Frauen und Männer gedachten Individuen begründet werden und die der Erklärung von geschlechtsbezogenen Begabungen und politischen Rechten dient. Tatsächlich gibt es biologische Unterschiede zwischen den Menschen, aber schon die weithin gültige Vorstellung von Heteronormativität ist ein (wenn auch sehr mächtiges) gesellschaftliches Konstrukt, wie die *queer studies* zeigen. Auch andere Kategorien wie Stadt, Ressourcen oder Entwicklung müssen für eine wissenschaftliche Auseinandersetzung in ihrer **Vielfalt und Differenziertheit** wahrgenommen und diskutiert werden, wie es in den folgenden Kapiteln geschieht.

welche durch nicht staatliche Formen von Governance geprägt sind. Dabei zeigt sich immer wieder, wie eng Politisches mit Kulturellem verknüpft ist (Kap. 5).

Neue Formen der Urbanität

Die Megastädte dieser Erde sind räumliche Knotenpunkte bisher nicht gekannter Bevölkerungsballungen (mit mehr als 10 Mio. Einwohnern), was zunehmend zu neuartigen Governance-Problematiken führt. Megastädte wachsen vor allem in den Ländern des globalen Südens stark an. Hier treffen massive Umweltprobleme (Müll, verschmutztes Trinkwasser, mangelnde Gesundheitsversorgung usw.) auf informelle ökonomische und politische Steuerungsstrukturen, die oft mit erheblichen Ungleichheitsbedingungen einhergehen. Dies äußert sich in einer deutlich fragmentierten Stadtstruktur, den sogenannten *quartered cities* mit *gated communities,* (gentrifizierten) Wohnvororten und ethnischen Ghettos, den Slums oder Favelas für einen Großteil der Bevölkerung. Aber auch auf der Nordhalbkugel gibt es zahlreiche Megastädte (z. B. New York, London, Tokio). Der vornehmlich quantitativ kennzeichnende Begriff einer „riesigen Stadt" sollte also nicht als Synonym für „problembehaftete Stadtentwicklung" im globalen Süden missbraucht werden. Zahlreiche Autorinnen und Autoren (Roy 2011, Robinson 2006) schlagen daher eine Loslösung von den stark zuschreibenden Begriffen vor. Megastadt und Global City werden sich trotz weltweiter Disparitäten einander immer ähnlicher und weisen vielfältige Entwicklungsmuster und -potenziale auf.

Innovation und Vernetzung in der Wirtschaft

In der globalen Wirtschaft geht es schon lange nicht mehr nur um die einzelnen Standorte und deren lokalisierte Raumansprüche. Vielmehr befasst sich eine relationale Wirtschaftsgeographie mit den vielfältigen ökonomischen Netzwerkstrukturen und insbesondere der Frage, wie und wo „Neues" entsteht, wie kodifiziertes und nicht kodifiziertes Wissen räumlich verbreitet wird und wie wirtschaftliches Handeln in Wechselwirkung tritt mit den kulturellen Prägungen in verschiedenen Regionen der Welt. Ansätze zu „kulturellen Geographien der Ökonomie" analysieren die Mechanismen, mittels derer die Gesetze einer globalisierten Wirtschaft gesellschaftlich hergestellt und ausgehandelt werden. Phänomene wie die Globalisierung oder die Finanzkrise passieren nicht einfach wie das Ergebnis von Naturgesetzen, sondern sie entstehen durch menschliches Handeln. Ihre regionalen und sozialen Auswirkungen sind abhängig von den kulturellen, gesellschaftlichen und politischen Strukturen der Kontexte, auf die sie jeweils treffen und in denen ihre Aneignung auf unterschiedliche Art und Weise erfolgt (Abb. 1.3).

Ressourcenknappheit in gesellschaftswissenschaftlicher Perspektive

Das Thema der Endlichkeit von Ressourcen steht schon seit Jahrzehnten auf der Agenda öffentlicher Diskurse und konzentriert sich vor allem auf die Bedeutung von Erdöl, Wasser und Wäldern. Der Zusammenhang zwischen (natürlichen) Ressourcen und (gesellschaftlichen) Konflikten ist dabei keineswegs eindimensional und kausal. Weder Ressourcenarmut noch -überfluss („Ressourcenfluch") vermögen die Konfliktanfälligkeit von Gesellschaften zu erklären. Gerade deswegen stellt dieses Thema eine besondere Herausforderung für die Humangeographie dar. Vermeintliche Ressourcenkonflikte haben oft einen langen Entwicklungspfad, sie handeln von über die Zeit gewachsenen Abhängigkeitsbeziehungen, ökonomischen Verflechtungen, Ausbeutungsmechanismen, sozialen Gegensätzen und gesellschaftlichen Machtkämpfen. Entsprechend geht es auch bei Arbeiten zur Ressourcenknappheit aus humangeographischer Perspektive weniger um die „natürliche" Endlichkeit von Schlüsselressourcen wie Wasser oder Öl, sondern um Zugangsbeschränkungen zu Ressourcen als Folge eines Ungleichgewichts der Verteilung

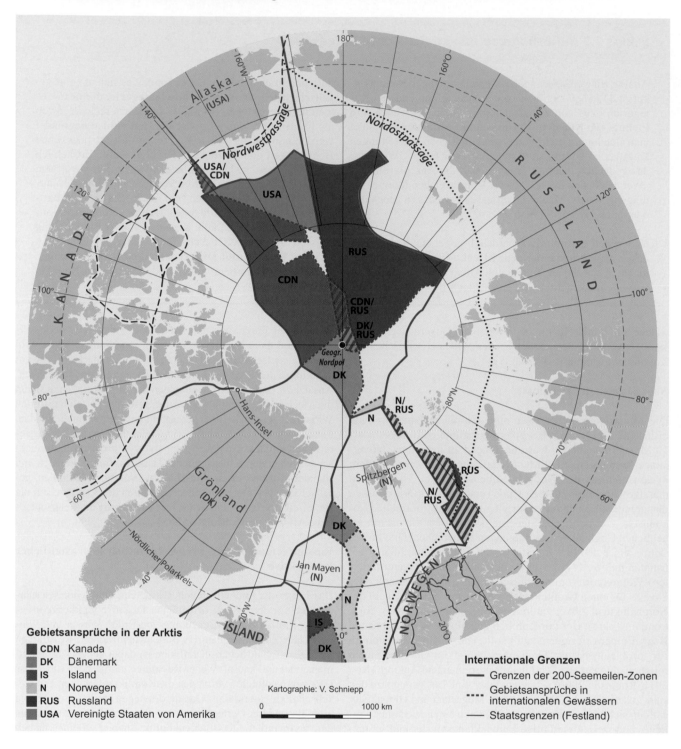

Abb. 1.2 Territorialisierung der Arktis – Gebietsansprüche der Anrainerstaaten (Quelle: Gebhardt und Ingenfeld 2011)

von politischer Macht. Gatekeeper der globalen Ökonomie wie die großen internationalen Bergbaukonzerne (BHP Billiton, Rio Tinto usw.) verfügen über erhebliche Machtressourcen, Nutzungsrechte durchzusetzen oder aber Nutzungsmöglichkeiten einzuschränken oder zu verhindern. Beispielhaft dafür sind unter anderem die Konflikte, welche sich in der Arktis infolge des Abtauens der Gletscher abzeichnen, um neue Schifffahrtsrouten mit entsprechenden verkehrsgeographischen Optionen und die Ausbeutung bisher im ewigen Eis verborgener Bodenschätze zu ermöglichen (Abb. 1.2).

Abb. 1.3 Neoliberalismus und Antineoliberalismus – Shanghai bei Nacht 2008 *(links)* und ein besetztes gründerzeitliches Wohnhaus in Berlin Prenzlauer Berg 2009 *(rechts)* (Fotos: Hans Gebhardt)

Ein häufig mit Ressourcen in Verbindung gebrachtes Thema ist die Entwicklung von Ländern und Regionen. Traditionell war die Vorstellung vorherrschend, dass sogenannte Schwellen- und Entwicklungsländer dabei unterstützt werden sollten, einen modernen Entwicklungspfad nach Vorbild der westlichen Industrieländer einzuschlagen. Neuere Ansätze der Geographischen Entwicklungsforschung betonen jedoch, dass dies eine einseitige, kulturell gebundene und letztlich problematische Vorstellung ist. Daher wurde eine Diskussion darüber angeregt, was künftig an die Stelle einer Entwicklungsgeographie treten könnte.

1.3 Entwicklungslinien der Humangeographie

Es gibt eine Vielzahl von Versuchen, die unterschiedlichen Teildisziplinen und Forschungsansätze der Geographie zu ordnen. Erschwerend kommt hinzu, dass ältere Teildisziplinen gleichsam neben jüngeren weiterlaufen und dass sich zahlreiche Überschneidungen ergeben, die Einsteigerinnen und Einsteiger in die Geographie vielleicht eher an ein Spiegelkabinett als an eine Fachdisziplin erinnern. Die heutige Humangeographie kann quasi als Summe oder Querschnitt ihrer eigenen Forschungsgeschichte interpretiert werden. Versuche, hier ex post so etwas wie Entwicklungslinien herauszuarbeiten, suggerieren natürlich immer eine Folgerichtigkeit, die in dieser Form jedoch nicht tatsächlich bestanden hat. Gleichwohl mag solch eine Übersicht der Entwicklung der Humangeographie gerade für Studienanfängerinnen und -anfänger die Orientierung erleichtern (Heineberg 2003). Besonders wichtig ist jedoch, dass in der heutigen Forschungslandschaft verschiedene Projekte und neuere Ansätze nebeneinander vertreten sind.

Geodeterminismus und Geographie als Beziehungswissenschaft

Die junge wissenschaftliche Disziplin der Geographie war im ausgehenden 19. und beginnenden 20. Jahrhundert stark von der Vorstellung beherrscht, dass es eine (einseitige) Abhängigkeit des Menschen, seiner Kultur, Wirtschaft und Geschichte von den Naturbedingungen gebe. Im Mittelpunkt des Forschungsinteresses standen daher kausale Beziehungen zwischen Natur und Gesellschaft. Eine entsprechende Forschungsperspektive, die der Handlungs- und Gestaltungsfreiheit des Menschen nur wenig Freiraum lässt, wird mit dem heute meistens als Kritik verstandenen Begriff des **Geodeterminismus** bezeichnet. Ideengeschichtlich wurde diese Position stark beeinflusst vom **Positivismus** (dem Ausgehen von wahrnehmbaren Sachverhalten), aber auch durch die Evolutionstheorie von Charles Darwin hinsichtlich der Selektionswirkung in der Natur.

Aus heutiger Sicht kann der Vorwurf erhoben werden, dass es nicht ohne Weiteres zulässig ist, eine kausale Wirkung von der Umwelt bzw. vom Raum auf Mensch und Gesellschaft anzunehmen. Denn dies würde ja bedeuten, dass die Menschen keine Gestaltungsspielräume und damit auch keine Verantwortung hinsichtlich der Gestaltung ihrer räumlichen Umwelt hätten. Daher ist es aus heutiger Sicht falsch, wenn etwa territoriale Grenzen als gleichsam „natürliche" Grenzen erachtet werden, wie dies unter anderem Friedrich Ratzel (1844–1904) als ein früher Vertreter der Geographie in seiner Grundkonzeption des Fachs tun wollte (Kap. 5). Vielmehr ist es wichtig, die für Mensch und Gesellschaft bestehenden raumbezogenen Gestaltungsmöglichkeiten ernst zu nehmen und differenziert zu betrachten.

Possibilismus und kulturökologischer Ansatz

Gewissermaßen als eine abgeschwächte Form des Geodeterminismus entstand in Frankreich der von Paul Vidal de la

Blache (1845–1918) begründete **Possibilismus.** Dieser kulturökologische Ansatz ist durch die Überzeugung geprägt, dass den Menschen und Gesellschaften unterschiedliche, wenn auch begrenzte Entfaltungsmöglichkeiten innerhalb der jeweiligen räumlichen Umwelt zur Verfügung stehen. Vidal de la Blache untersuchte von ihm als *genres de vie* bezeichnete Lebensformengruppen, die er in Bezug zu ihrem jeweiligen geographischen Milieu betrachtete (Abschn. 4.3). Ein ähnliches Konzept verfolgte später Hans Bobek (1903–1990) und bezeichnete als Lebensformengruppen Nomaden und Ackerbauern. Dabei gingen beide von einer nicht determinierten, vergleichsweise freien, also possibilistisch gedeuteten Anpassung an Naturräume aus. Doch auch die Vorstellung, dass den Menschen durch die räumliche Umgebung ein Handlungsrahmen gesetzt wird, ist in den aktuellen Debatten der Sozialgeographie durchaus umstritten.

Kulturgenetischer Ansatz und Kulturlandschaftsforschung

Bis in die 1930er-Jahre hinein war die Geographie fast ausschließlich auf die **Morphologie** (oder Physiognomie) der Landschaft ausgerichtet, es ging um die Erfassung und Beschreibung sichtbarer Sachverhalte und Erscheinungen (Siedlungen, Verkehrswege, Ackernutzung usw.). Zur Erklärung des Kulturlandschaftsbildes wurde dessen Genese (also historische Entwicklung) herangezogen, um eine morphogenetische Betrachtung vorzunehmen. Aus dieser Zeit stammen auch die große Bedeutung kartographischer Repräsentationen und deren Interpretation in der Geographie sowie die Forschungen zur Landschaftsgeographie (der Naturlandschaft wie der Kulturlandschaft).

Vor allem im anglo-amerikanischen Sprachraum hatte sich seit den 1920er-Jahren eine entsprechende *cultural geography* entwickelt. Die *Berkeley School* unter Carl Sauer (1889–1975) erkannte entsprechend dem Mainstream der Geographie in den 1920er- und 1930er-Jahren die **Landschaft** als zentralen Forschungsgegenstand (Abschn. 5.1). Die Landschaft konstituierte sich in diesem Verständnis als eine Mischung aus natürlichen und menschlichen Elementen; Kultur repräsentierte dabei den spezifisch geregelten Lebenszusammenhang einer menschlichen Gruppe vor der Folie des naturräumlich bestimmten Lebensraums. Kennzeichnend für die *Berkeley School* waren unter anderem die historische Orientierung, die Betonung des Menschen als Auslöser von Umweltveränderungen sowie eine gewisse Vorliebe für die Erforschung von Artefakten der materiellen Kultur (Mikesell 1978). Im Mittelpunkt der Betrachtung standen ländliche Räume (damit zugleich eine gewisse „Großstadtfeindlichkeit") bzw. nicht westliche oder vorindustriell geprägte Gesellschaften. Verbreitet war die Neigung, das Einmalige, Besondere, Farbige des Forschungsgegenstands herauszustellen (Natter und Wardenga 2003).

Funktionalismus in der Humangeographie

Seit den 1930er-Jahren wurden vor allem in der Stadtgeographie auch Phänomene einbezogen, die nicht direkt sichtbar, sondern über Indikatoren oder Statistiken erschließbar waren, wie zum Beispiel Einkaufs- und Dienstleistungsbeziehungen oder kulturelle Verflechtungen. Im System der Zentralen Orte (Christaller 1933) wurde eine Hierarchie der wirtschaftlichen Bedeutung und räumlichen Ordnung von Siedlungen im Raum erstellt. Die funktionale Wirtschaftsgeographie befasste sich zum Beispiel mit Liefer- und Absatzbeziehungen von Betrieben oder mit Arbeitspendlern. In all diesen Fällen ging es, ähnlich wie im mathematischen Funktionsbegriff ($y = f(x)$), um (räumliche) Abhängigkeitsbeziehungen, um Verflechtungen zwischen Räumen. Am Ende der funktionalen Phase haben sich schließlich unter dem Begriff der **Sozialgeographie** (Abschn. 4.3) sehr unterschiedliche Ansätze vereint. Die sogenannte Münchner Schule der Sozialgeographie behandelte im Sinne einer funktionalen Anthropogeographie die „Daseinsgrundfunktionen" und untersuchte deren räumliche Organisationsformen. Eine stärker qualitative, verhaltensorientierte Sozialgeographie befasste sich mit Umweltwahrnehmung, beispielsweise der Wahrnehmung städtischer Umwelt in kognitiven Karten *(mental maps)*.

Quantitative und analytisch-szientistische Ausrichtung

Als Reaktion auf die stark idiographisch (auf das Besondere individueller Räume) ausgerichtete Länderkunde befasste sich der **raumwissenschaftliche Ansatz,** die szientistische Wirtschafts- und Sozialgeographie, vor allem mit den sogenannten Raumgesetzen der Gesellschaft. Methodologisch orientierte man sich an der naturwissenschaftlich-analytischen Denkweise (bzw. dem Kritischen Rationalismus Karl Poppers) und suchte, unterstützt durch die neuen Möglichkeiten der EDV, nach Möglichkeiten, aus großen Datenmengen räumlich-distanzielle Modelle in der Geographie zu entwickeln (z. B. Diffusion von Innovationen).

Die sogenannte quantitative Revolution, mit der eine Hinwendung zur Verarbeitung und Analyse größerer Datenbestände mittels elektronischer Datenverarbeitung verbunden war, lieferte nicht nur für die sozialgeographische Forschung wichtige Impulse. Im Zuge der wachsenden technischen Möglichkeiten für die Datenverarbeitung entfaltete sich in den 1960er-Jahren die *spatial analysis* als ein Forschungsansatz, mit dem die Hoffnung verbunden wurde, über die Aufbereitung und quantitative Analyse von größeren Datenmengen bestimmte Regel- und Gesetzmäßigkeiten in der räumlichen Anordnung des Sozialen zu identifizieren und auch theoretisch erklären zu können. Diese Form einer raumwissenschaftlich-theoretischen Neuorientierung der (sozialwissenschaftlichen) Geographie fand (vorübergehend) unter anderem im angelsächsischen Sprachraum eine gewisse Resonanz (Exkurs 1.3) und hatte mit Dietrich Bartels (1931–1983) auch im deutschsprachigen Raum einen namhaften Vertreter. Eine dauerhafte Etablierung als bedeutender Ansatz innerhalb der Humangeographie blieb der *spatial analysis* jedoch verwehrt, denn es zeigte sich, dass ein naturwissenschaftlich geprägter positivistischer Zugang, der nicht das Besondere des Einzelfalls, sondern das Identifizieren von Gesetzmäßigkeiten in den Mittelpunkt stellt, nur sehr eingeschränkt geeignet ist, um der Komplexität und Offenheit sozialer Strukturen und Prozesse in deren raumbezogenen Zusammenhängen tatsächlich Rechnung zu tragen. Als ein weiteres Manko dieses Ansatzes erwies sich, dass der Raum häufig als „Containerraum" mit ab-

Exkurs 1.3 Kieler Geographentag von 1969

Die junge Geographengeneration der 1960er-Jahre empfand Geographie zunehmend als theoriearm und inhaltlich wie methodisch durch einen ausgeprägten „Reformstau" gekennzeichnet. Kritisiert wurden die fehlende Gesellschaftsrelevanz des Fachs, die unreflektiert affirmative Ideologie, die Beliebigkeit und Ideologielosigkeit als Ideologie. Die vermeintlich unpolitische, letztlich aber konservative bis reaktionäre, restaurative Geographie wurde als eine Disziplin empfunden, die in besonders eklatanter Weise gegen die in geistes- und gesellschaftswissenschaftlichen Nachbarfächern erreichten Standards konzeptioneller Diskussion verstieß. Auf den Punkt brachte dies die Kritik der geographischen Fachschaften auf dem Kieler Geographentag von 1969:

Landschafts- und Länderkunde als Inbegriffe der Geographie verfügen über keine Problemstellungen ... Sie sind in der Konstatierung von Trivialzusammenhängen Allgemeinplätze, in der Zielvorstellung Leerformeln. Geographie als Landschafts- und Länderkunde sind Pseudowissenschaft, unwissenschaftlich, problemlos und verschleiern Konflikte ... (Fachschaften der Geographischen Institute der Bundesrepublik Deutschlands und Berlins (West) 1979).

In den Auseinandersetzungen der nachfolgenden Jahre wurde deutlich, dass sich zwei Stränge entfalteten. Der erste Strang bestand in einer modernisierenden, auf dem analytisch-szientistischen Paradigma gründenden und auf die Bewältigung „angewandter" Probleme zielenden Richtung, die erfolgreich den „Marsch durch die Institution Geographie" antrat und bis in die jüngste Vergangenheit in der deutschen Geographie hegemonial geblieben ist. Den zweiten Strang bildete eine Kritische Geographie (im angloamerikanischen Sprachraum als *critical, radical, marxist* oder *leftist geography* bezeichnet), die jedoch im deutschsprachigen Raum während der vier Jahrzehnte nach dem Kieler Geographentag von 1969 weitgehend marginalisiert geblieben ist und erst in jüngster Zeit zunehmende Aufmerksamkeit erfährt (Abb. 1.4).

Die modernisierende Richtung, der *philosophy of science* verpflichtet, schrieb Modellbildung und Prognose auf ihre Fahnen und nutzte die neuen Möglichkeiten der EDV. Seit den 1980er-Jahren folgte über eine Kritik am erreichten „hohen Niveau trainierter Inkompetenz" quantitativ-statistischer Verfahren eine Rückbesinnung auf interpretativ-verstehende Ansätze, Betrachtung der Alltagswelt sowie in neuerer Zeit die Betonung von Praktiken und eine pragmatische Geographie, teilweise unterlegt durch methodische Innovationen wie Diskursanalysen.

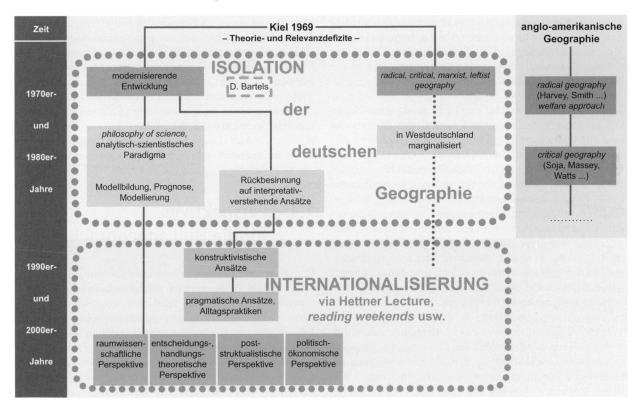

Abb. 1.4 Entwicklungspfade der deutschen Humangeographie nach dem Kieler Geographentag von 1969

geschlossenen Grenzen konzeptualisiert wurde und daher die tatsächlichen Verhältnisse und übergreifenden Verflechtungen nur sehr eingeschränkt abgebildet werden konnten.

Entscheidungs- und handlungstheoretische Ansätze

Die entscheidungs- und handlungstheoretischen Ansätze stehen in enger Beziehung zu den oben kurz genannten verhaltensorientierten Ansätzen und spielten zunächst vor allem in der Wirtschaftsgeographie, später auch in der jüngeren Sozialgeographie eine Rolle. In der Wirtschaftsgeographie wurden seit den 1970er-Jahren Modelle des Entscheidungsverhaltens von Industrieunternehmen sowie organisationstheoretische Vorstellungen für die räumliche Organisation von Industrieunternehmen entwickelt. Des Weiteren befasste man sich zum Beispiel in der Tourismusgeographie mit Vorstellungen zum Reiseverhalten sowie in der Mobilitäts- und Sozialforschung mit Umzugsentscheidungen. In der jüngeren handlungsorientierten Sozialgeographie werden Akteure und deren aktives, zielgerichtetes Handeln sowie deren Machtressourcen zur Durchsetzung ihrer Interessen untersucht (Werlen 1997).

Cultural turn: qualitative und poststrukturalistische Ansätze

Seit den 1980er-Jahren haben – gewissermaßen in einer Art Rollback zur analytisch-szientistischen Betrachtung in der Geographie – zunächst interpretativ-verstehende und lebensweltlich ausgerichtete Ansätze einen höheren Stellenwert gewonnen (Abb. 1.5). Als jüngste „Wachstumsspitze" einer solchen auch theoretisch-konzeptionell stärker an die interdisziplinären Debatten in den Sozial- und Kulturwissenschaften anschließenden Orientierung lassen sich die poststrukturalistischen Ansätze begreifen, die bei aller Heterogenität gemeinsam der Rolle von Sprache, Zeichen und Kommunikation bei der Konstitution von Geographien der Gesellschaft eine entscheidende Bedeutung beimessen.

Im Zuge des *cultural turn* und der Etablierung einer Neuen Kulturgeographie haben unter anderem diskurstheoretische Zugänge für weite Bereiche der Humangeographie an Bedeutung gewonnen (Glasze und Mattissek 2009). Gegenstand der **Diskursanalyse** sind überindividuelle Bedeutungszusammenhänge, die durch Sprache oder andere Zeichensysteme abgebildet werden. Ausgehend von der Überlegung, dass gesellschaftliche ebenso wie raumbezogene Verhältnisse sozial produziert und auf diskursiver Ebene reflektiert werden, geht es bei der Diskursanalyse zunächst darum, dass die forschende Person ihre eigene Perspektivgebundenheit im Forschungsprozess erkennt, reflektiert und offenlegt. Erst danach können unterschiedliche – sei es quantitativ oder qualitativ ausgerichtete – diskursanalytische Verfahren zum Einsatz kommen, um anhand empirischen Materials (z. B. Pressetexte, Webpages, Interviewtranskripte) diskursive Zusammenhänge zu identifizieren und zu untersuchen. In der Regel werden die Diskurse dabei nicht aus sich selbst heraus (d. h. als mehr oder weniger geschlossenes System betrachtet), sondern im Kontext von Praktiken, Machtbeziehungen und Interessen verschiedener Akteure verstanden. Das diskursanalytische Vorgehen ist letzt-

Abb. 1.5 Methodendualismus in der Humangeographie (Karikatur: Karl Herweg)

lich nichts anderes als ein sozialer Prozess der Konstruktion von Bedeutung, der maßgeblich durch die forschende Person in Interaktion mit dem vorhandenen empirischen Material durchgeführt wird.

Jede methodisch-konzeptionelle Strömung ruft Gegenbewegungen hervor. So ist die Humangeographie durch ein Nebeneinander verschiedener Ansätze geprägt. Dies zeigt sich auch in den aktuellen Diskussionen im Bereich von Sozialgeographie und Geographischer Entwicklungsforschung. Im deutschsprachigen Raum zählen die Jahrestagungen der „Neuen Kulturgeographie" und der früher als „Deutscher Geographentag" bezeichnete und alle zwei Jahre ausgetragene „Deutsche Kongress für Geographie" zu den wichtigsten Veranstaltungen für Austausch und Innovation in der Humangeographie. Im internationalen Rahmen wird diese Funktion unter anderem durch die großen Fachkongresse der *Association of American Geographers,* der *Royal Geographical Society* sowie der *International Geographical Union* erfüllt.

1.4 Perspektiven für die Humangeographie

Der oft zitierte Seufzer *„ Geography is what geographers do"* lässt sich als Problem einer methodisch-konzeptionellen wie inhaltlichen Beliebigkeit kritisieren, zugleich aber auch als Chance verstehen, neue und unkonventionelle Konzepte und Fragestellungen rasch aufgreifen zu können. Daran wird sich auch in Zukunft nur wenig ändern: Die Humangeographie ist von einer Vielfalt nebeneinander existierender Ansätze geprägt. So geht die Humangeographie – wie auch dieses Lehrbuch zeigen wird – über eine eindeutige Zuordnung zu dem einen oder anderen Forschungsblick weit hinaus und wird aus vielen ver-

Humangeographie - quo vadis?

Abb. 1.6 Humangeographie – quo vadis? (Karikatur: Karl Herweg)

schiedenen Perspektiven und mittels unterschiedlicher Methoden betrieben. Während die einen die Analyse von räumlichen Mustern nach wie vor quantitativ betreiben (hier sei z. B. die Geoinformatik genannt, die sich zu einem dynamisch wachsenden Zweig der Geographie entwickelt hat), sind andere an der Wirksamkeit von subjektiven Wahrnehmungen und Biographien interessiert. Diese können anhand von Text- oder Diskursanalysen untersucht, aber auch idiographisch oder in Bezug auf individuelle Alltagspraktiken interpretiert werden. So ist mancherorts nach einer vorherrschenden theoretischen Reflexion von der Welt als einem Konstrukt von Diskursen, Semantiken oder Zeichen ein „zurück ins Feld" zu beobachten, bei dem die „Realitätslücke" im Sinne eines praxeologischen Verständnisses nach Pierre Bourdieu (1930–2002) wieder mit Leben gefüllt wird (Abb. 1.6). Es geht dabei um Intersubjektivitäten und Relationalitäten der sozialen Welt, die erforscht werden sollen. Empirie und Theorie stehen also in einem modernen Verständnis der Humangeographie gleichberechtigt nebeneinander und zeugen von der Aufgeschlossenheit, mit der sich humangeographisch Forschende sozialen, relationalen und abstrakten Räumen widmen.

Literatur

Beck U (1986) Risikogesellschaft. Auf dem Weg in eine andere Moderne. Suhrkamp, Frankfurt a.M.

Christaller W (1933) Die zentralen Orte in Süddeutschland. Eine ökonomisch-geographische Untersuchung über die Gesetzmäßigkeit der Verbreitung und Entwicklung der Siedlungen mit städtischer Funktion. Inaugural-Dissertation, Jena

Fachschaften der Geographischen Institute der Bundesrepublik Deutschlands und Berlins (West) (1979) Bestandsaufnahme zur Situation der deutschen Schul- und Hochschulgeographie. In: Stewig R (Hrsg) Probleme der Länderkunde. Wege der Forschung, Bd. 391. Wissenschaftliche Buchgesellschaft, Darmstadt, S 157–185

Freytag T (2014) Raum und Gesellschaft. In: Lossau J, Freytag T, Lippuner R (Hrsg) Schlüsselbegriffe der Kultur- und Sozialgeographie. Ulmer UTB, Stuttgart, S 12–24

Gale F (1992) A View of the World through the Eyes of a Cultural Geographer. In: Rogers A, Viles H, Goudie A (Hrsg) The Student's Companion to Geography. Blackwell, Cambridge, S 21–24

Gebhardt H, Ingenfeld E (2011) Die Arktis im Fokus geoökonomischer und geopolitischer Interessen. Geographische Rundschau 63(11):16–33

Glasze G, Mattissek A (Hrsg.) (2009) Handbuch Diskurs und Raum: Theorien und Methoden für die Humangeographie sowie die sozial- und kulturwissenschaftliche Raumforschung. Transcript, Bielefeld

Heineberg H (2003) Einführung in die Anthropogeographie/Humangeographie: Grundriss Allgemeine Geographie. Ulmer UTB, Stuttgart

Mikesell W (1978) Tradition and Innovation in Cultural Geography. Annals of the Association of American Geographers 68(1):1–16

Natter W, Wardenga U (2003) Die „neue" und die „alte" Cultural Geography in der anglo-amerikanischen Geographie. Berichte zur deutschen Landeskunde 77(1):71–90

Robinson J (2006) Ordinary cities: between modernity and development. Routledge, London

Roy A (2011) Slumdog Cities. Rethinking Subaltern Urbanism. International Journal of Urban and Regional Research 35(2):223–238

Wardenga U (2006) Raum- und Kulturbegriffe in der Geographie. In: Dickel M, Kanwischer D (Hrsg) TatOrte. Neue Raumkonzepte didaktisch inszeniert. LIT-Verlag, Berlin

Weichhart P (1999) Die Räume zwischen den Welten und die Welt der Räume. In: Meusburger P (Hrsg) Handlungszentrierte Sozialgeographie. Benno Werlens Entwurf in kritischer Diskussion. Franz Steiner Verlag, Stuttgart, S 67–94

Werlen B (1997) Sozialgeographie alltäglicher Regionalisierungen. Globalisierung, Region und Regionalisierung, Bd. 2. Franz Steiner Verlag, Stuttgart

Gesellschaft und Umwelt

Annika Mattissek, Patrick Sakdapolrak

Die Bewässerungslandwirtschaft an seinen Zuflüssen hat den Aralsee fast vollständig austrocknen lassen, 2009 (Foto: Hans Gebhardt)

© Springer-Verlag Berlin Heidelberg 2016
T. Freytag et al. (Hrsg.), *Humangeographie kompakt*, DOI 10.1007/978-3-662-44837-3_2

Umweltbezogene gesellschaftliche Probleme sind im 21. Jahrhundert drängender denn je. Im „Anthropozän" beeinflussen menschliche Eingriffe die natürliche Umwelt in einem Maße, wie dies noch niemals in der Vergangenheit der Fall war. Der menschgemachte Klimawandel mit seinen vielfältigen Folgen ist hier ein prominentes Beispiel. Doch auch auf vielen anderen Gebieten kommt es zu engen Verzahnungen zwischen Umwelt und Gesellschaft, sei es im Hinblick auf Schlüsselressourcen der Erde (Öl, Wasser usw.) oder in Bezug auf Umwelt und Gesundheit (z. B. Ausbreitung tropischer Krankheiten in einer globalisierten Welt). Mit solchen und ähnlichen Fragestellungen beschäftigt sich die Gesellschaft-Umwelt-Forschung als „dritte Säule" neben der Humangeographie und der Physischen Geographie. In diesem Kapitel werden Gesellschaft-Umwelt-Beziehungen anhand einer Reihe von Fallbeispielen beleuchtet und theoretische Konzepte zur Analyse solcher Beziehungen vorgestellt.

2.1 Zusammenspiel sozialer und natürlicher Gegebenheiten

Am 12. August 2002 wurde die Stadt Dresden, ausgelöst durch hohe Niederschläge im Einzugsgebiet des Elbe-Vorfluters Weißeritz, von einem **Hochwasserereignis** heimgesucht, welches in Bezug auf seine Ausmaße und Auswirkungen weite Teile der Bevölkerung und der lokalen Entscheidungsträger überraschte und anhand der statistischen Kennzahlen als 500-jähriges Ereignis klassifiziert wurde. Hohe Schäden entwickelte dieses Ereignis vor allem deswegen, weil das Hochwasser sich innerhalb von nur wenigen Stunden entwickelte *(rapid onset, flashflood)*. In der Folge stellten sich die lokalen Hochwasserschutzmaßnahmen als unzureichend heraus und es traten Schäden an privaten und öffentlichen Gütern auf, die insgesamt auf etwa 1 Mrd. Euro geschätzt werden. In der Folge wurden Fragen der Hochwasservorsorge in Dresden neu diskutiert. Dabei zeigte sich, dass an den Aushandlungen für einen bestmöglichen Hochwasserschutz nicht nur eine Reihe unterschiedlicher Akteure beteiligt war (z. B. Vertreter der Stadt, die Landestalsperrenverwaltung Sachsen, Bürgerinnen und Bürger sowie Umweltschützerinnen und Umweltschützer), sondern dass auch ein ganzes Spektrum an unterschiedlichen Zielen und Maßnahmen zur Diskussion stand. Dieses reichte von einer Verbesserung der technischen Hochwasserschutzmaßnahmen über eine generelle Steigerung der **Anpassungsfähigkeit** (Resilienz) von Stadt und Region bis hin zu Möglichkeiten der Bürgerbeteiligung und Diskussionen um die Renaturierung des „alten" Flussbettes der Weißeritz und damit verbundene Naturschutzansprüche. Letztlich wurden seitdem entlang der Weißeritz vor allem technische Steigerungen des Hochwasserschutzes verwirklicht, die einen 500-jährigen Ereignisstandard realisieren und damit weit über dem in Deutschland gängigen 100-jährigen Hochwasserschutzstandard liegen.

Im Juni 2013 trat in Dresden erneut ein Hochwasserereignis ein, verursacht durch über Wochen anhaltende, ergiebige Niederschläge entlang des Einzugsgebiets der Elbe. Diesmal stieg das Wasser über mehrere Tage und wurde von einer Vielzahl

Abb. 2.1 Hochwasser und Einsatz von Hochwasserschutzwänden in Dresden, 2013 (Foto: Cindy Sturm)

von **Hochwasserschutzaktivitäten** begleitet, insbesondere dem Einsatz mobiler Hochwasserwände, die nach dem Hochwasser 2002 zum Schutz der Dresdner Innenstadt implementiert worden waren (Abb. 2.1). Über Tage und Wochen arbeiteten lokale Institutionen und die Bevölkerung an der Errichtung von Sandsackwällen, über soziale Medien organisierte sich die Bevölkerung zu „Rettungsaktionen" von Stadtteilen und Gebäuden (z. B. des „Bärenzwingers", eines beliebten Studentenclubs direkt an der Elbe). Insgesamt verlief das Junihochwasser 2013 in weiten Teilen der Stadt Dresden glimpflich.

Deutlich härter traf es im Mai 2014 eine Reihe von Ländern auf dem Balkan, insbesondere Serbien und Bosnien-Herzegowina, wo das Sturmtief Yvette zu schweren Überschwemmungen und Erdrutschen führte (Abb. 2.2). Hierbei kamen in

Abb. 2.2 Die Folgen des Balkanhochwassers 2014 in Krupanj, Serbien (Foto: Zoran Dobrin, CC-by-SA 3.0)

Abb. 2.3 Überblick über aktuelle Themen der Humangeographischen Gesellschaft-Umwelt-Forschung

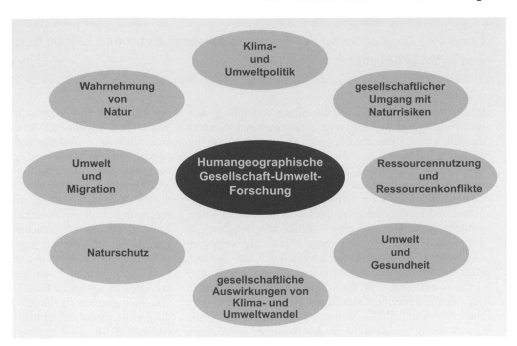

Bosnien, Kroatien und Serbien mindestens 59 Menschen ums Leben, die Bilder von in Schlammlawinen versunkenen Häusern gingen um die Welt. Als erheblicher Nachteil bei der Wiederherstellung erwies sich insbesondere für das mit am stärksten betroffene Bosnien-Herzegowina, dass es anders als seine Nachbarländer kein EU-Beitrittskandidat ist und daher keine Ansprüche auf finanzielle Unterstützung aus dem EU-Solidaritätsfonds hatte und entsprechend **finanzielle Aufbauhilfe** erst mit größerer Verzögerung zur Verfügung gestellt werden konnte.

Die Beispiele zeigen, dass **Gesellschaft-Umwelt-Verhältnisse** durch das komplexe Zusammenspiel sozialer und natürlicher Gegebenheiten auf unterschiedlichen Maßstabsebenen gekennzeichnet sind. Je nach Art der physischen Einflüsse (z. B. schnell vs. langsam steigende Wasserpegel, Veränderung der Frequenz und Magnitude von Hochwassern im Zuge des globalen Klimawandels) sind bestimmte gesellschaftliche Umgangsformen möglich und sinnvoll. Struktur und Effizienz staatlicher Institutionen beeinflussen maßgeblich, wie auf nationaler Ebene Hilfe koordiniert wird und wie effizient diese vor Ort ankommt. Das Beispiel der Balkanländer zeigt auch, dass verschiedene gesellschaftliche Gruppen und Güter in sehr unterschiedlichem Maße von den negativen Auswirkungen von Naturereignissen betroffen sind. Gleichzeitig ist die Frage des „richtigen" Umgangs mit Naturrisiken und mit konkurrierenden Ansprüchen und Prioritäten keineswegs eindeutig. Ob zum Beispiel private ökonomische Interessen Vorrang vor Naturschutzansprüchen haben, muss im Einzelfall gesellschaftlich ausgehandelt werden.

Mit solchen und ähnlichen Fragen beschäftigt sich die Humangeographische Gesellschaft-Umwelt-Forschung (GUF).

Sie untersucht zum Beispiel, wie sich durch Wechselwirkungen zwischen unterschiedlichen **Maßstabsebenen** (global, national, lokal) spezifische Umgangsformen mit natürlichen Ressourcen und naturbezogenen Risiken entwickeln und welche Rolle dabei unterschiedliche Akteure und Akteurinnen (in Politik, Wissenschaft und in der betroffenen Bevölkerung), gesellschaftliche Machtverhältnisse und Wissensordnungen spielen. Sie untersucht auch, wie sich der Zugang zu natürlichen Ressourcen und die Betroffenheit von negativen Umwelteinflüssen zwischen unterschiedlichen gesellschaftlichen Gruppen unterscheiden und wie solche unterschiedlichen Zugänge und Betroffenheiten gesellschaftlich ausgehandelt werden. Damit adressiert die Humangeographische Gesellschaft-Umwelt Forschung eine Reihe von Themen (Abb. 2.3), die bereits heute im Kern vieler gesellschaftlicher Konflikte liegen und die sich vielfach im Zuge des globalen Klimawandels weiter verschärfen werden.

2.2 Sozialwissenschaftliche Grundlagen

Die Frage, wie Beziehungen zwischen Gesellschaft und Umwelt interpretiert und theoretisch gefasst werden, hat sich im Laufe der Wissenschaftsgeschichte maßgeblich verändert. Bis Anfang der 1960er-Jahre war für die Geographie dabei das Konzept „Landschaft" zentral. Dieses baute auf der Vorstellung auf, dass in solchen räumlichen Einheiten unterschiedliche Geofaktoren zusammenwirken und gemeinsam zur Herausbildung individueller und historisch gewachsener Räume führen (Weichhart 2011).

Exkurs 2.1 Die Auflösung der Trennung zwischen Natur und Kultur: flache Ontologien und hybride Entitäten

Die im modernen Denken fest verankerte Vorstellung, dass Natur und Kultur zwei klar voneinander getrennte Sphären darstellen und unterschiedlichen Gesetzmäßigkeiten unterliegen, wird vielfach infrage gestellt. Einer der prominentesten Kritiker dieser Dichotomie ist Bruno Latour. In seiner *actor network theory* argumentiert er, dass moderne Gesellschaften nicht durch das Zusammenspiel von natürlichen und kulturellen Elementen gekennzeichnet seien, sondern vielmehr durch eine Vielzahl von Hybriden, in denen Natur und Kultur untrennbar miteinander verwoben sind. Jeder Versuch der Trennung zwischen beiden Sphären muss scheitern, da jeder Ausdruck von Kultur immer physische Aspekte hat (z. B. die Körperlichkeit von Menschen oder die materiellen Grundlagen sozialer Verhältnisse) und umgekehrt jegliches Wissen über Natur immer auf die Einbettung in gesellschaftliche Anordnungen aus ideellen und materiellen Komponenten angewiesen ist (z. B. Versuchsanordnungen in naturwissenschaftlichen Laboren), die das „Natürliche" erst in einer bestimmten Art und Weise hervorbringen. Dieses untrennbare Zusammenwirken von unterschiedlichen Eigenschaften und Elementen, die das Wissen über Natur oder Kultur erst ermöglichen, bezeichnet Latour als hybride Netzwerke, die Praktiken der „Übersetzung" ermöglichen (Abb. 2.4; Latour 1995).

Ähnliche Überlegungen werden auch in **Assemblage-Theorien** bzw. relationalen, flachen Ontologien aufgegriffen, die in den letzten Jahren verstärkt in die humangeographische Debatte Einzug gefunden haben. Ziel dieser Ansätze ist es, Dualismen zwischen Gesellschaft und Natur zu überwinden, ohne diese entweder auf symbolische Aushandlungen oder auf materielle Kausalitäten zu reduzieren (daher auch der Name „flache" Ontologien, denn weder Symbolisches noch Materielles wird dem jeweils anderen übergeordnet). Stattdessen legen sie ihren Fokus auf die gegenseitige Verschränkung von Materiellem (Biologischem, Technischem usw.) und Symbolischem in gesellschaftlichen Verhältnis-

sen (Mattissek und Wiertz 2014). Konzeptionell knüpfen Assemblage-Theorien an Arbeiten von Gilles Deleuze und Felix Guattari an (Deleuze und Guattari 1992). Diese sehen physische und symbolische Gegebenheiten als durch jeweils unterschiedliche Logiken bestimmt, die miteinander in Interaktion treten können, ohne sich jedoch kausal zu beeinflussen. In der Geographie wurden diese Ansätze unter anderem im Schnittfeld zwischen Politischer Geographie und Gesellschaft-Umwelt-Forschung aufgegriffen, um am Beispiel der Kommodifizierung gesellschaftlicher Naturverhältnisse (d. h. der Unterwerfung von Natur unter kapitalistische Verwertungslogiken) zu untersuchen, wie marktwirtschaftliche Logiken natürliche Gegebenheiten transformieren, wie aber auch gleichzeitig die Art der Kommodifizierung durch die jeweils adressierte natürliche Ressource verändert wird (Bakker 2010).

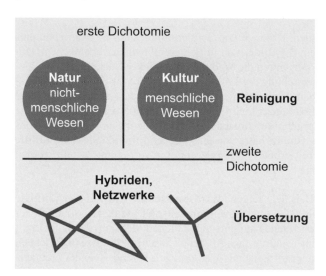

Abb. 2.4 Die Trennung zwischen Natur und Kultur und die Entstehung von Hybriden (verändert nach Latour 1995)

In Bezug auf das Zusammenwirken physischer und gesellschaftlicher Faktoren waren die wissenschaftlichen Ansätze dieser Zeit häufig durch die Denkfigur des **Geodeterminismus** bzw. **Naturdeterminismus** gekennzeichnet (z. B. die wissenschaftlichen Arbeiten von Carl Ritter, Ferdinand von Richthofen oder Friedrich Ratzel). Dieser geht davon aus, dass der Raum mit seinen materiellen Eigenschaften Kultur und Gesellschaft bestimmt. Aus einer entsprechend geo- oder naturdeterministischen Sichtweise heraus werden etwa Phänomene wie Armut und Unterentwicklung in Afrika, Asien und Lateinamerika einseitig als Ausdruck einer physisch-geographischen Benachteiligung

erklärt. Gesellschaftliche Einflussfaktoren, Machtverhältnisse und Rahmenbedingungen geraten dadurch aus dem Blick. In der wissenschaftlichen Humangeographie wurden solche Erklärungsansätze seit der zweiten Hälfte des 20. Jahrhunderts massiv kritisiert (Werlen 2004). Statt gesellschaftliche Prozesse aus materiellen Gegebenheiten heraus zu erklären, wird gefordert, soziale Ungleichheiten, Praktiken und Strukturen mithilfe **sozialwissenschaftlicher Theorien** zu analysieren (Bohle 2011). Darüber hinaus werden in den letzten Jahren auch sogenannte flache Ontologien diskutiert, die davon ausgehen, dass physische Welt und gesellschaftliche Prozesse jeweils eigenen Logiken unterworfen sind, die sich nicht aus dem jeweils anderen ableiten lassen (Exkurs 2.1).

Wenngleich heute in der wissenschaftlichen Humangeographie weitgehender Konsens darüber besteht, dass geodeterministische Ansätze das Zusammenwirken zwischen Mensch und Natur auf unzulässige Art und Weise auf natürliche Faktoren zurückführen, spielen solche Erklärungsmuster in der öffentlichen Debatte weiterhin eine wichtige Rolle. Ein aktuelles Beispiel dafür sind vermeintlich in Zukunft zu erwartende **Klimakriege,** die Autoren wie Harald Welzer und Gwynne Dyer prognostizieren. Beide Autoren argumentieren, dass durch den Klimawandel induzierte Verschlechterungen der natürlichen Lebensbedingungen in vielen Regionen der Erde zu sogenannten Klimakriegen führen werden. In der Humangeographie wurden derart vereinfachende Darstellungen der Entstehung von Konflikten scharf kritisiert. Es wird moniert, dass der unterstellte Kausalzusammenhang zwischen knappen Ressourcen und Gewalt die historischen, sozialen und politischen Kontexte vernachlässigt, die einzelne Menschen oder Bevölkerungsgruppen verwundbar machen. Weiterhin wird kritisiert, dass die Ursachen für Auseinandersetzungen in klimatischen Gegebenheiten von Ländern und Regionen verortet werden, statt beispielsweise im Einfluss des kolonialen Erbes oder in sozialen Ungleichheits- und Machtverhältnissen (Radcliffe 2010; Flitner und Korf 2012).

Wie das Beispiel der Klimakriege zeigt, ist nicht von vornherein vorgegeben, wie das Verhältnis zwischen Mensch und Natur wissenschaftlich und auch in der öffentlichen Debatte gerahmt wird, was erhebliche Konsequenzen für politische und planerische Fragen hat. Begriffe wie Natur und Umwelt verweisen also nicht auf objektiv gegebene, unabhängig von der jeweiligen Perspektive existierende Entitäten, sondern sind gesellschaftlich konstruiert. Je nachdem, aus welcher Perspektive Natur und Umwelt beobachtet, beschrieben und in gesellschaftliche Kommunikationsprozesse eingebunden sind, werden unterschiedliche Aspekte und Eigenschaften sichtbar und damit sozial „wirklich".

In der deutschsprachigen Humangeographie hat sich eine Reihe von Ansätzen etabliert, die die **gesellschaftliche Konstruktion** von Mensch-Natur-Verhältnissen auf unterschiedliche Weise in den Blick nehmen. Sie beruhen zum Teil auf ähnlichen konzeptionellen Entwicklungen wie andere Bereiche der Humangeographie (z. B. Sozialgeographie oder Geographische Entwicklungsforschung), weisen jedoch an das Themenfeld angepasste Schwerpunktsetzungen auf, die zur Entwicklung einer Reihe von Konzepten mittlerer Reichweite geführt haben, die in Abschn. 2.3 näher beschrieben werden. Im Folgenden werden die drei wichtigsten theoretischen Strömungen – handlungstheoretische Ansätze, poststrukturalistische Konzepte und Systemtheorien – kurz skizziert.

Handlungstheoretische Ansätze machen die Sichtweisen, Problemwahrnehmungen und Strategien individueller Akteurinnen und Akteure zum Fokus ihrer Analysen. Sie gehen davon aus, dass menschliches Handeln immer in einem Spannungsfeld

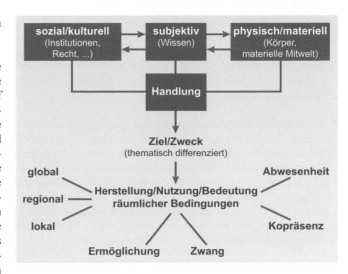

Abb. 2.5 Handlungstheoretisches Modell nach Werlen (Werlen 1993)

zwischen gesellschaftlichen (materiellen wie sozialen und kulturellen) Strukturen einerseits und individuellen Entscheidungen und Handlungsspielräumen andererseits verortet ist (Abb. 2.5). Diese zwei Pole werden im Anschluss an Giddens (1984) als Gegensatz zwischen Struktur *(structure)* und Handlung *(agency)* bezeichnet.

Mithilfe von Handlungstheorien kann untersucht werden, wie Konflikte um natürliche Ressourcen entstehen und welche individuellen Sichtweisen und Lösungsstrategien die Konfliktpartner dabei entwickeln (Reuber 2012). Im Rahmen der Humangeographischen Gesellschaft-Umwelt-Forschung werden diese Ansätze beispielsweise von handlungsorientierten Ansätzen der Politischen Ökologie aufgegriffen (Abschn. 2.3.1). Diese zeigen auf, dass Umweltdegradation und Umweltkonflikte auf der Verschränkung von Prozessen und gesellschaftlichen Strukturen auf unterschiedlichen Handlungsebenen (lokal, regional, national, global) beruhen, die wiederum das Ergebnis der Interaktionen einzelner Akteure auf diesen Handlungsebenen sind (Bohle 2011).

Ein weiterer Schwerpunkt handlungstheoretischer Analysen liegt auf Formen des Umgangs mit natürlichen Rahmenbedingungen und Naturereignissen. Dabei können „risikobehaftete Rahmenbedingungen" (Bohle 2011), wie zum Beispiel Ressourcenmangel, Umweltdegradation oder Naturkatastrophen, als **Strukturen,** das heißt als für das Individuum unveränderlich konzipiert werden. Demgegenüber stehen die Aktivitätsmuster jeweils betroffener Gruppen, die vor dem Hintergrund dieser Rahmenbedingungen nach spezifischen Lösungs- und **Anpassungsstrategien** suchen (Bohle 2011). Bei der Entwicklung von Anpassungshandlungen stehen Individuen und sozialen Gruppen dabei unterschiedliche, materielle wie symbolische **Ressourcen** zur Verfügung. Im Anschluss an Bourdieu (1983) lassen sich diese als unterschiedliche Kapitalsorten beschreiben, die sich in ökonomisches, soziales, kulturelles und symbolisches Kapital unterteilen lassen. Demzufolge können Akteure nicht nur finanzielle Mittel (ökonomisches Kapital) nutzen, um Einfluss auf Konflikte und Problemlagen zu nehmen, sondern sie können auch Netzwerke und Beziehungen (soziales Kapital), Bildung und Wissen (kulturelles Kapital) oder ihre soziale Anerkennung und ihr Prestige (symbolisches Kapital) einsetzen (Sakdapolrak 2014).

Poststrukturalistische Ansätze der Humangeographischen Gesellschaft-Umwelt-Forschung setzen an dem Verhältnis zwischen Wissensproduktion über Natur und Umwelt einerseits und damit verbundenen gesellschaftlichen Machtstrukturen andererseits an. Sie bauen auf der theoretischen Annahme auf, dass Wissen und Wahrheit in überindividuellen, sprachlichen und symbolischen Konstruktionsprozessen permanent neu hergestellt und verändert werden und dass das so produzierte Wissen über „die Welt" untrennbar mit der Ausübung von Macht verknüpft ist.

Eine im Bereich der Gesellschaft-Umwelt-Verhältnisse besonders einflussreiche Wissensordnung ist die Trennung zwischen Natur und Kultur, die im Kern modernen Denkens steht (Zierhofer 2011). Diese geht davon aus, dass die Welt in zwei grundsätzlich voneinander verschiedene Sphären unterschieden werden kann: auf der einen Seite die Natur, deren Prozesse durch Naturgesetze beschrieben werden, und auf der anderen Seite die Kultur als die Sphäre menschlicher Aktivität, Kreativität und Freiheit, die die Möglichkeit beinhaltet, die Natur zu unterwerfen (zu „kultivieren"). Diese Dichotomie ist eng verwandt mit anderen modernen Gegensätzen, wie dem zwischen Körper und Geist, Materie und Sinn oder Zivilisation und Wildnis (Zierhofer 2011). Ihren Niederschlag finden solche Unterscheidungen beispielsweise in naturdeterministischen Erklärungsweisen oder bei Fragen des Naturschutzes, für den ebenfalls die Trennung zwischen (schützenswerter) Natur und Kultur grundlegend ist.

Solche Unterscheidungen haben vielfältige Konsequenzen für gesellschaftliches und politisches Handeln, die besonders prominent im Bereich postkolonialer Ansätze und feministischer Kritik aufgedeckt und problematisiert wurden. Ausgangspunkt der Kritik sind dabei in beiden Fällen Darstellungsweisen, die bestimmte gesellschaftliche Verhältnisse und Machtstrukturen als „natürlich" bezeichnen (in der „Natur" von Völkern, Frauen oder Menschen „an sich" liegend) und sich damit der Notwendigkeit gesellschaftlicher Legitimation und Aushandlung entziehen. Beispielsweise haben postkoloniale Arbeiten wie die von Edward Said über westliche Konstruktionen des „Orient" aufgezeigt, dass die Unterwerfung von Völkern im Rahmen des Kolonialismus auf der Konstruktion eines hierarchischen Verhältnisses zwischen zivilisierten und rationalen Kolonisatoren („Kulturvölker", „entwickelte Länder") einerseits und irrationalen, mysteriösen und unzivilisierten Kolonien andererseits beruhte. Die Eigenkonstruktion der Kolonisatoren als überlegen und „modern" beruht dabei auf der Abgrenzung von einem als möglichst „anders" konzipierten Gegenüber, welches durch natürliche „Triebe" gekennzeichnet ist („Naturvölker"). In ähnlicher Weise haben Arbeiten des Feminismus und der *Gender*-Forschung offengelegt, dass viele geschlechtsbezogene Normen, Werte und Stereotypen die „Natürlichkeit" bestimmter hegemonialer Sicht- und Verhaltensweisen postulieren, wie zum Beispiel Heterosexualität, Rollenverteilungen und Hierarchieverhältnisse zwischen Mann und Frau (Kap. 5; Strüver 2011). In diesem Sinne haben Vorstellungen über die Trennung zwischen Natur und Kultur auch Auswirkungen auf gesellschaftliche Machtverhältnisse, die nicht unmittelbar mit Umweltbeziehungen in Verbindung stehen.

Bei den **Systemtheorien** lassen sich im Bereich der Gesellschaft-Umwelt-Forschung nach Egner (2011) zwei prinzipiell verschiedene Arten unterscheiden. Die erste besteht in einem physiogeographischen Systemverständnis, das auf der allgemeinen Systemtheorie der 1960er-Jahre beruht. Ein System beschreibt demzufolge die Gesamtheit von Elementen, Teilen und Charakteristiken, die sich durch ihre Bezüge und Wechselwirkungen von der Umwelt abgrenzen. Solche Systemverständnisse werden häufig in Form von Diagrammen visualisiert, in denen mithilfe von Verbindungslinien und Pfeilen sowohl physisch-materielle als auch soziale Faktoren aufeinander bezogen werden (Egner 2011). Die Grenzen des Systems ergeben sich dabei aus der Forschungsperspektive, das heißt, sie werden vom Forschenden abhängig von der jeweiligen Fragestellung festgelegt.

Im Gegensatz dazu machen Systemtheorien zweiter Ordnung, oft in Anschluss an die soziologische Systemtheorie von Niklas Luhmann (1986), die Unterscheidung zwischen einem System und seiner Umwelt zum zentralen Fokus der Betrachtung. Gesellschaftliche Wirklichkeit ist demnach in drei Typen von Systemen unterteilt: psychische, biologische und soziale Systeme. Diese funktionieren nach grundsätzlich verschiedenen Logiken und können deshalb nicht direkt miteinander kommunizieren. Sie stellen gegenseitig zueinander „Umwelt" dar. Gesellschaftswissenschaften beschäftigen sich in erster Linie mit sozialen Systemen. Diese sind durch das Prinzip der **Kommunikation** als zentrale Form der Interaktion gekennzeichnet. Moderne Gesellschaften sind in der Regel in unterschiedliche gesellschaftliche Teilsysteme untergliedert, wie zum Beispiel Wissenschaft, Politik, Recht oder Religion. Diese beruhen auf dem Prinzip der **Selbstreferenz** oder Autopoiese. Damit wird der Umstand beschrieben, dass Systeme sich selbst von ihrer Umwelt abgrenzen (z. B. entscheiden Institutionen und Begründungen innerhalb der Wissenschaft über die Wissenschaftlichkeit oder Unwissenschaftlichkeit von Forschungsansätzen).

Einem solchen Systemverständnis zweiter Ordnung zufolge sind soziale Systeme (Wissenschaft, Politik, Recht) nicht in der Lage, direkt mit den in ihrer Umwelt befindlichen natürlichen Systemen zu kommunizieren (Lippuner 2010). Ihre Wahrnehmung der Umwelt ist vielmehr immer durch ihre spezifische Perspektive, die der Betrachtung zugrunde liegende Leitdifferenz, gekennzeichnet. So gehorcht etwa Wissenschaft einer Unterscheidung in „wahr" und „unwahr" und versucht mithilfe spezifischer Messverfahren, „wahre" Gesetzmäßigkeiten über die Natur aufzudecken. Das System der Politik wiederum funktioniert nach völlig anderen Logiken (z. B. Streben nach Wiederwahl von Politikern), die, wie das bisherige Scheitern der globalen Klimaverhandlungen eindrucksvoll zeigt, weitgehend von wissenschaftlichen Erkenntnissen entkoppelt sind.

Exkurs 2.2 Humanökologie

Das Forschungsfeld der Humanökologie beschreibt einen transdisziplinären Forschungszusammenhang, der sich mit den Zusammenhängen und Wechselwirkungen zwischen Mensch und Umwelt bzw. zwischen Natur und Kultur beschäftigt (Weichhart 2011). Ähnlich wie die *actor network theory* oder Assemblage-Theorien lehnt die Humanökologie die dichotome Unterteilung in physisch-materielle Welt einerseits und soziale Welt andererseits ab. Stattdessen geht sie davon aus, dass die Welt aus hybriden Phänomenen besteht, die sich einer eindeutigen Klassifikation als „natürlich" oder „sozial" entziehen. Zentraler Untersuchungsgegenstand der Humanökologie ist der Mensch in der Natur als Ausdruck eines ganzheitlichen Zusammenhangs (Weichhart 2011).

Im Rahmen humanökologischer Denkweisen wurde von der Arbeitsgruppe „Soziale Ökologie" in Klagenfurt ein Modell von Gesellschaft-Umwelt-Verhältnissen entwickelt (Abb. 2.6), welches neben kommunikativen Elementen der Konstruktion gesellschaftlicher Wirklichkeit auch physisch-materielle Komponenten beinhaltet (Fischer-Kowal-

ski und Weisz 1999). Menschliche Aktivitäten werden in dieser Konzeption durch symbolische Kommunikation und soziale Sinnsysteme gesteuert. Die Verknüpfung mit physisch-materiellen Aspekten erfolgt über Prozesse der „Kolonisierung", indem durch Arbeit und Aneignung natürliche Ökosysteme mit menschlichen Systemen verknüpft werden und zwischen beiden Sphären ein Stoffwechsel erzeugt wird. Das heißt: Anders als bei den in Exkurs 2.1 skizzierten Theorien werden hier zwei getrennte Sphären unterschieden, die aber durch einen gemeinsamen Schnittbereich miteinander verbunden sind, in dem ein Austausch stattfindet.

Insgesamt geht dieses humanökologische Modell von einem systemischen Verständnis von Wirklichkeit aus, in dem natürliche und soziale Systeme nach unterschiedlichen Logiken funktionieren. Es betont jedoch im Gegensatz zur soziologischen Systemtheorie (Luhmann 1986), dass diese unterschiedlichen Systeme in einem Wechselverhältnis zueinander bestehen und dass insbesondere das soziale System, sowohl über die Körperlichkeit von Menschen als auch über die Aneignung materieller Gegebenheiten, untrennbar mit physischen Faktoren verbunden ist.

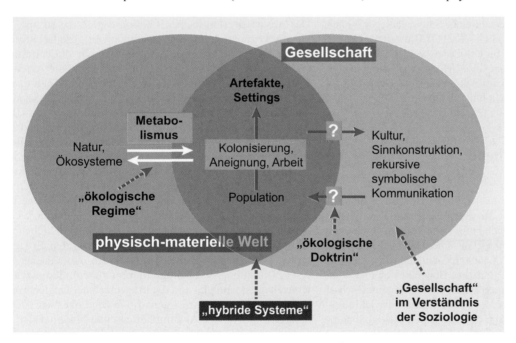

Abb. 2.6 Modell der Gesellschaft-Umwelt-Beziehungen der Arbeitsgruppe „Soziale Ökologie" (verändert nach Fischer-Kowalski und Weisz 1999)

Trotz der unterschiedlichen Funktionslogiken sozialer und physischer Systeme zeigt eine Reihe von empirischen Beobachtungen, dass sich solche unterschiedlichen Teilsysteme durchaus wechselseitig beeinflussen, zum Beispiel wenn bestimmte wirtschaftliche Strukturen zu Veränderungen des Klimas führen oder

wenn umgekehrt Formen der Rechtsprechung an veränderte physische Rahmenbedingungen angepasst werden. Ein Ansatz, der diese Grundlagen von Systemtheorien zweiter Ordnung aufgreift und zu einer Theorie der Gesellschaft-Umwelt-Verhältnisse weiterentwickelt, ist die **Humanökologie** (Exkurs 2.2).

2.3 Konzeptualisierung von Mensch-Umwelt-Beziehungen

Inwiefern tragen Bevölkerungswachstum und mangelndes Wissen lokaler Bevölkerung zur fortschreitenden Desertifikation (Wüstenbildung) bei? Wie lässt sich Wasserknappheit trotz Wasserverfügbarkeit erklären? Warum verursachen Naturgefahren wie Stürme und Erdbeben ähnlicher Stärken so unterschiedliche Schäden an unterschiedlichen Orten? Zur Beantwortung dieser und ähnlicher Fragen hat die Humangeographische Gesellschaft-Umwelt-Forschung vielfältige **Ansätze mittlerer Reichweite** entwickelt, die forschungsleitend zur Analyse spezifischer Problemkonstellationen der Gesellschaft-Umwelt-Beziehungen eingesetzt werden können. Einige dieser Konzepte und Ansätze entwickelten sich aus der Disziplin der Geographie (z. B. Politische Ökologie, Ansatz der sozialen Verwundbarkeit). Andere wurden aus Nachbardisziplinen übernommen und weiter ausgearbeitet (z. B. Ansatz der Verfügungsrechte, Resilienz). Viele der im Folgenden dargestellten Ansätze werden nicht exklusiv für die Analyse von Gesellschaft-Umwelt-Beziehungen genutzt. Zudem werden sie – zumindest in der deutschsprachigen Geographie – traditionell in anderen Teildisziplinen, vor allem der Geographischen Entwicklungsforschung (Kap. 8) verortet. Die Ansätze eignen sich jedoch nicht nur für die Betrachtung von **Gesellschaft-Umwelt-Beziehungen** im Kontext des globalen Südens, sondern tragen – wie zahlreiche Studien belegen – auch zum besseren Verständnis von Gesellschaft-Umwelt-Beziehungen im globalen Norden bei. Im Folgenden werden vier zentrale Ansätze Humangeographischer Gesellschaft-Umwelt-Forschung – Politische Ökologie, Umweltverfügungsrechte, Verwundbarkeit und Resilienz – vorgestellt und erläutert.

2.3.1 Politische Ökologie

Nach Schätzung des Internationalen Fonds für landwirtschaftliche Entwicklung (IFAD) der Vereinten Nationen (IFAD 2010) gehen jährlich 12 Mio. ha fruchtbares Land verloren – Tendenz steigend. Desertifikation gefährdet die Überlebenssicherung von 1 Mrd. Menschen in über 100 Ländern, vor allem in den Ländern des globalen Südens. Landdegradation, Bodenerosion und Wüstenbildung werden von der internationalen Staatengemeinschaft als ein ernstzunehmendes globales **Umwelt- und Entwicklungsproblem** betrachtet, was in dem internationalen Umweltabkommen zur Vermeidung und Verhinderung von Desertifikation und Landdegradation von 1994 seinen Niederschlag findet. Eine bemerkenswerte Persistenz seit der Kolonialzeit bis heute zeigt sich bei der Ursachenanalyse, die das Umweltproblem vor allem auf fehlendes Wissen und unsachgemäße Bodenschutzpraktiken der lokalen Bevölkerung zurückführt. Dieses verschärft sich – so die gängige Analyse – zudem durch Übernutzung in Folge der Bevölkerungsexplosion. Doch warum weiß ausgerechnet die lokal ansässige Bevölkerung nicht, wie ihr Land sachgemäß genutzt werden muss?

Piers M. Blaikie, dessen Arbeit *The political economy of soil erosion in developing countries* (Blaikie 1985) für die Entwicklung der Politischen Ökologie grundlegend war, hat am Beispiel der Bodenerosion in Ländern des globalen Südens dieses Erklärungsmuster grundsätzlich kritisiert und eine alternative Perspektive angeboten. Den zentralen Ausgangspunkt der Entwicklung des Ansatzes der Politischen Ökologie bildet die Kritik an solchen Erklärungsansätzen von Umweltproblemen (z. B. Bodenerosion), die vor allem das quantitative Verhältnis der natürlichen Ressource zur Bevölkerung ins Zentrum stellen und entsprechend Umweltkrisen als natürliche Folgen des übermäßigen Bevölkerungswachstums interpretieren (Malthusianische Analyse). Aufbauend auf den Erkenntnissen der Arbeiten zur Kulturökologie und den Kritischen Entwicklungstheorien hinterfragt der Ansatz der Politischen Ökologie die Natürlichkeit von Umweltbedingungen und sucht nach deren tiefer liegenden **politisch-ökonomischen Entstehungsbedingungen.** So zeigte Blaikie in seiner Studie, dass die Ursachen für Landdegradation in Afrika in der Kolonialpolitik liegen, in deren Folge die lokale Bevölkerung gezwungen wurde, die vorhandenen Ressourcen zu übernutzen. Die Verknüpfung von ökologischen Fragestellungen mit der Perspektive der Politischen Ökonomie, die Piers M. Blaikie in seiner Arbeit vornahm, bildet nach wie vor den Grundpfeiler des politisch-ökologischen Denkens (Krings 2008).

Der Ansatz der Politischen Ökologie geht davon aus, dass Umweltveränderungen ein Ausdruck von gesellschaftlichen und politischen Prozessen sind und durch diese bestimmt werden. Die Politische Ökologie nimmt dabei die Akteure in Umweltkrisen und -konflikten in den Blick und fragt danach, wer welche Interessen verfolgt und wer welche Ressourcen und Macht besitzt und nutzt, um diese durchzusetzen (Bohle 2011). Umweltkonflikte werden dadurch in den Kontext einer Gesellschaft mit ungleich verteilten **Macht- und Handlungsmöglichkeiten** gestellt. Der Ansatz hebt hervor, dass nicht nur lokale Akteure, die direkt von Umweltproblemen betroffen sind *(place-based actors)* in die Analyse mit einbezogen werden müssen. Für das Verständnis der Umweltprobleme ist es wichtig, auch Akteure anderer, nicht lokaler Handlungsebenen *(non-place-based actors)* einzubeziehen. Der Mehrebenenansatz und die Analyse von **skalenübergreifenden Prozessen** bilden eine wichtige Dimension politisch-ökologischer Analysen. Die Politische Ökologie nimmt zudem die Folgen von Umweltveränderungen und die Frage nach der Ungleichverteilung von Profit und Kosten genauso in den Fokus wie auch die daraus resultierenden Akkumulations- und Marginalisierungsprozesse. Durch die Perspektive der Politischen Ökologie rücken Fragen nach den strukturellen Rahmenbedingungen, der Rolle von Akteuren auf verschiedenen Handlungsebenen, nach Macht und Handlungsspielräumen, Armut und Verwundbarkeit im Kontext einer politisierten Umwelt in den Mittelpunkt des Interesses (Abb. 2.7).

Die Politische Ökologie ist kein kohärenter Untersuchungsansatz, sondern ein eher loses Netzwerk unterschiedlicher Disziplinen, deren Gemeinsamkeit im weitesten Sinne in der politisch-ökono-

Abb. 2.7 Politische Ökologie

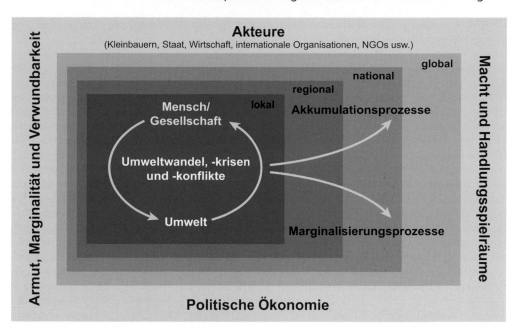

mischen Interpretation von Gesellschaft-Umwelt-Beziehungen liegt. Die Politische Ökologie ist jedoch ein sehr dynamisches Forschungsfeld, das sich seit seiner Begründung in unterschiedliche Richtungen weiterentwickelt hat. So rückt die **poststrukturalistische Politische Ökologie** die Konstruktion und Repräsentation von Umweltwissen in das Blickfeld ihrer Betrachtung und fragt danach, durch wen, weshalb, zu welchem Zweck und mit welchen Auswirkungen Umweltwissen produziert wird. Dadurch wird bei der Untersuchung von Umweltproblemen auch die Vielfalt der im Wettstreit stehenden Wahrnehmungen unterschiedlicher Akteure berücksichtigt (Peet und Watts 2002). Die sich in den letzten Jahren formierende **urbane Politische Ökologie** greift die lange vernachlässigte Analyse städtischer Gesellschaft-Umwelt-Beziehungen auf (Zimmer 2010). Städte werden als Produkte sozial-ökologischer Prozesse betrachtet, deren spezifische Konfiguration durch politische und ökonomische Mechanismen geformt und reproduziert wird. Die Kernfrage der urbanen Politischen Ökologie lautet, wer welche urbanen sozial-ökologischen Bedingungen für wen produziert.

2.3.2 Verfügungsrechtliche Ansätze

Im Jahr 2011 war die Weltgemeinschaft wieder Zeuge einer großen Hungerkatastrophe, die sich am Horn von Afrika abspielte. Über 11 Mio. Menschen waren von der **Hungerkrise** betroffen, mehr als 3,7 Mio. akut vom Hungertod bedroht (Zahout 2011). Unter der Überschrift „Die angekündigte Katastrophe" führt ein Beitrag in der Süddeutschen Zeitung (SZ 26.07.2011) die humanitäre Katastrophe auf natürliche Gegebenheiten zurück: Die Region sei „eine der am stärksten von Dürre betroffenen Regionen der Welt", in der das „zweite Jahr in Folge der […]

Regen ausgeblieben" sei. Der Beitrag berichtet von „Ernteausfällen infolge der Trockenheit", Gefahr von „Feuersbrünsten" und „Insektenplagen" und der „Zerstörung der bestellbaren Böden durch Erosion". Die Natur, so scheint es, hat sich gegen den Menschen gewandt.

Dieses Erklärungsmodell stellt der Nobelpreisträger und der Begründer des verfügungsrechtlichen Ansatzes Amartyar Sen infrage. In seiner Arbeit *Poverty and famines. An essay on entitlement and deprivation* (Sen 1981) untersuchte er verschiedene Hungerkatastrophen in Afrika und Südasien. Bei seiner Analyse kam er zu der Erkenntnis, dass nicht nur Dürren oder sonstige Naturereignisse – also die Reduzierung des Angebots für Nahrung – ursächlich für Hungerkatastrophen sind. Vielmehr führt der Zusammenbruch der **Verfügungsrechte** *(entitlements)* und der damit verbundene fehlende Zugang zu Nahrung für bestimmte soziale Gruppen zu Nahrungsunsicherheit und -krisen. Nach Sen sind Verfügungsrechte alle potenziell möglichen Kombinationen von Gütern und Dienstleistungen, über die eine Person aufgrund der Gesamtheit ihrer Möglichkeiten und Rechte verfügen kann. Die Frage, ob sich mithilfe der **Ausstattung** *(endowment)* der Zugang zu anderen Gütern und Dienstleistungen realisieren lässt, hängt vom *exchange entitlement mapping (E-mapping)* ab, also dem Prozess der **Transformation** von Ausstattung in Verfügungsrechte (Sen 1981). Der Zugang kann auf unterschiedlichen verfügungsrechtlichen Beziehungen beruhen, wie etwa Handel, Produktion oder Einsatz der Arbeitskraft.

In dem einflussreichen Beitrag *Environmental entitlements: Dynamics and institutions in community-based natural resource management* aus dem Jahr 1999 haben Melissa Leach, Robin Mearns und Ian Scoones den verfügungsrechtlichen Ansatz erweitert und spezifiziert. Im Fokus ihrer Arbeit stand die als

CNRM *(Community Natural Resource Management)* bezeichnete gemeinschaftliche Nutzung natürlicher Ressourcen auf lokaler Ebene. Um die **Ressourcennutzung** zu verstehen, so ihr Argument, ist es notwendig, die Frage zu stellen, welche Akteure welche Aspekte von Umwelt als Ressource betrachten, wie diese Akteure Zugang und Kontrolle über die Ressource erlangen und wie die Nutzung der Ressource die Umwelt verändert. Mit diesen Fragen kritisierten sie die statische Auffassung von Umwelt und das undifferenzierte Betrachten lokaler Gemeinschaften, die den CNRM-Ansätzen zugrunde lag. Ihr erweiterter Ansatz von umweltbezogenen Verfügungsrechten betont die Rolle von **Institutionen** für die Transformation der Ausstattung in Verfügungsrechte. Institutionen werden dabei keinesfalls als gegeben angenommen, sondern auch als Ergebnis eines Aushandlungsprozesses im Kontext gesellschaftlicher Machtbeziehungen gesehen, die sowohl Handlungen strukturieren als auch durch Handlungen strukturiert werden (Leach et al. 1999). Sie heben zudem hervor, dass neben gesetzlichen Regelungen auch andere sozial sanktionierte Regeln und Normen (Gewohnheitsrechte, soziale Konventionen usw.) die Basis legitimer Verfügungsrechte bilden können. Es ist häufig unklar, welche Regeln von wem als legitim angesehen werden, da Regeln umstritten sind und **verschiedene Regelsysteme** häufig im Wettstreit um die Hegemonie stehen. Umkämpft sind darüber hinaus auch die Ansprüche, die einzelne soziale Akteure auf Güter und Dienstleistungen erheben. Deren effektive Nutzung vollzieht sich im Kontext sozialer Machtbeziehungen und in Konkurrenz mit mehr oder weniger machtvollen Akteuren. Dies veranschaulichen zum Beispiel Langridge et al. (2006) in einer Studie zur **Wasserknappheit** im Norden Kaliforniens. Die Autoren zeigen auf, wie die mangelnde Wasserverfügbarkeit in bestimmten Kommunen nicht mit der tatsächlich vorhandenen Wassermenge in Zusammenhang steht, sondern durch historisch gewachsene Mechanismen des Zugangs zu und der Kontrolle über Wasser im Kontext gesellschaftlicher Machtbeziehungen erklärt werden muss. Grundsätzlich besitzen umweltbezogene Verfügungsrechte also einen prozesshaften, dynamischen und umkämpften Charakter und sind das Ergebnis von Aushandlungsprozessen, bei denen Machtverhältnisse eine wichtige Rolle spielen.

2.3.3 Ansatz der sozialen Verwundbarkeit

Am 29. August 2005 traf Hurrikan Katrina mit etwa 200 km/h auf die Südküste der Vereinigten Staaten. Schätzungsweise 1800 Menschen fielen dem Wirbelsturm zum Opfer. Drei Jahre später, am 2. Mai 2008, traf Zyklon Nagris mit einer Geschwindigkeit von etwa 215 km/h auf die Küste Myanmars. Der Zyklon forderte mindestens 138 000 Opfer. Die beiden tropischen Wirbelstürme gehörten zu den verheerendsten **Naturkatastrophen** in der Geschichte beider Länder. Doch warum forderte ein ähnliches Naturereignis in beiden Ländern eine so unterschiedliche Anzahl von Opfern? Ist dies eine Folge der zufälligen Laune der Natur?

„Floods are ‚acts of God‘, but flood losses are largely an act of man" (White 1945). Gilbert F. White, Geograph und Gründungsvater der Naturgefahrenforschung, machte mit diesem Satz bereits 1945 darauf aufmerksam, dass es für das Verständnis von Naturkatastrophen, deren Auswirkungen und die Reaktion der Betroffenen, nicht ausreicht, das vermeintlich natürliche Ereignis allein in den Blick zu nehmen. In seiner Forschung, bei der er Überschwemmungsereignisse in den USA analysierte, zeigte White auf, dass Naturkatastrophen vor allem als **fehlerhafte Anpassung** des Menschen an die Natur zu verstehen sind. So kann der Bau von Deichen zum Schutz vor Überschwemmungen dazu führen, dass sich mehr Menschen in überschwemmungsgefährdeten Gebieten niederlassen, was zu höheren Verlusten bei Überschwemmungsereignissen führt. Während der auf White zurückgehende *Risk-hazard*-Ansatz Naturgefahren als Ausgangspunkt der Analyse nahm und vor allem unangepasstes Verhalten und falsche Risikowahrnehmung als Erklärung für Zerstörung und Katastrophen heranzog, gingen die Naturgefahrenforscher und -forscherinnen in den späten 1970er- und Anfang der 1980er-Jahre einen Schritt weiter und fragten nach den grundlegenden Ursachen für Naturkatastrophen. Mit dem aus dem Jahr 1976 stammenden Beitrag *„Taking naturalness out of natural disasters"* in der renommierten Fachzeitschrift *Nature* wiesen Phil O'Keefe, Ken Westgate und Ben Wisner auf die grundlegenden **politischen und sozialen Ursachen** für Katastrophen – die besser als Sozialkatastrophen (Felgentreff und Glade 2007) zu bezeichnen sind – hin und setzten damit einen der Grundpfeiler für den Ansatz der sozialen Verwundbarkeit.

Das Hauptinteresse der Analyse sozialer Verwundbarkeit richtet sich auf das Risiko des verminderten Wohlergehens von sozialen Akteuren im Kontext von Stress und Belastungen. Die von Chambers (1989) aufgestellte Doppelstruktur der sozialen Verwundbarkeit bildet den konzeptionellen Kern des Ansatzes: Soziale Verwundbarkeit drückt sich demnach in dem Wechselspiel zwischen externen **Risiken** aus, denen eine Person oder ein Haushalt ausgesetzt ist, und der internen **Wehrlosigkeit,** das heißt dem Mangel an Mitteln, die Risiken zu bewältigen. Verwundbarkeit wird also in Bezug auf Risikoexposition und Bewältigung sowie das Zusammenspiel von internen und externen Faktoren definiert.

Mit dem *Pressure-and-Release*-Modell – kurz **PAR** – haben Wisner et al. (2004) einen Analyserahmen aufgestellt, mit dem das Verhältnis von Naturkatastrophen und Verwundbarkeit systematisch untersucht werden kann (Abb. 2.8). Der Doppelstruktur der Verwundbarkeit folgend, erklärt das Modell Naturkatastrophen als **Interaktion** von Naturereignis und Verwundbarkeit. Eine Naturkatastrophe ereignet sich, wenn verwundbare Bevölkerungsgruppen Naturgefahren ausgesetzt sind und es zu einem Zusammenbruch ihrer **Lebenssicherungssysteme** *(livelihoods system)* kommt, von dem sie sich ohne externe Hilfe nicht mehr erholen können (Bohle 2011). Anliegen des PAR-Ansatzes ist es, Aufmerksamkeit auf die Prozesse zu lenken, die Menschen verwundbar machen. Sie konzeptualisieren Verwundbarkeit als eine prozesshafte und kumulative Abfolge von Grundursachen *(root causes)* und dynamischen Druckfaktoren *(dynamic pressures)*,

Abb. 2.8 *Pressure-and-Release*-Modell (verändert nach Wisner et al. 2004)

die schließlich zu Unsicherheiten *(unsafe conditions)* führen. Der Fokus des Ansatzes liegt auf der differenzierten Verwundbarkeit von exponierten Personen und Gruppen gegenüber spezifischen Naturgefahren. Diese dynamische und prozessorientierte Analyse der Verwundbarkeit interessiert sich für die Beschaffenheit, die Verteilung und die Ursachen der Verwundbarkeit und geht den Fragen nach, wer, wann, wie und warum verwundbar ist.

2.3.4 Resilienz – Kollaps – Restrukturierung

Die Suche nach den Ursachen für die Fähigkeit risikoexponierter Gruppen und Gesellschaften, Naturgefahren nicht nur zu widerstehen, sondern sich von ihnen auch wieder zu erholen, ist eng verknüpft mit dem Konzept der **Resilienz** (Keck und Sakdapolrak 2013). Der Ursprung dieses Konzepts liegt in der Auseinandersetzung über die Funktionsweise von Ökosystemen. Grundlegend für die Entstehung der Resilienzperspektive war die Publikation *Resilience and stability of ecological systems* (Holling 1973). Crawford Holling hat mit seiner Arbeit die statischen Gleichgewichtsvorstellungen der Funktionsweise von Ökosystemen grundsätzlich infrage gestellt. Seine Arbeiten zeigten auf, dass Ökosysteme nichtlinearen Dynamiken folgen und komplexe adaptive Systeme darstellen, die Zyklizitäten und multiple Stabilitätszustände aufweisen. In dieser ersten Phase der Entwicklung des Resilienzkonzepts stand die **Persistenz** von ökologischen Systemen und deren Fähigkeit, Veränderun-

gen und Störungen zu absorbieren, im Vordergrund. Nach und nach bezog die Resilienzforschung das Verhältnis von Mensch und Ökosystem in ihre Überlegungen ein und weitete ihren Untersuchungsgegenstand auf sogenannte **gekoppelte sozial-ökologische Systeme** aus. Neben der Persistenz von Systemen gegenüber Belastungen und Stress wurde nun zunehmend auch deren Fähigkeit, sich nach erfolgten Störungen und Belastungen zu reorganisieren, zu lernen und sich anzupassen, als zentraler Aspekt von Resilienz identifiziert. Resilienz als **Anpassung** entwickelte sich zu einer zentralen Vorstellung im Diskurs um die Folgen und den Umgang mit dem Klimawandel.

Das Resilienzkonzept öffnete sich damit auch anderen Disziplinen jenseits der Ökologie und nahm **sozialwissenschaftliche Problemkonstellationen** in den Blick. Diese Öffnung und Ausweitung des Resilienzkonzepts zur Analyse sozialer Systeme rief auch zunehmend Kritik hervor. Kritische Sozialwissenschaftler und Sozialwissenschaftlerinnen warfen den Verfechtern des Resilienzkonzepts vor, nur die Wiederherstellung eines früheren Zustands – also die Bewahrung des Status quo – zum Ziel zu haben. Ist die Wiederherstellung funktionsfähiger Wohneinheiten für Betroffene von Erdbeben ein Zeichen für die Resilienz der entsprechenden Gesellschaften? Muss nicht neben der Frage nach der Ursache für die unterschiedliche Betroffenheit (Abschn. 2.3.3) auch die Frage gestellt werden, was die Wiederherstellung bestimmter Funktionen für zukünftige Krisen und Katastrophen bedeutet? Die jüngste Weiterentwicklung des Resilienzkonzepts um den Aspekt der **Transformation** greift die Kritik am einen Status quo bewahrenden, konservativen

Tab. 2.1 Kapazitäten sozialer Resilienz (Keck und Sakdapolrak 2013)

	Kapazitäten		
	Bewältigung	Anpassung	Transformation
Interaktion mit Risiko	ex post	ex ante	ex ante
zeitlicher Horizont	kurzfristig	langfristig	langfristig
Grad der Veränderung	niedrig, Status quo	mittel, langsamer Wandel	hoch, radikaler Wandel
Wirkung	Wiederherstellung des aktuellen Niveaus des Wohlergehens	Sicherstellung des zukünftigen Wohlergehens	Verbesserung des aktuellen und zukünftigen Wohlergehens

Charakter von Resilienz auf. Die Forschung stellt sich dabei der normativen Frage, wie alternative Entwicklungspfade aussehen könnten, die eine Wiederholung vergangener Krisen und Katastrophen unwahrscheinlicher machen.

Die schrittweise konzeptionelle Erweiterung des Resilienzkonzepts und dessen Ausdehnung auf die Analyse sozialer Systeme konfrontiert die Resilienzforschung mit der Frage, was **soziale Resilienz** bedeutet (Endreß et al. 2015). In einer wachsenden Zahl von Publikationen zu sozialer Resilienz wird diese definiert als die Fähigkeit von sozialen Einheiten – seien es Individuen, Gruppen oder Organisationen –, mit sozialem und ökologischem Stress umzugehen, ohne grundlegende Charakteristiken und Funktionen zu verlieren (Keck und Sakdapolrak 2013). Dabei werden drei verschiedene Kapazitäten (hier gleichbedeutend mit Fähigkeiten) unterschieden: die Kapazität, Belastungen und Störungen zu widerstehen und zu bewältigen (Bewältigungskapazität), sich ihnen proaktiv anzupassen (Anpassungskapazität) und sich antizipierend zu transformieren (Transformationskapazität), um gegen zukünftige Unsicherheiten gewappnet zu sein. Die Kapazitäten unterscheiden sich nach zeitlichem Horizont, Grad der Veränderung, die eine Einheit oder ein System durchläuft, und dem zu erfüllenden Zweck (Tab. 2.1). Das Verständnis von sozialer Resilienz ist stark beeinflusst von sozialwissenschaftlichen Erkenntnissen und adressiert explizit Fragen von Handlungsfähigkeit und -zwängen, Machtbeziehungen, sozialen Praktiken, Institutionen und Wissen. Als **Kerndeterminanten** sozialer Resilienz gelten die Ausstattung mit Ressourcen und die Einbettung in Netzwerke, Wissen und Diskurse sowie soziale Institutionen und Machtbeziehungen (Keck und Sakdapolrak 2013).

Die Entwicklung des Konzepts der sozialen Resilienz zeigt einige Ähnlichkeit mit dem Konzept der sozialen Verwundbarkeit. In der Literatur gibt es eine lebhafte Diskussion darüber, wie die beiden Konzepte in Relation zueinander stehen und ob es sich bei den Konzepten um zwei Seiten derselben Medaille handelt (Gallopín 2006). Im Vergleich zur sozialen Verwundbarkeit betont das Konzept der Resilienz die Kopplung und **Interdependenz** von sozialer und ökologischer Sphäre, die beide nicht unabhängig voneinander betrachtet werden können. Während die soziale Verwundbarkeit vor allem Mängel und Defizite sucht, geht es bei der Resilienzforschung im Kern darum, Kreativität, Potenziale und Kapazitäten verwundbarer Akteure zu stärken,

um resiliente Transformationen ihrer Lebensumstände zu ermöglichen (Bohle 2011).

2.4 Aktuelle Themen und Fragestellungen

Nachdem in den zwei vorherigen Teilkapiteln eine Einführung in die wichtigsten theoretischen Strömungen und Ansätze der Humangeographie zur Untersuchung von Gesellschaft-Umwelt-Beziehungen gegeben wurde, ist es das Ziel des folgenden Abschnitts, einige aktuelle Forschungsthemen vorzustellen.

2.4.1 Naturgefahren, Naturrisiken und Naturkatastrophen

Hurrikan Katrina und Zyklon Nagris, die Dürre am Horn von Afrika – die in Abschn. 2.3 beispielhaft aufgeführten Naturereignisse waren allesamt verbunden mit dem Verlust von Menschenleben und enormen Sachschäden. Die Ereignisse wurden zur Gefahr und zum Risiko für die Betroffenen. Aber was macht aus einem Naturereignis eine Gefahr und Katastrophe? Wie lassen sich diese definieren und kategorisieren?

Die Internationale Strategie der Vereinten Nationen für Katastrophenvorsorge (UNISDR) definiert Gefahren als Phänomene, Ereignisse, Substanzen, Aktivitäten oder Gegebenheiten, die auf den Menschen und von ihm geschätzte Güter und Dienstleistungen negative Auswirkungen haben und Schaden anrichten (UNISDR 2009). Als **Naturgefahren** werden geo-physikalische Ereignisse wie Erdbeben, Tsunamis, Vulkanausbrüche, Waldbrände, Dürren, Überschwemmungen oder Stürme bezeichnet, die Verletzungen oder Todesfälle verursachen und sozioökonomische Schäden anrichten (Felgentreff und Glade 2007). Naturgefahren werden meist gemeinsam mit den Begriffen Risiko und Verwundbarkeit (Abschn. 2.3.3) konzeptualisiert. **Risiko** als die Wahrscheinlichkeit eines schadenträchtigen Ereignisses wird dabei als Funktion von (Natur-)Gefahren und Verwundbarkeit aufgefasst. Verwundbarkeit wird als das Ausmaß der negativen Auswirkung eines Ereignisses auf den Betroffenen beschrieben (Wisner et al. 2004). Nicht jedes Naturereignis ist also gleich eine Naturgefahr, die in eine Naturkatastrophe münden muss. Zentral ist die Betroffenheit oder Sensitivität von Menschen und Gesellschaft. Im Gegensatz zu den schweren Erdbeben von Kobe (1995) und Port-au-Prince (2010) verursachte das Erdbeben der Stärke 7,6 vom 13. April 2014 etwa 60 km südlich der Insel Makira der Salomonen in der dünnbesiedelten Region der pazifischen Inselstaaten keine Schäden und ist damit weder als Gefahr noch als Katastrophe einzustufen. Ereignisse haben unterschiedliche Auswirkungen je nach ihrer Stärke und den Charakteristiken der betroffenen Gebiete oder Gruppen, wobei häufig tiefer liegende soziale Prozesse ein erklärendes Moment darstellen. Die Klassifizierung einer Naturgefahr als Naturkatastrophe beinhaltet zudem, wie Dikau und Pohl (2011) hervorheben, immer eine bestimmte **Wertung** eines spezifischen Ereignisses aus der Perspektive eines oder einer Wertenden anhand eines bestimmten Maßes (z. B. Höhe des Sachschadens, Anzahl der Opfer) und besitzt damit stets einen arbiträren Charakter.

UNISDR (2009) klassifiziert Naturgefahren entsprechend übergeordneter geofaktorieller Zusammenhänge nach den folgenden Kategorien: hydrometeorologische (z. B. Stürme), geologische (z. B. Erdbeben) und biologische (z. B. Epidemien) Gefahren. Zudem unterscheidet UNISDR zwischen technischen Gefahren wie Umweltverschmutzung und sozionatürlichen Gefahren. Unter **sozionatürlichen Gefahren** werden Naturgefahren verstanden, deren Auftretenswahrscheinlichkeit durch menschliches Handeln erhöht wird. Dazu gehören zum Beispiel starke Wirbelstürme, die aufgrund der anthropogen verursachten Erderwärmung häufiger auftreten. Die Nutzung der Kategorie „sozionatürliche Gefahren" durch UNISDR verdeutlicht, dass die Begriffe Naturgefahren und Naturkatastrophen einen irreführenden Charakter besitzen, da die Grenze zwischen Natürlichem und Nichtnatürlichem gerade im Zeitalter des globalen Umweltwandels immer undeutlicher wird. Darüber hinaus suggerieren beide Begriffe die einseitige Lokalisierung der Schadensursache in der Natur, obwohl erst durch die Interaktion zwischen gesellschaftlichem und natürlichem System die Gefahren und Katastrophen erzeugt werden (Abschn. 2.3.3).

2.4.2 Umwelt- und Naturschutz

Umweltpolitik und Umweltplanung regulieren, welche Aspekte von Natur und Umwelt aus welchen Gründen vor wem oder was geschützt werden sollen. Ein Blick in die Geschichte zeigt, dass die dabei jeweils verfolgten Ziele sich zwischen einzelnen Leitkonzepten deutlich unterscheiden und sich auch im Laufe der Zeit entscheidend gewandelt haben. So zielt zum Beispiel der **Naturschutz** als Konzept auf den Erhalt bestimmter, als besonders schützenswert erachteter Landschaften oder Ökosysteme ab. Die Idee der **Nachhaltigkeit** hat hingegen zum Ziel, die wesentlichen Funktionen und Erträge von Systemen dauerhaft zu

erhalten, wobei hier explizit zwischen den unterschiedlichen, potenziell in Konflikt zueinander stehenden Dimensionen der ökologischen, sozialen und ökonomischen Nachhaltigkeit unterschieden wird. Wieder andere Paradigmen wie die Adaption oder Resilienz von Gesellschaften gehen von vornherein davon aus, dass sich Umweltbedingungen verschlechtern werden oder Risiken beinhalten, die nicht zu verhindern sind, und fordern entsprechende Anpassungsleistungen vonseiten der Gesellschaft (Abschn. 2.3.4).

Im Folgenden sollen zwei dieser politischen Paradigmen, die stärker auf den Schutz von Umwelt bzw. einzelner Umweltaspekte ausgerichtet sind, näher betrachtet werden: zum einen der Naturschutz, zum anderen die Bekämpfung des globalen Klimawandels durch den Versuch, die globalen Kohlenstoffemissionen zu senken (Mitigation).

In Deutschland besitzt der Naturschutz einen hohen Stellenwert. Die Grundidee besteht darin, dass bestimmte Landschaften, Ökosysteme und Ressourcen (z. B. Grundwasser) geschützt werden sollen, indem ein differenziertes Netz von Schutzgebieten ausgewiesen wird. So sollen erhebliche Flächen innerhalb des Landes vor schädlichen Eingriffen geschützt werden. Die Einordnung in unterschiedliche Schutzkategorien bestimmt darüber, wie streng das jeweilige Gebiet geschützt ist. Der stärkste Schutz besteht in Naturschutzgebieten und Nationalparks.

Auch global gesehen hat sich etwa seit Mitte des 20. Jahrhunderts zunehmend die Vorstellung etabliert, dass bestimmte Arten (Fauna und Flora), Ökosysteme und Ressourcen einen Wert an sich haben und daher durch die Ausweisung von Schutzgebieten bewahrt werden sollen. Die Idee des Natur- bzw. Landschaftsschutzes ist dabei untrennbar mit dem modernen **Verständnis von Natur** als Gegensatz zu Kultur und mit eurozentrischen Vorstellungen von „Wildnis" als Gegenstück zu Zivilisation verbunden, die oft in einem krassen Gegensatz zu traditionell praktizierten Formen der Landnutzung stehen. Dieser Gegensatz und mit ihm verbundene Nutzungskonflikte tragen dazu bei, dass die Anstrengungen zum Schutz der „reinen" Natur vor menschlichen Einflüssen in vielen Fällen zu massiven **Konflikten** geführt haben, insbesondere um die Frage, welche menschlichen Nutzungen in geschützten Gebieten zulässig bzw. verboten sind. Diese reichen von Auseinandersetzungen im Nationalpark Sächsische Schweiz, wo Kletterer um das Recht streiten, diesen für sportliche Aktivitäten nutzen zu dürfen, bis hin zu gewaltsamen Konflikten in Kontexten, in denen die Ausweisung von Schutzgebieten die Lebensgrundlagen der dort lebenden Bevölkerungsgruppen gefährdet.

Diese letztgenannten Konflikte reichen vielfach bis in die Kolonialzeit zurück. So zeigt etwa Roderick Neumann in seinem Buch *Imposing Wilderness* (Neumann 1998), wie die Durchsetzung eines „modernen" **Nationalparkideals** in Tansania mit gewaltvoller, kolonialer Machtausübung Hand in Hand ging. Auch in anderen Kontexten, selbst in solchen, die nie kolonisiert waren, lässt sich zeigen, dass im 20. Jahrhundert unter dem Einfluss westlicher Berater vielfach westlich-moderne Vorstellungen von Natur und Naturschutz durchgesetzt wurden (insbesondere das

US-amerikanische Modell von Nationalparks). Beispielsweise macht Pinkaew Laungaramsri in ihrem Buch *Redefining Nature* exemplarisch für Thailand deutlich, dass das Konzept der Natur in der thailändischen Sprache und im Buddhismus keine Entsprechung hat, die dem westlichen Denken ähnlich wäre. Vielmehr sind hier der Mensch und das menschliche Handeln immer ein Teil der Umwelt und damit nicht von Natur zu trennen (Laungaramsri 2001).

Zu praktischen Nutzungskonflikten werden solche unterschiedlichen Deutungsweisen vielfach dadurch, dass im Zuge der Adaption neuer Ideen von Naturschutz bestehende Formen der **Landnutzung** verboten wurden. Diese reichen von der Nutzung von Graslandschaften als Weideland in Ost- und Südost-Afrika (Robbins 2012) bis hin zu Praktiken der Agroforstwirtschaft in Thailand (Abb. 2.9), bei denen Wald (meist nachhaltig) für unterschiedliche Funktionen wie die Gewinnung von Brennholz, das Sammeln von Pilzen, Heilkräutern und anderen Pflanzen oder als Waldweide genutzt wird. Das Verbot dieser Nutzungsformen beschreibt Robbins (2012) mithilfe der *„conservation and control thesis"*. Dieser These folgend, führt die Implementierung von Ideen wie „Nachhaltigkeit" oder „Naturschutz" in vielen Fällen dazu, dass lokalen Nutzergruppen die **Kontrolle** über Ressourcen und Landschaften entrissen wird. Lokale Subsistenzsysteme, Produktionsformen und soziale Organisationsformen werden durch diese Interventionen politischer Entscheidungsträger und globaler Interessen, die versuchen „die Umwelt" zu schützen, gefährdet oder zerstört. Insbesondere wird dabei häufig übersehen, dass durch den Schutz von „Wildnis" oder „reiner Natur" in vielen Fällen neue Typen von Landschaften geschaffen werden, die in dieser Form zuvor gar nicht existiert haben – denn die als schützenswert erachteten Landschaften und Ökosysteme sind vielfach Kulturlandschaften, das heißt gerade aus dem Zusammenwirken von Mensch und physischer Umwelt entstanden. Gleichzeitig findet eine Transformation in kommodifizierte (als Ware genutzte) Landschaften für den Tourismus statt (Robbins 2012).

Wichtig ist, an dieser Stelle festzuhalten, dass eine solche **Kritik am Naturschutzgedanken** nicht generell den Schutz von Ökosystemen, Biodiversität oder Flora und Fauna ablehnt. Im Gegenteil: Ein solcher Schutz stellt gerade in Zeiten des globalen Umweltwandels, in denen eine wachsende Zahl von Ökosystemen durch menschliche Aktivitäten gefährdet ist, ein wichtiges Ziel von Umweltpolitik dar. Eine kritische Sichtweise betont stattdessen aber, warum die Idee des „Schutzes" historisch in vielen Kontexten nicht funktioniert hat – nämlich weil sie bestehende Nutzungssysteme zerstört und lokale Nutzergruppen zugunsten von oftmals urbanen oder global-westlichen Eliten benachteiligt hat.

Vor dem Hintergrund solcher Kritik und der Konflikte um zulässige Nutzungsformen in Schutzgebieten transformieren sich in vielen Kontexten seit etwa den 1990er-Jahren die politischen **Steuerungsformen** des Umweltschutzes. Neue Ansätze setzen sehr viel stärker auf Überzeugung und eine Veränderung von Subsistenzpraktiken der Bevölkerung, während zuvor eher auf

Abb. 2.9 Illegale Abholzung und Landwirtschaft in einem Nationalpark in Thailand, Provinz Nan, 2012. In vielen thailändischen Nationalparks bestehen Konflikte darüber, ob die lokale Bevölkerung in den Nationalparks siedeln darf (Foto: Sopon Naruchaikusol)

Zwang und staatliche Disziplinierung gesetzt wurde. Diese auch als **Dezentralisierung von Governance** bezeichneten Steuerungsformen beziehen eine größere Spannbreite unterschiedlicher Akteure (wirtschaftliche Akteure, NGOs, lokale Bevölkerung) in Entscheidungsprozesse ein und bauen dabei insbesondere auf eine Beeinflussung der Einstellungen und des Verhaltens der ansässigen Bevölkerung im Sinne der angestrebten Nutzungsweisen. Wie Agrawal (2005) in seinem Buch *Environmentality* gezeigt hat, inkorporieren viele Bevölkerungsgruppen durch diese Übertragung von Verantwortung geeignete Sichtweisen, um den Schutz der Umwelt als wichtiges Ziel zu erkennen. So können sich die betreffenden Menschen zu „ökologischen Subjekten" entwickeln, für die die natürliche Umwelt einen wichtigen Bezugspunkt für Denken und Handeln darstellt. Durch diese **Transformation** bestehender Identitäten und die damit einhergehenden Änderungen von Nutzungspraktiken können von der Bevölkerung selbst eingesetzte und überwachte Schutzmechanismen implementiert werden, die zuvor am Widerstand eben jener Bevölkerungsgruppen gescheitert waren.

Zu den größten Herausforderungen des 21. Jahrhunderts zählt der **globale Klimawandel.** Denn es gibt alarmierende Prognosen über dessen bedrohliche Auswirkungen wie den Anstieg des Meeresspiegels, die Zunahme extremer Wetterereignisse wie Dürren, Stürme und Überschwemmungen. Gleichzeitig tut sich, wie die stagnierenden politischen Verhandlungen zeigen, die globale Weltgesellschaft ausgesprochen schwer, den globalen Ausstoß von CO_2-Emissionen zu reduzieren. Damit ist die Bekämpfung des globalen Klimawandels eine völlig andere, da nicht wie der Naturschutz auf einzelne, territorial abgegrenzte Gebiete bezogene Form des Umweltschutzes.

Das grundlegende Dilemma ist im Kern geographisch und hängt mit den natürlichen (im Sinne von physikalischen) Eigenschaften von Kohlendioxid zusammen: CO_2 ist „mobil". Sobald es freigesetzt wird – egal, ob durch das Anlassen eines Autos, Rodung

Kapitel 2

Exkurs 2.3 Gefangenendilemma

Das Gefangenendilemma ist ein wichtiger Ansatz aus der **Spieltheorie**. Es erklärt, warum unter bestimmten Ausgangsvoraussetzungen individuell rationale Entscheidungen zu kollektiv schlechteren Ergebnissen führen.

Im Gefangenendilemma werden zwei Gefangene verdächtigt, eine Straftat begangen zu haben. Beide werden getrennt verhört, ohne sich abstimmen zu können, die Strafe für ihr Vergehen hängt jedoch vom jeweils anderen ab. Die Höchststrafe für das Verbrechen beträgt sechs Jahre, wenn beide schweigen, werden beide wegen geringerer Strafen zu je zwei Jahren Haft verurteilt. Gesteht nur einer, und der andere schweigt, kommt der Erste als Kronzeuge nur für

ein Jahr in Haft, der Zweite hingegen bekommt die Höchststrafe von sechs Jahren. In einer Matrix (Tab. 2.2) dargestellt ergeben sich die unten aufgeführten Möglichkeiten.

Die Matrix zeigt, dass es kollektiv für die Gefangenen besser wäre, wenn beide schweigen würden. Individuell ist es aber für beide vorteilhafter auszusagen. Denn falls der andere gesteht, kann die eigene Strafe von sechs auf vier Jahre reduziert werden, wenn der andere schweigt, kann die eigene Strafe durch ein Geständnis von zwei auf ein Jahr reduziert werden. Durch die Rahmenbedingung der Situation wird also eine kollektiv schlechtere Wahl für die Beteiligten provoziert.

Tab. 2.2 Möglichkeiten beim sogenannten Gefangenendilemma

	B schweigt		B gesteht	
A schweigt	A: 2 Jahre	B: 2 Jahre	A: 6 Jahre	B: 1 Jahr
	Gesamtjahre Haft: 4 Jahre		Gesamtjahre Haft: 7 Jahre	
A gesteht	A: 1 Jahr	B: 6 Jahre	A: 4 Jahre	B: 4 Jahre
	Gesamtjahre Haft: 7 Jahre		Gesamtjahre Haft: 8 Jahre	

von Wäldern oder die energieintensive Produktion von Konsumgütern – beeinflusst es klimatische Zusammenhänge nicht nur am Produktionsort, sondern auch auf der globalen Ebene. Dabei sind vor allem die heutigen **Industrieländer** diejenigen, die historisch gesehen den Löwenanteil zum bisherigen Anstieg der CO_2-Konzentration in der Atmosphäre beigetragen haben. Gleichzeitig sind aber auch die prognostizierten Auswirkungen des globalen Klimawandels **regional** sehr unterschiedlich und oftmals sind besonders arme – und damit häufig auch verwundbare – Regionen besonders stark von negativen Konsequenzen betroffen, obwohl sie zu deren Ursachen nur sehr wenig beigetragen haben.

Vor diesem Hintergrund führen Robbins et al. (2010) eine Reihe von Gründen an, die dazu beitragen, dass die Suche nach Lösungen, insbesondere die verbindliche Festlegung nationaler Ziele, in der globalen Klimaschutzpolitik bislang stagniert. Demzufolge lässt sich die Grundkonstellation der Verhandlungen zwischen einzelnen Ländern und Ländergruppen in Anlehnung an das **Gefangenendilemma** aus der Spieltheorie beschreiben (Exkurs 2.3) – sie sprechen hier vom *carbon prisoner's dilemma* (Robbins et al. 2010).

Robbins et al. (2010) vertreten die Grundthese, dass alle Länder prinzipiell (zumindest langfristig) von gemeinsamem Handeln gegen den Klimawandel profitieren würden, dies jedoch aus den folgenden Gründen nicht funktioniert:

- Jedes Land würde relativ gesehen einen Nachteil erleiden, wenn es selbst die Emissionen senkt, andere Länder dies aber nicht tun.
- Die wissenschaftlichen Unsicherheiten bezüglich des globalen Klimawandels und seiner Auswirkungen machen die Abschätzung der Kosten von Handeln vs. Nichthandeln unsicher, insbesondere dadurch, dass die Effekte des globalen Klimawandels regional unterschiedlich sind (und damit auch die zu erwartenden Kosten).
- Es ist schwierig, die Emissionen anderer Länder (z. B. der jeweils dort ansässigen Industrie) zu überwachen.

Neben diesen der Entscheidungs- und Organisationstheorie entlehnten Erklärungen spielen vor allem zwei weitere Einflussfaktoren eine Rolle für die aktuelle Klimapolitik: zum einen globale ökonomische Verflechtungen, zum anderen globale Machtbeziehungen.

Die **globale Verflechtung von Ökonomie und Produktion** führt dazu, dass die Anwendung von Umwelt- und Klimaschutzrichtlinien in einzelnen Ländern unmittelbare Auswirkungen für deren Konkurrenzfähigkeit auf den globalen Märkten haben kann. Dies schafft für viele transnational agierende Firmen Anreize, ihre Produktion in Länder mit geringeren Einschränkungen zu verlagern – mit potenziell noch höheren Emissionen aufgrund geringerer Standards. Auch ein weiteres Problem ist eng mit den Handelsströmen der Globalisierung verknüpft: das der nationenbasierten Festsetzung von Kohlenstoffemissionen. Durch globale

Handelsströme werden heute Emissionen (bzw. die Güter, die mithilfe dieser Emissionen produziert wurden) in vielen Fällen nicht in den Ländern konsumiert, in denen sie produziert werden. So vermitteln die oftmals länderbasierten Darstellungen globaler CO_2-Emissionen insofern ein falsches Bild, als Menschen in hoch entwickelten Ländern durch den Import von Konsumgütern quasi Emissionen „einkaufen", die jedoch in anderen Ländern produziert wurden.

Darüber hinaus kritisieren Autorinnen und Autoren vor allem aus **postkolonialer Perspektive,** dass in bereits industrialisierten und wirtschaftlich hoch entwickelten Ländern eine Angst vor der wirtschaftlichen Entwicklung des globalen Südens geschürt werde. Es sei aber moralisch notwendig, zwischen Luxusemissionen der „Reichen" und überlebenswichtigen Emissionen der „Armen" zu differenzieren. In der politischen Debatte finden sich solche Denkansätze in erster Linie in den Argumentationen bevölkerungsreicher Entwicklungs- und Schwellenländer, wie zum Beispiel Indien oder Brasilien wieder. Diese fordern, CO_2-Emissionen nicht auf Nationalstaaten zu beziehen, sondern vielmehr die **Pro-Kopf-Emissionen** innerhalb dieser Länder bei den Berechnungen zugrunde zu legen (Agarwal und Narain 1998). Bislang findet diese Position in der politischen Arena jedoch nur wenig Gehör. Vielmehr ist in den institutionellen Arenen der globalen Klimapolitik nach wie vor die Rahmung des Klimawandels als nationalstaatliches Problem dominant und folglich werden Fragen der Verantwortlichkeit, Fairness und der Rechte nicht mit Bezug auf Individuen oder soziale Gruppen verhandelt, sondern stattdessen in Bezug auf Nationalstaaten.

2.4.3 Natur und Ökonomie

Wie bereits der Abschnitt zum Umwelt- und Naturschutz (Abschn. 2.4.2) deutlich gemacht hat, spielt Natur längst nicht nur als „Wert an sich" in der Gesellschaft eine Rolle. Vielmehr wird Natur – in Form von natürlichen Ressourcen, „Leistungen" von Ökosystemen (Ökosystemdienstleistungen) und gesellschaftlichen Ausgleichsgebieten – in vielfältiger Art und Weise menschlich genutzt. In den letzten Jahren rückt dabei zunehmend eine Sichtweise auf die physische Umwelt in den Blickpunkt, die Bakker (2010) als „Neoliberalisierung von Natur" bezeichnet. Sie beschreibt damit, dass zunehmend Interpretationen in den Vordergrund rücken, die vor allem den **wirtschaftlichen Nutzen von Natur** und Möglichkeiten der Steuerung natürlicher Prozesse über Marktmechanismen propagieren. Die Auswirkungen dieser Entwicklung zeigen sich auf vielerlei Arten: Sie reichen von der Entstehung neuer Formen der Finanzialisierung und Versicherung von Umweltrisiken, der Ausrichtung von Instrumenten der globalen Klimapolitik am Prinzip der Kosteneffizienz über die Entlohnung des Erhalts von Ökosystemdienstleistungen bis hin zum Handel von CO_2-Emissionen auf globalen Kohlenstoffmärkten.

Die Suche nach solchen Steuerungsformen erklärt sich in erster Linie daraus, dass ein grundlegendes Problem der Umweltpolitik bislang weitgehend ungelöst ist: **Umweltschäden** werden bei der Produktion von Gütern, der Ausbeutung natürlicher Ressourcen und der Gewinnung von Energie häufig externalisiert. Das bedeutet, sie gehen nicht in Form von Kosten in die Preisbildung des produzierten Gutes ein, sondern die entstehenden Kosten werden Dritten aufgebürdet. Dies geschieht zum Beispiel in Form von Umweltschäden im Kontext von Erdölförderung, die landwirtschaftliche Nutzung weiter Flächen im Umkreis unmöglich machen, oder in Form von negativen klimatischen Folgen, die von denjenigen Individuen und Gruppen getragen werden, die am meisten unter den Konsequenzen des globalen Klimawandels leiden.

Marktbasierte Ansätze zur Lösung von Umweltproblemen stellen den Versuch dar, Produktions- und Konsumseite über Marktmechanismen miteinander in Verbindung zu bringen. Dabei lassen sich vier zentrale Regulationsweisen unterscheiden, deren Grundlagen im Folgenden skizziert werden (Tab. 2.3).

Die Idee der „grünen Steuern" bzw. **Ökosteuern** beruht darauf, dass negative ökologische Auswirkungen der Herstellung bzw. des Verbrauchs von Gütern und Ressourcen als zusätzliche Kosten in die Preisbildung eingehen sollen. Je umweltschädlicher ein Gut ist, desto höher wird es besteuert und entsprechend teurer – und unattraktiver – ist dessen Erwerb für Konsumenten. Dadurch werden die bislang externalisierten Kosten für Umweltschäden internalisiert. Gegenüber Regelungen wie zum Beispiel dem Verbot von bestimmten Waren oder Produktionsweisen bietet dies den Vorteil, dass die Konsumenten selbst entscheiden können, ob sie bereit sind, die höheren Kosten für das jeweilige Produkt oder die Dienstleistung zu tragen; sie haben aber prinzipiell nach wie vor die Möglichkeit, auch umweltschädliche Produkte zu konsumieren.

In den letzten Jahren boomt der Markt mit **ökologisch zertifizierten Produkten.** Neben dem bereits recht breit etablierten und nach wie vor wachsenden Marktanteil von Bio-Lebensmitteln sind mittlerweile auch Kleidung, Baustoffe und viele andere Güter in ökologisch verträglicheren Varianten erhältlich. Im Kern der Vermarktung dieser Produkte steht dabei die Idee, durch die Offenlegung der ökologischen Auswirkungen von unterschiedlichen Produktionsformen und der Zertifizierung besonders umweltfreundlicher Produkte und Dienstleistungen das Konsumverhalten zu beeinflussen. Häufig sind ökologische Produkte dabei auch teurer, durch entsprechende Informations- und Werbestrategien sollen Kunden und Kundinnen aber überzeugt werden, dass diese trotzdem ihren Preis wert sind.

Solche beim individuellen **ökologisch verantwortlichen Konsumentenverhalten** ansetzende Lösungen haben jedoch eine Reihe von Schwächen: Oftmals ist die Vergabe von Zertifikaten nicht transparent, und es ist kaum zu erkennen, ob lediglich ein Greenwashing, das heißt eine öko-zentrierte Werbung, stattfindet oder das Produkt tatsächlich umweltverträglich produziert

Tab. 2.3 Marktbasierte Ansätze zur Lösung von Umweltproblemen (verändert nach Robbins et al. 2010, S. 38)

Regulations-mechanismus	Konzept	Marktkomponente	Rolle des Staates	Beispiel
„grüne" Steuern/ Ökosteuern	Individuen oder Firmen wählen umweltfreundliche Alternativen, da umweltschädliche durch das Erheben von Steuern relativ teurer sind (künstliche Veränderung von Preisen)	Anreizmechanismen *(incentivized behavior)*	erhebt Steuern und nimmt diese ein	Energiesteuer
ökologisch verantwortlicher Konsum	individueller Konsument wählt Güter oder Services auf der Basis von deren zertifizierten Umwelteinflüssen, typischerweise sind umweltfreundliche Güter teurer	Bereitschaft zu zahlen	überwacht und authentifiziert die Anforderungen von Produzenten und Verkäufern	Umweltzeichen/ Ökolabel wie Blauer Engel oder europäisches Bio-Siegel
Emissionshandel *(cap and trade)*	Gesamtmenge von Emissionen und anderen ökologischen Schäden ist limitiert; Emittenten erhalten handelbare Verschmutzungs-/Emissionskontingente	Belohnung von Effizienz	setzt die Grenzwerte und überwacht die Umsetzung von Verträgen	europäischer Emissionshandel
finanzielle Entlohnung des Schutzes von Natur (oder einzelner Funktionen)	Individuen, soziale Gruppen oder Nationalstaaten werden für den Schutz bestimmter Elemente der natürlichen Umwelt finanziell entlohnt	finanzieller Ausgleich entgangener Einnahmen durch alternative Nutzungen	stellt institutionellen Rahmen bereit	*Payments for Ecosystem Services* (PES), Entlohnung für Waldschutz (REDD)

Kapitel 2

wurde. Zudem ist es für wohlhabendere Leute sehr viel einfacher, „politisch korrekt" zu konsumieren als für ärmere, die sich das oftmals nicht leisten können. Schließlich kommt noch ein der kapitalistischen Produktion inhärentes Problem hinzu: Auch grüner Konsum ist immer noch Konsum, das heißt, die Anbieter von Waren haben aufgrund der kapitalistischen Marktlogiken ein Interesse daran, eine möglichst große Zahl von Produkten möglichst häufig an möglichst viele Menschen zu verkaufen. Letztlich ist deswegen also nicht gewährleistet, dass ein erhöhtes Angebot von ökologisch(er) produzierten Waren auch wirklich zu geringeren Umweltbeeinträchtigungen führt.

Emissionshandel *(cap and trade)* bezeichnet ein marktbasiertes System zur Regulierung von Umweltverschmutzung (z. B. durch CO_2 oder andere industrielle Abgase), bei dem die zulässigen Gesamtemissionen für einen bestimmten Raum (ein Bundesland, Land, Kontinent oder weltweit) limitiert werden und Einzelpersonen oder Firmen mit handelbaren Anteilen dieser Gesamtemissionsrechte ausgestattet werden. Emittenten haben dabei die Möglichkeit, entweder durch Einsparungen und Effizienzsteigerungen ihre eigenen Emissionen zu reduzieren oder aber von anderen Emittenten, die kostengünstiger Emissionsreduktionen erzielen können, zusätzliche Emissionsrechte zu kaufen. Durch den Handel mit Emissionsrechten wird dann – so die Theorie – erreicht, dass Emissionen dort eingespart werden, wo es am kostengünstigsten ist (Exkurs 2.4).

Der Prototyp einer solchen Idee ist der 2005 eingeführte **Europäische Emissionsrechtehandel.** Dieser sollte den EU-Staaten dazu verhelfen, ihre im Rahmen des Kyoto-Protokolls zugesagten Emissionssenkungen zu erreichen. Entsprechend dem *Cap-and-trade*-System wurden dabei den jeweiligen Emittenten handelbare Emissionskontingente zugeteilt. Insgesamt erwies sich die Höhe der ausgegebenen Emissionskontingente jedoch in den Anfangsjahren als zu hoch, sodass die Preise für Emissionsrechte extrem an Wert verloren. Für die Zukunft ist geplant, die Vergabe von Emissionsrechten einzuschränken, um die Preise zu stabilisieren.

Ein relativ neues Instrument der Umweltökonomie sind die **Entlohnungsschemata für Ökosystemdienstleistungen** *(payments for ecosystem services,* PES-*schemes)*, die sich seit einigen Jahren wachsender Beliebtheit erfreuen. Die dabei vorgenommenen Zahlungen beruhen auf **freiwilliger Basis** und stellen eine Transaktion zwischen mindestens einem „Käufer" und einem „Verkäufer" der kontinuierlichen Bereitstellung von Ökosystemdienstleistungen dar. Solche Ökosystemdienstleistungen können zum Beispiel der Schutz von Flusseinzugsgebieten oder die Speicherung von Kohlenstoff in Wäldern sein. Potenziell stellen solche Zahlungen eine Möglichkeit für lokale Bevölkerungsgruppen dar, Geld dafür zu erhalten, dass sie natürliche Ressourcen nicht oder nur nachhaltig nutzen.

Wenngleich marktbasierte Ansätze in vielen Fällen eine Möglichkeit darstellen, externalisierte Kosten für Umweltbelastungen in kapitalistische Kreisläufe einzubeziehen, sind diese doch keineswegs ein Allheilmittel. Vielmehr lassen sich vor allem zwei grundlegende Formen der **Kritik** an solchen Lösungsansätzen unterscheiden. Erstens unterliegen Ökonomie und Ökologie unterschiedlichen Gesetzen, das heißt, ökologische Werte lassen sich nur eingeschränkt in monetären Kategorien beschreiben und unterschiedliche Funktionen (z. B. Erosionsschutz und Anbau erneuerbarer Energien) können durchaus in Widerspruch zueinander stehen (Robbins et al. 2010). Zweitens können solche Ansätze als Ausdruck eines *carbon colonialism*

Exkurs 2.4 Emissionshandel als Klimaschutzinstrument

Die Abb. 2.10 verdeutlicht das Prinzip eines marktbasierten Steuerungsmodells der Einsparung von Treibhausgasemissionen. Im dargestellten Beispiel wird davon ausgegangen, dass insgesamt ein Zehntel (in der Graphik 500 von 5000 t) an CO_2-Emissionen pro industrieller Anlage eingespart werden soll und alle Industrieanlagen entsprechend Emissionsrechte erhalten, die 10 % niedriger sind, als ihr aktueller Ausstoß. Anlage 1 kann aufgrund technologischer Innovationen mehr Emissionen einsparen als gefordert und reduziert den Ausstoß sogar auf 4000 t. Für Anlage 2 wäre eine Reduktion der Emissionen um 10 % hingegen deutlich teurer. Daher kann Anlage 2 im Rahmen eines *Cap-and-trade*-Modells Anlage 1 ihre überschüssigen Emissionsrechte abkaufen. Die Grundidee ist also, dass Emissionen dort eingespart werden, wo es (aufgrund von Technologie, Erfahrung oder Innovationen) am kostengünstigsten ist und dass sich solche Einsparungen – auch über festgelegte Mindestmengen hinaus – für Firmen lohnen können, indem sie von anderen, die ihre Emissionsziele nicht erreichen, Kontingente abgekauft bekommen.

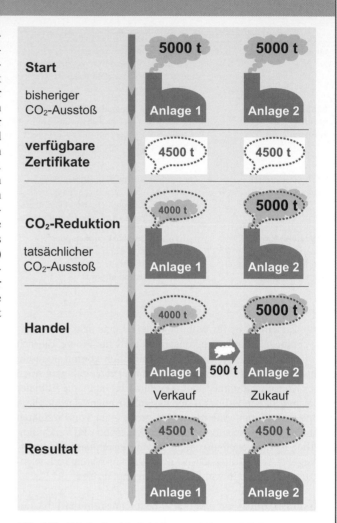

Abb. 2.10 Globaler Handel mit in Waren enthaltenen Emissionen

interpretiert werden (Bumpus und Liverman 2011). Demnach stellen sie für reiche, industrialisierte Länder eine Möglichkeit dar, sich von ihren eigenen Pflichten der Emissionsreduktion „freizukaufen", indem sie ärmere Länder dafür bezahlen, dass dort Emissionen eingespart werden. An dem unverhältnismäßig hohen Verbrauch reicher Industrieländer ändert sich dadurch jedoch wenig. Zudem besteht ähnlich wie beim Naturschutz die Gefahr, dass Interessen reicher Länder und wirtschaftlicher Akteure auf Kosten indigener und lokaler Bevölkerungsgruppen durchgesetzt werden.

Die Abb. 2.11 thematisiert, dass im Zuge von marktbasierten Klimaschutzprogrammen bestehende Konflikte um Nutzungsrechte indigener und lokaler Bevölkerungsgruppen verschärft werden oder neu entstehen können. Der hier abgebildete Ausschnitt aus dem Cartoon *The Carbon Supermarket* von Kate Evans proble-

matisiert solche Entwicklungen. Im Dialog befinden sich eine Gegnerin (links unten), die die aktuelle Politik infrage stellt, und ein Befürworter, der marktorientierte Lösungsmöglichkeiten als effizient propagiert. Beide kommentieren eine Transaktion, bei der die Errichtung eines Kohlekraftwerkes durch Aufforstungsprojekte kompensiert werden soll – auf Kosten der ansässigen Bevölkerung.

2.4.4 Umwelt und Identität

Wie die vorangegangenen Ausführungen zu Naturschutz, der Dezentralisierung von Governance und der Rolle von Konsum im Umweltschutz deutlich gemacht haben, ist die gesell-

Abb. 2.11 *The Carbon Supermarket*
(Zeichnung: Kate Evans)

schaftliche Steuerung von Mensch-Natur-Verhältnissen nicht allein Sache des Staates und gesellschaftlicher Institutionen. Vielmehr hängt umweltbezogenes Verhalten in vielen Fällen von individuellen Auffassungen, Problemwahrnehmungen und Meinungen oder mit anderen Worten von der Identität von Menschen ab. Phänomene wie der steigende Konsum ökologisch(er) produzierter Güter oder die Anpassung von Landnutzungsformen an Umweltschutzkriterien zeigen, dass Menschen vor allem dann ökologisch handeln, wenn sie davon überzeugt sind, dass dies zu ihrer eigenen Identität „passt".

Eine zentrale Form der politischen Steuerung von Gesellschaft-Umwelt-Verhältnissen ist es daher zum einen, das **Selbstverständnis** und die **Alltagspraktiken** von Individuen zu verändern, zum anderen umweltbezogene Aspekte in deren politische Verortungen zu integrieren. Für den Zusammenhang zwischen Identität und umweltbezogenem Handeln sind vor allem zwei Aspekte wichtig: die Frage, wie sich politische Koalitionen und Identitäten in Aushandlungsprozessen um Natur und Umwelt verändern, und die Frage, wie sich die Rolle des Individuums und die Bedeutung seiner Wahrnehmungen und Handlungsweisen als Gegenstand politischer Einflussnahme über die Zeit verändert.

Nicht immer werden umweltbezogene Konflikte zwischen Akteuren ausgehandelt, die bereits mit festen Vorstellungen und Meinungen in die Aushandlungsprozesse hineingehen. Vielmehr führt das Aufkommen neuer Bedrohungen und natürlicher Rahmenbedingungen oftmals dazu, dass bestehende politische

Fronten aufbrechen und sich **neue Koalitionen und Identitäten** bilden bzw. bestehende verändert werden (Robbins 2012).

Ein Beispiel für solche Identitätsverschiebungen und politischen Neuordnungen ist die Geschichte „grüner" Politik in Deutschland. Hier kann man erkennen, dass die Entstehung und gesellschaftliche Etablierung der **Öko-Bewegung** im Allgemeinen und der Partei der GRÜNEN im Besonderen untrennbar mit den Protesten gegen die Einführung von Kernenergie in Deutschland verknüpft war. Erst in der Anti-AKW-Bewegung hat sich also eine Identität „grüner" Gesinnung als klar identifizierbare politische Kraft in Deutschland konstituiert.

Aktuell kann man beobachten, wie sich „grüne" Identitäten im Kontext aktueller Themen transformieren. Ein Beispiel hierfür stellen aktuelle Konflikte um die Standorte von Windrädern dar. Auf der nationalen und globalen Ebene werden erneuerbare Energien im Allgemeinen und Windenergie im Besonderen von den meisten Naturschutzorganisationen befürwortet und unterstützt. In Diskussionen um die tatsächlichen Standorte von Windrädern zeigt sich jedoch, dass längst nicht alle Menschen, die sich als Umweltschützer oder ökologisch bewusst verstehen, der Ansiedlung von Windrädern an spezifischen lokalen Standorten zustimmen. Vielmehr wird in den Konflikten um Standorte für Windräder deutlich, dass die Gruppe der Umweltschützer sich oftmals teilt in Naturschützer einerseits und Befürworter erneuerbarer Energien andererseits – ein Konflikt, der auch als *green against green* beschrieben wurde (Leibenath und Otto 2014). Während die erstgenannte Gruppe häufig aus Gründen des Arten- oder Biotopschutzes gegen geplante Stand-

Was eine Aussicht

Abb. 2.12 Protest gegen den Bau von Windkraftanlagen im Biosphärenreservat Pfälzerwald (Graphik: Walter Stutterich)

orte von Windrädern interveniert, betont die zweite Gruppe das übergeordnete Ziel der Förderung erneuerbarer Energien. In solchen Fällen ist die Frage, ob man für oder gegen Windkraftanlagen ist, anders als in gängigen Stereotypen längst nicht immer eine Frage von Wirtschaft gegen „Öko", sondern auch die Ökobewegung spaltet sich in unterschiedliche Gruppen auf, die sich mit unterschiedlichen politischen Zielen identifizieren (Abb. 2.12).

Ökologischer Konsum und eine Integration unterschiedlicher Bevölkerungsgruppen bei der Entwicklung nachhaltiger Landnutzungspraktiken setzen mit ihren Steuerungsinstrumenten gezielt beim **individuellen Verhalten** an. Dadurch, dass Entscheidungen in diesen Fällen nicht „von oben" durch Gesetze oder Verbote durchgesetzt werden, sondern auf „Einsicht" und „Verständnis" der Einzelnen setzen, übertragen sie Verantwortung für eine ökologisch verträgliche Form des Wirtschaftens auf einzelne Individuen, ein Prozess, der auch als Responsibilisierung bezeichnet wird (Dean 1999). So wird vielfach darauf verwiesen, dass es eine wachsende Zahl politischer Steuerungsformen gibt, die das individuelle Verhalten von Menschen und ihr persönliches Umweltbewusstsein adressieren. Es soll zum Beispiel über Kampagnen zur ökologischen Verkehrsnutzung, zur Mülltrennung oder zum häuslichen Energieverbrauch ein Verantwortungsgefühl des Einzelnen für das große Ganze entstehen und ein insgesamt stärker ökologisch orientiertes Verhalten der Bevölkerung erreicht werden (Brand 2007).

Kritisch moniert wird an solchen Politikformen, dass die fortschreitende Individualisierung von Verantwortung auf gefährliche Art und Weise das Spektrum der öffentlich debattierten und in Erwägung gezogenen Reaktionen auf Umweltveränderungen einengt und damit eine Gefahr für (globale und nationale) Umweltpolitik darstellt. Der Versuch, das individuelle Verhalten zu verändern, vermittle (fälschlicherweise) den Eindruck, dass allein auf diese Weise eine ausreichende gesellschaftliche **Transformation ökologischer Nutzungsweisen** erreicht werden

könne. Im Gegensatz dazu wird angeführt, dass umfassende politische Veränderungen nur durch das Schaffen eines politischen Verantwortungsbewusstseins erreicht werden können, bei dem sich Individuen als Bürgerinnen und Bürger in einer partizipativen Demokratie verstehen, deren Aufgabe es ist, umfassende politische und soziale (institutionelle) Veränderungen herbeizuführen (Maniates 2001).

2.4.5   Umwelt und Gesundheit

Einer Studie der Weltgesundheitsorganisation (WHO) zufolge können etwa 24 % der globalen Krankheitslast und 23 % der vermeidbaren vorzeitigen Sterbefälle bestimmten Umweltfaktoren zugerechnet werden (Prüss-Üstün und Corbalán 2006). Damit ist die menschliche Gesundheit ein zentraler Indikator für den Zustand der physischen Umwelt und der sozialen Verhältnisse (McMichael 2003). Die **physische Umwelt** beeinflusst durch die vom Menschen geschaffene und gebaute Umwelt (z. B. Grünflächen, wasserbezogene und sanitäre Infrastruktur usw.), durch anthropogen verursachte Umweltprobleme (z. B. Luft- und Gewässerverschmutzung, Lärm usw.) sowie durch natürliche Umweltfaktoren (z. B. klimatische Ereignisse usw.) die Gesundheit. Die mangelnde Versorgung der Bevölkerung mit sauberem Wasser in ausreichender Qualität und mit sanitären Einrichtungen ist weiterhin ein signifikantes Gesundheitsproblem in vielen Ländern des globalen Südens (Harpham 2009). Diese Unterversorgung führt beispielsweise zu Diarrhoe-Erkrankungen, welche für 1,5 Mio. Sterbefälle pro Jahr, in der großen Mehrheit bei Kindern, verantwortlich sind (Prüss-Üstün und Corbalán 2006). Eine weitere wichtige Determinante der Gesundheit sind die **Wohnverhältnisse.** Schlechte Wohnbedingungen und hohe Wohndichte stehen in Beziehung zu Gesundheitsproblemen wie Atemwegserkrankungen, Asthma, Tuberkulose und anderen Infektionskrankheiten (Harpham 2009). Auch die anthropogene **Verschmutzung der Umwelt** wie die Belastung der Luft durch Feinstaub und andere Schadstoffe wirkt sich auf die Gesundheit aus. Nicht zuletzt trägt auch der **Klimawandel** zu Gesundheitsbelastungen bei. So wird erwartet, dass häufiger auftretende extreme klimatische Ereignisse wie Hitzewellen, Dürren oder Überschwemmungen negative Auswirkungen auf die Gesundheit der Bevölkerung haben. Dies können etwa eine steigende Anzahl von Todesfällen durch Herzkreislauferkrankungen und erhöhte Inzidenz von wasserbezogenen und vektorübertragenen Krankheiten wie Malaria oder FSME sein (IPCC 2014).

Das Verhältnis von Umwelt und Gesundheit ist ein zentraler Gegenstand der Gesellschaft-Umwelt-Forschung in der Humangeographie, welche lange Zeit vor allem von der Teildisziplin der **Medizinischen Geographie** bearbeitet wurde (Kistemann et al. 1997). Die von Medizinischen Geographinnen und Geographen durchgeführten krankheitsökologischen Studien legten den Fokus auf die Beschreibung und Erklärung raumzeitlicher Ausbreitungsmuster von Krankheiten sowie ihre Beziehung zu Umweltfaktoren. Die **Kartierung** von Krankheitsaufkommen

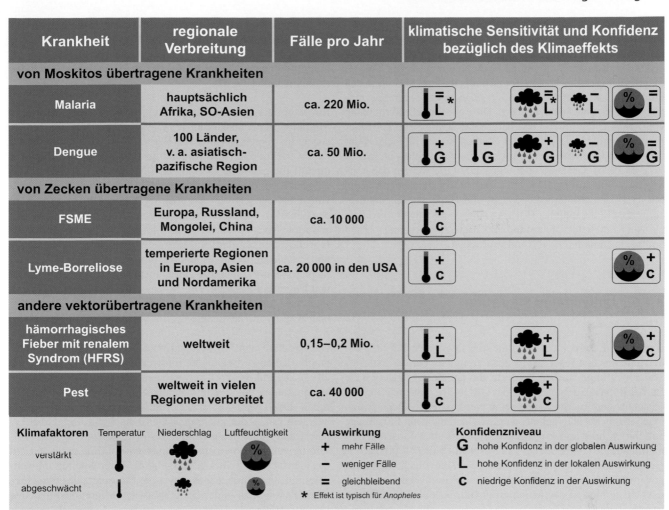

Krankheit	regionale Verbreitung	Fälle pro Jahr	klimatische Sensitivität und Konfidenz bezüglich des Klimaeffekts
von Moskitos übertragene Krankheiten			
Malaria	hauptsächlich Afrika, SO-Asien	ca. 220 Mio.	
Dengue	100 Länder, v. a. asiatisch-pazifische Region	ca. 50 Mio.	
von Zecken übertragene Krankheiten			
FSME	Europa, Russland, Mongolei, China	ca. 10 000	
Lyme-Borreliose	temperierte Regionen in Europa, Asien und Nordamerika	ca. 20 000 in den USA	
andere vektorübertragene Krankheiten			
hämorrhagisches Fieber mit renalem Syndrom (HFRS)	weltweit	0,15–0,2 Mio.	
Pest	weltweit in vielen Regionen verbreitet	ca. 40 000	

Klimafaktoren — Temperatur — Niederschlag — Luftfeuchtigkeit

verstärkt

abgeschwächt

Auswirkung
+ mehr Fälle
− weniger Fälle
= gleichbleibend
* Effekt ist typisch für *Anopheles*

Konfidenzniveau
G hohe Konfidenz in der globalen Auswirkung
L hohe Konfidenz in der lokalen Auswirkung
C niedrige Konfidenz in der Auswirkung

Abb. 2.13 Klimafaktoren und vektorübertragene Krankheiten (verändert nach IPCC 2014)

und Risikofaktoren war lange Zeit der wichtigste methodische Zugang, welcher als Hypothesen generierendes Instrument den Ausgangspunkt für weitergehende, meist quantitativ ausgerichtete, Studien bildete. Epidemiologische Zugänge, Mehrebenenmodellierungen sowie der Einsatz von Geoinformationssystemen (GIS) erweitern seit Ende der 1980er-Jahre das methodologische Repertoire der Medizinischen Geographie (Kistemann et al. 1997).

In den 1990er-Jahren durchlief die Medizinische Geographie eine Phase der Neuerungen, welche in der Etablierung einer **Geographie der Gesundheit** mündete (Kistemann und Schweikart 2010). Galt Krankheit bis dahin im biomedizinischen Sinne als objektives Phänomen, so rückte Krankheit jetzt in ihren subjektiven und sozialen Dimensionen stärker in den Fokus. Zudem stand die Gesundheit selbst – und nicht nur in der Dimension der Abwesenheit von Krankheit – stärker im Blickfeld der Forschung (Gesler und Kearns 2002). Die Neuerungen beeinflussten auch die Art und Weise, wie Geographinnen und Geographen die Beziehung zwischen Umwelt und Gesundheit

bearbeiteten (Abb. 2.13). Während die traditionelle Medizinische Geographie, eine pragmatisch anwendungsorientierte Herangehensweise verfolgt und stark positivistisch und empirisch ausgerichtet ist, strebt die Geographie der Gesundheit eine explizit theoretisch fundierte Forschung an, um das wechselseitige Verhältnis von Mensch, Gesundheit und Raum zu entschlüsseln (Cutchin 2007).

Eine der zentralen thematischen Neuerungen der Geographie der Gesundheit bezieht sich auf ihre Konzeption von Räumen *(spaces)*. Raum wurde in der Medizinischen Geographie meist reduktionistisch entweder als Containerraum (v. a. in Raumanalysen) oder als bloßes Attribut (v. a. in krankheitsökologischen Studien) konzeptualisiert (Cutchin 2007). Bezogen auf die Beziehung zwischen Umwelt und Gesundheit war das Interesse vor allem auf die Verteilung von umweltbedingten Risikofaktoren (z. B. Feinstaub) im Raum in ihrer Beziehung zum Auftreten von Krankheiten gerichtet. Die Geographie der Gesundheit legt dagegen den Fokus ihrer Analyse nicht auf abstrakte Räume, sondern auf Orte *(places)*. Orte werden nicht als gegeben, sondern als sozial konstruiertes und komplexes Phänomen angesehen (Kap. 1). Kearns (1995) fordert die sensitive Analyse von ortspezifischen Erfahrungen und Wahrnehmungen in Bezug auf Gesundheit. Die diskursive Konstruktion von gesunder und ungesunder Umwelt ist ein wichtiger Aspekt dieser Forschung, die zum Beispiel in den Studien zu heilenden Landschaften *(therapeutic landscapes)* ihren Ausdruck findet (Smyth 2005). Die raumzeitliche Verbreitung von Krankheiten im Kontext natürlicher und gesellschaftlicher Prozesse wurde in verschiedenen Studien aus der Perspektive der Politischen Ökologie von Krankheit und Gesundheit analysiert (Mayer 1996). Gesunde und ungesunde Orte werden dabei als Ergebnis eines Aushandlungsprozesses unterschiedlicher Akteure mit spezifischen Interessen, Macht und Handlungsspielräumen aufgefasst (Sakdapolrak 2010). Aus diesen resultiert das Auftreten von Krankheiten an bestimmten Orten, zu bestimmten Zeiten und bei bestimmten Bevölkerungsgruppen.

2.4.6 Umwelt und Migration

Unter dem Eindruck der Tragödie, die sich im Herbst 2013 vor der italienischen Insel Lampedusa ereignete, bei der mehr als 360 Flüchtlinge starben, forderte die Bundestagsabgeordnete Bärbel Höhn auf dem Parteitag der GRÜNEN, dass mehr für Klimaschutz und Energiewende getan werden müsse. Denn „wenn man jetzt nichts unternehme, werde es bald nicht nur Flüchtlinge aus Syrien oder anderswo geben, sondern auch Tausende Klimaflüchtlinge", wird sie bei „Tagesschau Online" (20.10.2013) paraphrasiert. Dies macht deutlich, dass Klimaflüchtlinge nicht nur im Interesse von Öffentlichkeit und Politik stehen, sondern dass ihr Schicksal der Artikulation (klima-)politischer Forderungen dient.

Der Zusammenhang von Umwelt und Migration wird häufig mit dem Begriff **Umwelt- oder Klimaflüchtlinge** zu fassen versucht. Der Begriff Umweltflüchtling wurde erstmals 1985 von Essam El-Hinnawi in einer Publikation der Umweltorganisation der Vereinten Nationen (UNEP) definiert. Er sah Umweltflüchtlinge als jene Personen an, die gezwungen sind, ihren gewohnten Lebensraum temporär oder permanent aufgrund einer natürlichen und/oder anthropogen verursachten und existenzbedrohenden Störung der Umwelt zu verlassen (El-Hinnawi 1985). Nach diesem ersten Definitionsversuch haben unterschiedliche Wissenschaftler und Organisationen versucht, den Begriff weiter zu spezifizieren und alternative Begriffe anzubieten. Während der Begriff Umweltflüchtling stark den Zwangscharakter der Wanderungsbewegung betont und die Ursache für die Wanderungsbewegung unikausal und direkt in der Umwelt sieht, versucht der von der britischen Regierung in Auftrag gegebene *Foresight Report* (The Government Office for Science 2011) mit der Konstruktion von *„migration influenced by environmental change"* dem multi-kausalen und komplexen Charakter von Einflussfaktoren auf Wanderungsbewegungen Rechnung zu tragen. Bis heute fehlt jedoch eine allgemein akzeptierte Definition. Manche Autorinnen und Autoren bezweifeln grundsätzlich den Sinn von

Definitionsversuchen, da von Umwelt- oder Klimamigranten nur gesprochen werden sollte, wenn die Umwelt klar als Hauptursache von Wanderungsbewegungen auszumachen sei. Dies ist aber aufgrund der **Vielschichtigkeit des Migrationsphänomens** kaum möglich (Kap. 3).

Ein wichtiger Aspekt der Diskussion über umweltbedingte Migration ist die Diskussion um die Anzahl der betroffenen Personen. Im obigen Beispiel von Bärbel Höhn wird die zukünftig zu erwartende Zahl von Migrantinnen und Migranten benutzt, um auf die gebotene Dringlichkeit hinzuweisen, Klimapolitik zu gestalten. Eine der meist zitierten Prognosen stammt vom Umweltwissenschaftler Normen Myers, der für das Jahr 2010 etwa 50 Mio. und für 2050 bis zu 250 Mio. Umweltflüchtlinge erwartet (Myers 2002). Es herrscht in der Wissenschaft mittlerweile Einigkeit darüber, dass die vorliegenden Schätzungen und Prognosen methodisch nicht fundiert sind und auf vereinfachten Vorstellungen der Zusammenhänge zwischen Umwelt und Migration basieren. Die Nutzung der Zahlen ist meist von Interessen geleitet, um etwa für den Umweltschutz zu werben oder Angst vor Einwanderung zu schüren (Black 2001).

Das Verhältnis von Umwelt und Migration beschäftigte die Geographie schon zu Beginn der Entwicklung der Disziplin (Piguet 2012). Die frühen Arbeiten waren geprägt von deterministischen Vorstellungen des Zusammenhangs von Umwelt und Gesellschaft. Das Thema verschwand im Laufe des 20. Jahrhunderts aus dem Fokus der geographischen Forschung. Piguet (2012) macht dafür unter anderem die westliche Vorstellung von Fortschritt, welche von einem abnehmenden Einfluss der Natur auf das menschliche Schicksal ausgeht, die Überwindung umweltdeterministischen Denkens sowie die Dominanz des ökonomischen Paradigmas in der Geographischen Migrationsforschung verantwortlich.

In den 1970er- und 1980er-Jahren kam der Zusammenhang von Umwelt und Migration im Zuge der an Bedeutung gewinnenden Umweltbewegung wieder auf die Agenda. Ausgelöst wurde die Diskussion um sogenannte „Umweltflüchtlinge" vor allem durch Arbeiten an der Schnittstelle zwischen Wissenschaft und Praxis sowie Arbeiten von Umweltwissenschaftlerinnen und -wissenschaftlern, die Umweltflüchtlinge als einen Indikator für den Raubbau an der Natur betrachteten. Die Arbeiten dieser Wissenschaftlerinnen und Wissenschaftler, die in der Literatur häufig auch als Alarmisten bezeichnet werden, waren geprägt von **umweltdeterministischen und neo-malthusianischen Vorstellungen** des Verhältnisses von Umwelt und Migration. Diese Arbeiten riefen heftige Kritik und Skepsis hervor. Richard Black (2001) beispielsweise hat in seiner Publikation *Environmental Refugee: Myth or Reality?* die Kategorie des Umweltflüchtlings grundsätzlich infrage gestellt. Seitdem ist der Umfang von Literatur, die sich mit der Thematik auseinandersetzt, erheblich angewachsen. Der Zusammenhang von Umwelt und Migration ist wieder in den Fokus der wissenschaftlichen Auseinandersetzung auch in der Humangeographie gerückt (Kap. 3). Es herrscht Konsens darüber, dass kein direkter monokausaler Zusammenhang zwischen Umwelt und Migration besteht und Migration ein komplexes Phänomen darstellt. Die postpositivistische Kritik in der Auseinandersetzung mit umweltinduzierter Migration zielt vor allem auf die konzeptionellen und methodologischen Mängel in Arbeiten zu umweltinduzierter Migration (Nicholson 2014). Sie strebt eine **methodisch konzeptionelle Weiterentwicklung** an, um das Phänomen besser fassen zu können. Das acht Fallstudien beinhaltende Projekt *Where the rain falls. Climate change, food and livelihood security, and migration* (Warner et al. 2014) des *Institute for Environmental Security* der *United Nations University* ist eine konzeptionelle und methodologische Weiterentwicklung des Projekts EACH-FOR *(Environmental Change and Forced Migration Scenarios)* (Warner 2011) des ersten von der Europäischen Union finanzierten Großprojekts zur Erforschung des Zusammenhangs von Umweltveränderungen und Migration. Die poststrukturalistische Kritik dagegen geht davon aus, dass die Kategorie „Umweltflüchtlinge" in **diskursiven Prozessen** konstruiert (und politisch instrumentalisiert) wird. Poststrukturalistische Arbeiten versuchen herauszustellen, welche (politischen) Interessen in Diskursen um „Umweltflüchtlinge" verhandelt werden und welche Auswirkungen diese Diskurse haben (Bettini 2013). Neben diesen zwei Strömungen existiert noch eine dritte, welche dafür plädiert, den Zusammenhang zwischen Umwelt und Migration stärker in den Fokus der Analyse zu rücken (Greiner und Sakdapolrak 2013).

2.5 Ausblick

Viele der zentralen gesellschaftspolitischen Herausforderungen des 21. Jahrhunderts sind im Schnittfeld zwischen Gesellschaft und Umwelt angesiedelt. Menschliches Handeln ist zu einem wichtigen Einflussfaktor für eine Vielzahl atmosphärischer, biologischer und ökosystemarer Phänomene und Prozesse geworden, deren Veränderung wiederum soziale, politische und wirtschaftliche Konsequenzen hat. Gesellschaft und Umwelt sind somit zunehmend untrennbar miteinander verzahnt – ein Umstand, der auch in dem derzeit populären Schlagwort des Anthropozän beschrieben wird. Durch die grundlegende Überformung der physischen Umwelt durch den Menschen ist auch das Fortbestehen der Menschheit selbst bedroht. Dieses Kapitel hat die Bandbreite der Themenfelder der Gesellschaft-Umwelt-Forschung herausgestellt und aufgezeigt, wie eine humangeographische Perspektive zum besseren Verständnis der Wechselwirkungen zwischen physischen und gesellschaftlichen Phänomenen beitragen kann. Ein solches Verständnis ist grundlegend für die Suche nach geeigneten Lösungswegen. Die aktuellen gesellschaftspolitischen Herausforderungen müssen daher auch als Aufforderung an die Geographie als Disziplin verstanden werden, ihre einzigartige disziplinäre Stellung als Brückenfach zwischen Sozial- und Kulturwissenschaften einerseits und Naturwissenschaften andererseits ernst zu nehmen und ihr Potenzial im Schnittfeld von Humangeographie und Physischer Geographie voll auszuschöpfen, um die Entwicklung des 21. Jahrhunderts konstruktiv mitzugestalten.

Zentrale Begriffe und Konzepte

Community Natural Resource Management (CNRM), Emissionshandel, Geo- und Naturdeterminismus, Gesundheit, Greenwashing, Handlungstheorie, Humanökologie, Klimaschutz- und Umweltpolitik, Medizinische Geographie, Natur, Natur- und Umweltschutz, Naturgefahr und -katastrophe, ökologischer Konsum, Politische Ökologie, Poststrukturalismus, *Pressure-and-Release*-Modell (PAR), Resilienz, Risiko, Systemtheorie, Umwelt- und Klimaflüchtling, Verfügungsrechte, Verwundbarkeit

Literaturempfehlungen

Felgentreff C, Glade T (2007) Naturrisiken und Sozialkatastrophen. Spektrum Akademischer Verlag, Heidelberg

Das Buch bietet einen umfassenden Einblick in die geographische Katastrophenforschung, wobei physiogeographische wie humangeographische Perspektiven gleichermaßen behandelt werden. Fallbeispiele illustrieren die theoretischen Abhandlungen und tragen zum Verständnis bei.

Moseley WG, Perramond EP, Hapke HM, Laris P (2013) An introduction to human-environment geography. Malden, Oxford, Chichester

Leicht verständliche Einführung in die unterschiedlichen Theorien und Ansätze (z. B. Politische Ökologie, Verwundbarkeit, Umweltgerechtigkeit) sowie Themenfelder (z. B. Klima, Bevölkerung, Landwirtschaft) der Geographischen Gesellschaft-Umwelt-Forschung.

Robbins P, Hintz J, Moore SA (2010) Environment and Society. Malden, Oxford, Chichester

Problemorientierte und anhand aktueller Forschungsgegenstände gegliederte Einführung in Themen der Gesellschaft-Umwelt-Forschung. Der Schwerpunkt liegt auf Fragen der sozialen (Un-)Gerechtigkeit und kritischen Hinterfragung von Phänomenen.

Robbins P (2012) Political Ecology. A critical introduction. John Wiley & Sons, Sussex

Anhand einer Einführung in sozialwissenschaftliche Theorien werden neuere Ansätze der Politischen Ökologie vorgestellt. Ziel des Buches ist es, die theoretischen Grundlagen für eine politische engagierte Auseinandersetzung mit Umweltthemen zu legen.

Literatur

Agarwal A, Narain S (1998) Global warming in an unequal world: A case of environmental colonialism. In: Conca K, Dabelko GD (Hrsg) Green planet blues. Westview Press, Boulder, S 157–160

Agrawal A (2005) Environmentality. Technologies of Government and the Making of Subjects. Duke University Press, Durham, London

Bakker K (2010) The limits of „neoliberal natures": Debating green neoliberalism. Progress in Human Geography 34(6):715–735

Bettini G (2013) Climate Barbarians at the Gate? A critique of apocalyptic narratives on „climate refugees". Geoforum 45:63–72.

Black R (2001) Environmental refugees: myth or reality? Working Paper, Bd. 34. University of Sussex, Brighton

Blaikie P (1985) The political economy of soil erosion in developing countries. Longman, London

Bohle H-G (2011) Vom Raum zum Menschen: Geographische Entwicklungsforschung als Handlungswissenschaft. In: Gebhardt H, Glaser R, Radtke U, Reuber P (Hrsg) Geographie. Physische Geographie und Humangeographie. Spektrum Akademischer Verlag, Heidelberg, S 746–763

Bourdieu P (1983) Ökonomisches Kapital, kulturelles Kapital, soziales Kapital. In: Kreckel R (Hrsg) Soziale Ungleichheiten. Soziale Welt, Sonderband 2. Schwartz, Göttingen, S 183–198

Brand P (2007) Green subjection: The politics of neoliberal urban environmental management. International Journal of Urban and Regional Research 31(3):616–632

Bumpus AG, Liverman DM (2011) Carbon colonialism? Offsets, greenhouse gas reductions, and sustainable development. In: Peet R, Robbins P, Watts M (Hrsg) Global Political Ecology. Oxon, New York, S 203–224

Chambers R (1989) Editorial introduction: vulnerability, coping and policy. Institute of Development Studies (IDS) Bulletin 20(2):1–7

Cutchin MP (2007) The need for the „new health geography" in epidemiologic studies of environment and health. Health & Place 13(3):725–742

Dean M (1999) Governmentality. Power and rule in modern society. SAGE Publications, London

Deleuze G, Guattari F (1992) Tausend Plateaus: Kapitalismus und Schizophrenie. Merve, Berlin

Dikau R, Pohl J (2011) Hazards: Naturgefahren und Naturrisiken. In: Gebhardt H, Glaser R, Radtke U, Reuber P (Hrsg) Geographie. Physische Geographie und Humangeographie. Spektrum Akademischer Verlag, Heidelberg, S 1115–1168

El-Hinnawi E (1985) Environmental Refugees. United Nations Environment Programme, Nairobi

Endreß M, Maurer A (2015) Resilienz im Sozialen. Theoretische und empirische Analysen. Springer Fachmedien, Wiesbaden

Egner H (2011) Systemtheorie und Geographie. In: Gebhardt H, Glaser R, Radtke U, Reuber P (Hrsg) Geographie. Physische Geographie und Humangeographie. Spektrum Akademischer Verlag, Heidelberg, S 1088

Felgentreff C, Glade T (2007) Naturrisiken und Sozialkatastrophen. Spektrum Akademischer Verlag, Heidelberg

Fischer-Kowalski M, Weisz H (1999) Society as hybrid between material and symbolic realms. Toward a theoretical framework of society-nature interaction. Advances in Human Ecology 8:215–251

Flitner M, Korf B (2012) Kriege der Zukunft = Klimakriege? Geographische Rundschau 64(2):46–48

Gallopín GC (2006) Linkages between vulnerability, resilience, and adaptive capacity. Global Environmental Change 16(3):293–303

Gesler WM, Kearns RA (2002) Culture/Place/Health. Routledge, London

Giddens A (1984) Die Konstitution der Gesellschaft. Grundzüge einer Theorie der Strukturierung. Campus, Frankfurt a.M.

Greiner C, Sakdapolrak P (2013) Rural-urban-migration, agrarian change and the environment in Kenya. A critical review of the literature. Population & Environment 34(4):524–553

Harpham T (2009) Urban health in developing countries. What do we know and where do we go? Health & Place 15(1):107–116

Holling CS (1973) Resilience and stability of ecological systems. Annual review of ecology and systematics 4(1):1–23

IFAD (2010) Desertification. Rom

IPCC (2014) Climate Change 2014: Impacts, Adaptation, and Vulnerability. Part A: Global and Sectoral Aspects. Contribution of Working Group II to the Fifth Assessment Report of the Intergovernmental Panel on Climate Change. Cambridge University Press, Cambridge, New York

Kearns RA (1995) Medical geography: making space for difference. Progress in Human Geography 19(2):251–259

Keck M, Sakdapolrak P (2013) What is social resilience? Lessons learned and ways forward. Erdkunde 67(1):5–18

Kistemann T, Leisch H, Schweikart J (1997) Geomedizin und Medizinische Geographie: Entwicklung und Perspektiven einer „old partnership". Geographische Rundschau 49(4):198–203

Kistemann T, Schweikart J (2010) Von der Krankheitsökologie zur Geographie der Gesundheit. Geographische Rundschau 62(7–8):4–10

Krings T (2008) Politische Ökologie. Grundlagen und Arbeitsfelder eines geographischen Ansatzes der Mensch-Umwelt-Forschung. Geographische Rundschau 60(12):4–9

Langridge R, Christian-Smith J, Lohse KA (2006) Access and Resilience: Analyzing the Construction of Social Resilience to the Threat of Water Scarcity. Ecology and Society 11(2):18

Latour B (1995) Wir sind nie modern gewesen: Versuch einer symmetrischen Anthropologie. Suhrkamp, Frankfurt a.M.

Laungaramsri P (2001) Redefining Nature. Karen Ecological Knowledge and the Challenge to the Modern Conservation Paradigm. Earthworm Books, Chennai

Leach M, Mearns R, Scoones I (1999) Environmental entitlements: Dynamics and institutions in community-based natural resource management. World Development 27(2):225–247

Leibenath M, Otto A (2014) The interrelation between collective identities and place concepts in local wind energy conflicts. Local Environment 19(6):660–676

Lippuner R (2010) Operative Geschlossenheit und strukturelle Kopplung: Zum Verhältnis von Gesellschaft und Umwelt aus systemtheoretischer Sicht. Geographische Zeitschrift 98(4):194–212

Luhmann N (1986) Ökologische Kommunikation. Kann die moderne Gesellschaft sich auf ökologische Gefährdungen einstellen? Westdeutscher Verlag, Opladen

Maniates MF (2001) Individualization: Plant a tree, buy a bike, save the world? Global Environmental Politics 1(3):31–52

Mattissek A, Wiertz T (2014) Materialität und Macht im Spiegel der Assemblage-Theorie: Erkundungen am Beispiel der Waldpolitik in Thailand. Geographica Helvetica 69(3):157–169

Mayer JD (1996) The political ecology of disease as one new focus for medical geography. Progress in Human Geography 20(4):441–456

McMichael T (2003) Global environmental change, climate change and health. An Introduction. IHDP Update 3:1–3

Myers N (2002) Environmental refugees: A growing phenomenon of the 21st century. Philosophical Transactions of the Royal Society London Biological Sciences Series B 357(1420):609–613

Neumann RP (1998) Imposing wilderness. Struggles over livelihood and nature preservation in Africa. Berkeley, Los Angeles, London

Nicholson CTM (2014) Climate change and the politics of causal reasoning: the case of climate change and migration. The Geographical Journal 180(2):151–160

O'Keefe P, Westgate K, Wisner B (1976) Taking naturalness out of natural disasters. Nature 260(5552):566–567

Peet R, Watts M (2002) Liberation ecology: Development, sustainability, and environment in an age of market triumphalism. In: Peet R, Watts M (Hrsg) Liberation Ecologies: Environment, Development, Social Movements. Routledge, London, S 1–45

Piguet E (2012) From „Primitive Migration" to „Climate Refugees": The Curious Fate of the Natural Environment in Migration Studies. Annals of the Association of American Geographers 103(1):148–162

Prüss-Üstün A, Corbalán C (2006) Preventing disease through healthy environments: Towards an estimate of the environmental burden of disease. WHO Press, Genf

Radcliffe S (2010) Forum: Environmentalist thinking and/in geography. Introduction: the status of the „environment" in geographical explanations. Progress in Human Geography 34(1):98–116

Reuber P (2012) Politische Geographie. UTB, Paderborn

Robbins P (2012) Political Ecology. A critical introduction. Wiley-Blackwell, Chichester

Robbins P, Hintz J, Moore SA (2010) Environment and Society. Malden, Oxford, Chichester

Sakdapolrak P (2010) Ortc und Räume der Health Vulnerability. Bourdieus Theorie der Praxis für die Analyse von Krankheit und Gesundheit in megaurbanen Slums von Chennai, Südindien. Verlag für Entwicklungspolitik, Saarbrücken

Sakdapolrak P (2014) Livelihoods as social practices. Re-energising livelihoods research with Bourdieu's theory of practice. Geographica Helvetica 69:1–10

Sen A (1981) Poverty and famines: An essay on entitlement and deprivation. Clarendon Press, Oxford

Smyth F (2005) Medical geography: therapeutic places, spaces and networks. Progress in Human Geography 29(4):488–495

Strüver A (2011) Der kleine Unterschied und seine großen Folgen – Humangeographische Perspektiven durch die Kategorie Geschlecht. In: Gebhardt H, Glaser R, Radtke U, Reuber P (Hrsg) Geographie. Physische Geographie und Humangeographie. Spektrum Akademischer Verlag, Heidelberg, S 667–675

The Government Office for Science (2011) Foresight: Migration and Global Environmental Change – Future Challenges and Opportunities. Final Project Report. The Government Office for Science, London

UNISDR (2009) UNISDR Terminology on Disaster. Genf

Warner K (2011) Environmental change and migration: methodological considerations from ground-breaking global survey. Population & Environment 33(1):3–27

Warner K, Afifi T (2014) Where the rain falls: Evidence from 8 countries on how vulnerable households use migration to manage the risk of rainfall variability and food insecurity. Climate and Development 6(1):1–17

Weichhart P (2011) Humanökologie. In: Gebhardt H, Glaser R, Radtke U, Reuber P (Hrsg) Geographie. Physische Geographie und Humangeographie. Spektrum Akademischer Verlag, Heidelberg, S 1088–1097

Werlen B (2004) Sozialgeographie. Eine Einführung. UTB, Bern, Stuttgart, Wien

White GF (1945) Human adjustment to floods. Department of Geography Research Paper, Bd. 29. The University of Chicago, Chicago

Wisner B, Blaikie P, Cannon T (2004) At Risk. Natural hazards, people's vulnerability, and disasters. Routledge, London

Werlen B (1993) Gibt es eine Geographie ohne Raum? Zum Verhältnis von traditioneller Geographie und zeitgenössischen Gesellschaftswissenschaften. Erdkunde 47(4):241–255

Zahout M (2011) Die angekündigte Katastrophe. In: Süddeutsche Zeitung (26.07.2011)

Zierhofer W (2011) Natur und Kultur als Konstruktionen. In: Gebhardt H, Glaser R, Radtke U, Reuber P (Hrsg) Geographie. Physische Geographie und Humangeographie. Spektrum Akademischer Verlag, Heidelberg, S 1080–1085

Zimmer A (2010) Politische Ökologie der Stadt. Erdkunde 64(4):343–354

Bevölkerung und Migration

Rainer Wehrhahn

Familienmobilität in Kontum im vietnamesischen Bergland, 2015 (Foto: Hans Gebhardt)

© Springer-Verlag Berlin Heidelberg 2016
T. Freytag et al. (Hrsg.), *Humangeographie kompakt*, DOI 10.1007/978-3-662-44837-3_3

Die Humangeographie bietet eine Reihe von Möglichkeiten, um verschiedene bevölkerungs- und migrationsbezogene Prozesse konzeptionell zu fassen. Migration und demographischer Wandel sind weltumspannende Phänomene mit vielfältigen Auswirkungen auf die Lebens- und Arbeitsweisen. Erfolgreichen Nomaden einer globalisierten Wirtschaft stehen Zwangsmigranten, Flüchtlinge und Vertriebene gegenüber. Migrationsprozesse und andere Formen der Mobilität erschüttern kulturelle und sprachliche Identitäten und führen zu einem Aufbrechen von traditionellen räumlichen Bindungen.

3.1 Dynamiken der Bevölkerungsentwicklung

„Weniger, älter, bunter" – auf diesem plakativ skizzierten demographischen Weg befindet sich Deutschland wie viele andere Länder vor allem des globalen Nordens seit Längerem. Häufig werden aber damit verbunden Parolen ausgegeben, die das „Bunte" in eine Gefahr umzudeuten suchen wie etwa „Deutschland schafft sich ab", „Ausländerghettos" oder „Integration Fehlanzeige". Das stellt die betroffenen Gesellschaften vor ganz besondere Herausforderungen, denn die Bevölkerung eines Landes wandelt sich permanent und fordert entsprechende Anpassungen. Demographischer Wandel, Migration, Integration und Inklusion sind Dauerthemen in Gesellschaft, Politik und Wirtschaft. Dies gilt umso mehr als Globalisierungsprozesse, Fragen der EU-Erweiterung oder soziodemographische Polarisierungen beiderseits der globalen wie lokalen Trennungslinien zwischen Arm und Reich immer stärker in den Fokus geraten sind. In vielen Regionen der Welt weitet sich die Arbeitsmigration von niedrig- wie hochqualifizierten Arbeitskräften gleichermaßen beständig aus, neue Flüchtlingsbewegungen aufgrund von Kriegen und Bürgerkriegen entstehen fast im Jahresrhythmus, und alltäglich erfahren wir von verzweifelten Versuchen immer höhere Grenzbefestigungen zu überwinden.

Bei diesen dynamischen Bevölkerungsprozessen ist die Geographie gefragt, sich an wissenschaftlichen wie an politischen Debatten um raumbezogene demographische Entwicklungen zu beteiligen. **Demographischer Wandel und Migration** als die beiden Hauptkomponenten einer auf die Erklärung soziodemographischer Prozesse ausgerichteten Bevölkerungsgeographie vollziehen sich beispielsweise auf sehr verschiedenen räumlichen Ebenen: Sie rufen Änderungen in innerstädtischen Quartieren wie in ganzen Landstrichen hervor, und sie wirken zudem häufig miteinander verknüpft, indem etwa spezielle Gruppen zu- oder abwandern, wie bei der Sub- oder Periurbanisierung, wodurch im Ergebnis ganze Stadtviertel durch bestimmte Alters- oder andere Gruppen dominiert werden. In der Geographischen Migrationsforschung spielen neben politisch- und sozialgeographisch relevanten Flüchtlingsbewegungen vor allem auch inter- und transnationale Migrationsprozesse eine Rolle, die in vielen Ländern zu einer sehr starken Heterogenisierung der Bevölkerung beitragen. Dies zeigt sich beispielsweise in manchen

US-amerikanischen Bundesstaaten, wo die Anzahl an spanischsprechenden Bewohnern allmählich die der englischsprachigen Bevölkerung übersteigt und so das Englische als vorherrschende Sprache durch Spanisch ersetzt wird.

Bevölkerung bezeichnet aus statistischer Perspektive diejenigen Menschen, die in einem Territorium leben, etwa in einem Staat, einer Stadt oder einem Bezirk, unabhängig von den einzelnen Merkmalen, die sie aufweisen. Entscheidend ist allein, dass sie in einem politisch-administrativ vorgegebenen Raum leben bzw. dort amtlich gemeldet sind. Anders als bei einer „Gesellschaft" sind die Beziehungen der einzelnen Menschen untereinander in einer Bevölkerung gemäß dieses bevölkerungswissenschaftlichen Konzepts nicht von Relevanz. Entsprechendes gilt für das Begriffspaar „soziale Gruppe und Bevölkerungsgruppe". Bevölkerungen können nach verschiedenen Kriterien differenziert und in Teilgruppen zusammengefasst werden, zum Beispiel nach Alter, Herkunft, Führerscheinbesitz oder Einkommen – je nach dem, für welchen Zweck sie charakterisiert werden sollen.

Auf die Größe einer Bevölkerung wie auch auf deren Struktur kann über politische Maßnahmen und Instrumente etwa zur Beeinflussung der Geburtenrate, der Migrationsströme usw. eingewirkt werden. Sie kann auch manipuliert und missbraucht werden – beispielsweise zur „Bevölkerung" (hier gemeint als Prozess) von Territorien zwecks politischer Sicherung räumlich peripherer Gebiete eines Landes oder darüber hinaus (Abschn. 3.6). Bevölkerungsstatistiken wie auch Bevölkerungspolitik wurden und werden bekanntermaßen vielfach für rassistische Zwecke genutzt, wie Hannah und Kramer (2014) ausführlich diskutieren. In der Zeit des deutschen Nationalsozialismus war dies gleichermaßen besonders umfangreich wie perfide. Aber auch in der Zeit davor und danach, nicht nur in Deutschland, wurden und werden Statistiken zur Bevölkerung eines Landes erhoben, die zumindest das Potenzial bieten, mittels Herausgreifen von Einzelmerkmalen der Mitglieder einer Bevölkerung Zuschreibungen vorzunehmen (Exkurs 3.1), zu diskriminieren und zu stigmatisieren.

Wegen eines potenziellen Missbrauchs von Merkmalen wie Herkunft, Alter, sexueller Orientierung usw. auf die Verwendung bestimmter Merkmale in spezifischen demographischen und geographischen Untersuchungen zu verzichten, ist allerdings weder für die Theorie noch für die Praxis der Bevölkerungsgeographie, der Sozialpolitik oder anderer Forschungs- und Anwendungsbereiche praktikabel. Gesellschaftliche Phänomene können nicht ohne ihre Benennung untersucht werden. Entscheidend ist dabei allerdings wie die Verwendung einer Bezeichnung wie „schwarz", „weiß", „homosexuell" oder „Schwabe" intendiert ist, also diskriminierend oder neutral. „Schwabe" kann so etwa als abwertende Bezeichnung für Gentrifizierer in Berlin dienen. Eine derartige Zuschreibung darf jedoch nicht essentialistisch verwendet werden, indem ein Merkmal zur Begründung anderer Merkmale oder Verhaltensweisen herangezogen wird („Du kommst daher, also bist du so"). Deshalb ist beispielsweise im Rahmen von Auswertungen von Statistiken der zugrunde lie-

Exkurs 3.1 Grundlagen: Ethnizität, *gender* und *race* in der Bevölkerungsgeographie

In der Bevölkerungsgeographie wurden traditionell Kategorisierungen von Bevölkerungen – kollektiv wie individuell – vorgenommen. Alter, Geschlecht, Kinderzahl, ethnische Zugehörigkeit, Migrationshintergrund und weitere Zuschreibungen erfolgten meist, um größere Bevölkerungen zu differenzieren und mit Verhaltensweisen dieser jeweils ausgegliederten Gruppen zu verknüpfen. Auch im Zensus, unter anderem dem US-amerikanischen, werden Fragen zur ethnischen Zugehörigkeit und nach *race* gestellt. Problematisch ist dabei, dass nicht immer klar wird, wie die Angaben zustande kommen, das heißt, welche Konzeption von Ethnizität, *gender* oder *race* dahinter steht, und wie die Daten im Anschluss verwendet werden, das heißt, ob sie für politische Ziele missbraucht werden und ob angesichts der sozialen Konstruktivität der Zuschreibungen ein nutzbringender Umgang mit den Daten überhaupt möglich ist. Besonders wenig nachvollziehbar ist die Verwendung des Begriffes *race* im englischsprachigen Raum, der biologischen Kriterien nicht standhält und – wenn er denn überhaupt Verwendung finden soll – notwendigerweise stets kritische Erläuterung erfahren muss (Wehrhahn und Sandner Le Gall 2011).

gende **Konstruktivismus** offenzulegen und auf die Problematik der vereinfachenden Kategorisierung bei tatsächlich vorliegenden Kontinua hinzuweisen, etwa bei Bildungskategorien oder Geschlechtszuordnungen.

Die Bevölkerungsgeographie verfolgt nun heute zwei unterschiedliche Wege der (Selbst-)Zuordnung: Zum einen ist Bevölkerung im genannten statistischen Sinne in Volkszählungen, bei jedem räumlichen Planungsprozess und für alle Prognoseverfahren (Wohnungsmarkt-, Verkehrs-, Schulprognosen usw.) als Synonym für eine Population verwendbar und zum Teil auch notwendig. Zum anderen zeigt die Dekonstruktion von Kategorien wie Bevölkerung, Ethnie usw., dass Abgrenzungen häufig willkürlich erfolgen, Dynamiken nicht erkannt werden oder eine zu starke Vereinfachung bei der Kategorisierung erfolgt, die dem Sachverhalt nicht gerecht wird. Dieser zweite Weg wird hier mit der Begründung einer humangeographischen Perspektive auf Bevölkerungsgeographie verfolgt (Abschn. 3.2), wo neben der statistischen auch eine weitere (andere) Sichtweise auf „Bevölkerung" erörtert wird.

3.1.1 Grundbegriffe der Bevölkerungsentwicklung

Zur vereinfachten Charakterisierung der Bevölkerung werden gemeinhin bei allen nationalen statistischen Ämtern, auf Länder-/Provinz- oder auf Stadtebene **Bevölkerungspyramiden** – mitunter auch „Alterspyramiden" – genannte Graphiken verwendet. Sie dienen dazu, den Stand sowie die rückwärtige und die künftige Entwicklung der Altersstruktur und der Geschlechterverteilung in den Altersstufen einer Bevölkerung auf einen Blick zu veranschaulichen. Im Wesentlichen sind drei Grundformen möglich, die sich im Laufe der Zeit zu Sonderformen wandeln können (Abb. 3.1). In Reinform sind diese „Pyramiden" natürlich selten zu finden. Meist sind die Altersklassen in Fünf-Jahres-Schritten abgebildet, wobei die männliche Bevölkerung auf der linken, die weibliche auf der rechten

Seite eingetragen wird. Sehr eindrucksvoll zeigen animierte Bevölkerungspyramiden die Veränderungen im Altersaufbau im zeitlichen Verlauf, zum Beispiel für Deutschland von 1950 bis 2060 (digitale Graphik unter https://www.destatis.de/bevoelkerungspyramide/).

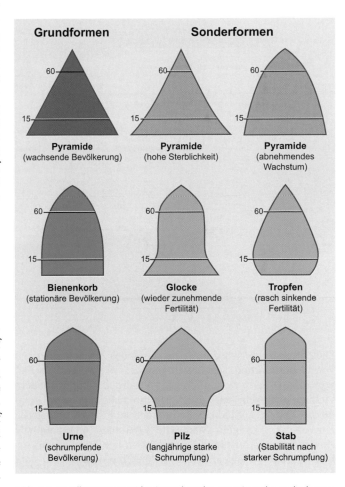

Abb. 3.1 Bevölkerungspyramiden in wachsenden, stagnierenden und schrumpfenden Gesellschaften

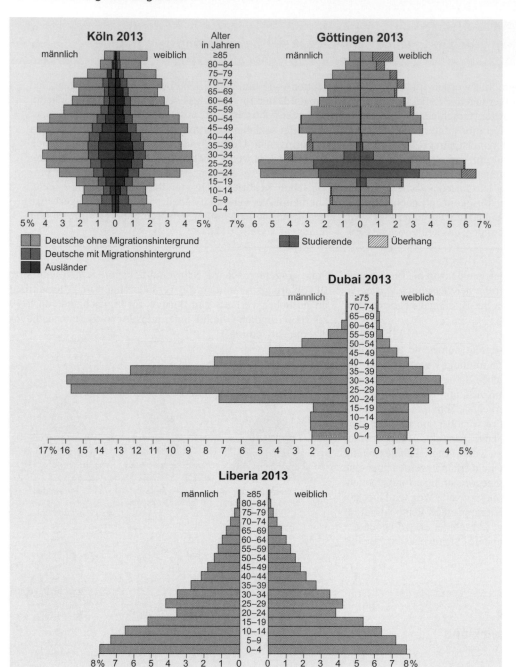

Die Altersstruktur wird nicht nur durch das Zusammenwirken von Geburten- und Sterberaten gebildet, wie es etwa im Fall von Liberia ganz wesentlich zum Ausdruck kommt, sondern vielfach auch sehr stark durch Migrationsbewegungen beeinflusst (Abb. 3.2). Studierende in einer stark durch eine große Universität geprägten Stadt wie Göttingen, internationale Zuwanderung (Beispiel Köln) oder extreme Formen von Arbeitsmigration (Beispiel Dubai) können diese Strukturen stark beeinflussen, was wiederum Konsequenzen für Teilwohnungsmärkte, Wahlverhalten, urbane Infrastrukturen usw. nach sich ziehen kann.

Um Daten zur Entwicklung der Bevölkerung eines Landes zu generieren, die für die Planung von technischen wie sozialen Infrastrukturen (Verkehrswege, Wohnungsbau, Kindergärten, Betreuungseinrichtungen, Beratungsstellen usw.) notwendig sind, werden in regelmäßigen Abständen Volkszählungen durchgeführt. Eine **Volkzählung (Zensus)** ist in der Regel eine Vollerhebung aller in einem Staat mit ihrem Hauptwohnsitz lebenden Personen. Als Mikrozensus wird eine Stichprobe bezeichnet, die in der Regel geschichtet mit 1 oder 5 % der Bevölkerung in den Zeiträumen zwischen den Volkszählungen gezogen wird. Die Verfahren für Zensus und Mikrozensus in Deutschland sind unter www.destatis.de detailliert

Exkurs 3.2 Grundlagen: zentrale Fertilitäts- und Mortalitätsmaße und ihre Verwendungen

(Rohe) Geburtenrate (*Crude Birth Rate* – CBR)

$$CBR = b/p \times 1000$$

Lebendgeborene in einem Kalenderjahr (b) bezogen auf je 1000 der Gesamtbevölkerung (p) zur Mitte des Jahres. Die CBR wird zwar häufig verwendet, ist jedoch sehr stark abhängig von der Struktur der Gesamtbevölkerung, insbesondere der Altersstruktur.

Gesamtfruchtbarkeitsrate (*Total Fertility Rate* – TFR)

Summe der altersspezifischen Fruchtbarkeitsraten. Diese werden berechnet über die Zahl der Geburten pro Frau im gebärfähigen Alter pro Jahrgang. Die TFR ist die international am weitesten verbreitete Maßzahl zur Fruchtbarkeitsmessung.

Bestandserhaltungsniveau

Das Bestandserhaltungsniveau (auch Reproduktionsniveau genannt) bezeichnet die durchschnittliche Kinderzahl pro Frau (TFR), die notwendig wäre, um den Bestand einer Bevölkerung bei einer gegebenen Sterbewahrscheinlichkeit zu sichern. Migration ist dabei nicht berücksichtigt. Das Bestandserhaltungsniveau liegt in Deutschland bei ungefähr 2,1 Kindern pro Frau, die TFR (2013) bei 1,4 (Tab. 3.1). Die TFR im Vergleich zum Bestandserhaltungsniveau liefert der Politik Anhaltspunkte zur Formulierung politischer Programme und planerischer Instrumente und Maßnahmen zur Daseinsgrundvorsorge.

Rohe Sterbeziffer/-rate (*Crude Death Rate* – CDR)

$$CDR = d/p \times 1000$$

Gestorbene in einem Kalenderjahr (d) bezogen auf je 1000 der Gesamtbevölkerung (p) zur Mitte des Jahres; stark abhängig von der Alters- und Morbiditätsstruktur der Bevölkerung.

Säuglingssterbeziffer

Zahl der in einem Kalenderjahr gestorbenen Säuglinge (Kinder unter einem Jahr) pro 1000 Lebendgeborene in dem betreffenden Zeitraum; auch „Säuglingssterblichkeit" genannt.

Lebenserwartung

Die Lebenserwartung bei Geburt bezeichnet die Zahl der Jahre, die Neugeborene im Mittel leben würden, wenn die Sterblichkeitsverhältnisse konstant blieben. Das übliche Verfahren nach der Periodensterbetafel berechnet die Sterbewahrscheinlichkeit für jede Kohorte zum jeweils gleichen Zeitpunkt, beispielsweise zum 31.12.2014, sodass die eigentlich simulierte Längsschnittbetrachtung tatsächlich eine Querschnittsanalyse ist. Die Lebenserwartung bei Geburt beträgt in Deutschland derzeit 80 Jahre, die heute 80-Jährigen haben eine (weitere) Lebenserwartung von gut acht Jahren (Tab. 3.1).

Details zur Berechnung und Anwendung der Kennziffern siehe Lehrbücher zur Bevölkerungsgeographie von Bähr (2010) oder Wehrhahn und Sandner Le Gall (2011). Auch das Statistische Bundesamt (www.destatis.de) hält umfangreiche Informationen und Berechnungen zu Fertilitäts- und Mortalitätsmaßen und auch differenzierte Sterbetafeln bereit.

Tab. 3.1 Fertilitäts- und Mortalitätsziffern ausgewählter Länder 2013 (Quelle: World Population Data Sheet 2014)

Staat	*Total Fertility Rate* (TFR)	Jährliche Zuwachsrate (ohne Migration) (%)	Rohe Sterbeziffer (‰)	Lebenserwartung bei Geburt (Jahre)	Säuglingssterblichkeit (‰)
Deutschland	1,4	−0,2	11	80	3,3
Frankreich	2,0	0,3	9	82	3,6
USA	1,9	0,4	8	79	5,4
Ukraine	1,5	−0,4	15	71	7,0
Botswana	2,6	0,7	17	47	32,0
Ägypten	3,5	2,6	6	71	29,0
Thailand	1,8	0,4	8	75	11,0

erläutert. Eine Bevölkerungsfortschreibung erfolgt auf der Basis von Melderegistern, in denen beispielsweise Geburten, Sterbefälle und Eheschließungen oder Zu- und Abwanderungen dokumentiert sind.

Der letzte Zensus in Deutschland von 2011 förderte zum Teil erhebliche Abweichungen von den fortgeschriebenen Daten auf kommunaler und somit auch auf der von den Datensammlungen der Kommunen abhängigen Landes- und Bundesebene zutage. So zeigte sich, dass Berlin 5,2 % weniger Einwohner hatte, in einzelnen Bezirken wie Charlottenburg-Wilmersdorf sogar 10 % weniger. Eine besonders große Diskrepanz wurde in kleineren Städten aufgedeckt, wie in Plön, wo statt der 12.834 nur 8686 Bewohner lebten (−32 %). Hier wie auch andernorts wurden meist bei Fortzug (z. B. von Bundeswehrlehrgangsteilnehmern in Plön) keine Abmeldungen vorgenommen. Diese und andere Fehler in der fortgeschriebenen Statistik führten dazu, dass in Deutschland insgesamt laut Volkszählung 2011 nur 80,2 Mio. Menschen lebten und damit rund 1,5 Mio. weniger als gedacht (www.destatis. de). Diese Beispiele belegen, dass Fortschreibungen auf Dauer kein geeignetes Instrument seien können, um verlässliche Infrastrukturplanungen vorzunehmen und Fehlentscheidungen seitens der Kommunen und übergeordneter Institutionen zu vermeiden.

Die Bevölkerungsentwicklung folgt der Gesetzmäßigkeit der **demographischen Grundgleichung,** die Geburten- und Sterbefälle mit Zu- und Abwanderungsdaten verknüpft. Die Bevölkerung zum Zeitpunkt P_{t1} wird berechnet durch die Ausgangsbevölkerung zum Zeitpunkt P_{t0} zuzüglich der Geburten (B) und abzüglich der Sterbefälle (D) sowie zuzüglich der zugewanderten Personen (I) und abzüglich der abgewanderten Personen (E):

$$P_{t1} = P_{t0} + (B - D) + (I - E)$$

Traditionell wird das Ergebnis der Addition von Geburten- und Sterbefällen als „natürliche Bevölkerungsbewegungen" bezeichnet. Ergänzend kommt es zu Migrationsbewegungen, die ebenfalls für Wachstum (bzw. Schrumpfung) der Bevölkerung in gegebenen Räumen maßgeblich sind. Erstere bildeten auch die alleinige Berechnungsgrundlage für frühe Modelle zur Beschreibung und Erklärung von Bevölkerungsentwicklungen in der Vergangenheit sowie Prognosen für die Zukunft seit dem ausgehenden 18. Jahrhundert. Gans (2011) hat die Modelle von Malthus, Boserup und anderen, zum Teil mit Bezug zum Konzept der sogenannten Tragfähigkeit eines Landes oder einer Region, sehr anschaulich gegenübergestellt (Bähr et al. 1992). Es sollte allerdings heute nicht mehr biologistisch von „natürlicher" Bevölkerungsbewegung gesprochen werden, da Fertilität – und eingeschränkt auch Mortalität – häufig nicht rein biologischen („natürlichen") Abläufen folgen, sondern im Zuge von Säkularisierung, Emanzipation, Zugang zu Kontrazeptiva usw. Menschen die Reproduktion weitgehend selbst steuern (Wehrhahn und Sandner Le Gall 2011; Exkurs 3.2).

3.1.2 Bevölkerungsprognosen

Auf der Basis von Fertilitäts- und Mortalitätsentwicklungen sowie Daten zu internationalen sowie Binnenwanderungen werden anhand unterschiedlicher Verfahren Prognosen zur Bevölkerungsentwicklung erstellt (Bähr 2010; Wehrhahn und Sandner Le Gall 2011). Diese **Vorausberechnungen** bilden die Basis für räumliche Planung und für daraus entwickelte Folgeprognosen wie Wohnungsmarkt- oder Verkehrsprognosen. Für Deutschland

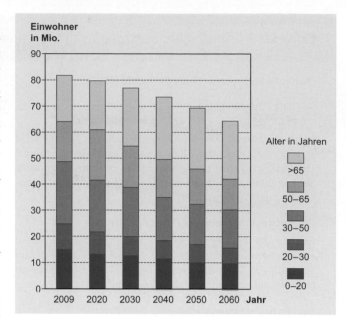

Abb. 3.3 Bevölkerungsprognose und Altersstrukturentwicklung in Deutschland in den Jahren von 2009 bis 2060 (Daten: BBSR)

erstellt das BBSR (Bundesinstitut für Bau-, Stadt- und Raumforschung) regelmäßig Vorausberechnungen in verschiedenen Varianten, die die künftigen Bevölkerungszahlen regional aufgeschlüsselt als Szenario präsentieren (Abb. 3.3). Die Unterschiede ergeben sich aus den Komponenten der Fertilität und der Mortalität (insbesondere weiterer Anstieg der Lebenserwartung) sowie – hauptsächlich – aus den jeweils angesetzten Wanderungsbilanzen, die als jährliche Nettozuwanderung zwischen 100.000 und 200.000 Personen pro Jahr angesetzt sind (zur Methodik der Prognosen, zu Folgeprognosen, interaktiven Karten usw. siehe http://www.bbsr.bund.de sowie www.destatis.de).

3.2 Bevölkerung und Migration in humangeographischen Perspektiven

3.2.1 Konzepte der Bevölkerungsgeographie

Die Bevölkerungsgeographie war lange Zeit konzentriert auf die Beschreibung von Verteilungen von Bevölkerungsgruppen und die Veränderungen der Bevölkerung in definierten Gebieten nach Zahl und Merkmalen wie sozialem Status, Alter, Herkunft oder Hautfarbe. Nach Erklärungen wurde ebenfalls gesucht, allerdings bis in die 1980er-Jahre hinein meist auf der Basis modernisierungstheoretischer Ansätze (Kap. 8), explizit oder implizit, und meist auch ohne kritisches Hinterfragen der Kategorienbildung. Handlungstheoretische Ansätze und kulturtheoretische Anschlüsse wurden erst sehr spät und auch nur vereinzelt an-

Tab. 3.2 Entwicklungslinien der Bevölkerungsgeographie (verändert nach Wehrhahn und Sandner Le Gall 2011, S. 7)

Theorieansatz/Paradigma	Beispiele für Fragestellungen und konzeptionelle Bezüge
Positivismus, länderkundliches Schema	– Bevölkerungsstrukturen im Ländervergleich aufzeigen – Wanderungsbewegungen charakterisieren
Raumwissenschaften auf der Basis des Kritischen Rationalismus	– Distanzmodelle und *Push-pull*-Modelle als Konzepte für Wanderungen – Wohlstandstheorien zur Erklärung von räumlich differenzierten Fertilitätsentwicklungen
verhaltens- und entscheidungstheoretische Ansätze	– entscheidungstheoretische Modelle in der Wanderungsforschung – mikrogeographische Ansätze zur Wohnstandortwahl
Struktur- und Strukturationstheorie	– Globalisierung/Modernisierung als Erklärung für Fertilitätstransformation – makrotheoretische Ansätze zur Migrationsforschung
handlungstheoretische Ansätze	– individuumbezogene Untersuchung von Migrationsentscheidungen oder Singularisierungsprozessen – Akteurskonstellationen bei Familienplanungsprogrammen
kulturtheoretische, poststrukturalistische Ansätze	– Deutung von demographischen Entwicklungen als singuläre Prozesse – kulturbezogene Interpretation von Exklusionsprozessen in urbanen Quartieren
Praxisorientierung	– Konzepte und Handlungsfelder zur Beeinflussung des demographischen Wandels – Instrumente zur Steuerung von Arbeitsmigration

gewandt bzw. gesucht (Tab. 3.2). Das Verständnis der deutschsprachigen Bevölkerungsgeographie, aber auch von Bevölkerungsgeographinnen und -geographen aus dem anglophonen und frankophonen Raum aus den 1960er- bis 1990er-Jahren, die Bevölkerungsgeographie nur als Teil einer vornehmlich quantitativ ausgerichteten Bevölkerungswissenschaft mit statistischem Bezug zu definieren, bedarf entsprechend einer Erweiterung. Die traditionelle, biologische Sichtweise auf Bevölkerung als Population, die man – vereinfacht formuliert – wie eine Schafherde zählen kann, die umherwandert, sich vermehrt und stirbt, sollte durch ein humangeographisch anschlussfähiges **Struktur-Handlungs-Konzept** mit Bevölkerungsmitgliedern als politischen Akteuren ersetzt werden (Wehrhahn und Sandner Le Gall 2011).

Bevölkerungsgeographische Prozesse sollen hier folglich als relational und kontextuell begriffen und handlungstheoretische, strukturationstheoretische und poststrukturalistische Ansätze zur Erklärung bzw. Deutung einbezogen werden (Tab. 3.3). Bevölkerung ist nicht klassisch nur als biologisch vorgegebene Einheit zu sehen, sondern als politische Subjekte (Tyner 2013) und als Akteure, die über Fertilität, Migration und zum Teil auch Mortalität entscheiden und mehr oder weniger Kinder zeugen, abwandern oder einen Lebensstil bewusst wählen, der die Lebenserwartung erhöht. Diese Handlungen – und im Sinne der Praxistheorie auch **soziale Praktiken** – geschehen nicht vermeintlich „natürlich", sondern sie sind gesteuert, beeinflusst, gewählt. Mit einer Bevölkerung geschieht nicht unbewusst etwas, vielmehr entscheiden sich die einzelnen Mitglieder einer Bevölkerung individuell, vor dem Hintergrund struktureller Bedingungen (Einkommenssituation, Wohnstandortpräferenz, Lebensführungsmodelle usw.), die wiederum durch Akteure (z. B. Sozialpolitikerinnen und -politiker, Kirchenvertreterinnen und -vertreter usw.) vorgegeben und auch laufend verändert werden (Abb. 3.4). Daran sind auch die Bevölkerungsmitglieder selbst beteiligt (z. B. mittels Wahlen oder zivilgesellschaftlicher Verbände). Die Entwicklung einer Bevölkerung in einem gegebenen Raum und auch die einzelnen Personen und Haus-

halte sind folglich in einem **Netzwerk von Akteuren** umgeben, und sie sind auch Teil dieses Netzwerkes. Daraus ergeben sich die Kontextualität und die Relationalität der Bevölkerung, die also nicht unabhängig von Strukturen und Akteuren über die grundlegenden Bevölkerungsprozesse – Fertilität, Mortalität und Migration – entscheidet (Bailey 2009a, 2009b; Jones 2009; Wehrhahn 2015). Zudem ist damit ein klarer Bezug zur Politischen Geographie hergestellt, sogar für den ansonsten meist strukturalistisch, das heißt ohne Berücksichtigung der Akteure und Handlungen betrachteten Bereich der Mortalität, wie Tyner (2009, 2014) unterstreicht.

Kapitel 3

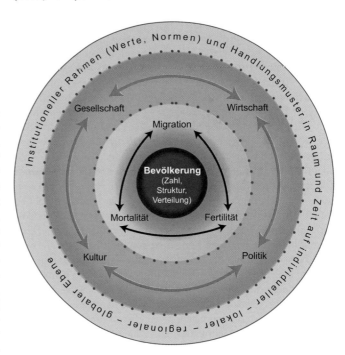

Abb. 3.4 Kontextuelle und relationale Bevölkerungsgeographie (verändert nach Wehrhahn und Sandner Le Gall 2011)

Tab. 3.3 Konventionelle und relational-kontextuelle Perspektiven der Bevölkerungsgeographie

Dimensionen	Konventioneller Blick auf Bevölkerung	Relationaler und kontextueller Blick auf Bevölkerung
Bevölkerung im Raum	Bevölkerung in Räumen mit definierten Grenzen	nicht einzeln abgegrenzte Räume unterschiedlichen Maßstabs, sondern Verknüpfungen stehen im Mittelpunkt (z. B. Translokalität)
	Räume auf verschiedenen Maßstabsebenen im Mittelpunkt (z. B. Herkunfts- und Zielgebiete)	Blick auf Netzwerke, Knoten und *flows, rescaling*
Charakterisierung	„Residenten", d. h. Bevölkerung in einem Gebiet als dort verankert, dauerhaft lebend	Bevölkerung als Individuen mit unterschiedlichen Lebensverläufen und hoher Mobilität
	Bevölkerung als Objekt, Bevölkerungsgruppen	Bevölkerung bestehend aus individuellen Subjekten, Bevölkerung agiert
	Betonung von Homogenität und gruppenspezifischen Differenzierungen	gruppenspezifische Differenzierungen als Kontextbeschreibung, Heterogenität und individuelle Differenzen
Untersuchungsziele und Forschungsansätze	Kategorisierung, Bevölkerung eher statisch gesehen (Typologien)	Kategorien hinterfragen (Hautfarbe, Herkunft, Geschlecht usw.), fließende Übergänge aufzeigen, Bevölkerung eher als dynamisch und divers interpretiert
	Konzentration auf demographische Prozesse mit Raumbezug	Konzentration auf Erklärung demographischer Prozesse im (human-)geographischen Kontext
	Komponenten der demographischen Grundgleichung (Fertilität, Mortalität, Migration) im Mittelpunkt	soziokultureller, ökonomischer, (macht-)politischer Kontext, Akteure und Handlungsmuster, auch: poststrukturelle Perspektive auf Bevölkerung
wissenschaftliche Verankerung	Bevölkerungsgeographie als Teilgebiet der Bevölkerungswissenschaften/Demographie	Bevölkerungsgeographie als Teilgebiet der Geographie/Humangeographie, sozial- und kulturtheoretische Verankerungen
Methodik	vorwiegend quantitative Methodik, Quantifizierung als Ziel	Methodenvielfalt und Methodenmix, Methodenwahl in Abhängigkeit von Fragestellung

Die **konzeptionelle Weiterentwicklung** der Bevölkerungsgeographie wird vor allem in der Zeitschrift *Progress in Human Geography* geführt (Hugo 2007), zuletzt durch Tyner (2013) zur künftigen Weiterentwicklung dieser Teildisziplin unter dem Aspekt einer *Surplus-populations*-Thematik. Letzteres bedeutet, dass es in kritischer Betrachtung kapitalistischer Bedingungen zu einer sogenannten Überhangbevölkerung kommt, die ausgegrenzt wird und nicht am Arbeitsprozess beteiligt ist bzw. nur als Reserve billiger Arbeitskräfte dient (McIntyre 2011). Eine theoretische Anschlussperspektive von Körper und Mortalität (sowie Krieg und Gewalt) in der Bevölkerungsgeographie unter Einbeziehung von kritischen politisch-geographischen Konzepten vertritt Tyner (2009, 2014). Die maßgebliche internationale bevölkerungsgeographische Zeitschrift *„Population, Space and Place"* hat ebenfalls die Öffnung der Teildisziplin nach und mit dem *spatial turn* und dem *cultural turn* vollzogen, auch der *relational turn* findet Eingang (siehe Titel der Zeitschrift und unterschiedliche Raumkonzepte in Kap. 1). Die beiden verantwortlichen (bevölkerungsgeographischen) Herausgeber repräsentieren sowohl eine quantitative als auch eine humangeographisch-qualitativ erweiterte Perspektive, was die Breite der aktuellen Bevölkerungsgeographie auf internationaler Ebene unterstreicht. Die Einbettung bevölkerungsgeographischer Prozesse in gesellschafts- und kulturtheoretische Debatten hat auch in Deutschland seit den 2000er-Jahren begonnen; sie findet sich beispielsweise in der Diskussion konstruktivistischer Sichtweisen auf Ethnizität und Identität und zu den Setzungen von *race* und *gender* wieder, die ausführlich in Wehrhahn und Sandner Le Gall (2011) aufbereitet sind (McIntyre 2002; Kap. 5). Diese Art des Bevölkerungsgeographie-Machens

und eines dekonstruierenden Blicks auf tradierte Modelle führte an der Stelle unter anderem auch zur kritischen Betrachtung des Modells des demographischen Übergangs und des Konzeptes der Kulturerdteile.

3.2.2 Konzepte der Geographischen Migrationsforschung

Migration (Wanderung) ist, zumal in globalisierten Zusammenhängen, ein wesentlicher konstituierender Prozess sowohl für Bevölkerung als auch für Gesellschaft und Kultur. Für ökonomische Entwicklungen sind Wanderungen zum einen als Veränderung des regionalen Nachfragepotenzials von Bedeutung und zum anderen, weil migrierende Personen unter anderem auch wirtschaftsrelevantes Wissen transportieren, was zu *brain drain, brain gain* oder *brain circulation* führen kann (Abschn. 3.4.1). So wie Migrationsprozesse die Bevölkerungsdynamik wesentlich beeinflussen, stehen Bevölkerungsstrukturen und ihre Veränderungen in unmittelbarem Zusammenhang mit Wanderungen; Bevölkerung bildet die Ausgangskategorie für Wanderungen.

Migration ist in der Geographie lange Zeit schwerpunktmäßig in der Bevölkerungsgeographie verhandelt worden, wobei allerdings die notwendigen Bezüge zu wirtschafts- und sozialgeographischen Prozessen, etwa als Erklärungskontext für Wanderungsbewegungen hergestellt wurden. Im Zuge einer stärkeren Öffnung

Tab. 3.4 Theoretische Ansätze der Migrationsforschung im Überblick (verändert nach Wehrhahn und Sandner Le Gall 2011, S. 88)

Theorieansatz/Paradigma	Leitfragestellungen
Ravenstein'sche Migrationsgesetze	Zusammenhänge zwischen Distanz und Wanderungshäufigkeit
neoklassische ökonomische Ansätze	Migration zwischen ärmeren und reicheren Ländern und Regionen als Ausgleichsbewegung, *Push-pull*-Faktoren, Lohndifferenziale
Theorie des dualen Arbeitsmarkts	Migration wird bestimmt durch die Nachfrage auf dem Arbeitsmarkt
neue Migrationsökonomie	Entscheidungen von Haushalten als Strategie zur Minimierung von Risiken
verhaltens- und entscheidungstheoretische Ansätze	individuelle Entscheidungsprozesse, Wert-Erwartungs-These, rationales Handeln, ökonomische und nichtökonomische Motive
struktur- und systemtheoretische Ansätze	Mobilitätstransformation, Weltsystemtheorieansätze, Migrationssysteme, Inklusion
neuere struktur- und systemtheoretische Ansätze	Migrationssysteme (aktualisiert), Inklusion/Exklusion, Globalisierung
handlungstheoretische, interpretative Ansätze	Berücksichtigung subjektiver Migrationsmotive und -erfahrungen, psychosoziale Dimensionen
Netzwerkansätze	soziale Beziehungen, soziales Kapital, Konstituierung von sozialen, ökonomische und/oder kulturellen Netzwerken, Aufrechterhaltung von Migration
Gender-Ansätze	spezifische *Gender*-Beziehungen in Arbeitsprozessen, feministische Konzepte in Verbindung mit netzwerk- oder poststrukturalistischen Perspektiven auf Ungleichheiten
transnationale Migration und Translokalität	transnationale soziale Räume und Beziehungen, multiple Identitäten, Multi- und Translokalität von alltäglichen Praktiken, Transitmigration, häufig verknüpft mit Netzwerkansätzen

der Humangeographie gegenüber konzeptionellen Ansätzen aus anderen sozial- und kulturwissenschaftlichen Disziplinen sowie der in den vergangenen 20 Jahren stark interdisziplinär orientierten Migrationsforschung – unter Einbezug einer sich dabei herausbildenden Geographischen Migrationsforschung – werden Migrationsprozesse nunmehr auch als eigenes Forschungsfeld innerhalb der Humangeographie betrachtet (Hillmann 2014).

Da Strukturen, Prozesse und Akteurskonstellationen im Wanderungskontext so divers sind wie die Ansätze zur Deutung und Erklärung von Migration, wird heute auch von **Geographien der Migration** gesprochen. Bei aller Vielfalt ist es allerdings notwendig, die gemeinsame Basis der Geographischen Migrationsforschung zu benennen: Die geographische Mobilität in verschiedenartiger räumlicher Ausprägung bildet den Ausgangspunkt, sie ist Gegenstand der Untersuchung und steht im Mittelpunkt migrationsgeographischer Fragestellungen. Welche konzeptionellen Ansätze dabei zum Tragen kommen, ist abhängig von der Zielsetzung der Untersuchung und mitunter auch von den jeweils vorherrschenden Paradigmen (Tab. 3.4).

Der **Pluralismus der Theorieansätze,** die sich zwar im zeitlichen Verlauf herausgebildet haben, was jedoch nicht bedeutet, dass die älteren Konzepte bereits hinfällig wären, bietet der Humangeographie ein breites Spektrum an Möglichkeiten, Migration zu erforschen (King 2012). Mit den Ravenstein'schen Migrationsgesetzen, die auf Überlegungen aus dem 18. Jahrhundert basieren, werden die wenigsten noch gewinnbringend arbeiten können, aber die klassischen Gedanken zu den Lohndifferenzialen oder die Theorie des dualen Arbeitsmarkts tragen bei einigen Migrationsbewegungen zu einem Teil ihrer Erklärung bei, zum Beispiel im Fall der Arbeitsmigration von Bangladesch in die arabischen Ölstaaten oder der Ost-West-Wanderung nach der Wende in Deutschland in den 1990er-Jahren. Ausgeblendet werden allerdings auch in diesen Fällen der gesamte Kontext der Arbeits- und Lebensbedingungen in den Herkunftsgebieten wie auch die sozialen Beziehungen bis hin zu komplexen Migrationssystemen (Abschn. 3.4), die für die Arbeitsmigration bei näherer Analyse von Bedeutung sein können (Exkurs 3.3).

3.3 Demographischer Wandel

Der demographische Wandel ist mittlerweile in Deutschland nicht zuletzt aufgrund der politisch-planerischen Dimension von Schrumpfung und Alterung sehr gut untersucht und auch in leicht zugänglichen Grundlagenwerken gut aufbereitet worden, so bei Gans (2011) und Wehrhahn und Sandner Le Gall (2011) sowie in vielen Facetten aus angewandt-geographischer Sicht in Gans und Schmitz-Veltin (2006). Deshalb sollen hier nur neuere konzeptionelle Überlegungen hinsichtlich einer humangeographischen Einbettung vorgestellt, grundlegende Begriffe erläutert und allgemeingültige Prozesse anhand von Beispielen kontextualisiert werden.

3.3.1 Demographische „Übergänge"

Der sogenannte demographische Übergang wird seit den 1960er-Jahren in der Bevölkerungsgeographie wie auch in

Kapitel 3

Exkurs 3.3 Arbeitsmärkte in migrationstheoretischer Perspektive

Neoklassische Migrationstheorien gehen davon aus, dass die Nachfrage nach Arbeitsplätzen Wanderungsbewegungen maßgeblich beeinflusst. Unterschiedliche Lohnniveaus führen zur Zuwanderung in Gebiete mit höheren Arbeitslöhnen (Konzept der Lohndifferenziale). Letztlich sorgen diese Wanderungen dann – in der Theorie – dafür, dass sich die Lohnniveaus angleichen. Die Theorie des dualen Arbeitsmarkts teilt Arbeitsmärkte in einen primären mit höheren und einen sekundären mit niedrigeren Löhnen und sieht Migration als Ergebnis einer rationalen Entscheidung, namentlich für höhere Löhne. Das Konzept der segmentierten Arbeitsmärkte (Segmentationstheorie) differenziert etwas feiner in unterschiedliche Teilarbeitsmärkte und kann so spezialisierte Bedürfnisse der Arbeitgeberseite berücksichtigen. So werden in vielen Ländern schlecht bezahlte und zum Teil auch schlecht angesehene Arbeiten primär von Migrantinnen und Migranten ausgeübt. Teilweise entstehen auch spezielle Teilarbeitsmärkte für irreguläre Migrierte, die aufgrund ihres illegalen Aufenthaltsstatus keinerlei Möglichkeit haben, reguläre Arbeitsplätze einzunehmen und so zum Spielball unternehmerischer Interessen werden. Dies erklärt auch, warum zum Beispiel in den USA 11 Mio. bis 13 Mio. irreguläre Zugewanderte leben, die meist einer informellen, aber regelmäßigen Arbeit – üblicherweise in der Landwirtschaft oder im Bausektor – nachgehen oder warum in Südspanien irreguläre nordafrikanische Migranten im Obst- und Gemüseanbau beschäftigt werden. Für sie müssen die Arbeitgeber keine Sozialabgaben zahlen und die Löhne liegen unter dem für diese Tätigkeiten regulären Niveau. Allerdings sind die Konzepte der Arbeitsmärkte häufig nur ein Teil der Erklärung von Migration. Über die Arbeitsmöglichkeit an sich hinaus existieren viele weitere Gründe sowohl für eine generelle Entscheidung zu einer Wanderung (Kap. 8) als auch für eine Wanderung an einen ganz bestimmten Ort – der keineswegs immer die beste Arbeitsoption bieten muss.

Andere, offenkundig ebenfalls auf (besseren) Arbeitschancen basierende Wanderungen lassen sich hingegen gar nicht mit eindimensionalen Konzepten begründen, zumal viele Menschen trotz sehr starker Lohnunterschiede nicht zwangsläufig abwandern. Es muss im Migrationsprozess andere Faktoren geben, die beispielsweise erklären, warum Menschen an Orte wandern, die in der Außenperspektive zunächst nicht als die optimalen Zielgebiete erscheinen und warum auf den ersten Blick plausible Deutungen nicht den Kern der Migration treffen. Doevenspeck (2011) hat dazu ein Fallbeispiel zur Abwanderung von sogenannten Umweltmigranten geliefert. Er belegt, dass die Degradierung von Böden und zu geringe Ernteerträge nur zwei von vielen Gründen sind, die zur Abwanderung von Bewohnern des semiariden ländlichen Raums in Benin führen. Vielmehr sind Landnahmen, fehlender Zugang zu Land, soziale Probleme usw., das heißt letztlich politische und soziale Strukturen und Handlungen entscheidend und die naturräumlichen Bedingungen nur zweitrangig in ihrem Erklärungswert (Kap. 2 und 8). Statt einfacher *Push-pull*-Faktoren ist das soziale Umfeld mithilfe von Sozialkapitalansätzen und Netzwerktheorien als Untersuchungsansatz bei der Aufdeckung von Ursache-Wirkungs-Komplexen zielführender (Abschn. 3.4). Hier zeigt sich die Notwendigkeit humangeographischer Betrachtungsweisen, die den Blick auf eine integrative Analyse von gesellschaftlichen, wirtschaftlichen und ökologischen Faktoren erlauben und in der „Tradition" einer Vielfalt von theoretischen Ansätzen komplexe Prozesse zu deuten versuchen.

Schulbüchern der Geographie als Modell zur Erläuterung der **Zusammenhänge von Mortalitäts- und Fertilitätsraten** in ihrer Auswirkung auf die Bevölkerungsentwicklung in einzelnen Ländern verwendet. Dabei wird auf der Basis eines fünfstufigen Konzepts die Bevölkerung von einem hohen Niveau von Geburten und Sterbefällen hin zu einem niedrigen Niveau beider Variablen beschrieben. Neuerdings wird in Anbetracht der in vielen Ländern bereits negativen Entwicklung der Bevölkerungszahlen, das heißt einem Niveau unterhalb des Bestandserhalts, von einem „zweiten demographischen Übergang" mit einer sechsten Phase gesprochen. Die vergleichende Betrachtung von Sterblichkeits- und Geburtenraten gibt Aufschluss über vergangene und aktuelle Daten des Bevölkerungsbestands in einem statistisch-administrativen Sinne. Eine theoretische Unterlegung des Modells ist abgesehen von den inzwischen als obsolet zu bezeichnenden modernisierungstheoretischen Konzepten der 1960er-Jahre nicht erkennbar. Damit ist auch keine belastbare Prognoseableitung aus dem Modell möglich, zumal darüber hinaus die postulierten Phasen des Übergangs in den Ländern zeitlich und von der Intensität her äußerst unterschiedlich verlaufen. Der Versuch, in den 1990er-Jahren ein „variables Modell des demographischen Übergangs" zu etablieren, um das Modell zu aktualisieren, ist aufgrund der Beliebigkeit der Phasenlängen und des Einsetzens derselben letztlich gescheitert. Ein ursächlicher Zusammenhang zwischen der Entwicklung der Mortalität und der der Fertilität ist auch mit *Wealth-flow*-Ansätzen und ähnlichen Konzepten nicht belegt, und insofern ist die gemeinsame Darstellung beider Variablen in einem Diagramm so wenig sinnvoll wie etwa die der Fertilitätsrate und der Zuwanderungsrate. Eine ausführliche Kritik des Modells findet sich bei Wehrhahn und Sandner Le Gall (2011), etwas relativierender auch bereits bei Bähr (2010). Fruchtbarer ist es hingegen, sich eingehender mit den Ursachen des Rückgangs der Fertilität und der Mortalität, getrennt voneinander und unter Einbezug neuer sozialwissenschaftlicher Theorieansätze zu beschäftigen, was in der Bevölkerungsgeographie auch geschieht.

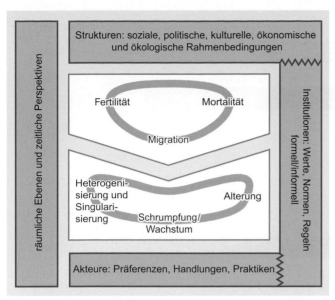

Abb. 3.5 Demographischer Wandel in humangeographischer Perspektive

3.3.2 Dimensionen und Prozesse des demographischen Wandels

Der demographische Wandel vollzieht sich im Zusammenspiel der Komponenten der demographischen Grundgleichung, die die zahlenmäßige Entwicklung der Bevölkerung bestimmt: Fertilität, Mortalität und Migration. Die Kombination dieser Faktoren führt im Ergebnis zu vier Dimensionen des demographischen Wandels: der Alterung, Schrumpfung, Singularisierung und Heterogenisierung der Bevölkerung. Diese Dimensionen wiederum hängen ebenso wie die Komponenten der Geburtenrate, Sterblichkeit und Migrationsbewegungen ab von gesellschaftlichen Bedingungen im weitesten Sinne (Abb. 3.5): Strukturen, Institutionen sowie Handlungen einzelner Akteure – und dies auf verschiedenen räumlichen Ebenen.

Grundlage des demographischen Wandels bildet zunächst die Entwicklung der Geburtenraten, die im Zusammenwirken mit den Sterberaten die Entwicklung der Bevölkerung – Schrumpfen, Wachsen oder Stagnation – beeinflussen. Die Fertilität liegt in vielen Ländern der Erde seit einiger Zeit unter dem Bestandserhaltungsniveau, so auch in Deutschland. Die Gründe für den Rückgang der Geburtenzahlen sind vielschichtig, wobei die sogenannten Fertilitätstransformationen gute Anhaltspunkte liefern, wie und warum die Zahl der Kinder pro Frau weltweit sinkt. Zunächst ist für die **erste Fertilitätstransformation** ein zeitlicher Zusammenhang mit der Industrialisierung während der Gründerzeit (Ende des 19. Jahrhunderts) festzustellen. Gründe für den Rückgang der Geburtenzahlen konnten allerdings trotz vieler Versuche nicht belegt werden (Wehrhahn und Sandner Le Gall 2011, Kaplan und Bock 2001). Allerdings gibt es plausible Annahmen: veränderte Lebensbedingungen und ein Wertewandel im Zusammenhang mit der zu jener Zeit massiven Land-Stadt-Wanderung und dem Aufkommen urbaner Lebensweisen

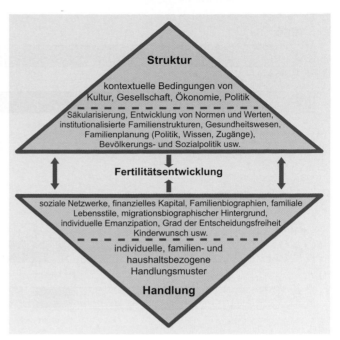

Abb. 3.6 Fertilitätsentwicklungen im Struktur-Handlungs-Modell

bei zugleich extrem beengten Wohnverhältnissen in den damaligen Industriestädten.

Eine **zweite Fertilitätstransformation** ist in den 1960er-Jahren festzustellen, als die Geburtenrate nochmals stark und auch kontinuierlich bis zur Jahrtausendwende sank. Dieser Prozess wird mit einer Vielzahl von strukturellen Änderungen begründet, die man allgemein dem sozialen Wandel zuordnen kann. Dabei ist für das Verstehen der Fertilitätstransformation wichtig, die gesellschaftlichen Prozesse in einem Wechselspiel von Strukturen und individuellen Handlungen zu sehen, wie Abb. 3.6 exemplarisch darstellt. Beispielhaft sei in diesem Kontext eine der zahlreichen biographischen Komponenten dargestellt (Abb. 3.7), namentlich die sehr unterschiedlichen Lebensläufe in den 1960er-Jahren im Vergleich zu den 2000er-Jahren. Die früher ausgiebige **Familienphase,** in der in der Regel die Frau zwecks Kinderbetreuung zuhause blieb, ist auf eine kurze Zeitspanne zusammengeschrumpft, und die Kinderphase in einer Familie ist heute gekennzeichnet durch ein vielfältiges Nebeneinander von beruflichen, familiären und sozialen Aktivitäten und zudem eine sehr viel höhere Mobilität als 40 Jahre zuvor. Neben dem Lebenszyklusmodell, das von üblichen Phasen im Verlaufe eines Lebens (verkürzt: Partnerschaft – wachsende Familie – schrumpfende Familie – Alleinlebende – Tod) ausgeht, sind zunehmend heterogene Lebensverläufe kennzeichnend für heutige Familiensituationen, was unter anderem Konsequenzen für die Geburtenentwicklung haben kann.

Die zweite Komponente, die der **Mortalität,** kann ebenfalls unter dem Aspekt der strukturellen und der handlungsorientierten Aspekte betrachtet werden. Die Mortalität sank kontinuierlich und die Lebenserwartung steigt nach wie vor in Deutschland wie in anderen Ländern, mit Ausnahme von durch Kriege und

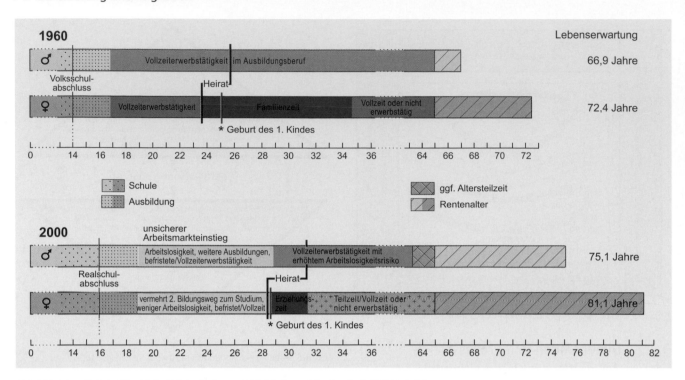

Abb. 3.7 Lebensläufe im Wandel der Zeit (verändert nach Wehrhahn und Sandner Le Gall 2011, S. 34)

Bürgerkriege betroffene Staaten und Regionen, wo die Sterberate dann kurzfristig ansteigt. Die Mortalitätstransformation von einer hohen Sterberate hin zu einer niedrigen Sterberate der Bevölkerung lässt sich in Anlehnung an den epidemiologischen Übergang in drei Phasen einteilen: zunächst die Phase der Seuchen und des Hungers mit oszillierenden Raten, dann die zweite Phase des Rückgangs der Pandemien und schließlich die Phase der niedrigen Mortalität bei Zunahme der zivilisationsbedingten Krankheiten. Nach vielschichtiger Kritik an diesem postulierten modellhaften Ablauf stehen heute eher Fragen der **Gesundheitsstrukturen** und dort auch kritisches Hinterfragen der Zugänglichkeit zu Gesundheitsinfrastrukturen für alle Bevölkerungsgruppen in Rede, sodass eher von einer *health transition* und mitunter auch einer *nutrition transition* gesprochen wird. Diese Konzepte charakterisieren regional und sozial unterschiedliche Morbiditäts- und Mortalitätsentwicklungen in heutiger Zeit sicherlich in geeigneterer Form und eröffnen kritischer humangeographischer Forschung gute Ansatzpunkte, beispielsweise einer sozial- und politisch-geographisch orientierten Gesundheitsgeographie. Denn Fragen der Gesundheit sind unmittelbar verknüpft mit wirtschaftlicher Transformation, gesellschaftlichen Veränderungen und Migration (Abb. 3.8).

Der demographische Wandel, wie wir ihn heute beobachten, thematisiert meist Alterung und Schrumpfung. Beide Dimensionen sind dabei häufig miteinander verknüpft. Bei Alterungsprozessen kann zunächst die individuelle **Alterung,** das heißt die Zunahme der (individuellen) Lebenserwartung festgestellt werden. Wenn die Alterung Bevölkerungsgruppen betrifft, in denen der Altersdurchschnitt steigt, spricht man von kollektivem Altern, bei-

spielsweise einer Region. Ursachen für kollektives Altern sind Rückgänge der Fertilität, gegebenenfalls zusammen mit einem Ansteigen der Lebenserwartung, aber auch selektive Migrationsprozesse, etwa das Abwandern jüngerer Bevölkerungsteile, sodass die Älteren zurückbleiben. In letzteren Fällen, kann die Alterung eines Raums, beispielsweise in ländlichen Abwanderungsgebieten, sehr rasch ablaufen.

Demographische **Schrumpfung** als medial sehr wirksamer und fast immer negativ besetzter Begriff bezeichnet die absolute Abnahme von Bevölkerung. Meist ist eine Verknüpfung von sinkender Fertilität und Abwanderung als Ursache zu benennen. In räumlicher Perspektive ist bei der Kombination von Alterung und Schrumpfung zu beobachten, wie sich beide Prozesse selbst verstärken oder auch ausgleichen können. Alterung führt mittelfristig meist zu Schrumpfung, wenn keine Zuwanderung einsetzt, und Schrumpfung führt in der Regel zu kollektiver Alterung. Ein Ausgleich kann hingegen eintreten, wenn beispielsweise in einem älteren Einfamilienhausgebiet nach einer Phase der Alterung und Schrumpfung wieder eine Phase des Wachstums und der Verjüngung einsetzt, weil die Häuser nach dem Fortzug oder Ableben der Ersteigentümer in ihrem (Immobilien-)Zyklus in eine Phase der Erneuerung infolge vermehrten Einzugs junger Familien kommen. In urbanen Räumen ist häufig auch ein unmittelbares Nebeneinander von schrumpfenden und wachsenden Quartieren zu beobachten. Dieser demographische *divide* bzw. die demographische Fragmentierung eines Stadtgebiets in unterschiedlich alte, wachsende und schrumpfende Bezirke oder Nachbarschaften stellen eine permanente Herausforderung für eine vorausschauende Stadtentwicklungsplanung

Abb. 3.9 Berlin-Neukölln (2013) als Beispiel für ein sich ständig wandelndes Straßenbild infolge von Zuwanderung und Verdrängung in unterschiedlichen demographischen und sozialen Zusammenhängen (Foto: Rainer Wehrhahn)

Kapitel 3

Abb. 3.8 Arbeit im Recyclinggewerbe als Teil des informellen Sektors in Dhaka, Bangladesch, 2007 (Foto: Rainer Wehrhahn)

dar, weil sich die technischen und sozialen öffentlichen wie privaten Infrastrukturen dadurch mittelfristig immer wieder ändern (Abb. 3.9).

Als weiterer Trend im Rahmen des demographischen Wandels wird die **Singularisierung,** also die im Zuge der Individualisierung stattfindende Vereinzelung bezeichnet. Dieser Prozess hat Konsequenzen verschiedener Art: die gesellschaftliche Dimension äußerst sich in „neuen" Lebensstilen, in sozialen und familialen Patchwork-Strukturen. Was die Wohnungsmärkte betrifft, so gleichen die fortgesetzten Singularisierungsprozesse sogar die Schrumpfung einer Bevölkerung aus, weil die Nachfrage nach (kleineren) Wohnungen wie auch nach insgesamt immer mehr Wohnfläche pro Person weiterhin steigt.

Mit der Singularisierung findet auch eine **Heterogenisierung** der Bevölkerung anhand unterschiedlicher Lebensentwürfe, Nachfragestrukturen usw. statt. Im Konzept des demographischen Wandels wird Heterogenisierung allerdings üblicherweise als Dimension der Vielfalt in dem Sinne verstanden, dass mehr und mehr Personen mit Migrationshintergrund anwesend sind und somit eine Internationalisierung (gemessen an der Staatsangehörigkeit) stattfindet. Diese Heterogenisierung wird etwa in einzelnen Vierteln deutscher Städte sichtbar, wo

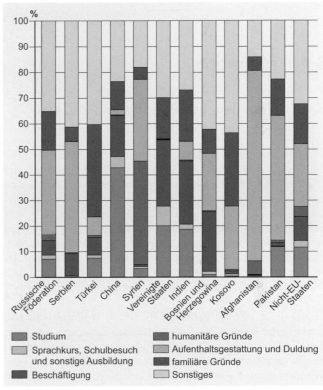

Abb. 3.10 Heterogenisierung infolge differenzierter Zuwanderungsmotive von ausgewählten Migranten in Deutschland 2013 (Quelle: Daten des Bundesamts für Migration und Flüchtlinge)

heute nicht mehr nur die ehemaligen Zuwanderer aus südeuropäischen Ländern wohnen, sondern auch sehr viele afrikanische, arabische, asiatische und andere Nationalitäten vertreten sind. Die Heterogenisierung zeigt sich aber auch an sehr unterschiedlichen Motiven der Zuwanderung, wie Abb. 3.10 verdeutlicht.

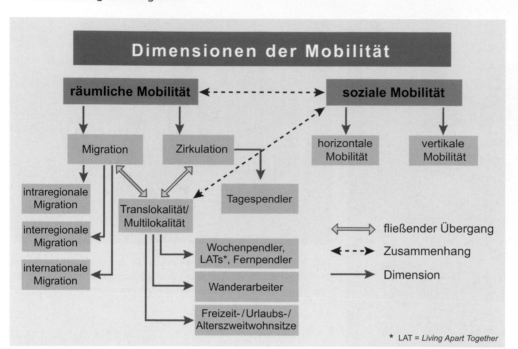

3.4 Migration

3.4.1 Grundlegende Begriffe und Prozesse

Menschen wandern, seit sie existieren. Die Besiedlung der Kontinente, die großen Völkerwanderungen, die Kolonisierung der „Neuen Welt", große Wanderungsbewegungen während und nach Kriegen, Flüchtlinge, die ihre Heimat millionenfach verlassen müssen – Menschen sind in Bewegung, freiwillig oder unfreiwillig, in großer Zahl. Deutschland hat beispielsweise ein jährliches Wanderungsvolumen von 1,8 Mio. Personen (1,1 Mio. Zuwanderung, 700.000 Abwanderung), weltweit sind in den letzten Jahren permanent 50 Mio. Menschen auf der Flucht. Die Dimension von Migration ist „weltbewegend".

Migration und Flucht versinnbildlichen auch Einzelschicksale sowie deren Bezüge in gesellschaftlichen Kontexten, etwa die Auswanderungen von Roma aus Südosteuropa, Grenzüberwindungsversuche an den südeuropäischen Außengrenzen oder Verflechtungen zwischen Räumen des Nordens in Form von Bildungsmigration. Flucht wird dabei als eine Dimension von Migration verstanden, die auf Unfreiwilligkeit im engeren Sinn beruht (Abschn. 3.4.2). Migration ist ein wesentliches Merkmal menschlichen Daseins, und personenbezogene Mobilität ist auch ein zentrales Themenfeld der Humangeographie. Dynamische, raumbezogene Prozesse stehen im Wechselspiel mit Gesellschaft, Kultur, Ökonomie, Politik und physischer Umwelt: Migration bietet als Phänomen und Prozess äußerst vielschichtige Anknüpfungspunkte in humangeographischer wie interdisziplinärer Perspektive.

Migration kann zunächst allgemein in das übergeordnete Konzept der **Mobilität** eingeordnet werden (Abb. 3.11). Demnach findet sich die räumliche Dimension von Mobilität in der Migration, die mit einem Wechsel des Wohnstandorts verbunden ist, sowie in der Zirkulation (Pendeln ohne Wohnsitzverlagerung). Translokalität bzw. Multilokalität (Abschn. 3.5) bezieht sich auf die Lebensweise und die alltäglichen (Wohn-)Praktiken an und zwischen mehreren Orten und ist von der Raumwirksamkeit ihres Prozesses her zwischen Migration und Zirkulation anzusiedeln, wobei die Grenzen jeweils fließend sind.

Migration (Wanderung) zu definieren, ist ein schwieriges Unterfangen (Hillmann 2014), denn die räumlichen und zeitlichen Kriterien variieren je nach Blickwinkel stark. Für die Vereinten Nationen sind nur Wanderungen, die eine Landesgrenze überschreiten, Migrationen, wobei zwischen Langzeitmigranten (mindestens für 12 Monate) und Kurzzeitmigranten (3 bis 12 Monate, aber ohne Urlaube, Pilgerreisen, medizinische Behandlungsreisen usw.) unterschieden wird. Gemeinhin werden jedoch auch Wanderungen innerhalb eines Staates also solche (Binnenwanderungen) bezeichnet. Die Frage der Dauer der Abwesenheit vom zuvor üblichen Wohnsitz stellt sich bei allen semipermanenten (z. B. Nomadismus oder Ruhesitzwanderung) und temporären Wanderungen (z. B. Saisonarbeit). Diese Wanderungstypen weisen meist zudem eine Multilokalität auf. Diese fließenden Übergänge sind in Abb. 3.11 ebenfalls dargestellt (Abschn. 3.5).

Auf der Basis von Distanz und Dauerhaftigkeit sind zahlreiche **Migrationstypologien** entstanden, ergänzt durch weitere Differenzierungskriterien wie Motive (z. B. Arbeit, Bildung, Familienzusammenführung), Freiwilligkeit oder rechtliche Situation der Wanderung. Die Vielfalt der Kriterien verhindert zu Recht

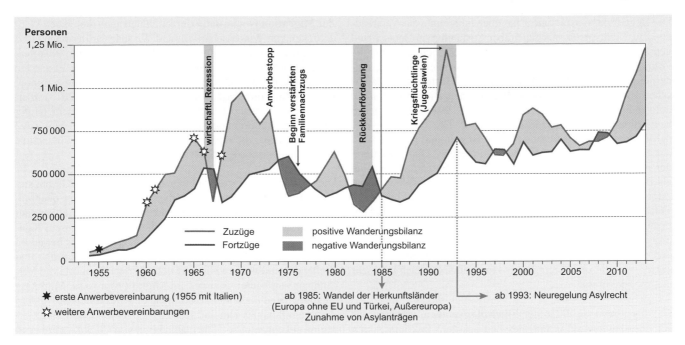

Abb. 3.12 Internationale Wanderungsprozesse über die Außengrenzen Deutschlands von 1955 bis 2013 (Daten: Statistisches Bundesamt Deutschland)

eine einheitliche Definition über alle Phänomene und Prozesse der Migration hinweg. Eine Dichotomisierung, zum Beispiel freiwillig/unfreiwillig, international/national, legal/illegal oder dauerhaft/zeitlich begrenzt, wird den meisten Sachverhalten ebenfalls nicht gerecht (King 2012; Samers 2010). Aus humangeographischer Perspektive ist es zielführender je nach Problemlage und wissenschaftlicher Fragestellung Begrifflichkeiten im jeweiligen Kontext und Beziehungsgeflecht zu diskutieren und Verbindungen und Grenzen aufzuzeigen bzw. zu dekonstruieren.

Ausgangspunkt für eine **Wanderungsentscheidung** sind in jedem Fall Abwägungsprozesse auf individueller, Haushalts- oder Familienebene, analytisch gesehen also auf der Mikroebene, auf der die Motive klargelegt werden. King (2012) betont in seinem Review-Artikel zur Geographischen Migrationsforschung hinsichtlich der Motive von Wanderungen die zentrale Bedeutung von wirtschaftlichen Faktoren. Grundsätzlich muss demnach unabhängig von theoretischen Ansätzen und *turns,* die in der Geographischen Migrationsforschung aufgegriffen wurden, festgehalten werden, dass bei größeren Wanderungsbewegungen die Migration meist zum Ziel hat, die wirtschaftliche Situation der wandernden Personen – oder Haushalte, Familien oder größeren Gemeinschaften – und deren *livelihood* insgesamt zu verbessern (Kap. 8). Darüber hinaus kommen soziale Motive zum Tragen, zum Teil mit ökonomischen verknüpft, so bei Familiengründungen oder -zusammenführungen (z. B. internationale Heiratsmigration, verschiedene Formen der Binnenmigration). Als dritte, zahlenmäßig ebenfalls ins Gewicht fallende Motivation, können Bildungserwerb sowie Aus- und Weiterbildung benannt werden. Auch hier fällt die Entscheidung zur Wanderung auf der Mikroebene, allerdings nicht ohne strukturelle Faktoren auf der Makroebene in den Entscheidungsprozess mit

einzubeziehen. Strukturell einflussgebende Faktoren können Bildungssysteme, Finanzierungsmodalitäten für Familien (Sozialsysteme), Lohnniveaus oder allgemein rechtliche, kulturelle oder sozioökonomische Institutionen sein. Ohne strukturtheoretisch argumentieren zu wollen, müssen diese Rahmenbedingungen und formelle wie informelle Institutionen bei der Erklärung von Wanderungen Berücksichtigung finden und mit den auf der Mikroebene generierten Handlungen und alltäglichen Praktiken verknüpft werden.

Bei der **Arbeitsmigration** tritt das häufigste Motiv der Migration überhaupt bereits in der Bezeichnung in den Vordergrund. Die Entscheidung zu migrieren kann dabei durch institutionelle Faktoren stark beeinflusst werden, wie bei der sogenannten Gastarbeiterwanderung nach Deutschland und in andere europäische Länder während des ökonomischen Aufschwungs ab Mitte der 1950er-Jahre. Dem Arbeitskräftemangel in der Bundesrepublik Deutschland sollte begegnet werden, indem mittels Anwerbeverträgen Arbeitnehmer aus Italien (erste Anwerbevereinbarung 1955), Spanien, Griechenland, der Türkei sowie weiteren nordafrikanischen und europäischen Ländern in die westdeutschen Industriezentren geholt wurden, um dort für einen begrenzten Zeitraum zu arbeiten (Abb. 3.12). Allerdings zogen nicht wie ursprünglich gedacht alle Ausländer „nach getaner Arbeit" wieder zurück in ihre Heimatländer, sondern blieben in Deutschland und holten auch ihre Familien nach. In Phasen der wirtschaftlichen Rezession und nach einem Anwerbestopp 1973 sowie Rückkehrförderungen in den 1980er-Jahren entwickelte sich der Außenwanderungssaldo negativ, aber der Grundstein für unsere heute sehr heterogene Gesellschaft – aufgrund der historisch-politischen Zusammenhänge vornehmlich in Westdeutschland und West-Berlin – war gelegt.

Der Begriff der **Gastarbeiter** hat über Jahrzehnte das Verständnis bzw. Nichtverständnis gegenüber Ausländern in Deutschland geprägt: Eine Migrationspolitik existierte offiziell nicht und die Politik ging davon aus, dass es keine Einwanderung gebe, sondern nur auf Zeit in Deutschland lebende „Gäste" mit ausländischen Pässen. Insofern war auch eine Integrationspolitik nicht notwendig und das Thema wurde bis in die 1990er-Jahre von den Regierungsparteien unterdrückt (Kap. 4). Die Wirkungsweise der westdeutschen Institutionen (d. h. Regeln und Normen) und das Handeln der entscheidenden politischen Akteure während der Anwerbezeiten wie auch in den Jahrzehnten danach kann als Beispiel dafür dienen, wie im sozialgeographischen Sinne „Bevölkerung gemacht wird" (Abschn. 3.1.1). Strukturen und Verteilungen werden beeinflusst, auf die Lebensweisen der betroffenen Personen wird in der Weise Einfluss genommen, dass diese in ihren Handlungsoptionen gelenkt und beschränkt werden und somit werden auch soziale und sozialräumliche Prozesse – zum Beispiel Segregation – implizit aber gleichwohl sehr massiv beeinflusst.

Die anschließende Phase der **Flüchtlingszuwanderungen** aus Ex-Jugoslawien und in jüngster Zeit aus dem Irak und Syrien (Abb. 3.12) führte ebenfalls zu Reaktionen seitens politischer Akteure (sogenannter Asylkompromiss 1993, Verschärfungen des Asylrechts und Europäisierung von Asyl- und anderen Migrationsfragen usw.), die Migrationsprozesse beeinflussen und somit die Handlungsoptionen einzelner Migranten bzw. migrationswilliger Personen lenken (Abschn. 3.6).

Migration führt nicht selten zu **Remigration:** Zahlenmäßig die größte Gruppe der Remigranten stellen zumindest in Europa die ehemaligen Arbeitsmigranten, die nach mehreren Jahren Aufenthalt, meist in Deutschland, Frankreich, Großbritannien oder der Schweiz, in ihre Heimatländer zurückkehren und ihre angesparten Finanzmittel entweder in den Grunderwerb und Wohnungsbau investieren oder sich eine eigene, meist kleine wirtschaftliche Existenz als Selbstständige aufbauen. Neben diesen geläufigen Formen der Remigration wächst in den vergangenen Jahren eine zunehmend größere Gruppe an *entrepreneurial migrants* heran. Diese Remigranten spielen nach Rückwanderung in der Heimat eine tragende Rolle für regionale Innovationssysteme. Dies zeigt sich vor allem auf internationaler Ebene, etwa bei chinesischen Remigranten, die nach einem Auslandsaufenthalt, meist in den USA, nach China zurückkehren und in Form einer *brain circulation* Innovationen nutzbar machen (Sternberg und Müller 2010, Glorius und Matuschewski 2009). Hinsichtlich des Wissenstransfers, der mit Migration üblicherweise einhergeht, haben sich gegenüber der Vergangenheit neue Entwicklungen gezeigt. War zunächst häufig nur von *brain drain* in den Herkunftsgebieten und *brain gain* in den Zielgebieten der Migranten die Rede, so haben im Zuge von Remigrationsprozessen, insbesondere von Hochqualifizierten, heute allgemein auch ehemalige Abwanderungsgebiete, zum Beispiel im globalen Süden, einen etwas größeren Nutzen infolge besser vernetzter, kommunikationsintensiverer und eher translokal agierender Migranten im Sinne einer *brain circulation* erlangt.

Zur **Migration Hochqualifizierter** zählen auch diejenigen Wanderungen von Wissenschaftlern und Wissenschaftlerinnen (Jöns 2009), die langfristig häufig als zirkuläre Migration ablaufen. Auch studentische Migration ist auf internationaler Ebene ein Phänomen, das im Zuge von Globalisierung beständig zunimmt. Dabei stehen allerdings, wie King und Raghuram (2013) in einem systematischen Überblicksartikel ausführen, sehr häufig neben dem Studium noch weitere Ziele (Familien, Arbeit usw.) auf der Agenda, die mitunter sogar die eigentlichen Hauptziele einer „studentischen" Migration bilden.

Diese und andere Prozesse hängen unmittelbar mit Globalisierungsprozessen zusammen, die Migrationsbewegungen quantitativ wie qualitativ stark verändert haben (Wehrhahn und Sandner Le Gall 2011). Von besonderer Bedeutung ist in diesem Kontext das Konzept der **transnationalen Migration.** Es betont im Gegensatz zu den klassischen Dichotomien der Herkunfts- und Zielländer und der jeweils dort verankerten Wohnorte die Verbindung von beiden Räumen im Migrationsprozess. Migration ist zunehmend nicht mehr eindimensional ausgerichtet, sondern durch ein flexibles Hin und Her zwischen Herkunfts- und Zielregion gekennzeichnet. Die maßgeblich von Glick Schiller et al. (1992) und Pries (1997) geprägte Transnationalismusforschung hat sich inzwischen zu einem eigenständigen Bereich weiterentwickelt, der als Translokalitätsforschung bezeichnet wird (Abschn. 3.5).

Migrationssysteme als systemtheoretische Modelle (Mabogunje 1970; Han 2006) wurden bereits früh in die interdisziplinäre theoretische Debatte zu Migration eingebracht. Neuere Migrationssystemansätze thematisieren Arbeitsmigration zwischen den USA und Mexiko oder innerhalb Europas (Gans 2011), wobei strukturelle Faktoren (Lohndifferenziale, Migrationsrecht, soziale und demographische Strukturen) zur Erklärung der Wanderungen im Vordergrund stehen, das heißt strukturtheoretisch argumentiert wird (Tab. 3.4, Abschn. 3.2.2).

Migration ist allerdings immer individuell, jedoch nicht ohne Kontext und Relationen zu verstehen, das heißt zugleich personenbezogen, kollektiv und strukturell eingebettet. Die Relationen können unter anderem mittels **Netzwerkansätzen** offengelegt werden, indem zum Beispiel Handelspartner oder soziale Partner in den Netzwerken untersucht und somit die Funktionen der Beziehungen bestimmt werden. Einige Beispiele: Müller-Mahn (2002) hat am Beispiel von Ägyptern in Paris die Rolle familialer Netzwerke für Migration und insbesondere Kettenmigration, das heißt die sukzessive Wanderung von Verwandten oder Bekannten oder Mitgliedern einer speziellen Gemeinschaft belegt. Auch spezifische Fragen wie die Rolle von Wissen für ökonomisches Handeln und die Art der Wissensgenerierung und -verbreitung in migrantischen Netzwerken sind mithilfe von qualitativ angelegten Netzwerkanalysen dokumentiert, zum Beispiel mithilfe biographischer und narrativer Interviews bei Müller und Wehrhahn (2013). Darüber hinaus können Netzwerkansätze dazu dienen, soziale Ordnungen und deren Stabilität, Stabilisierung und auch Destabilisierung zu untersuchen. Nach Verne (2012a) funktioniert dies besonders erfolgreich, wenn stärker die „gelebte Erfahrung" mit untersucht wird. Konkret bedeutet dies, dass mit ethnographischen Methoden Lebenspraktiken einzelner Menschen im Kontext von Migration – und umgekehrt – aufgedeckt werden. Mittels derartiger mikrogeographischer Untersuchungen können Netzwerkkonzepte erfolgreich erweitert werden.

Ein neueres Konzept zur Erfassung spezifischer Migrationsprozesse stellt die **Transitmigration** dar. In Ausweitung dessen, was zuvor meist unter dem Begriff der Etappenwanderung *(stepwise migration)* verhandelt wurde, integriert die Transitmigration ausdrücklich neue sozial- und kulturwissenschaftliche Ansätze, um die Abläufe und die Hintergründe von „Wandernden auf dem Weg" besser beschreiben zu können. Transitmigration bezeichnet die Wanderung von Haushalten oder einzelner Mitglieder von Haushalten mit unterschiedlich langen Aufenthalten an Zwischenstationen zwischen Herkunfts- und Zielort. Letzterer kann sich im Verlaufe der Migration dabei auch noch ändern, obwohl er meist zu Beginn des Prozesses festgelegt wurde. Transitmigration kann eine schrittweise Migration vom ländlichen Raum über eine größere Stadt hin zur Hauptstadt eines Landes sein (klassische Etappenwanderung aus strukturschwachen peripheren Räumen in die Ballungszentren eines Landes). Aber auch internationale Migranten sind Transitmigranten, wenn sie zum Beispiel aus Ländern südlich der Sahara über nordafrikanische Länder kommen, in denen sie längere Aufenthalte zur Erhöhung der finanziellen Ressourcen, die sie für die nächste Etappe benötigen, einlegen, um dann über mehrere Schritte (z. B. Südspanien, Frankreich) bis nach Großbritannien zu gelangen, was sie ursprünglich oder auch erst auf dem Wege der Wanderung als (vorläufiges) Endziel ins Auge gefasst haben. Das Konzept der Transitmigration ist nicht frei von Widersprüchen, und es ist insbesondere sehr vielschichtig sowie aufgrund des relationalen Raumbezugs in humangeographischer Hinsicht besonders interessant.

3.4.2 Flüchtlinge und Binnenflüchtlinge

Weltweit sind derzeit nach UN-Angaben über 50 Mio. Menschen auf der Flucht, außerhalb oder innerhalb des eigenen Landes. Als Flüchtlinge anerkannt nach der Definition des UNHCR (UN-Hochkommissar für Flüchtlinge; Exkurs 3.4) sind davon allerdings nur knapp 17 Mio. Menschen. Der größte Teil der Flüchtlinge ist im eigenen Land aus ihrer dortigen Heimatregion vertrieben worden. Diese **Binnenflüchtlinge** – international als *Internally Displaced Persons* (IDPs) bezeichnet – befinden sich häufig in besonders prekären Situationen, da sie mangels fehlendem Flüchtlingsstatus sowie vor allem aufgrund ihres Aufenthalts innerhalb des eigenen Staates, in dem sie verfolgt werden, durch internationale Hilfe nur schwer erreichbar sind.

In besonderem Maße von Flucht betroffen waren 2013 die Länder Afghanistan (2,6 Mio. Menschen auf der Flucht), Syrien (2,5 Mio.), Somalia (1,1 bMio.) und der Sudan (0,6 Mio.). Meist fungieren die unmittelbaren Nachbarländer als Hauptaufnahmeländer der Flüchtlinge, so etwa Jordanien, der Libanon und die Türkei für syrische Flüchtlinge (Abb. 3.13). Der Libanon sowie Jordanien als relativ kleine Staaten beherbergen aufgrund ihrer Lage inmitten einer der Hauptkrisenregionen der Welt insgesamt mehr als 850.000 bzw. 642.000 Flüchtlinge (UNO-Flüchtlingshilfe 2013). Viele der Hauptaufnahmeländer, insbesondere

---

Exkurs 3.4 Grundlagen: Flüchtlinge

Nach Artikel 1 der **Genfer Flüchtlingskonvention** von 1951 wird ein Flüchtling definiert als „Person, die sich außerhalb des Landes befindet, dessen Staatsangehörigkeit sie besitzt oder in dem sie ihren ständigen Wohnsitz hat, und die wegen ihrer Rasse, Religion, Nationalität, Zugehörigkeit zu einer bestimmten sozialen Gruppe oder wegen ihrer politischen Überzeugung eine wohlbegründete Furcht vor Verfolgung hat und den Schutz dieses Landes nicht in Anspruch nehmen kann oder wegen dieser Furcht vor Verfolgung nicht dorthin zurückkehren kann" (www.unhcr.de). Einzelne Staaten haben diese Kriterien im Laufe der Zeit erweitert: So erkennen zunehmend mehr Staaten geschlechtsspezifische Verfolgung (Zwangsheirat, Frauenhandel, sexuelle Gewalt usw.) und Verfolgung aufgrund der sexuellen Orientierung als Grund für einen Flüchtlingsstatus an, ohne dass dies bisher allerdings Eingang in die Flüchtlingsdefinition des UNHCR (UN-Hochkommissar für Flüchtlinge) gefunden hätte.

Über den allgemeinen Flüchtlingsbegriff hinaus ist auf internationaler Ebene auch von **Konventionsflüchtlingen** die Rede, wenn Flüchtlinge trotz fehlender Anerkennung in dem betreffenden Staat, in dem sie sich aufhalten, aufgrund der Genfer Flüchtlingskonvention nicht abgeschoben werden dürfen. **Kontingentflüchtlinge** bezeichnen die Gruppe von Flüchtlingen, die zum Beispiel infolge von Kriegen oder Bürgerkriegen (Kriegs- und Bürgerkriegsflüchtlinge) offensichtlichen Grund zur Flucht haben und dann in Ermangelung eines raschen Anerkennungsverfahrens von einzelnen Staaten in Form von untereinander ausgehandelten Kontingenten Aufnahme finden, etwa während der Jugoslawienkriege Ende des 20. Jahrhunderts.

Detaillierte Informationen, auch zum europäischen Flüchtlings- und Asylrecht, finden sich unter www.unhcr.de und www.uno-fluechtlingshilfe.de sowie auf den Web-Seiten von Nichtregierungsorganisationen wie Pro Asyl, Amnesty International, Gesellschaft für bedrohte Völker usw.

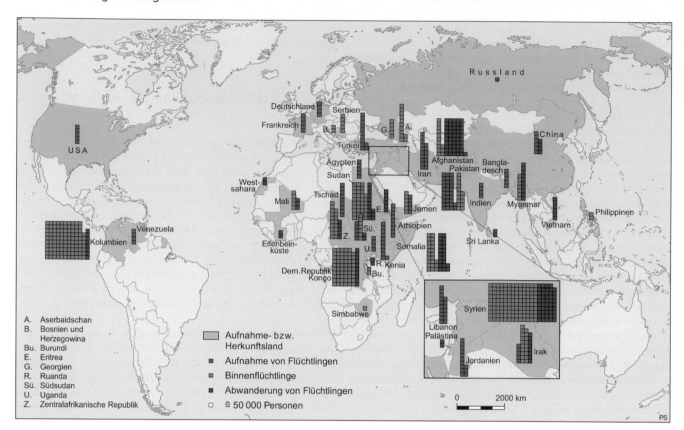

Abb. 3.13 Flüchtlingsaufnahmen, -herkunftsländer und Binnenflüchtlinge im weltweiten Vergleich (Quelle: UNHCR 2013)

diejenigen, die selbst unter politischen Spannungen leiden (z. B. Pakistan, Libanon) und dabei kaum über ausreichend technische Infrastrukturen zur Betreuung derart großer Flüchtlingsströme verfügen, erfahren gravierende Belastungen, aber auch langfristig Veränderungen in der soziodemographischen, ethnischen und/oder religiösen Struktur, wenn Flüchtlinge für längere Zeit dort bleiben.

Sozial und ethnisch besonders komplex wird die Situation in einem Land, wenn zu internationalen Flüchtlingen noch **Binnenvertriebene** hinzukommen, wie in Pakistan, oder wenn ein besonders hoher Anteil der Bevölkerung eines Landes Binnenvertriebene sind, wie in Kolumbien und einigen afrikanischen Staaten. Einige Länder sind auch zugleich Herkunftsländer vieler Flüchtlinge und Aufnahmeländer für Flüchtlinge aus Nachbarstaaten, so etwa der Irak, China und der Südsudan (Abb. 3.13).

Innerhalb von Migrationsprozessen haben die Flüchtlingsbewegungen in den letzten Dekaden erheblich zur Differenzierung des globalen Wanderungsgeschehens beigetragen. Beschränkten sich Flucht und Vertreibung früher meist auf die unmittelbar an die betreffenden Länder und Regionen angrenzenden Räume, so ist heute aufgrund verbesserter Transportmöglichkeiten per Land, See oder Luft sowie auch besserer internationaler Organisationsstrukturen eine Flucht in entferntere Länder zumindest mittelfristig ebenso möglich. In den 44 Industriestaaten, die dem

UNHCR monatlich Daten zu Flüchtlingen übermitteln, haben im Jahr 2013 insgesamt über 600.000 Personen **Asyl** beantragt. Syrien, Russland, Afghanistan und der Irak stehen dabei mit 56.000, 40.000, 39.000 bzw. 38.000 Personen an vorderster Stelle der Herkunftsländer. In Deutschland beispielsweise ersuchten 2013 110.000 Menschen um Asyl. Absolut gesehen steht Deutschland damit an erster Stelle, allerdings nicht in Relation zur Einwohnerzahl (Abb. 3.14): Diesbezüglich erfahren Malta und Schweden die größte (relative) Nachfrage nach Asyl.

Im Prinzip kann in jedem Land, in dem eine Migrantin oder ein Migrant angekommen ist, ein Asylantrag gestellt werden; allerdings gilt in der EU die Regelung, dass jeder in dem Land Asyl beantragen muss, in dem er zuerst für ihn „sicheren" Boden betreten hat, also nach einer Flucht über das östliche Mittelmeer beispielsweise in Griechenland. Diese **Drittstaatenregelung** wurde für die Bundesrepublik bereits 1993 im sogenannten Asylkompromiss eingeführt und dann später auf EU-Ebene übertragen. Zugleich werden auch immer wieder neue Länder generell als „sicher" eingestuft, so zum Beispiel Serbien, Bosnien-Herzegowina und Mazedonien seitens der deutschen Bundesregierung im September 2014 (Asylkompromiss 2014). Dies bedeutet, dass Asylbewerber aus diesen Ländern mit einem beschleunigten Prüfverfahren behandelt und rascher abgeschoben werden können, weil ihr Herkunftsland pauschal als sicher gilt. Dies betrifft dann auch die Gruppe der Roma aus diesen Ländern, die offensichtlich in ihren Heimatländern diskriminiert

Abb. 3.14 Asylbewerberzugänge im europäischen Vergleich von 2009 bis 2013 (Quelle: Daten des Bundesamts für Migration und Flüchtlinge)

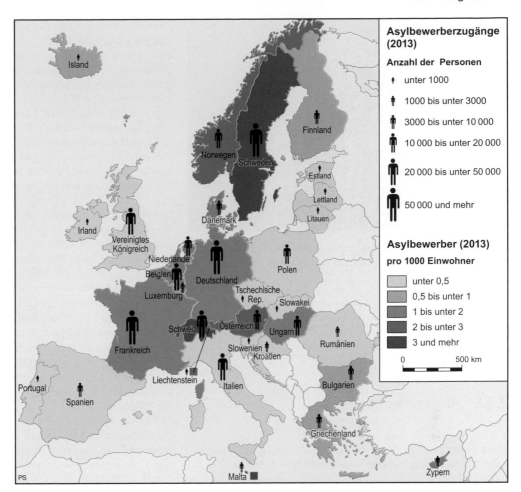

werden, dies aber im jeweiligen Einzelfall konkret belegen müssen – was schwierig ist.

Flüchtlinge von anderen Migranten zu differenzieren, ist nicht immer eindeutig. Viele Migranten verlassen ihre Heimatorte nicht freiwillig, wenn ihnen die Lebensgrundlagen etwa infolge mangelnder Kapitalverfügbarkeit, Katastrophen, persönlicher Diskriminierung oder Ähnlichem entzogen werden. Wann erfolgt eine Wanderung also freiwillig und wann nicht? Lassen sich angesichts vielfältiger **Zwänge im Lebens- und Arbeitsprozess** überhaupt freiwillige Motive für das Verlassen der Heimat nachweisen? Oder ist jede Arbeitsmigration eine unfreiwillige, weil ja offensichtlich an dem angestammten (Arbeits-)Ort die Arbeitsverhältnisse nicht so waren, dass man trotz sozialen Kapitals, Annehmlichkeiten und Vertrautheiten (Familie, Freunde, Freizeit usw.) fortzieht? Rechtlich wird diese letztgenannte Migration nicht als Flucht bezeichnet, stellt sie doch keine Bedrohung des Lebens oder der Unversehrtheit der Person dar, wenn es „nur" um die Verbesserung der wirtschaftlichen Verhältnisse geht (Abb. 3.15). Der Gedanke der Verfolgung im Sinne der Genfer Flüchtlingskommission ist hier im Regelfall also nicht gegeben. Wie aber verhält es sich bei Zwangsumsiedlungen und Zwangsabwanderungen etwa infolge großer Infrastrukturprojekte wie einem Staudammbau? Und wo endet die Freiwilligkeit eines Umzugs beispielsweise innerhalb einer Stadt, wenn die Wohnung angesichts steigender Mieten und/oder eines Abgleitens in die Arbeitslosigkeit nicht mehr bezahlt werden kann? Letzteres ist keine Flucht im Sinne einer anerkannten Verfolgung, die zu diesem Umzug führt, zeigt jedoch das Kontinuum zwischen Freiwilligkeit und Zwang einer Wanderung auf. Die Grenzen sind fließend und können letztlich nur auf individueller Ebene definiert werden.

Seit einiger Zeit werden derartige Diskussionen um die Freiwilligkeit und damit auch um den Begriff des Flüchtlings im Kontext von Klimawandel und Global Change geführt (Müller et al. 2012; Kap. 2). Umweltmigration infolge von Desertifikation wurde lange betrachtet als durch naturräumliche Phänomene bzw. Veränderungsprozesse ausgelöste Wanderung. Allerdings ist sie letztlich als eine *man-made migration* zu dekonstruieren, ähnlich wie Flussumleitungen in China oder Nordostbrasilien oder Staudammanlagen im Amazonas. Bei aller Dekonstruktion darf dabei nicht übersehen werden, dass es auch tatsächlich Klimamigranten oder auch -flüchtlinge gibt, die in früheren Zeiten bei Klimaveränderungen gewandert sind und die auch heute infolge von Klimawandel (der nunmehr zu großen Teilen ebenfalls durch menschliches Handeln verursacht ist) fliehen müssen, zumindest aber abwandern, um ihre Lebensbedingungen zu verbessern. Zu beachten ist bei den politischen Debatten um

Abb. 3.15 Migranten aus dem peruanischen Hochland finden in Lima zunächst weitab vom Stadtzentrum in Behelfshütten eine Unterkunft, 2011 (Foto: Rainer Wehrhahn)

Umwelt- und Klimaflüchtlinge darüber hinaus auch, dass mancher Diskurs nur konstruiert wird, weil er eigenen zum Beispiel Sicherheitsinteressen im Sinne einer Umweltsicherheit dient, die vor allem auch gut zu kommodifizieren sind.

3.4.3 Binnenmigration

Binnenmigration folgt im Prinzip den gleichen Logiken wie internationale Migration, mit dem Unterschied, dass nationale Grenzen und damit eine Vielzahl an politischen und meist auch kulturellen und sozialen Barrieren nicht oder unter deutlich weniger Aufwand überwunden werden müssen. Diese **Rahmenbedingungen** wie beispielsweise Passgesetze, Arbeitserlaubnisse, Sprachdifferenzen, kulturelle Netzwerkzugehörigkeiten bzw. -ausschlüsse bis hin zu Diskriminierungen und Stigmatisierungen fallen bei Binnenmigranten in der Regel seltener an. Allerdings können auch interne Grenzen sozialer, sprachlicher oder auch politischer Art bestehen. Dies ist beispielsweise in China der Fall, wo neben Sprachzugehörigkeiten und sozialer Diskriminierung auch rechtliche Unterschiede zwischen städtischer und ländlicher Bevölkerung existieren. Ländliche Migranten verfügen beispielsweise in den an der Küste oder vereinzelt auch im Binnenland liegenden Metropolen als Hauptzielorte der Binnenwanderung aufgrund ihres ruralen Hukou-Status meist nicht über die Möglichkeit, Wohneigentum zu erwerben und haben auch nicht die gleichen Rechte hinsichtlich sozialer Versorgung in der Stadt wie die lokale Bevölkerung (Müller und Wehrhahn 2009, Zhang 2012).

In anderen Staaten bestehen religiöse oder anderweitige kulturelle Differenzen zwischen den Bewohnern einzelner Landesteile, die Binnenmigration einschränken können; so kann trotz politischer Grenzen eine größere soziokulturelle Nähe zwischen Bevölkerungsgruppen benachbarter Staaten bestehen. Auch hier zeigen sich die angesprochene Relationalität von Raum und die sehr differenzierte Funktion von Grenzen, die klassische Raumvorstellun-

gen relativieren oder ins Gegenteil verkehren. Auch die **Wanderungen innerhalb der EU,** insbesondere der Schengen-Staaten eröffnet eine neue Kategorie von internationalen Wanderungen angesichts der Freizügigkeit und damit einer „EU-Binnenmigration" innerhalb dieses neu konstruierten Raums. Angesichts zahlreicher Überschneidungen zwischen nationaler und internationaler Migration und vielen Beispielen, bei denen die eine Form in die andere übergeht, kommt Skeldon (2006) zu der Einsicht, dass zwar manche Differenzierungsargumente nach wie vor gültig sind und auch weiterhin von interner und internationaler Migration gesprochen werden kann, beide Prozesse jedoch sehr viel stärker integrativ konzeptionalisiert und auch empirisch untersucht werden sollten.

Innerstaatliche Migration ist von der Dimension her nach wie vor weitaus umfangreicher als internationale Migrationsbewegungen. Allein in **China** sind in der Dekade 1990 bis 2000 mehr als 100 Mio. Menschen in die Küstenregion migriert (Müller und Wehrhahn 2009), wobei viele von ihnen zwar remigriert sind oder mittlerweile ein translokales Leben führen (Abschn. 3.5), ein großer Teil sich jedoch auf Dauer dort niedergelassen hat. In **Deutschland** finden ebenfalls jedes Jahr Millionen von Umzügen über Gemeindegrenzen hinweg als Binnenwanderung statt. Besonders anziehend sind dabei nach wie vor die großen Metropolregionen und dort insbesondere der sub- und periurbane Raum in München, Berlin, Hamburg, aber auch im Rhein-Main- und Rhein-Neckar-Gebiet. Nachdem die Suburbanisierung ihre Hochphase in Deutschland in den 1970er- bis 1990er-Jahren hatte, stehen heute darüber hinaus die Regionen im Mittelpunkt von Zuwanderung, die zwischen Stadt und Land, sozusagen als Zwischenräume fungieren und meist als periurbane Räume bezeichnet werden (Wehrhahn 2000). In der Metropolregion Madrid lässt sich die Differenzierung der Sub- und Periurbanisierungsphasen anhand der Nettowanderungsraten in drei Zeiträumen besonders gut aufzeigen (Abb. 3.16, Kap. 6).

3.5 Translokalität und Multilokalität

3.5.1 Einstieg in ein „neues" Thema

Multilokalität und Translokalität gehen von der **Kopräsenz** einer Person, eines Haushalts oder auch einer Familie an mehreren Orten aus. Diese „Anwesenheit" drückt sich in einer alternierenden physischen Präsenz an diesen Orten aus, beim Wochenpendeln beispielsweise samstags und sonntags im gemeinsamen Haus der Familie und unter der Woche in einer Zweitwohnung am Arbeitsort. Die Kopräsenz wird unterstützt durch Verbindungen und Transfers, zum Beispiel in Form von regelmäßiger Kommunikation, Rimessen oder auch in Form von Symbolen, die auf die jeweils physisch Abwesenden verweisen. Darüber hinaus zeichnen sich multilokale Lebensweisen und Alltagspraktiken durch die Einbindung in mehrere, auch unterschiedlich räumlich verankerte Netzwerke aus, die in der Person (bzw.

dem Haushalt oder der Familie) ihre Verknüpfung finden. So kann das dörfliche soziale Netz in der Stadt, in die ein Familienmitglied gewandert ist, an andere Netzwerke anschließen, etwa an weitere städtische Migranten aus dem gleichen Dorf oder aber an Personen in der Stadt mit anderen Herkünften, Lebenswelten, beruflichen Zusammenhängen usw. Am Beispiel der in Abb. 3.17 dargestellten Migrationsbewegungen der erwachsenen Kinder einer ecuadorianischen Familie können die Vielfalt der Orte und die translokalen Beziehungen sichtbar gemacht werden. Dazu gehört die Verknüpfung zum Teil sehr weit entfernt voneinander liegender physischer Räume und Teillebenswelten, an denen die einzelnen Familienmitglieder leben, arbeiten und sich mehr oder weniger dauerhaft niedergelassen haben. Wie sind nun diese exemplarisch dargestellten Beziehungen einer Familie konzeptionell einzuordnen? Dies soll der folgende Abschnitt beantworten.

3.5.2 Prozesse und Konzepte

Translokalität im Sinne einer Verbindung der Lebenswelten von Personen, die sich nach einem Migrationsprozess dauerhaft alternierend an verschiedenen Orten aufhalten, hat es in früheren Zeiten selten gegeben. Auswanderer im 19. Jahrhundert haben meist Kontakt zu den Zurückgebliebenen gehalten, sei es in Briefform oder über indirekte Kontakte, die von dem neuen Leben berichteten oder Neuigkeiten aus der alten Heimat übermittelten. Allerdings haben erst neue Kommunikationsformen und Verkehrstechnologien und insgesamt die erhöhte Mobilität im Zuge der Globalisierung seit den 1970er-Jahren einschneidende Fortschritte hinsichtlich regelmäßiger und für fast alle finanzierbare Kontakte und auch Besuche ermöglicht.

Die in dem Begriff der Translokalität zum Ausdruck kommende Verbindung, das „Trans", das Übergreifende, bezieht sich einerseits auf die Personen und deren Handlungspraktiken und andererseits auch auf den Ort bzw. Raum (Abschn. 5.2). Beide Komponenten vereinen sich in den sogenannten Aktivitätsräumen (Weichhart 2009), das heißt den Räumen, in denen sie regelmäßig Handlungen bzw. Praktiken ausüben. Während das Präfix „multi" der Multilokalität eher die Verschiedenheit der Orte betont, vermittelt „trans" eher das Verbindende zwischen diesen Orten sowie die Durchlässigkeit, das Fließen von Grenzen zwischen Orten hin zu einem Raum, der das Soziale in seiner ortsübergreifenden Konstitution verkörpert. Der soziale Raum der Pepinalenser Migranten umspannt ihren Hauptwohnort in Deutschland oder Spanien ebenso wie die ecuadorianische Heimat und die regelmäßig aufgesuchten Orte der Geschwister, etwa in Großbritannien (Abb. 3.17).

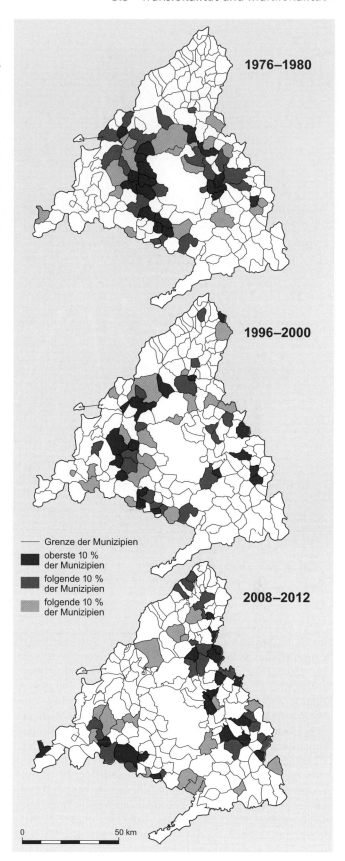

Abb. 3.16 Suburbanisierung und Periurbanisierung der Bevölkerung im Großraum Madrid: Nettowanderungsraten 1976 bis 1980, 1996 bis 2000 und 2008 bis 2012. Dargestellt sind jeweils die drei Dezile (Zehntelwerte) mit den höchsten Nettozuwanderungsraten (Daten: Communidad Autónoma de Madrid)

Legend for map:
— Grenze der Munizipien
■ oberste 10 % der Munizipien
■ folgende 10 % der Munizipien
■ folgende 10 % der Munizipien

1976–1980
1996–2000
2008–2012

0   50 km

Kapitel 3

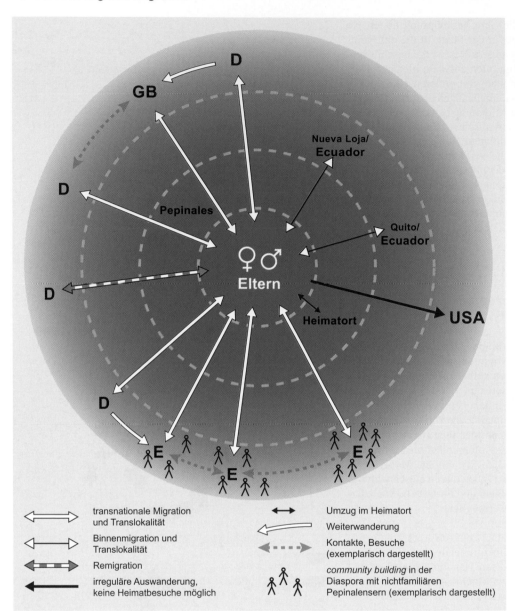

Hesse und Scheiner (2007) haben eine erste Systematisierung des **multilokalen Wohnens** auf der Basis einer Literaturanalyse erstellt, die wichtige Aspekte wie die Hybridität dieser Wohnform zwischen der residenziellen Mobilität und der Zirkulation hervorhoben. Ihre Typologie des Phänomens dient als Grundlage für weitere Forschungen wie auch für aktualisierte Zusammenstellungen der Typen multilokalen Wohnens (Didero und Pfaffenbach 2014, Dittrich-Wesbuer und Kramer 2014). Didero und Pfaffenbach (2014) kommen in einer aktuellen Zusammenschau zur Verwendung der Begrifflichkeiten zu dem Schluss, dass Trans- und Multilokalität in der derzeitigen geographischen Forschungspraxis letztlich nicht eindeutig voneinander abzugrenzen sind und wohl eher unterschiedliche Betrachtungsebenen derselben Phänomene unterstreichen. Hier soll im Folgenden der Begriff der Translokalität verwendet und

diskutiert werden, der sich in der englischsprachigen Literatur weitgehend durchgesetzt hat.

Translokalität als Untersuchungsansatz öffnet neue Perspektiven auf räumlich vernetzte soziale und ökonomische Zusammenhänge, die über die in der Transnationalismusforschung der 1990er-Jahre begründete Betrachtungsebene hinausgehen. Als Erweiterung der Transnationalismus-Perspektive, die sich vornehmlich auf die Zusammenhänge zwischen nationalstaatlich organisierten Ortsbezügen konzentrierte, kann der **Translokalitätsansatz** auch innerhalb einzelner Länder und auch kleinerer Regionen angewandt werden, um Flüsse von Ressourcen, Informationen und Menschen, aber vor allem auch die kulturellen, sozialen und ökonomischen Bindungen zwischen diesen Räumen aufzuzeigen (Abb. 3.18). Methodisch geschieht dies meist

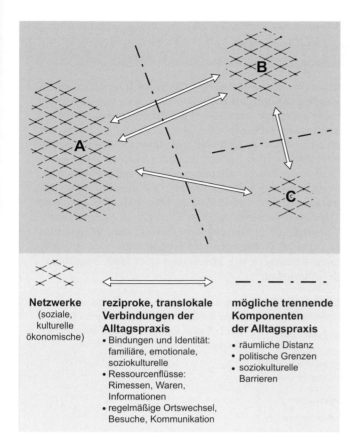

Netzwerke
(soziale,
kulturelle
ökonomische)

reziproke, translokale Verbindungen der Alltagspraxis
• Bindungen und Identität: familiäre, emotionale, soziokulturelle
• Ressourcenflüsse: Rimessen, Waren, Informationen
• regelmäßige Ortswechsel, Besuche, Kommunikation

mögliche trennende Komponenten der Alltagspraxis
• räumliche Distanz
• politische Grenzen
• soziokulturelle Barrieren

Abb. 3.18 Translokale Alltagspraktiken

auf der Basis von Netzwerkansätzen, die je nach Fragestellung unterschiedliche Prozesse thematisieren: die Konstituierung der Netzwerke, die Rolle von kulturellen Beziehungen zur Außenabgrenzung der Netzwerke, *livelihoods,* Verwundbarkeiten und Anpassungsstrategien durch Migration und Translokalität (Kap. 2).

Die Praxis translokalen Wohnens beruht auf mindestens einem der drei Bereiche des Arbeitens, der partnerschaftlichen oder familialen Lebensform sowie der Urlaubs- und Freizeitformen. Meist sind berufliche Bedingungen verantwortlich für das Beziehen einer Zweitwohnung an einem anderen Ort, häufig auch das Leben in einer Patchwork-Familie/-Beziehung. Die Praxis des translokalen Lebens besteht nun in dem regelhaften Austausch, der Kooperation, der Kommunikation und auch den Transaktionen von Geld und Waren sowie dem Aufrechterhalten von Bindungen (Abb. 3.18).

Lohnert und Steinbrink (2005) haben dies anhand der Land-Stadt-Beziehungen in Südafrika untersucht (Steinbrink 2009). Schlichting (2013) thematisiert das *doing community* als wesentlichen Bestandteil translokaler Lebenswelten und Verne (2012b) fokussiert das alltägliche Leben im Swahili-Handel mit besonderem Fokus auf die Verbindung von Kultur und Wirtschaft im translokalen Raum. Noch ist aus den mittlerweile zahlreichen geographischen Arbeiten zur Translokalität kein schlüssiges oder gar allgemeingültiges Konzept erwach-

sen, das gleichberechtigt neben der (Geographischen) Migrationsforschung stehen könnte, aber schon eröffnen sich neue **Forschungsfelder,** indem beispielsweise transmigratorische Prozesse, translokales Handeln und urbane Raumproduktionen zusammen neu verhandelt und somit bevölkerungs- und sozialgeographische mit stadtgeographischen Themenfeldern verknüpft werden (Exkurs 3.5). Dies führt konkret zu der Frage, wie die Räume der translokal lebenden Personen umgestaltet werden, welche Kontexte in den *transient urban spaces* für wen von Bedeutung sind, wie sich Orte verändern (Exkurs 3.5, Abb. 3.19).

Nicht nur in südafrikanischen oder chinesischen Städten, auch in Deutschland führt Multilokalität zu teils gravierenden Konsequenzen in einzelnen Stadtvierteln. In hochrangigen Dienstleistungszentren wie Frankfurt am Main oder Berlin, wo hochqualifizierte Beschäftigte der Finanzindustrie bzw. der Politik wochentags arbeiten, am Wochenende jedoch an ihrem Heimatort mit ihrer Familie zusammenwohnen, kann es zu stark unterschiedlichen Raumnutzungsmustern am Wochenende im Vergleich zu den Arbeitstagen kommen. Auch in Tourismusorten, die eine hohe Zahl an Ferienapartments und Zweitwohnungen aufweisen, ist das Phänomen der Saisonalität der Anwesenheit von (multilokalen) Gästen und Beschäftigten mit extrem gegensätzlichen Nutzungsintensitäten bekannt.

Insbesondere zu Fragen der städtischen Transformationen als Konsequenz zunehmender Multilokalität sind in der letzten Zeit neue geographische Forschungsarbeiten entstanden (z. B. Dittrich-Wesbuer und Plöger 2013 für Deutschland sowie Etzold 2014 für Dhaka in Bangladesch). Das Feld der Translokalität eröffnet damit im Spannungsfeld von Bevölkerung, Migration, Raum und Ort vielfältige Möglichkeiten, gesellschaftliche Prozesse zu verstehen und neu zu deuten. Zunehmende und multidimensionale Mobilität, veränderte ökonomische Bedingungen in globalisierten, postindustriellen Kontexten, sich rasch wandelnde Kommunikationspraktiken und Lebensweisen, neue, sich überschneidende Netzwerke und beständig zunehmende Flexibilitäten und damit auch Unsicherheiten in jeder Hinsicht – diese Prozesse spiegeln sich in translokalen sozialen und ökonomischen Arbeits- und Lebensweisen sehr vieler Menschen.

3.6 Bevölkerungs- und Migrationspolitik

Bevölkerungspolitik kann mehrere Zielrichtungen aufweisen: Die Bevölkerung eines Landes oder einer Region soll in Zahl oder in ihrer strukturellen Zusammensetzung oder auch in beiden Dimensionen beeinflusst werden. Dabei kann die Vergrößerung oder die Reduzierung der Bevölkerung und/oder die Förderung einzelner Segmente der Bevölkerung, zum Beispiel kinderreiche Familien bzw. deren Verminderung, politisch gewollt sein. Ein Bevölkerungszuwachs kann mittels Geburtenförderung, aber auch durch

Exkurs 3.5 Vertiefung: Translokalität und *transient urban space*

Am Beispiel des afrikanischen Handels in der chinesischen Megastadt Guangzhou werden die Auswirkungen multilokaler Händler auf städtische Strukturen sichtbar. Infolge einer großen Fluktuation von translokal lebenden Personen, wie es bei afrikanischen Händlern in China der Fall ist, bilden sich aufgrund der vorübergehenden und häufig regelmäßig wiederkehrenden Anwesenheit dieser Personengruppe spezielle Dienstleistungsbetriebe (Hotels, afrikanische Restaurants, muslimische Gebetsräume/Moscheen usw.) heraus. Zusammen mit auf die Waren für die afrikanischen Märkte ausgerichteten Großhandelsbetrieben und zum Teil auch großen Shoppingcentern für den transnationalen Großhandel werden ganze Stadtviertel als *transient urban space* überformt, wie in Guangzhou oder

Yiwu (Wehrhahn et al. 2014). *Transient* bedeutet in diesem Zusammenhang, dass zahlreiche neue, aber wahrscheinlich nicht dauerhaft bestehende Funktionen generiert werden, ähnlich den Zwischennutzungen auf Brachflächen, die erst zu einem späteren Zeitpunkt einer längerfristigen Nutzung zugeführt werden (sollen). In dem *transient urban space* läuft dieser Prozess allerdings nicht formal-planerisch ab, sondern basiert auf ungeplanten, häufig auch informellen Entscheidungen und Praktiken. Informell als sogenannte „Durchgangsräume" sind in Guangzhou beispielsweise Gebetsräume in Wohnhäusern, afrikanische Restaurants in privaten Wohnungen und Hinterhöfen oder spezielle Dienstleistungen wie Prostitution oder auch Drogenhandel entstanden.

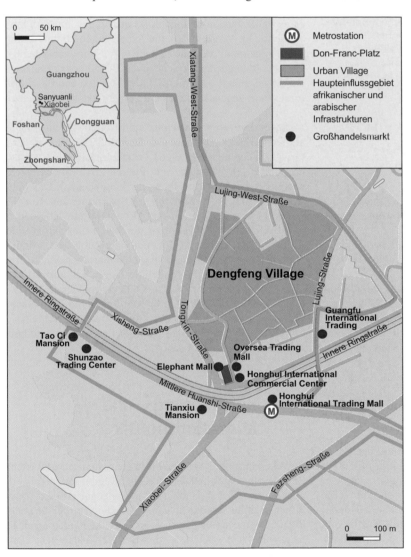

Abb. 3.19 *Transient urban space*: Afrikanische, arabische und asiatische Infrastrukturen des Großhandels in Xiaobei, Guangzhou (China; verändert nach Wehrhahn et al. 2014)

Zugewinne infolge von Einwanderung erreicht werden, das heißt, dass Bevölkerungs- und Migrationspolitik nicht streng voneinander getrennt werden können, sondern nur jeweils andere Schwerpunkte verfolgen, wobei sich beide Politiken gegenseitig ergänzen können. Häufig wird Migrationspolitik auch als Teilbereich einer weiter gefassten Bevölkerungspolitik verstanden.

In **Deutschland** wird aus historischen Gründen mit dem Begriff der Bevölkerungspolitik bis heute sehr zurückhaltend umgegangen (Abschn. 3.1). So konzentrierte sich im Dritten Reich eine „rassisch" und eugenisch bestimmte Bevölkerungspolitik einerseits auf die Auslese und Förderung von Eltern sowie andererseits auf die Verhinderung von rassepolitisch unerwünschten Geburten, etwa mittels Zwangssterilisationen. Meist wird in Deutschland deshalb von Sozial-, Familien-, Jugend- oder Seniorenpolitik gesprochen, wenn Instrumente zur Beeinflussung der Bevölkerung, insbesondere der Unterstützung von Familien, etwa in Form von Kinder- oder Elterngeld entwickelt werden. Betont wird dann die soziale Komponente der finanziellen Unterstützung oder letztlich auch eine wirtschaftliche Komponente, wenn Elterngeld und Krippenplätze dazu dienen sollen, das Familieneinkommen zu sichern – und je nach Couleur der treibenden politischen Kraft auch bzw. vornehmlich die Verbesserung von Gleichstellungsrechten mit diesen Maßnahmen verbunden werden.

In anderen Ländern, insbesondere in Ländern des globalen Südens wird Bevölkerungspolitik häufig auch im engeren Sinne betrieben. Sie umfasst dann zum Beispiel politische Programme zur Steigerung der Kinderzahl oder zu deren Reduzierung, das heißt, es werden explizit **pronatalistische bzw. antinatalistische Ansätze** verfolgt. Pronatalistische Politik hat beispielsweise die Khomeini-Regierung im Iran der 1979er-/80er-Jahre betrieben, gefolgt von einer anschließenden antinatalistischen Politik seit Mitte der 1980er-Jahre (Gans 2011, Lutz et al. 2010). Letztere gründete auf der Erkenntnis, dass die Ernährung der iranischen Bevölkerung infolge der internationalen Isolation zunehmend schwierig werden würde. Familienplanungsprogramme in ländlichen Gebieten, aber auch in Städten sowie ein massiver Ausbau des Gesundheitssystems ließen neben weiteren Faktoren (Säkularisierung in den Großstädten, hoher Stellenwert von Bildung und Ausbildung der Kinder usw.) die Gesamtfruchtbarkeitsrate (TFR) in den vergangenen 25 Jahren von sieben auf zwei Kinder pro Frau sinken (Gans 2011).

Neben Familienplanungsprogrammen und -projekten oder Aufklärungsprogrammen, kostenlosem Zur-Verfügung-Stellen von Kontrazeptiva als direkte Instrumente bieten sich für antinatalistische Politiken auch indirekte Instrumente und Maßnahmen an. Mittels Förderung von Schulbildung, Emanzipation von Frauen oder allgemein sozialer und wirtschaftlicher Entwicklung können derartige Ziele mit umgesetzt werden. Eine sehr direkte, zugleich aber die Menschenrechte missachtende Maßnahme war und ist zum Beispiel in **China** die sogenannte Ein-Kind-Politik seit 1979. Die Geburt eines zweiten Kindes führt dabei zu finanziellen und sozialen Sanktionen, die diese Familien und vor allem die Kinder erheblich schlechter stellen in Bezug auf Zugang zu Bildung, Gesundheit und weiteren Basisversorgungen. Diese Art der Bevölkerungspolitik ignoriert den Grundsatz der *reproductive choice,* das heißt der freien Entscheidung jeder Frau über Zahl und Zeitpunkt der Geburt ihrer Kinder. In China kam es im Zuge dieser Politik in den 1980er-Jahren unter anderem zu massenweisen Zwangsabtreibungen und Zwangssterilisierungen, von denen auch in jüngerer Zeit noch berichtet wird (Randeria 2007). Interessanterweise hat in China in zeitgeschichtlicher Betrachtung gar nicht die Ein-Kind-Politik zu dem entscheidenden Rückgang der Fertilität geführt: Dieser vollzog sich nämlich bereits vor der Einführung dieses politischen Grundsatzes in den 1960er- und 1970er-Jahren und wurde anschließend auf bereits relativ niedrigem Niveau fortgesetzt (Wehrhahn und Sandner Le Gall 2011; Gans 2011). Eine rigoros durchgeführte antinatalistische wie auch pronatalistische Politik, die nicht über Information und Aufklärung in selbstbestimmter, freier Entscheidung seitens der Frauen umgesetzt wird, ist immer mit Repressionen verbunden, bei antinatalistischer Politik häufig auch mit Tötung von Kindern, meist Mädchen wie in Indien und China, weil bei einem erlaubten Kind häufig vornehmlich auf einen Sohn gewartet wird. Bevölkerungspolitik verfügt zumindest indirekt über eine bedeutende *Gender*-Dimension, die bei allen politischen Maßnahmen zu berücksichtigen ist.

Ein erweitertes Verständnis von Bevölkerungspolitik kann im Sinne einer ***demographic governance*** (Wehrhahn und Sandner Le Gall 2011) mehr als nur eine politische *Top-down*-Strategie umfassen. *Demographic governance* bezieht neben staatlichen auch wirtschaftliche und zivilgesellschaftliche Akteure mit ein. Familienplanung wird dem zufolge nicht nur allein in öffentlichen Gesundheitszentren, sondern auch in Kooperation mit NGOs durchgeführt oder es wird eine enge Zusammenarbeit zwischen ökonomischen Akteuren, staatlichen Beratungsstellen und gegebenenfalls auch sozialen Gruppenvertretern in Bezug auf Migrationspolitiken realisiert. In europäischen Ländern, die von starken Geburtenrückgängen betroffen sind, wird *demographic governance* auf allen Politikebenen vom Staat bis zur Kommune eingesetzt, um Prozesse kollektiven Alterns und demographischen wie wirtschaftlichen Schrumpfens entgegenzuwirken. Auf kommunaler Ebene verfügen zumindest die größeren Städte heute über Stabsstellen oder auch Abteilungen zum demographischen Wandel sowie zum Thema der Migration und Integration, in denen auch mit privaten und zivilgesellschaftlichen Akteuren zusammengearbeitet wird.

Hinsichtlich der **Migrationspolitik,** die sich meist auf Fragen der internationalen Zuwanderung und damit verbundener Themenfelder konzentriert, stehen auf nationaler Ebene die Steuerung von Migrationsströmen nach Zahl sowie bestimmten Gruppen/Nationalitäten durch politisch-rechtliche Maßnahmen im Vordergrund. In der EU besteht in Bezug auf die Außengrenzen sowie den Schengen-Raum eine einheitliche rechtlich abgesicherte Politik, wobei die Umsetzung und die Kontrolle allerdings in den einzelnen Mitgliedsländern unterschiedlich ausgeführt werden. Die einheitlichen rechtlichen Standards führen folglich nicht immer zu gleichen Standards bei der Bearbeitung etwa von Asylanträgen. Viele Migrantinnen und Migranten streben deshalb laut Presseberichten an, möglichst eher in Deutschland, Großbritannien oder Schweden Asylanträge zu stellen. Die europäische Außengrenze ist mittlerweile auch mittels Frontex, der europäischen Agentur zur Sicherung der Außengrenzen der EU, an vielen Stellen festungsartig gesichert, so in Ceuta und Melilla, den beiden spanischen und somit letztlich auch europäischen Enklaven in Nordafrika, wo sich der Verteidigungs- und Einreisedruck besonders konfrontativ gestalten. Ähnliche Schutzwälle existieren an anderen Grenzlinien zwischen globalem Norden und Süden, wie an der US-amerikanisch-mexikanischen oder der israelischen Grenze. Aber auch dort, wo keine physische Grenzsicherung errichtet wurde, spielen sich persönliche wie kollektive Tragödien ab, wenn Arbeitssuchende und Flüchtlinge das Mittelmeer in untauglichen Booten zu überqueren versuchen und damit scheitern.

Zur Migrationspolitik zählen neben den genannten allgemeinen politisch-rechtlichen sowie Grenzsicherungsmaßnahmen auch gänzlich andere Vorgänge, wie die Anwerbung ausländischer Arbeitskräfte, etwa in den Ölstaaten, die Legalisierung irregulärer Migrantinnen und Migranten, wie bis in die 1990er-Jahre hinein in Spanien oder Italien üblich, Rückkehrprogramme für Remigranten, Reformen des Staatsangehörigkeitsrechts, Integrationsmaßnahmen innerhalb eines Landes oder spezifische Regulationen für Hochqualifizierte, zum Beispiel Ärzte und Ärztinnen, Ingenieure oder Softwareentwickler, die von vielen Staaten mithilfe politischer Instrumente oder wirtschaftlicher Anreize gewonnen werden sollen.

Bei der Migrationspolitik wirken dabei häufig öffentliche und privatwirtschaftliche Akteure zusammen und speziell bei **Integrationsfragen** spielen in der politischen Praxis auch zivilgesellschaftliche Gruppen eine Rolle, auf internationaler Ebene genauso wie im Stadtquartier. Dies um so mehr, wenn es um Fragen der Migration bei informellen Prozessen und irregulären Aufenthalten geht, beispielsweise bei Arztbesuchen nicht gemeldeter Migranten, Schulbesuchen von deren Kindern oder Abschiebungen von Familien oder einzelnen Familienmitgliedern im Rahmen von Asylverfahren. Geographische Migrationsforschung versucht derartige multiskalare Prozesse zu analysieren, wissenschaftliche Konzepte zur Erfassung komplexer Migrationsvorgänge weiterzuentwickeln sowie Politikberatung vor dem Hintergrund ihrer Kenntnisse um komplizierte Struktur-Handlungs-Komplexe in Mikro-Makro-Arenen, um nur ein Beispiel zu benennen, anzubieten.

Zentrale Begriffe und Konzepte

Bevölkerungs- und Migrationspolitik, Binnenflüchtlinge, *brain circulation, brain drain, brain gain,* demographische Grundgleichung, demographischer Wandel, Fertilitätstransformationen, Flüchtlinge, Fortschreibung, *health transition,* Migration, Migrationssysteme und -netzwerke, Mikrozensus, Mobilität, Multilokalität, Transitmigration, Translokalität, Zensus, Zirkulation

Literaturempfehlungen

Greiner C, Sakdapolrak P (2013) Translocality: Concepts, Applications and Emerging Research Perspectives. Geography Compass 7/5:373–384

Guter Überblick zu diesem aktuellen Forschungsfeld, gut lesbar formuliert und vornehmlich für Studienanfänger konzipiert.

Hillmann F (2014) Migration. In: Lossau J, Freytag T, Lippuner R (Hrsg) Schlüsselbegriffe der Kultur- und Sozialgeographie. Ulmer UTB, Stuttgart, S 108–121

Sehr guter Überblick zu einigen zentralen Begriffen, vor allem aber der Entwicklung der Geographischen Migrationsforschung und ihrer Einordnung in interdisziplinäre Kontexte.

King R (2012) Geography and Migration Studies: Retrospect and Prospect. Population, Space and Place 18:134–153

Sehr guter Aufsatz zur Entwicklung der Geographischen Migrationsforschung aus anglophoner Sicht.

Samers M (2010) Migration. Key Ideas in Geography. Routledge, London u. a.

In Ermangelung eines deutschsprachigen Grundlagenlehrbuchs zur Migration aus geographischer Perspektive sei dieses aktuelle, konzeptionell hervorragende und eingängig zu lesende Buch empfohlen. Überblick, theoretische Anknüpfungspunkte, viele Vertiefungen konzeptioneller Art und insgesamt eine große Breite migrationsgeographischer Themenfelder machen das Buch zu einem interessanten, lesenswerten Grundlagenwerk.

Wehrhahn R, Sandner Le Gall V (2015) Bevölkerungsgeographie, 2. Aufl. Wissenschaftliche Buchgesellschaft, Darmstadt

Geeignete Ergänzung des vorliegenden Textes hinsichtlich Begriffsdefinitionen, vertiefende Erläuterungen bevölkerungsgeographischer Prozesse und Strukturen und vor allem konzeptionell das aktuellste Lehrbuch der Bevölkerungsgeographie. Es verankert Bevölkerungsgeographie in der Humangeographie, stellt konstruktivistische und andere theoretische Überlegungen zum demographischen Wandel und zur Migrationsforschung vor und nutzt auch neue kulturgeographische Ansätze zur Erweiterung bevölkerungsgeographischer Konzepte.

Literatur

Bähr J (2010) Bevölkerungsgeographie, 5. Aufl. Ulmer, Stuttgart

Bähr J, Jentsch C, Kuls W (1992) Bevölkerungsgeographie. Lehrbuch der Allgemeinen Geographie, Bd. 9. De Gruyter, Berlin, New York

Bailey AJ (2009a) Population Geography. In: Kitchin R, Thrift N (Hrsg) International Encyclopedia of Human Geography. Elektronische Version, S 274–284

Bailey AJ (2009b) Population geography: lifecourse matters. Progress in Human Geography 33(3):407–418

Didero M, Pfaffenbach C (2014) Multilokalität und Translokalität. Konzepte und Perspektiven eines Forschungsfelds. Geographische Rundschau 66(11):4–9

Dittrich-Wesbuer A, Kramer C (2014) Heute hier – morgen dort. Residenzielle Multilokalität in Deutschland. Geographische Rundschau 66(11):46–52

Dittrich-Wesbuer A, Plöger J (2013) Multilokalität und Transnationalität – Neue Herausforderungen für Stadtentwicklung und Stadtpolitik. Raumforschung und Raumordnung 71(3):195–205

Doevenspeck M (2011) The Thin Line Between Choice and Flight: Environment and Migration in Rural Benin. International Migration 49:e50–e68

Etzold B (2014) Migration, Informal Labour and (Trans)Local Productions of Urban Space – The Case of Dhaka's Street Food Vendors. Population, Space and Place

Gans P (2011) Bevölkerung. Entwicklung und Demographie unserer Gesellschaft. Primus Verlag, Darmstadt

Gans P, Schmitz-Veltin A (Hrsg) (2006) Demographische Trends in Deutschland. Folgen für Städte und Regionen Forschungs- und Sitzungsberichte der ARL, Bd. 226. Akademie für Raumforschung und Landesplanung, Hannover

Glick Schiller N, Basch L, Blanc-Szanton C (1992) Transnationalism: A New Analytic Framework for Understanding Migration. Annals of the New York Academy of Sciences, New York 645:25–52

Glorius B, Matuschewski A (2009) Rückwanderung im internationalen Kontext: Forschungsansätze und -perspektiven. Zeitschrift für Bevölkerungswissenschaft 34(3/4):203–226

Han P (2006) Theorien zur Migration. Lucius und Lucius, Stuttgart

Hannah M, Kramer C (2014) Demographie und Bevölkerung. In: Lossau J, Freytag T, Lippuner R (Hrsg) Schlüsselbegriffe der Kultur- und Sozialgeographie. Ulmer UTB, Stuttgart, S 124–137

Hesse M, Scheiner J (2007) Räumliche Mobilität im Kontext des sozialen Wandels: eine Typologie multilokalen Wohnens. Geographische Zeitschrift 95(3):138–154

Hillmann F (2014) Migration. In: Lossau J, Freytag T, Lippuner R (Hrsg) Schlüsselbegriffe der Kultur- und Sozialgeographie. Ulmer UTB, Stuttgart, S 108–121

Hugo G (2007) Population Geography. Progress in Human Geography 31(1):77–88

Jones M (2009) Phase space: geography, relational thinking, and beyond. Progress in Human Geography 33(4):487–506

Jöns H (2009) „Brain circulation" and transnational knowledge networks: studying long-term effects of academic mobility to Germany, 1954–2000. Global Networks 9(3):315–338

Kaplan HS, Bock J (2001) Fertility Theory: Caldwell's Theory of Intergenerational Wealth Flows. In: Smelser NJ, Baltes PB (Hrsg) The International Encyclopedia of the Social and Behavioral Sciences, volume on Demography. Elsevier Science, New York, S 5557–5561

King R (2012) Geography and Migration Studies: Retrospect and Prospect. Population Space and Place 18(2):134–153

King R, Raghuram P (2013) International Student Migration: Mapping the Field and New Research Agendas. Population, Space and Place 19(2):127–137

Lohnert B, Steinbrink M (2005) Rural and Urban Livelihoods: A Translocal Perspective in a South African Context. South African Geographical Journal 87(2):95–103

Lutz W, Crespo Cuaresma J, Abbasi Shavazi MJ (2010) Demography, education, and democracy: Global trends and the case of Iran. Population and Development Review 36(2):253–281

Mabogunje AL (1970/1996) Systems Approach to a Theory of Rural-Urban Migration. Nachdruck in: Cohen R (Hrsg) Theories of Migration (1). Elgar, Cheltenham, S 43–60

McIntyre M (2002) The co-production of race and class in Brazil and the United States. Antipode 34(2):168–175

McIntyre M (2011) Race, Surplus Population and the Marxist Theory of Imperialism. Antipode 43(5):1489–1515

Müller A, Wehrhahn R (2009) Binnenmigration in China. Wanderarbeiter im Kontext des Hokou-Systems. Geographie und Schule 31(177):33–40

Müller A, Wehrhahn R (2013) Transnational business networks of African intermediaries in China: Practices of networking and the role of experiential knowledge. Die Erde 144(1):82–97

Müller B, Haase M, Kreienbrink A, Schmid S (2012) Klimamigration. Definitionen, Ausmaß und politische Instrumente in der Diskussion. Bundesamt für Migration und Flüchtlinge, WorkingPaper 45, Nürnberg. http://www.bamf.de/SharedDocs/Anlagen/DE/Publikationen/WorkingPapers/wp45-klimamigration.pdf?__blob=publicationFile Zugegriffen: 18. März 2015

Müller-Mahn D (2002) Ägyptische Migranten in Paris. Geographische Rundschau 54(10):40–45

Pries L (1997) Neue Migration im transnationalen Raum. In: Pries L (Hrsg) Transnationale Migration. Soziale Welt, Sonderband 12. Nomos, Baden-Baden, S 15–44

Randeria S (2007) Staatliche Interventionen, Bevölkerungskontrolle und Gender: Indien und China im Vergleich. In: Klinger C, Knapp GA, Sauer B (Hrsg) Achsen der Ungleichheit. Zum Verhältnis von Klasse, Geschlecht und Ethnizität. Campus, Frankfurt a.M., S 235–256

Samers M (2010) Migration. Key Ideas in Geography Series. Routledge, London u. a.

Schlichting I (2013) Migration, Translokalität und Community Doing. Stabilisierende Eigenschaften einer ecuadorianischen Dorfgemeinschaft in Ecuador, Deutschland und Spanien. Kieler Geographische Schriften, Bd. 124. Selbstverlag des Geographischen Instituts der Universität Kiel, Kiel

Skeldon R (2006) Interlinkages between Internal and International Migration and Development in the Asian Region. Population, Space and Place 12(1):15–30

Steinbrink M (2009) Leben zwischen Stadt und Land. Migration, Translokalität und Verwundbarkeit in Südafrika. VS-Verlag, Wiesbaden

Sternberg R, Müller C (2010) „New Argonauts" in China – Return Migrants, Transnational Entrepreneurship and Economic Growth in a Regional Innovation System. Die Erde 144(1/2):103–125

Tyner JA (2009) War, Violence, and Population. Making the Body Count. Guilford, New York

Kapitel 3

Tyner JA (2013) Population geography I: Surplus populations. Progress in Human Geography 37(5):701–711

Tyner JA (2014) Population Geography II: Mortality, premature death, and the ordering of life. Progress in Human Geography

UNO-Flüchtlingshilfe (2013) War's Human Cost: UNHCR Global Trends 2013. http://www.uno-fluechtlingshilfe.de/fileadmin/redaktion/PDF/UNHCR/GlobalTrends2013.pdf. Zugegriffen: 18. März 2014

Verne J (2012a) Ethnographie und ihre Folgen für die Kulturgeographie: eine Kritik des Netzwerkkonzepts in Studien zu translokaler Mobilität. Geographica Helvetica 67(4):185–194

Verne J (2012b) Living Translocality. Space, Culture and Economy in Contemporary Swahili Trading Connections. Franz Steiner Verlag, Stuttgart

Wehrhahn R (2000) Zur Peripherie postmoderner Metropolen: Periurbanisierung, Fragmentierung und Polarisierung, dargestellt am Beispiel Madrid. Erdkunde 54(3):221–237

Wehrhahn R (2015) Relationale Bevölkerungsgeographie. Geographische Rundschau 67(4):4–9

Wehrhahn R, Müller A, Hathat ZE (2014) Multilokale afrikanische Händler und städtischer Wandel in China. Geographische Rundschau 66(4):44–49

Wehrhahn R, Sandner Le Gall V (2011) Bevölkerungsgeographie. Geowissen kompakt. WBG, Darmstadt

Weichhart P (2009) Multilokalität Konzepte, Theoriebezüge und Forschungsfragen. Informationen zur Raumentwicklung 1/2:1–14

Zhang J (2012) The Hukou System as China's Main Regulatory Framework for Temporary Rural-Urban Migration and its Recent Changes. Die Erde 143(3):233–247

Mensch und Gesellschaft

Tim Freytag, Samuel Mössner

Landschaftsdesign als Ausdruck einer gesellschaftlichen Transformation: Kunstinstallation von Martha Schwartz in den Paul-Lincke-Höfen in Berlin-Kreuzberg, 2003 (Foto: Ulrike Gerhard)

© Springer-Verlag Berlin Heidelberg 2016
T. Freytag et al. (Hrsg.), *Humangeographie kompakt*, DOI 10.1007/978-3-662-44837-3_4

Kapitel 4

Es ist etwas Alltägliches, dass Menschen kommunizieren und in Austausch miteinander treten, um Gruppen und Gesellschaften zu bilden. Die Untersuchung sozialer Strukturen und Prozesse in ihren räumlichen Zusammenhängen ist Aufgabe der Sozialgeographie. Dabei geht es nicht allein um die räumliche Anordnung des Sozialen, sondern auch darum, wie sich räumlich-materielle Strukturen auf das menschliche Handeln auswirken und vor allem wie Menschen und Gesellschaften durch ihr Handeln den Raum prägen und gestalten. Ein anschauliches Beispiel dafür, wie gesellschaftliche Konflikte in konkreten räumlichen Zusammenhängen ausgehandelt werden, bietet die Aufwertung eines Stadtquartiers, wenn sie von Mietpreissteigerungen, Verdrängungsprozessen und vielleicht auch Protesten der ansässigen Bevölkerung begleitet wird.

Abb. 4.1 Verschiedene Nutzungsformen der Grünflächen und Bänke im Pariser Stadtteil Montmartre 2007 (Foto: Tim Freytag)

4.1 Sozialwissenschaftliche Grundbegriffe

An einem warmen Sommertag tummeln sich viele Touristen und einige Einheimische auf den Grünflächen im Pariser Stadtteil Montmartre. Menschen aus unterschiedlichen sozialen, kulturellen und geographischen Zusammenhängen, aus unterschiedlichen ökonomischen Verhältnissen und Angehörige unterschiedlicher Altersgruppen suchen sich einen Platz, um dort verschiedene Aktivitäten auszuüben oder einfach nur zu verweilen (Abb. 4.1). Welche Nutzungsformen dieses Raums sind für welche Menschen typisch? Was verbindet diese Menschen miteinander, was unterscheidet sie voneinander? Gibt es auch Menschen oder gesellschaftliche Gruppen, die auf diesem Bild nicht repräsentiert sind?

Aus sozialgeographischer Perspektive ist es interessant zu beobachten, wie Menschen innerhalb von Gesellschaften – in sozialer, aber auch in räumlicher Hinsicht – ihren Platz finden bzw. wie ihnen dieser Platz zugewiesen wird. Wie und weshalb kommt es zu einer Herausbildung von sozialen Gruppen und wie vollziehen sich Prozesse der sozialräumlichen Ausdifferenzierung? In diesem Kapitel soll gezeigt werden, wie eine sozialgeographische Perspektive dazu beitragen kann, Mensch und Gesellschaft in deren wechselseitigen Bezügen zur räumlichen Umwelt zu untersuchen. Zunächst werden einige Grundbegriffe der Sozialgeographie vorgestellt. Anschließend werden Entwicklungslinien und theoretische Perspektiven der Sozialgeographie skizziert, bevor anhand einer Reihe von Beispielen nachvollzogen werden kann, wie es zur sozialen Differenzierung kommt und welche Rolle dabei raumbezogene Aspekte spielen. Daraus ergeben sich die folgenden Leitfragen für dieses Kapitel:

- Wie lassen sich Gesellschaften und verschiedene Teilbereiche des Sozialen (z. B. Ausgrenzung und Integration, Bildung und Wohnen) unter Berücksichtigung räumlicher Bezüge erfassen und verstehen?

- Welche Verbindungen und Abhängigkeiten bestehen zwischen den vorhandenen Strukturen und Prozessen in verschiedenen gesellschaftlichen Teilbereichen?
- Wie kommt es zur sozialen Differenzierung, was sind deren Auswirkungen und inwiefern spielen raumbezogene Aspekte dabei eine Rolle?
- Welche Impulse und Einsichten haben dazu geführt, dass sich die sozialgeographische Forschung im Laufe der Zeit verändern und entwickeln konnte?

Bei der alltagssprachlichen Verwendung des Begriffs der **Gesellschaft** (Exkurs 4.1) wird meistens nicht hinterfragt, was genau eine Gesellschaft ausmacht und wie der Zugang oder die Zugehörigkeit zu dieser Gesellschaft geregelt ist. Eher wird von einer großen Gruppe ausgegangen, der Gesamtheit aller Personen, die über irgendwie geartete Gemeinsamkeiten miteinander verbunden sind (Meulemann 2013). Aus einem sozialwissenschaftlichen Blickwinkel und in Anlehnung an den französischen Soziologen Émile Durkheim ist jedoch davon auszugehen, dass Gesellschaft nicht „einfach so" existiert. Gesellschaft stellt sich vielmehr als etwas nicht unmittelbar Sichtbares dar und wird eher über Differenz als über Gemeinsamkeit definiert (Nassehi 2008). Das, was wir heute unter Gesellschaft verstehen, ergibt sich vor allem aus Interaktion und sozialem Handeln und orientiert sich dabei an anderen Menschen. Demzufolge kann Gesellschaft nicht per se definiert werden, sondern sie ergibt sich aus der „Summe der Formen der Wechselwirkungen und Vergesellschaftung, in denen sich mehrere Menschen aneinander orientieren und miteinander handeln" (Meulemann 2013, 139). In Anlehnung an den Philosophen und Soziologen Georg Simmel (2006) gilt Vergesellschaftung als wechselseitiges Einwirken und Beeinflussen von Individuen. In diesem bereits 1908 erschienen Werk schlägt Simmel daher vor, nicht mehr von Gesellschaft, sondern von Vergesellschaftung zu sprechen (Abels 2009). Damit richtet sich das Interesse der Sozialwissenschaften wie auch der Sozialgeographie nicht länger auf einen Gegenstand, sondern vielmehr auf komplexe

Exkurs 4.1 Unterschiedliche Perspektiven auf den Begriff der Gesellschaft

Innerhalb der Sozialwissenschaften gibt es umfangreiche Literatur, jedoch kein einheitliches Verständnis oder gar eine einheitliche Definition davon, was unter einer Gesellschaft zu verstehen ist. Während außerhalb dieses Textkastens allgemeine Grundbegriffe der Soziologie vorgestellt werden, soll nun der Blick im Folgenden auf bestehende Unterschiede gerichtet werden.

Zunächst einmal gibt es uneinheitliche Vorstellungen darüber, ob eine Gesellschaft in erster Linie durch mehr oder weniger stabilisierte Strukturen geprägt oder ob die gesellschaftlichen Verhältnisse primär durch Handlungen hergestellt, reproduziert und möglicherweise auch verändert werden. Neben dieser klassischen Trennung in **Struktur und Handlung**, die als Oppositionspaar zwei einander entgegengesetzte Perspektiveinstellungen für den Blick auf den Forschungsgegenstand eröffnen, richtet sich ein zunehmendes Interesse auf neuere zwischen Struktur und Handlung vermittelnde Ansätze wie zum Beispiel die Strukturationstheorie (Giddens 1984), die Theorie der Praxis (Bourdieu 1998) oder die Akteur-Netzwerk-Theorie (u. a. Latour 1987).

Angesichts einer in unserer Zeit rasch fortschreitenden gesellschaftlichen Ausdifferenzierung und Fragmentierung konstatieren unter anderem Zygmunt Bauman (2001) sowie Ulrich Beck und Elisabeth Beck-Gernsheim (Beck et al. 2002) einen Trend zur **Individualisierung** und zur Auflösung traditionell bestehender gesellschaftlicher Zusammenhänge. Vor diesem Hintergrund kann infrage gestellt werden, ob bzw. wie lange noch von einer Gesellschaft gesprochen werden kann, wenn der gesellschaftliche Zusammenhalt oder die zwischen den Menschen bestehenden Beziehungen grundlegend neu strukturiert werden oder sich möglicherweise gar in Auflösung befinden. Dabei ist jedoch zu beachten, dass die fortschreitende Individualisierung vorwiegend in der westlich geprägten Welt zu verzeichnen ist bzw. aus einer westlich geprägten Perspektive wahrgenommen wird, während in anderen Teilen der Welt zum Beispiel Stammesgesellschaften, Clans oder religiöse Gemeinschaften eine wichtige Rolle einnehmen. Aber auch Internettechnologien und soziale Medien haben zu einem neuen Verhältnis zwischen Individualisierung und neuen sozialen Zusammenhängen geführt.

Ein anderes sozialwissenschaftliches Verständnis von Gesellschaft wurde im Kontext der soziologischen **Systemtheorie** geprägt und begreift **soziale Kommunikation** als konstituierendes Element von Gesellschaft (Luhmann 1984, 1997). Demzufolge ist Gesellschaft nichts anderes als Kommunikation, die sich in verschiedene als Funktionssysteme bezeichnete Teilbereiche untergliedern lässt wie zum Beispiel Wirtschaft, Wissenschaft, Kunst oder Politik. Eine systemtheoretisch ausgerichtete Analyse kann sich somit auf die Kommunikation in einzelnen dieser Teilbereiche konzentrieren.

Die **Zivilgesellschaft** ist ein Begriff, der in den Sozialwissenschaften häufig und dabei nicht immer einheitlich verwendet wird. Entstehungsgeschichtlich ist er verwandt mit dem Konzept der bürgerlichen Gesellschaft (engl. *civil society*), dessen Ursprung bis in die Zeit der Aufklärung zurückgeht. In erster Linie verweist der Begriff der Zivilgesellschaft auf eine spezifische Form der Interaktion von Menschen, die ihren Platz irgendwo zwischen Staat, Wirtschaft und dem privaten Leben einnimmt (Urry 1981). Weiterhin wird die Zivilgesellschaft oft mit bürgerlicher Partizipation und basisdemokratischen Vorstellungen in Verbindung gebracht – gelegentlich auch im Sinne einer normativen Idealvorstellung. Daher findet der Begriff der Zivilgesellschaft insbesondere im Bereich einer kritischen Sozialforschung eine häufige Verwendung.

Im Ganzen gesehen gibt es eine **Vielzahl von gesellschaftsbezogenen Bezeichnungen**, die Eingang in den allgemeinen Sprachgebrauch wie auch in die Wissenschaften gefunden haben. Es werden dabei oft bestimmte Phänomene als in besonderer Weise prägend für eine bestimmte Gesellschaft erachtet. Dies kommt in einer Reihe von Bezeichnungen zum Ausdruck wie etwa Einwanderer- oder Parallelgesellschaft(en), Wissensgesellschaft, Freizeitgesellschaft und Konsum- oder Überflussgesellschaft.

Prozesse, die den Gegenstand der Gesellschaft erst ausmachen – also auf die sozialen Zusammenhänge, die Beziehungen und Verhältnisse, die zwischen Menschen bestehen und üblicherweise durch Diskurse, Handlungen und Strukturen hergestellt und gefestigt werden. Eine wichtige Rolle nehmen dabei Regeln, Routinen und Institutionen ein (Letztere in der sozialwissenschaftlichen Bedeutung eines Regelsystems; Kap. 8). Während der Begriff der Gesellschaft eine relativ große Anzahl von Menschen umfasst, bezeichnen die soziologischen Grundbegriffe der Lebensgemeinschaft und der Familie deutlich kleinere soziale Einheiten. Da selbst der einzelne Mensch unterschiedliche und oft sogar widersprüchliche Ansichten und Positionen in einer Person zu inkorporieren vermag und dabei selbst im Wandel begriffen ist, kann als kleinste sozialwissenschaftliche Grundeinheit nicht das Individuum, sondern die individuelle Handlung angesehen werden.

Auch wenn Beziehungen zwischen Menschen eine grundlegende Bedeutung für die Konstituierung einer Gesellschaft besitzen, so werden Gesellschaften doch auch in starkem Maße durch soziale Unterschiede und Ungleichheiten geprägt. Dies gilt sowohl für Unterschiede innerhalb von Gesellschaften als auch insbesondere für Unterschiede zwischen verschiedenen Gesellschaften. So war während des europäischen Mittelalters die Vorstellung weitverbreitet, dass die gesellschaftliche Stellung des einzelnen Menschen von einem Gott bestimmt und somit unveränderlich sei. Gemäß der bis in die frühe Neuzeit vorherrschenden **Ständeordnung** bezeichnete man die gesellschaftliche Gruppe der Geistlichen als ersten Stand, den Adel als zweiten Stand sowie freie Bürger und Bauern als dritten Stand. Das Einkommen und die materiellen Verhältnisse hatten für die Positionierung innerhalb dieser Gesellschaftsordnung untergeordnete Bedeutung, denn in allen drei Ständen waren sowohl reiche als auch ärmere Menschen vertreten. Ökonomische Aspekte gewannen als gesellschaftliches Differenzierungsmerkmal erst im Zuge der Industrialisierung und der Herausbildung **gesellschaftlicher Klassen** oder Schichten stärker an Bedeutung. Während der Begriff der Klasse vor allem von Karl Marx geprägt wurde und den Blick auf durch gemeinsame wirtschaftliche Merkmale miteinander verbundene Menschen (und deren Stellung in den Produktionsverhältnissen) fokussiert, umfasst der Begriff der **sozialen Schicht** neben wirtschaftlichen auch zum Beispiel bildungs- und berufsbezogene Merkmale, entlang derer eine hierarchische Schichtung der Gesellschaft strukturiert ist. Im Unterschied zur Stände- und Klassengesellschaft ist das Konzept der sozialen Schicht in Bezug auf das Phänomen der gesellschaftlichen Mobilität deutlich offener gehalten und sieht ein gewisses Maß an Durchlässigkeit in Form sozialer Auf- oder Abstiegsmobilität vor.

Gegen Ende des 20. Jahrhunderts hat der Begriff der **Lebensstile** eine zunehmende Verbreitung gefunden. Lebensstile können definiert werden als „raum-zeitlich strukturierte Muster der Lebensführung" (Helbrecht und Pohl 1995, S. 227). Dieses Konzept misst den ökonomischen sowie berufs- und bildungsbezogenen Merkmalen weniger Bedeutung bei und betont die Rolle kultureller sowie konsum- und freizeitbezogener Aspekte als wesentliche Bestandteile für die Praxis einer gesellschaftlichen Strukturierung und Ausdifferenzierung. Was wo eingekauft oder konsumiert wird, bestimmt also wesentlich die soziale Position eines Menschen. Ein Leitgedanke dabei ist, dass nicht so sehr das vorhandene Vermögen oder Einkommen die gesellschaftliche Stellung eines Individuums bestimmt, sondern in erster Linie die jeweiligen Neigungen, Orientierungen, Überzeugungen und Wertvorstellungen der betreffenden Menschen, was sich auch in den Kategorien der Wahrnehmung, Identität und Zugehörigkeit ausdrückt.

Ein gängiger Ansatz zur Untersuchung der sozialen Differenzierung innerhalb von Gesellschaften ist die **Sozialstrukturanalyse.** Dabei gilt es unter Verwendung qualitativer und quantitativer Methoden der empirischen Sozialforschung, gesellschaftliche Unterschiede im Hinblick auf Alter, Geschlecht, Bildung, Einkommen oder andere Merkmale herauszuarbeiten. Ebenso können diese Unterschiede hinsichtlich gesellschaftlicher Schichten oder Klassen wie auch in Bezug auf verschiedene Lebensstile untersucht werden (Dangschat und Blasius 1997).

4.2 Gesellschaft und Raum

Die Bedeutung der räumlichen Dimension von und für Gesellschaft äußert sich in vielerlei Hinsicht. Ein anschauliches Beispiel ist die Konstruktion von **Grenzen** zur Bestimmung territorialpolitischer Einheiten, wie zum Beispiel Nationalstaaten, die als „Container" für die sich dort aufhaltende Bevölkerung angesehen werden (Kap. 1). Ganz ähnlich verhält es sich im kleinräumigen Rahmen, wenn in Regionen, Siedlungen, Stadtquartieren oder Nachbarschaften entsprechende Mechanismen der Grenzziehung und der **Projektion gesellschaftlicher Verhältnisse** und Vorstellungen auf den Raum wirksam werden (Heeg 2014). Beispiele für die Belegung räumlicher Einheiten mit gesellschaftlichen Merkmalen sind etwa die Unterscheidung zwischen Entwicklungs-, Schwellen- und Industrieländern sowie die polarisierende Gegenüberstellung von gehobenen Stadtvierteln und Problemquartieren. Offensichtlich wird dabei eine Analogie zwischen einer räumlichen Einheit und den dort (tatsächlich oder nur vermeintlich?) vergesellschafteten Menschen hergestellt.

Eine Fokussierung auf die Beziehungen zwischen Gesellschaft und Raum eröffnet attraktive Perspektiven für die sozialgeographische und sozialwissenschaftliche Forschung (Gregory und Urry 1985). Diese Verbindungen können sowohl theoretisch reflektiert als auch empirisch untersucht werden. Ein empirischer Zugang besteht zum Beispiel in **Sozialraumanalysen,** im Zuge derer in Tradition der Chicagoer Schule der Sozialökologie (Kap. 6) gesellschaftliche Strukturen und Prozesse anhand sozialstruktureller Variablen oder Indikatoren auf der Ebene von Stadtteilen, Stadt- und Landkreisen, Regionen oder anderen Gebietseinheiten abgebildet werden können.

Es soll jedoch bereits an dieser Stelle betont werden, dass soziale Unterschiede im Raum nicht als naturgegeben oder als quasi natürlich erachtet werden können. Vielmehr ist in der Humangeographie der Ansatz vorherrschend, dass soziale Unterschiede das Ergebnis sozialer Prozesse darstellen und daher als gesellschaftlich produziert erachtet werden müssen. Dies gilt sowohl für die räumliche Anordnung von Menschen mit unterschiedlichen gesellschaftlichen Merkmalen als auch für die Projektion gesellschaftlicher Vorstellungen auf räumliche Einheiten wie zum Beispiel das in Westdeutschland während der 1970er-Jahre zeitweise vorherrschende Rollenbild, im suburbanen Raum lebende Frauen mit Haushaltsarbeit zu assoziieren, oder die ebenfalls normative Einschätzung, dass die Anwesenheit von Männern auf einem Spielplatz deplatziert sei (Strüver 2014). In ähnlicher Weise kann es dazu kommen, dass sozioökonomische oder ethnisch-kulturelle Kategorien gedanklich mit bestimmten räumlichen Kontexten verbunden bzw. von diesen ausgeschlossen werden. Eine grundlegende Forschungsfrage ist daher, wie und weshalb gesellschaftliche Vorstellungen auf räumliche Einheiten projiziert werden und welche Wirkung diese raumbezogenen Projektionen entfalten.

Wie bereits im Einleitungskapitel dieses Buches (Kap. 1) hervorgehoben wurde, ist seit dem ausgehenden 20. Jahrhundert

Exkurs 4.2 Das Zeitalter der Moderne und die Interpretation gegenwärtiger gesellschaftlicher Veränderungen

Mit dem Begriff der **Moderne** wird zunächst einmal die auf das Mittelalter folgende Epoche der Neuzeit bezeichnet, die in Europa durch Rationalität und Aufklärung geprägt ist. Im engeren Sinne bezeichnet die Moderne eine industrialisierte Gesellschaft im 19. und 20. Jahrhundert, die durch Massenproduktion, Bürokratisierung und ein großes Vertrauen in Fortschritt und Wachstum sowie die Plan- und Steuerbarkeit von Prozessen gekennzeichnet ist. Weiterhin kann die Moderne mit der Herausbildung von Nationalstaaten, der Entfaltung einer bürgerlichen Gesellschaft und einer dominierenden westlich bzw. eurozentrisch geprägten Perspektive in Verbindung gebracht werden, die zu **Normierung** und Normativität neigt und nur wenig Freiraum für Differenz und Pluralität bietet. Inwiefern ein der Moderne inhärenter Trend zur Normierung zur Einschränkung oder Ausgrenzung von Menschen führen kann, die den vorherrschenden Normen nicht entsprechen können oder wollen, und inwiefern über eine Normierung Macht ausgeübt werden kann, wurde unter anderem von Michel Foucault (1977) aufgezeigt.

Im ausgehenden 20. Jahrhundert lässt sich jedoch ein Trend zu technologischen, sozialen und kulturellen Veränderungen verzeichnen, der auch im Kontext von **globalem Wandel** und Globalisierung zunehmend wirksam wird. Innerhalb der Sozialwissenschaften besteht keine Einigkeit darüber, ob dieser Wandel als der Eintritt in eine neue Epoche nach der Moderne (im Sinne einer Postmoderne) zu bewerten ist oder ob es sich dabei nicht vielmehr um eine neue Phase innerhalb der Moderne handelt, die zum Beispiel von Anthony Giddens als Spätmoderne und von Ulrich Beck als Zweite Moderne bezeichnet wurde. In diesem Zusammenhang wird auch von einer reflexiven Moderne in dem Sinne gesprochen, dass gegenwärtige Gesellschaften in ihrem Denken und Handeln Bezüge zur Moderne herstellen (Beck et al. 1996). Indessen hebt Zygmunt Bauman (2000) mit dem Konzept der *liquid modernity* (dt. Flüchtige Moderne) hervor, dass Menschen in einer globalisierten Welt aus traditionellen Bezugspunkten herausgelöst werden, sodass Individuen stärker dazu neigen, sich selbst als in einem Fluss befindliche Subjekte zu begreifen.

ein fundamentaler Wandel der gesellschaftlich relevanten räumlichen Bezüge zu beobachten. Dies betrifft zum Beispiel Entankerungs- und Wiederverankerungsprozesse, wie sie unter anderem für Migrantinnen und Migranten charakteristisch sind und auch von einer lokal ansässigen Bevölkerung infolge einer Veränderung der alltagsräumlichen Strukturen vor Ort erlebt werden können. Zudem lassen sich eine Restrukturierung geographischer Maßstäbe (engl. *re-scaling*) sowie die Phänomene der *time-space-compression* und der Glokalisierung (Kap. 1) und eine zunehmende Bedeutung des Internets und anderer virtueller Räume beobachten, die aufs Engste mit der Alltagswelt verflochten sind. Angesichts dieser gewandelten Verhältnisse steht die Humangeographie und damit auch die Sozialgeographie vor einer besonderen Herausforderung. Denn es gilt nicht nur, diese grundlegenden Veränderungen zu erfassen und zu verstehen, sondern auch vorhandene theoretisch-konzeptionelle Zugänge vor diesem Hintergrund zu prüfen und gegebenenfalls an gewandelte Rahmenbedingungen anzupassen (Werlen und Lippuner 2011). Wie ein kurzer Blick in die Entwicklung der Sozialgeographie zeigen wird, sind im Verlauf der Disziplingeschichte regelmäßig Neuorientierungen und Akzentverschiebungen zu verzeichnen. Besonders deutlich wird dies in der sich grundlegend verändernden Konzeptualisierung des Verhältnisses zwischen Raum und Gesellschaft (Exkurs 4.2).

4.3 Einblicke in die sozialgeographische Disziplingeschichte

Als Teildisziplin existiert die Sozialgeographie im deutschsprachigen Raum seit Mitte des 20. Jahrhunderts. Zuvor gab es bereits einige Vorläufer der Sozialgeographie, die unter anderem in Frankreich und England wirkten. Während zunächst die mehr oder weniger geodeterministische Vorstellung vorherrschend war, dass das menschliche Handeln und damit auch die Gesellschaft in starkem Maße von Raum und Landschaft geprägt wird, richtet sich das gegenwärtige Forschungsinteresse in der (deutschsprachigen) Sozialgeographie vor allem darauf, wie Menschen durch ihr Handeln im Alltag Räume produzieren und damit buchstäblich Geographien machen (Werlen 1987, 1995). Damit positioniert sich die Sozialgeographie als eine offene und integrative Teildisziplin an der Schnittstelle zwischen Humangeographie und Soziologie. Im Folgenden werden einige ausgewählte Facetten der Disziplingeschichte der Sozialgeographie beleuchtet.

Die sozialgeographische Forschung stützt sich in weiten Teilen auf die Erfassung und Analyse von individuen- und gesellschaftsbezogenen Informationen und Daten. Bereits im 19. Jahrhundert gab es intensive, teils quantitativ und teils eher qualitativ ausgerichtete Untersuchungen im Bereich der **Sozialforschung.**

Kapitel 4

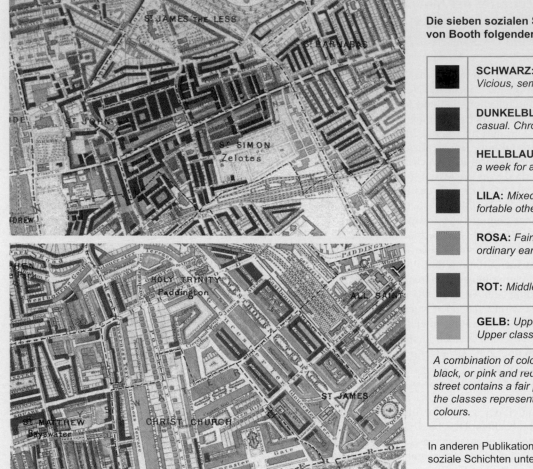

Die sieben sozialen Schichten wurden von Booth folgendermaßen beschrieben:

SCHWARZ: *Lowest class. Vicious, semi-criminal.*

DUNKELBLAU: *Very poor, casual. Chronic want.*

HELLBLAU: *Poor. 18s. to 21s. a week for a moderate family.*

LILA: *Mixed. Some comfortable others poor.*

ROSA: *Fairly comfortable. Good ordinary earnings.*

ROT: *Middle class. Well-to-do.*

GELB: *Upper-middle and Upper classes. Wealthy.*

A combination of colours – as dark blue or black, or pink and red – indicates that the street contains a fair proportion of each of the classes represented by the respective colours.

In anderen Publikationen hat Booth acht soziale Schichten unterschieden.

Abb. 4.2 Kartierung der sozialen Differenzierung in London von Charles Booth. St. James the Less als Beispiel für ein Armenviertel *(oben)*, Christchurch als Beispiel für ein vornehmes Wohngebiet *(unten;* Quelle: London School of Economics and Political Science, Charles Booth Online archive)

Diese resultierten aus der Hoffnung, die im Zuge der frühen europäischen Industrialisierung erfolgten dramatischen sozialen Veränderungen verstehen und möglicherweise zu einer Verbesserung der Lebensbedingungen beitragen zu können. Ein Beispiel dafür ist die Arbeit von Charles Booth (1840–1916) über die Lebensverhältnisse der Arbeiterbevölkerung in London. Auf der Grundlage eigener Erhebungen fertigte Booth detaillierte Karten der Armutsverteilung in London an (Abb. 4.2). Dieser frühe Beitrag zur Sozialforschung wird nicht nur seitens der Sozialgeographie, sondern auch in anderen sozialwissenschaftlichen Disziplinen als wegbereitend angesehen. Dies gilt ebenso für die **Chicagoer Schule der Sozialökologie,** deren Vertreter sich vor allem am Beispiel von Chicago mit den sozialen Aspekten des Wachstums einer Großstadt während der ersten Hälfte des 20. Jahrhunderts befassten (Kap. 6) und damit wichtige Impulse für die sozialwissenschaftliche Stadtforschung (u. a. Sozialraumanalyse und Stadtsoziologie; Friedrichs 1977) setzten.

Auch wenn sich der Begriff der Sozialgeographie (frz. *géographie sociale)* auf den Geographen Elisée Reclus (1830–1905) und den Soziologen Paul de Rousiers (1857–1934) zurückführen lässt, identifiziert Benno Werlen auch andere nationale und internationale Kontexte, in denen Entwicklungslinien des sozialgeographischen Denkens begründet und fortgeführt wurden (Werlen 2000).

Im deutschsprachigen Raum entwickelte sich in der Nachkriegszeit seit Mitte der 1950er-Jahre eine **sozialgeographische Landschaftsforschung.** Als deren führender Vertreter erforschte Hans Bobek (1903–1990) die sozialen Kräfte, die landschaftsprägend und -gestaltend wirken (Werlen und Lippuner 2011, Weichhart 2008). Bobek zufolge wird eine Kulturlandschaft durch bestimmte menschliche Daseinsfunktionen geprägt, wie zum Beispiel Bevölkerungsentwicklung, Siedlungsweise, Mobilität, Wirtschaft, Politik und Kultur. Analog zu den sogenannten *genres de vie* des französischen Geographen Paul Vidal de la Blache entwickelte Bobek eine Stufenlehre, die das Verhältnis zwischen gesellschaftlichen Gruppen und den sie umgebenden Landschaften anhand von sechs Entwicklungs- oder Kulturstufen erklärt und sich vorwiegend auf vormoderne Gesellschaften bezieht (z. B. Wildbeuter, Jäger und Sammler, Sippenbauern und Hirtennomaden). Dabei sind die Entwicklungsstufen jeweils durch einen unterschiedlichen Grad der Umformung der naturräumlichen Grundlagen durch die sie bewirtschaftenden Menschen geprägt.

Auch Wolfgang Hartke (1908–1997) suchte in seinen sozialgeographischen Arbeiten eine Anlehnung an das Konzept der Kulturlandschaft. Sein Forschungsinteresse richtete sich jedoch nicht wie bei Bobek auf die Untersuchung landschaftsprägender sozialer Funktionen, sondern er wollte aus den Ausprägungsformen einer Landschaft Rückschlüsse auf die Gesellschaft und den sozialen Wandel ziehen. In diesem Sinne verwendete Hartke in dem von ihm konzipierten **Indikatorenansatz** die „Landschaft als Registrierplatte" der menschlichen Tätigkeiten. Der in diesem Zusammenhang viel zitierte Begriff der „Sozialbrache" beschreibt wirtschaftliche, soziale oder kulturelle Veränderungen als Ursache für ein Brachfallen landwirtschaftlich genutzter Flächen. So versteht Hartke Menschen als Akteure, die in ihrer Eigenschaft als „Sozialgruppen" Landschaften gestalten und durch die Reichweite ihrer Aktionsräume letztlich auch eine Form der Regionalisierung vornehmen.

Aufbauend auf Arbeiten von Bobek und Hartke entwickelte sich in den 1960er- und 1970er-Jahren die **Münchner Schule der Sozialgeographie.** Im Mittelpunkt stand die Untersuchung von Aktionsräumen spezifischer Sozialgruppen, die sich nach den folgenden sieben Daseinsgrundfunktionen untergliedern lassen: „wohnen", „arbeiten", „sich versorgen", „sich bilden", „sich erholen", „Verkehrsteilnahme" und „in Gemeinschaft leben" (Abb. 4.3). Als sozialgeographische Gruppe wurden also jene Menschen bezeichnet, welche dieselben Daseinsgrundfunktionen innerhalb derselben Aktionsräume ausüben – unabhängig davon, ob es eine Beziehung zwischen diesen Menschen gibt oder nicht. Die Arbeiten der Münchner Schule hatten unter anderem zum Ziel, einen anwendungsbezogenen Beitrag für die Raumplanung im Zusammenhang mit dem Aufbau und der Entwicklung einer räumlichen Infrastruktur zu leisten. Insgesamt blieb der sozialgeographische Ansatz der Münchner Schule jedoch ohne größeren Erklärungswert, da die verwendeten Konzepte keine hinreichende Anschlussfähigkeit an die sozialwissenschaftlichen Nachbardisziplinen boten, Dimensionen der sozialen Differenzierung vernachlässigt wurden und stattdessen eine Fokussierung auf den Landschaftsbegriff erfolgte (Heinritz 1999). Als ein besonderer Schwachpunkt der sozialgeographischen Beiträge aus dem deutschsprachigen Raum gilt das weitgehende Ausklammern der politischen Dimension als Erklärungsansatz.

Ein anderes Forschungsparadigma bestand in der sogenannten quantitativen Revolution, die mit einer Hinwendung zur Verarbeitung und Analyse größerer Datenbestände mittels elek-

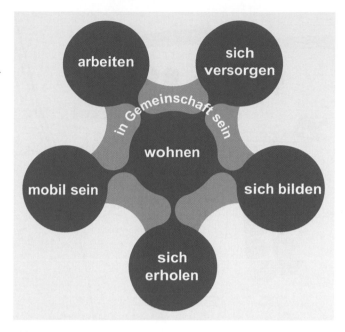

Abb. 4.3 Daseinsgrundfunktionen

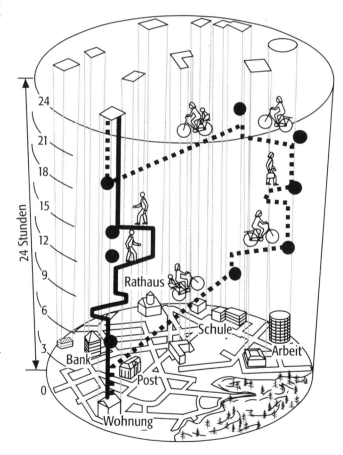

Abb. 4.4 Zeitgeographische Darstellung des Tagesverlaufs einer dreiköpfigen Familie in Raum und Zeit (Quelle: Kramer 2002)

Kapitel 4

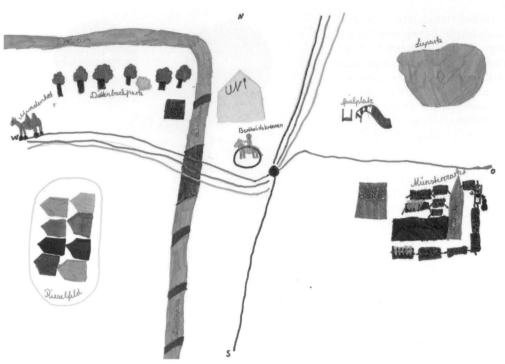

Abb. 4.5 *Mental map* von Freiburg, gezeichnet von einer Grundschülerin (2015)

tronischer Datenverarbeitung verbunden war. Dies lieferte für verschiedene Bereiche der geographischen Forschung neue Impulse. Im konzeptionellen Rahmen der *spatial analysis* (Kap. 1) wurden zum Beispiel auf der Grundlage statistischer Daten kartographische Darstellungen und Analysen zur Segregation – das heißt zur ungleichen sozialräumlichen Verteilung – der Bevölkerung hinsichtlich ethnischer und anderer Merkmale hervorgebracht. Die Ausführungen blieben jedoch weitgehend deskriptiv und vermochten keine überzeugenden Erklärungsansätze zu bieten.

Des Weiteren entstand mit der **Zeitgeographie** (engl. *time geography*) ein quantitativ orientierter Forschungsansatz, der von Torsten Hägerstrand (1916–2004) in den 1960er- und 1970er-Jahren an der Universität Lund in Schweden begründet wurde und neben seiner Bedeutung für die Innovations- und Diffusionsforschung auch im Bereich der Geographischen Sozialforschung aufgegriffen wurde. Die Zeitgeographie befasst sich damit, menschliche Mobilität und Aktivitäten sowohl in räumlicher als auch in zeitlicher Hinsicht zu erfassen und zu analysieren. Raum und Zeit werden dabei als begrenzt verfügbare Ressourcen konzipiert, die den Menschen im Alltag zur Verfügung stehen. Durch die Abbildung individueller oder kollektiver Zeitpfade, die in ihrem raum-zeitlichen Verlauf für einzelne Tage dargestellt werden können, lassen sich spezifische Muster der Zeitverwendung innerhalb der betreffenden Aktionsräume erkennen. So dokumentiert Abb. 4.4 die nächtliche und abendliche Kopräsenz einer dreiköpfigen Familie in der eigenen Wohnung sowie die während eines Tages von den einzelnen Familienmitgliedern ausgeübte Mobilität, die Verweildauer am Arbeitsplatz und in der Schule und ferner auch kurze Zwischenstopps in der Bank und im Rathaus.

Der Ansatz der Zeitgeographie wurde in verschiedenen Untersuchungen zur Zeitverwendung aufgegriffen und weiter entwickelt, um unter anderem zu zeigen, dass erhebliche soziale Disparitäten hinsichtlich der Raum- und Zeitverwendung bestehen. So lassen sich etwa für Kinder, Ältere und Erwerbstätige ebenso unterschiedliche zeitgeographische Muster erkennen wie für die Bevölkerung in ländlichen, suburbanen und städtischen Räumen (Kramer 2005).

Seit den späten 1960er-Jahren hat die Frage, wie durch sozialgeographische Forschung ein gesellschaftlicher Nutzen oder Fortschritt erzielt werden kann, eine verstärkte Aufmerksamkeit erfahren. Dies hat unter anderem die geographischen Beiträge zur raumbezogenen Planung in unterschiedlichen Ressorts vorangetrieben. Mit Schwerpunkt im englischsprachigen Raum ist mit der *geography of social well-being* eine neue Forschungsrichtung entstanden, deren Vertreterinnen und Vertreter Lebensqualität und damit verbundene andere Aspekte anhand raumbezogener Sozialindikatoren wie etwa Einkommen, Beschäftigung, Bildung, Gesundheit und Freizeit untersuchen (Knox 1975). In dieser Forschungsrichtung wurde es gewissermaßen als ein selbstformulierter gesellschaftlicher Auftrag angesehen, durch geeignete Handlungsempfehlungen zu einem besseren Leben beizutragen. Dazu zählt auch eine räumlich differenzierte Auseinandersetzung mit den sozialen Auswirkungen staatlicher Wohlfahrtspolitik (Mohan 2003).

Während es bei der *geography of social well-being* im Wesentlichen um eine Bestätigung oder geringfügige Korrektur der bestehenden Verhältnisse ging, traten Vertreterinnen und Vertreter einer *radical geography* dafür ein, die Ursachen für soziale bzw. sozialräumliche Ungleichheiten und Ungerechtigkeiten aufzudecken und unter Rückgriff auf den Analyserahmen einer Marxistischen Geographie als eine unmittelbare Folge des kapitalistischen Wirtschaftssystems zu erklären (Harvey 1973; Peet 1977), um letztlich aktiv für eine Abkehr vom vorherrschenden Wirtschafts- und Gesellschaftssystem einzutreten. Darauf aufbauend entstand in den nachfolgenden Jahrzehnten eine Vielzahl von Forschungsarbeiten, die zur Etablierung einer marxistisch orientierten Geographie und teilweise auch zu deren Weiterentwicklung und zur Integration neuerer Forschungsansätze beitrugen.

Ein derart offenes Bekenntnis zu radikalen politischen und ideologischen Ansichten blieb im deutschsprachigen Raum (wenn man den zeitgeschichtlichen Kontext des Dritten Reichs an dieser Stelle ausklammert) über längere Zeit unüblich und wurde nur von sehr wenigen Vertreterinnen und Vertretern des Fachs praktiziert (Kap. 1). Derzeit gewinnt jedoch eine Kritische Geographie auch im deutschsprachigen Raum etwas stärker an Bedeutung (Belina et al. 2009; Abschn. 4.4).

Ein weiterer ebenfalls stark auf den Menschen bezogener Ansatz, der im angelsächsischen Raum geprägt wurde, ist die wahrnehmungs- und verhaltenswissenschaftliche Sozialgeographie oder – wie sie im Englischen heißt – **behavioral geography.** Im Mittelpunkt steht dabei die den menschlichen Handlungen vorausgehende Wahrnehmung der räumlichen Umwelt. Wie ein Individuum seine Umgebung wahrnimmt, lässt sich zum Beispiel mittels **kognitiver Karten** (mental maps) erfassen. Dabei wird deutlich, dass die räumliche Umwelt von den Menschen immer nur selektiv und verzerrt wahrgenommen und wiedergegeben werden kann. So unterscheidet sich die Wahrnehmung einer Stadt unter anderem in Abhängigkeit von demographischen, sozioökonomischen und kulturellen Merkmalen der sie betrachtenden Personen.

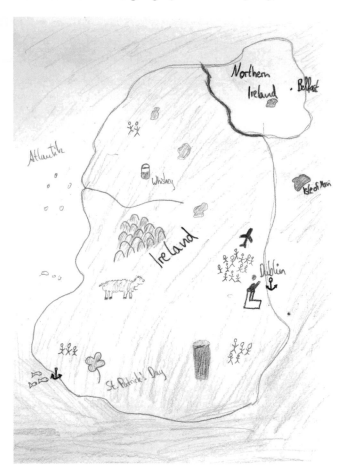

Abb. 4.6 *Mental map* von Irland, gezeichnet von einem Student der Geographie (2015)

Die Abb. 4.5 zeigt die kognitive Karte einer Schülerin, die in Freiburg die vierte Klasse einer Grundschule besucht. In der kognitiven Karte von Freiburg treten spezifische (punktuelle) Elemente als bedeutende Standorte hervor, wie etwa der Münstermarkt oder der Zoo. Weiterhin sind mit dem Flusslauf der Dreisam und den farbig gekennzeichneten Verbindungen der Straßenbahn auch linienhaft strukturierende Elemente offensichtlich. Nach einem ähnlichen Prinzip ist die kognitive Karte von Irland aufgebaut, die ein Freiburger Student der Geographie gezeichnet hat (Abb. 4.6). Es wird deutlich, dass sich die raumbezogenen Vorstellungen von Irland auf bestimmte Standorte und Produkte konzentrieren.

Ähnlich wie im Fall der kognitiven Karten ist die Wahrnehmung von Raum und Umwelt auch in anderen Bereichen durch subjektiv verzerrte Züge geprägt. So besteht zum Beispiel häufig eine Diskrepanz zwischen der Wahrnehmung von Umwelt- und Naturrisiken und dem tatsächlichen Gefährdungspotenzial (Geipel 1977). Viele Menschen neigen offenbar dazu, vorhandene Gefahren und Risiken in ihnen unbekannten Räumen als besonders bedrohlich zu empfinden, während sie diese in den ihnen vertrauten Räumen tendenziell

eher unterschätzen. Das gleiche Phänomen tritt auf, wenn bestimmte (und oft eher unbekannte) Räume in einer Großstadt verstärkt mit Kriminalität und Bedrohung in Verbindung gebracht und daher als sogenannte Angsträume wahrgenommen werden (Pain 2001). Während frühere sozialgeographische Ansätze den Einfluss (bzw. das wechselseitige Verhältnis) einer objektivierten räumlichen Umwelt auf das menschliche Handeln als wichtig erachteten, geht es hier um die Bedeutung der wahrgenommenen räumlichen Umwelt und die damit verbundenen Implikationen für das menschliche Verhalten. Damit ergeben sich Anknüpfungspunkte zur Humanistischen Geographie (Kap. 1) und anderen sozialwissenschaftlichen Disziplinen, wie zum Beispiel der Umweltpsychologie (Exkurs 4.3).

Kapitel 4

Exkurs 4.3 Alltagsmobilität älterer Menschen

Ein Beispiel für eine disziplinübergreifende Forschungskooperation ist das Projekt SenTra (Senior Tracking), in dessen Rahmen die außerhäusliche Mobilität älterer Menschen erfasst und im Hinblick auf eventuelle Veränderungen oder Einschränkungen unter dem Einfluss kognitiver Beeinträchtigungen (z. B. Alzheimer-Krankheit) untersucht wurde (Shoval et al. 2008). Ausgehend von der Überlegung, dass Mobilität für viele Menschen eine wichtige Voraussetzung darstellt, um die Erfordernisse des Alltags selbstständig zu bewältigen, am gesellschaftlichen Leben teilzunehmen und damit auch entscheidend zur Lebensqualität beiträgt, wurden in diesem Forschungsprojekt die Mobilitätspraktiken und damit verbunden auch Aktivitäten älterer Menschen untersucht (Abb. 4.7). Die personenbezogenen Mobilitätsdaten wurden mittels GPS erfasst und unter Einbezug Geographischer Informationssysteme (GIS) analysiert.

Die identifizierten objektiven Mobilitätsmuster wurden mit der subjektiven Wahrnehmung der Mobilität durch die Studienteilnehmerinnen und -teilnehmer in Verbindung gebracht. Es ist sehr eindrucksvoll, mehr darüber zu erfahren, wie eine Interviewpartnerin ihre ursprünglich sehr ausgeprägte, inzwischen jedoch stark abnehmende Fähigkeit zur räumlichen Orientierung beschreibt: „Also, früher war ich wie 'ne Biene. Wo ich einmal gewesen bin, das fand ich traumwandlerisch wieder. […] Aber ich wusste auch nicht, wie ich mich orientiere. Ich wusste es einfach. Das hab ich

gespürt, richtiggehend. Also 'ne ganz gute Orientierung. […] Es ist halt also, wie gesagt, weg, so wie weg. […] Ja, ich muss dann schon überlegen, ‚Ja, wie findest du denn jetzt das?', damit ich das dann auf dem Weg noch mitnehme, ‚Welche Straße nimmst du?', obwohl ich die alle gut kenne. Aber es ist nicht mehr so gegenwärtig."

Unter dem Eindruck einer nunmehr eingeschränkten Orientierungsfähigkeit geht die Studienteilnehmerin im Folgenden auf die Möglichkeit ein, sich mithilfe verschiedener Strategien an die neue Situation anzupassen: „Und jetzt kann ich mich da auch nicht mehr so drauf verlassen. Also am meisten, wie gesagt, merk ich das [Problem bei der Orientierung] mit dem Auto […] und mit dem Fahrrad mach ich auch nicht so große Touren. Oder wenn, ist dann noch jemand anderes dabei und dem radele ich dann hinterher. Der hat dann die Karte."

Durch die Verwendung des Interviews als qualitative Forschungsmethode konnten Veränderungen im Mobilitätshandeln aufgezeigt und erklärt werden, die allein durch die objektive Erfassung der Mobilität mittels quantitativer Verfahren verborgen bleiben.

(Quelle: unveröffentlichte Präsentation von F. Zuber im Rahmen des Promotionskollegs „Kognitive Einschränkungen im Alter und die räumliche Alltagsumwelt" am 9.12.2011 an der Universität Heidelberg)

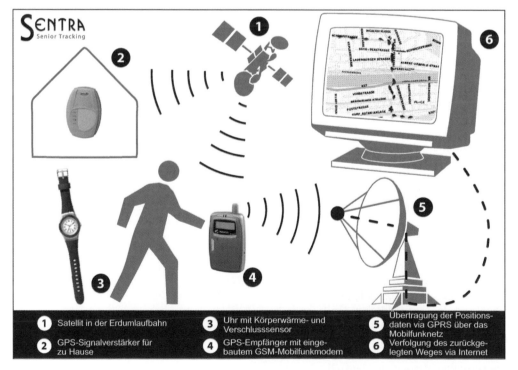

Abb. 4.7 Erfassung und Übertragung von GPS-Daten zur Alltagsmobilität älterer Menschen im Projekt SenTra (Bearbeitung: SenTra Heidelberg, Heinzmann und Kiermayer, 2008)

4.4 Neuere Beiträge zur theoretischen Fundierung der Sozialgeographie

Seit den 1990er-Jahren ist in weiten Bereichen der Humangeographie und damit auch in der Sozialgeographie eine Neuorientierung zu verzeichnen, die durch eine theoretisch-konzeptionelle wie auch methodische Annäherung an die Sozial- und Kulturwissenschaften geprägt ist. Im Zuge des *cultural turn* und der Entfaltung einer Neuen Kulturgeographie (Kap. 1 und 5) hat insbesondere ein **sozialkonstruktivistisches Grundverständnis** eine zunehmende Akzeptanz und Verbreitung gefunden. Zugleich hat sich die Erkenntnis stärker durchgesetzt, dass menschliche Aktivitäten im Raum nicht auf ein gesetzmäßiges Verhalten im Sinne eines einfachen Reiz-Reaktions-Schemas reduziert werden können. Vielmehr wird versucht, diese Aktivitäten als Handlungen zu konzeptualisieren, die als Bindeglied zwischen Mensch und Raum bzw. Umwelt wirksam werden. Für ein besseres Verständnis dieser Handlungen wird unter anderem eine Auseinandersetzung mit wissens- und identitätsbezogenen Fragen im Hinblick auf die betreffenden Akteure gesucht. Ein Hauptinteresse richtet sich darauf, wie Menschen raumrelevante Handlungen ausüben und durch ihr Geographie-Machen räumliche Konfigurationen entstehen lassen oder verändern. Im Folgenden wird eine Auswahl neuerer Beiträge zur theoretischen Fundierung der Humangeographie vorgestellt, die für die Entwicklung der Sozialgeographie eine besondere Relevanz besitzen.

4.4.1 Vom Strukturalismus zu poststrukturalistischen Ansätzen

Die Neuausrichtung in den Sozialwissenschaften ab den 1970er-Jahren, die unter dem Begriff des *linguistic turn* diskutiert wird, hat auch die Sozialgeographie nachhaltig beeinflusst (Glasze und Pütz 2007). Anknüpfend an das Werk des Linguisten Ferdinand de Saussure (1857–1913) wurden die Sozialwissenschaften im frühen 20. Jahrhundert von der Vorstellung geprägt, dass allem menschlichen Verhalten eine übergeordnete Struktur zugrunde liege (Joas und Knöbl 2004). Diese Struktur setze sich aus einem komplexen System von Zeichen (u. a. Sprache) zusammen, dem gesellschaftliche Konventionen und gedankliche Abgrenzungen zugrunde liegen. Die Bezeichnung von Gegenständen, Prozessen und Vorstellungen könne daher nur in der Abgrenzung gegenüber dem verstanden werden, was gerade nicht bezeichnet wird. Dieser Ansatz lässt sich auch auf Soziales übertragen: Den gesellschaftlichen Verhältnissen liegt demzufolge eine Struktur aus Bedeutungen zugrunde, auf die sich mehr oder weniger unbewusst geeinigt wurde, die aber keinen absoluten Gültigkeitsanspruch besitzt. So hat ein **strukturalistischer Ansatz** in den Sozialwissenschaften zum Ziel, die als universal postulierten Grundstrukturen von Gesellschaft zu identifizieren und aufzudecken, wie aus diesen Gesellschaftliches hervorgeht oder produziert wird.

Im sich später entwickelnden **Poststrukturalismus** steht im Vordergrund, dass „je nach Kontext unterschiedliche Zeichenbeziehungen […] [und] immer wieder neue Bedeutungen möglich sind" (Glasze und Pütz 2007, S. 1). Entsprechend verabschieden sich poststrukturalistische Autorinnen und Autoren von der Suche nach der einen Struktur oder dem einen Sinn, der einer sozialen Situation zugrunde liegt (Joas und Knöbl 2004). Vielmehr können mehrere subjektive Deutungen nebeneinander existieren und abwechselnd dominieren. In der Humangeographie wird die Anwendung von poststrukturalistischen Ansätzen vor allem in Anknüpfung an **diskurstheoretische Arbeiten** verfolgt. In ähnlicher Weise wurde in den vergangenen Jahren auch die Sprechakttheorie aufgegriffen. Wie Glasze und Mattissek (2011; Kap. 1) ausführen, verfolgen diskursanalytische Arbeiten unter anderem die Frage, welche Bedeutungen im Vergleich zu anderen Bedeutungen jeweils Deutungshoheit und Macht erlangen und welche Elemente oder Attribute dabei mit welchen Bedeutungen verknüpft werden. Das thematische Spektrum der betreffenden Arbeiten erstreckt sich auf unterschiedliche humangeographische Bereiche mit gesellschaftlichen bzw. sozialgeographischen Bezügen wie zum Beispiel Stadtmarketing und neoliberale Stadtpolitik (Mattissek 2008), raumbezogene Identifikationsprozesse (Marxhausen 2010), Kritische Kartographie (Glasze 2009), nachhaltige Stadtentwicklung (Rosol 2013) oder die Produktion und Vermittlung wissenschaftlichen Wissens unter besonderer Berücksichtigung von Geschlecht und Raum (Wintzer 2014).

4.4.2 Handlungszentrierte Sozialgeographie

Im deutschsprachigen Raum ist vor allem Benno Werlen als Vordenker und Begründer einer handlungszentrierten Sozialgeographie hervorgetreten, die kontrovers diskutiert wurde, bevor sie eine wachsende Verbreitung fand (Meusburger 1999). In konsequenter Abkehr von der Vorstellung, dass menschliches Handeln durch die räumliche Umwelt beeinflusst werde, hat Werlen (1987, 1995) die menschlichen Handlungen in den Mittelpunkt gestellt und erforscht, wie Menschen im Alltag „Geographie machen" bzw. wie eine **Regionalisierung der Alltagswelt** durch menschliche Handlungen erfolgt. In Anlehnung an die vom britischen Soziologen Anthony Giddens entwickelte Strukturationstheorie (Exkurs 4.1) geht Werlen davon aus, dass jede Handlung auf ein Individuum zurückgeführt werden kann, das die Fähigkeit besitzt zu handeln und zu denken. Dabei wird angenommen, dass Handlungen mehr oder weniger bewusst durchgeführt werden und dabei in ökonomische, soziale und kulturelle Zusammenhänge eingebunden sind, die sich im Sinne der Strukturationstheorie als „Regeln" und „Ressourcen" konzeptualisieren lassen (Werlen 2000). Handlungen vollziehen sich demnach innerhalb von „Strukturen", die ihrerseits das Ergebnis menschlichen Handelns sind und immer wieder aufs Neue durch (alltägliche) Handlungen hervorgebracht werden. Daher spricht Werlen von Menschen, die im Alltag „Geographie machen" bzw. Regionalisierungen vornehmen und damit Räume produzieren.

Das **Geographie-Machen** lässt sich in unterschiedlichen Bereichen identifizieren und untersuchen, wie zum Beispiel in der Wirtschaft (Produktion und Konsum), in der Politik (z. B. territorial-politische Grenzziehungen und räumliche Aneignungen) sowie in kommunikativ-symbolischer Hinsicht (z. B. durch sprachliche Praxis oder in den Medien erzeugte Images). Anhand ausgewählter Fallbeispiele vermittelt Werlen (2007) einen Überblick über empirische Umsetzungen und konzeptionelle Erweiterungen einer handlungszentrierten Sozialgeographie, in deren Mittelpunkt die Praktiken des alltäglichen Geographie-Machens stehen.

Während bei Werlen die Raumproduktion durch Individuen und deren Handlungen im Mittelpunkt steht, befassen sich andere Arbeiten stärker mit der Konstituierung von Räumen durch überindividuelle Zusammenhänge. Letztere können zum Beispiel im Kontext von Governance-Prozessen wirksam werden, an denen eine größere Zahl von Akteuren beteiligt ist. Einen geeigneten Zugang für die Untersuchung entsprechender Forschungsfragen bieten unter anderem institutionentheoretische Ansätze (Etzold et al. 2012; Affolderbach und Mössner 2014).

4.4.3 Praxistheoretische Ansätze

Weitere Impulse erfährt die sozialgeographische Forschung durch die vom französischen Soziologen Pierre Bourdieu (1930–2002) konzipierte Theorie der Praxis (1998). Diesem Ansatz folgend können menschliche Handlungen als Ausdruck von gesellschaftlichen Normen oder Konventionen und als eine Praxis der **Verortung im sozialen Raum** verstanden werden. Je nach sozialer Herkunft und Zugehörigkeit zu einer gesellschaftlichen Klasse variieren die Normvorstellungen, die ein Individuum in Form eines **Habitus** inkorporiert. Eine Handlung ist in diesem Sinn stets auch als Zuordnung oder Abgrenzung gegenüber anderen Menschen zu verstehen. Weiterhin identifiziert Bourdieu verschiedene Mechanismen, die eingesetzt werden, um die eigene soziale Position auf nachfolgende Generationen zu übertragen und auf diese Weise eine soziale Reproduktion zu praktizieren. Bei dieser Vererbung sozialer Positionen spielen Bourdieu zufolge ökonomisches, soziales und kulturelles Kapital eine wichtige Rolle.

In den vergangenen Jahren wurde die Praxistheorie nicht nur in der Sozialgeographie, sondern auch in verschiedenen anderen Bereichen der Humangeographie aufgegriffen. Dies gilt etwa für die Geographische Resilienz- und Entwicklungsforschung (Dörfler et al. 2003, Deffner und Haferburg 2014), für Studien zur Wasserpolitik in Jordanien (Bonn 2013), Arbeiten über lokale Ökonomien und internationalen Tourismus (Metzger 2014) sowie übergreifende konzeptionelle Überlegungen unter Berücksichtigung der Strukturationstheorie (Everts et al. 2011).

4.4.4 Kritische Sozialgeographie

Mit dem Ziel, bestehende Verhältnisse und daran gebundene Vorstellungen zu hinterfragen, findet eine Kritische Sozialgeographie seit einigen Jahren wachsenden Zuspruch. Mehr oder weniger verknüpft mit der **Marxistischen Theorie** und in diesem Sinn auch aufbauend auf die *radical geography* aus dem angelsächsischen Sprachraum geht es vorrangig darum, soziale Ungleichheiten aufzudecken und die dafür verantwortlichen Strukturen sowie Macht- und Gesellschaftsverhältnisse infrage zu stellen (Abschn. 4.3). Zu den behandelten Themenfeldern zählen zum Beispiel eine ungleiche Rollenzuordnung zwischen den Geschlechtern (Bauriedl et al. 2010) oder Armut und Praktiken der Ausgrenzung im Kontext von Klassenkonflikten, wie sie unter anderem in städtischen Räumen zu beobachten sind. Im Unterschied zur Neuen Kulturgeographie stehen für die Vertreterinnen und Vertreter einer Kritischen Sozialgeographie in der Regel weniger die symbolischen als vielmehr die materiellen Aspekte im Vordergrund der Betrachtung (Mitchell 1995). Als bedeutender Autor, der unter anderen die Grundlagen für eine kritisch-materialistische Raumforschung gelegt hat, gilt der französische Sozialwissenschaftler Henri Lefebvre (1901–1990; Schmid 2005, Vogelpohl und Ronneberger 2014). Lefebvre ging es in seinem Werk unter anderem um die sich wandelnde Bedeutung und Produktion von Raum in kapitalistischen Gesellschaften. Die räumliche Dimension ist laut Lefebvre erforderlich, um konflikthafte Prozesse besser verstehen zu können (Belina und Michel 2011). Einen wichtigen Bezugspunkt für die *radical geography* bilden die Arbeiten des Geographen David Harvey, die unter anderem die Frage thematisieren, „in welcher Weise Raum in der politischen Ökonomie des Kapitalismus von Relevanz ist" (Belina und Michel 2011, S. 24). In einem seiner jüngsten Bücher reflektiert Harvey das Konzept der sozialen Gerechtigkeit vor dem Hintergrund aktueller gesellschaftlicher Konflikte und der Möglichkeit des gesellschaftlichen Widerstands (Harvey 2012) – ein Querschnittsthema, das sich durch die meisten seiner Veröffentlichungen zieht. Auch wenn Harvey besonders oft in der Stadtgeographie zitiert wird und meistens über städtische Kontexte schreibt, so geht es ihm doch immer um soziale Prozesse und deren Einbettung in politökonomische Bedingungen und raumbezogene Kontexte.

4.4.5 Intersektionalität

Mit dem Begriff der Intersektionalität wird ein neuerer sozialwissenschaftlicher Forschungsansatz bezeichnet, dessen Ursprung in der feministischen Theorie liegt und mit dessen Hilfe untersucht werden kann, wie Benachteiligungen oder Diskriminierungen infolge einer **mehrdimensionalen Verflechtung** verschiedener personenbezogener Merkmale wirksam werden können (Winker und Degele 2009). Ein Beispiel dafür wäre ein Mensch, der durch sein Geschlecht, sein Alter und seine ethnisch-kulturelle Zugehörigkeit in spezifischer Weise diskriminiert wird – und zwar in einer Form, die Verknüpfungen zwischen diesen Merkmalen herstellt, sodass diese sich verstärken, abschwächen oder verändern können.

In der Human- und Sozialgeographie sind bereits einige Arbeiten entstanden, die sich mit Fragen der **Identität und Diskriminierung** unter Berücksichtigung von *gender* und anderen sozialen Kategorien auseinandersetzen (Wastl-Walter 2010, Strüver 2014) und die in Kap. 5 etwas ausführlicher vorgestellt werden. Im Folgenden wird anhand einiger Beispiele gezeigt, wie es in verschiedenen Bereichen zu einer sozialen Differenzierung und dabei teilweise auch zur Diskriminierung kommen kann.

4.5 Dimensionen sozialer Differenzierung

Es ist offenbar eine den Menschen immanente Eigenschaft, sich über gesellschaftsbezogene **Differenzierungsmerkmale** voneinander abzugrenzen, wie zum Beispiel arm und reich, jung und alt, männlich und weiblich, einheimisch und fremd. Individuen, soziale Gruppen und Einheiten lassen sich in vielfältiger Hinsicht unterscheiden. Sofern man die Trägerinnen und Träger sozialer und anderer Merkmale räumlich verorten kann, lassen sich auch räumliche Verteilungsmuster der betreffenden Merkmale erfassen und kartographisch darstellen. Die Auswahl von Kriterien oder Eigenschaften, anhand derer Gesellschaften differenziert und bewertet werden, unterliegt zeitlichen, politischen und kulturellen Einflüssen. So besitzt etwa das Merkmal „Migrationshintergrund" heute in Deutschland eine besondere politische Relevanz und wird daher zunehmend auch statistisch erhoben, während es früher und in anderen kulturellen Kontexten unberücksichtigt blieb. Aus sozialkonstruktivistischer Perspektive ist soziale Differenzierung daher nicht ein für alle Mal „gegeben" oder gar eine „natürliche Gegebenheit", sondern als ein sich stetig wandelndes und keineswegs statisches Muster zu verstehen, dem politische und gesellschaftliche Prozesse zugrunde liegen. Sowohl die Auswahl als auch die Bewertung einzelner Kriterien für die Beschreibung und Differenzierung von Gesellschaft unterliegen folglich einem gesellschaftspolitischen Diskurs und sind Gegenstand fortwährender Aushandlungsprozesse.

Aus dem Blickwinkel einer Theorie der Praxis (Bourdieu 1998) kann gesellschaftliche Differenzierung auch als Ausdruck einer **sozialen Positionierung** oder Verortung verstanden werden, die durch vielfältige alltägliche Praktiken vorgenommen wird (Abschn. 4.4.3). Insbesondere in den verschiedenen Bereichen des Konsums wird dies sehr deutlich. So sind etwa die Auswahl zwischen Lebensmittelanbietern oder Modelabels, die Entscheidung für eine Automarke oder ein Reiseziel sowie das Ausüben einer Freizeitbeschäftigung stets mit einer Positionierung im sozialen Raum verbunden. Denn durch den Konsum kommen eine Zugehörigkeit zu bestimmten Menschen und zugleich eine Abgrenzung gegenüber anderen zum Ausdruck. Ebenso wie Menschen sich selbst durch ihre Handlungen aktiv positionieren können, ist es möglich, dass ihnen durch andere Menschen eine Position zugewiesen wird oder dass sie von bestimmten Positionen ausgeschlossen werden. Zuweisung und Ausschluss können sich sowohl auf einer symbolischen Ebene und in Form gedanklicher Assoziationen vollziehen als auch infolge physisch-materieller Möglichkeiten oder Beschränkungen. Letztlich kann auch eine wissenschaftliche Forschungsarbeit – gewollt oder ungewollt – einen Beitrag zur gesellschaftlichen Ausdifferenzierung leisten. Wenn etwa die Ausgrenzung oder Benachteiligung bestimmter Gruppen identifiziert und als Forschungsergebnis festgeschrieben wird, ist es möglich, dass dieser Befund später von anderen Forschenden oder von Politik und Öffentlichkeit aufgegriffen, artikuliert und damit als „gesichertes" Wissen festgeschrieben und als Vorstellung reproduziert wird. Vor diesem Hintergrund tragen die Forschenden eine besondere Verantwortung nicht nur in Bezug auf die Kommunikation der Forschungsergebnisse, sondern auch hinsichtlich der von ihnen gewählten Untersuchungsthemen und gegenüber den am Forschungsprozess beteiligten oder von diesem betroffenen Menschen.

Im Folgenden werden verschiedene Dimensionen der sozialen Differenzierung vorgestellt. Es handelt sich dabei um eine Auswahl von Themenbereichen, die veranschaulichenden Charakter besitzen. So soll verdeutlicht werden, dass soziale Differenzierung in der Praxis nicht auf den einen oder anderen gesellschaftlichen Teilbereich beschränkt bleibt. Weiterhin kommt zum Ausdruck, dass die verschiedenen Dimensionen der sozialen Differenzierung vielfältige Anknüpfungspunkte zu den in diesem Buch behandelten humangeographischen Themenbereichen bieten.

4.5.1 Bildung und Qualifizierung

Ein gesellschaftlicher Bereich, in dem Weichenstellungen für die soziale Positionierung vorgenommen werden, ist das Bildungswesen. So wird ein gelungener Schul-, Ausbildungs- oder Hochschulabschluss gemeinhin als eine Grundlage für den erfolgreichen Einstieg in den Arbeitsmarkt und die weitere berufliche Laufbahn angesehen (Meusburger 1998, Freytag und Jahnke 2015). Das erworbene Ausbildungsniveau und die erreichte berufliche Stellung stehen in Zusammenhang mit den sozioökonomischen Verhältnissen und der sozialen Stellung eines Menschen. Umgekehrt kann ein fehlender oder nur sehr eingeschränkter **Bildungszugang** zu Benachteiligungen führen, wie sie etwa von Menschen empfunden werden, die nicht bzw. nur eingeschränkt lesen und schreiben können. Eine andere Form der Benachteiligung kann zum Beispiel entstehen, wenn der formale Bildungs- oder Berufsabschluss von Migrantinnen und Migranten im Zielland nicht anerkannt wird. Der individuelle **Bildungserfolg** ist jedoch nicht – wie man vielleicht meinen könnte – in erster Linie das Ergebnis von Fleiß und Begabung, sondern er orientiert sich maßgeblich an Bildungsstand, Einkommen sowie beruflicher und sozialer Position von Eltern, Angehörigen und Bekannten. Die Bildungschance wird also wesentlich durch das soziale Herkunftsmilieu bestimmt (Exkurs 4.4).

Kapitel 4

Exkurs 4.4 Von ungleichen Bildungschancen: Jugendliche im Übergangssystem

Unter der Bezeichnung des „Übergangssystems" werden in Deutschland all jene Bildungsangebote zusammengefasst, die „unterhalb einer qualifizierten Berufsausbildung liegen bzw. zu keinem anerkannten Ausbildungsabschluss führen" (Konsortium Bildungsberichterstattung 2006, S. 79). Sie zielen vielmehr darauf ab, jenen Jugendlichen Unterstützung zu bieten, die auf regulärem Weg keinen allgemeinbildenden Bildungsabschluss erlangen konnten. Gegenüber 1995 kam es im Jahr 2008 statistisch gesehen zu einem Zuwachs der Anzahl von Jugendlichen im Übergangssystem um mehr als 50 %. Das entspricht bundesweit etwa 400.000 Personen, die pro Jahr als Neuzugang ins Übergangssystem eintreten. Der Nationale Bildungsbericht von 2010 beschreibt diese Gruppe als überwiegend männlich und ohne Hauptschulabschluss. Zudem sind Personen mit **Migrationshintergrund** im Übergangssystem deutlich überrepräsentiert (Autorengruppe Bildungsberichterstattung 2010). Es kommt hinzu, dass der Weg vom Übergangssystem zur Aufnahme einer berufsqualifizierenden Ausbildung für Personen mit Migrationshintergrund offenbar besonders schwierig ist. Denn während die Hälfte aller Jugendlichen mit Migrationshintergrund erst nach 17 Monaten im Übergangssystem bei der Suche nach einem Ausbildungsplatz in Betrieb und Berufsschule erfolgreich ist, erreichen Jugendliche ohne Migrationshintergrund eine vergleichbare Vermittlungsquote bereits nach etwa drei Monaten (Autorengruppe Bildungsberichterstattung 2008). In einer im Jahr 2010 vom Institut für Kulturgeographie der Universität Freiburg durchgeführten Studie mit Jugendlichen mit und ohne Migrationshintergrund wurde nach den Hindernissen und Ressourcen auf dem jeweiligen Bildungsweg gefragt. Hierzu wurden mit den Beteiligten narrative Interviews durchgeführt, von denen wenige Ausschnitte hier wiedergegeben werden:

„Die haben mich zum Beispiel gehänselt dafür, aus welchem Land ich komme. Ich komme aus Russland. Also Aussiedler bin ich. Das haben die aber alle nicht verstanden. Die waren auch alle jung und, ich sag jetzt mal, ziemlich dumm."

„Ja, also das [BEJ bzw. Berufseinstiegsjahr] war nichts für mich (lacht). Die [Situation in der Klasse] war das total Chaos. [Viele] kamen nie, oder auf dem Schulhof haben sie was anderes geraucht. Dann kamen welche mit Alkohol und haben was getrunken. Das war schon krass. Die Lehrer standen schon unter Stress, weil einige [Schüler] schon genervt haben. [An manchen Tagen] waren wir zu zweit anstatt 16."

„Ja und das [Berufskolleg] hab ich halt nicht geschafft mit meiner deutschen Sprache. Manchmal hab ich halt auch ein bisschen Probleme mit meine Deutsch. Zum Beispiel, wenn sie Wirtschaft machen. Manche Sachen versteh' ich halt nicht, dann bin ich halt zu langsam als die anderen, dann muss ich noch mal fragen."

Hier wird sowohl auf individuelle Diskriminierungen, die allgemeine Lernatmosphäre und Klassensituation als auch fehlende oder zumindest der Schulbildung nicht zeitlich vorgelagerte Sprachförderung eingegangen. Daran wird deutlich, dass die Probleme, die nach außen hin vor allem als „erfolglose" Bildungsbiographie erscheinen, tatsächlich auch mit strukturellen Defiziten der Gesellschaft zusammenhängen. Auf der anderen Seite werden Ressourcen genannt, die positiv auf die Bildungschance der Individuen gewirkt haben:

„Aber ich habe halt Glück gehabt, dass die Hauptschullehrerin, also meine Klassenlehrerin, halt sozusagen etwas Potenzial entdeckt hat. Das war gut. Die Lehrer haben mir sehr geholfen, sie haben halt verstanden, dass manche Noten halt nicht daran lagen, dass ich dumm bin, sondern dass ich halt nicht mitkommen konnte, weil ich die Sprache nicht so beherrscht hab."

„Hätten die Lehrer mich nicht unterstützt in der Zeit, als ich die Sprachprobleme hatte, oder hätte ich nicht gesehen, dass sie mir etwas zutrauen, dass sie mich fördern wollen, dann hätte ich wahrscheinlich irgendwann aufgehört."

Aus den in Freiburg geführten Interviews geht hervor, dass es zwar zahlreiche Unterstützungsangebote für Schülerinnen und Schüler gibt, diese aber eher unkoordiniert verlaufen und auch nicht alle Personen gleichermaßen erreichen. Besonders deutlich wird allerdings die zentrale Rolle einzelner Lehrerinnen und Lehrer, auf die spezifischen Bedürfnisse der Schülerinnen und Schüler einzugehen. Während durch politische Projekte wie das Bund-Länder-Programm „Lernen erleben vor Ort" zu einer besseren **Koordination der Bildungsangebote** beigetragen und deren Verankerung in den Quartieren gefördert werden soll, erlaubt es die Lehrbelastung an vielen Schulen nicht oder nur sehr begrenzt, dass die Lehrenden auf individuelle Bedürfnisse der Schülerinnen und Schüler eingehen.

Das Phänomen der **sozialen Reproduktion** im Bildungswesen, das Bourdieu und Passeron (1971) bereits in den 1970er-Jahren am Beispiel von Frankreich untersucht haben, wurde durch die Ergebnisse der PISA-Studien in Deutschland und auch in anderen Ländern bestätigt. Es ist offenkundig, dass Schülerinnen und Schüler aus einem bildungsfernen Umfeld erheblich geringere Chancen auf den Erwerb eines höheren Bildungsabschlusses haben als solche, die in einem bildungsaffinen Milieu mit entsprechend hohem Aspirationsniveau aufwachsen (Abb. 4.8). Wie bildungsgeographische Untersuchungen zeigen, bestehen

Abb. 4.8 Einflussfaktoren auf den Bildungserwerb (verändert nach Meusburger 1998)

erhebliche **Unterschiede in der Bildungsbeteiligung** und im Ausbildungsniveau der Bevölkerung, die sich über die Wohnbevölkerung auch auf der Ebene von Staaten, Regionen, Kreisen oder Stadtquartieren darstellen lassen (Meusburger 1998). Für die Bildungspolitik besteht eine große Herausforderung darin, im Sinne einer Bildungsgerechtigkeit bestmögliche Chancen zur Teilhabe an Bildung zu eröffnen.

Dass das Bildungswesen ein Schauplatz für die Austragung gesellschaftspolitischer Interessenskonflikte ist, hängt nicht nur mit den ausbildungs- und karrierebezogenen Weichenstellungen zusammen, die in den Bildungseinrichtungen vorgenommen werden, sondern auch mit der Definitionsmacht über die dort an die nachkommenden Generationen zu vermittelnden **Bildungsinhalte**. Als die europäischen Nationalstaaten im 18. und 19. Jahrhundert entstanden, erkannte man das Bildungswesen bereits als eine wichtige Instanz, um die Heranwachsenden mit politischen Grundsätzen vertraut zu machen und sie auf diese Weise zu Bürgerinnen und Bürgern eines Staates zu erziehen (Meusburger 1998). Durch die Einführung der allgemeinen Schulpflicht wurde sichergestellt, dass diese Maßnahme die gewünschte Breitenwirkung innerhalb der Gesellschaft entfalten

konnte – was jedoch seitens der Bildungsteilnehmer bisweilen als eine Form der Unterdrückung wahrgenommen wurde, wenn etwa der Gebrauch von Regionalsprachen in den Bildungseinrichtungen untersagt und geahndet wurde oder wenn Heranwachsende aufgrund der Schulpflicht nicht einer bezahlten Lohnarbeit nachgehen konnten.

Gegenwärtig ist in vielen Teilen Europas und der Welt eine Transformation des Bildungswesens zu erkennen. Im Zuge einer Ökonomisierung, Internationalisierung und Flexibilisierung entstehen **neue Bildungsangebote,** deren Bereitstellung zwischen öffentlichen und privaten Akteuren ausgehandelt wird. So werden zum Beispiel öffentliche Schulen kleinerer Gemeinden zusammengelegt und private Schulen mit nachmittäglichem Betreuungsangebot eröffnet, während Universitäten auf einem internationalen Bildungsmarkt um zahlungskräftige Studierende konkurrieren (Jahnke 2014). Des Weiteren wird deutlich, dass Bildung nicht allein an Bildungseinrichtungen gebunden ist, da ein erweiterter Bildungsbegriff zum Beispiel auch Angebote der Kultur und Weiterbildung umfasst, wie sie etwa in Volkshochschulen oder Kultureinrichtungen angeboten werden.

Kapitel 4

4.5.2 Armut und soziale Exklusion

Ein bedeutendes Kriterium für die soziale Differenzierung besteht in der ungleichen Verteilung von Armut und Reichtum in der Welt, in Europa, in Deutschland und auch kleinräumig innerhalb einzelner Städte (Klagge 2005). Es gibt jedoch recht unterschiedliche Vorstellungen darüber, wie Armut oder Prekarität definiert und gesellschaftlich bewertet werden können.

Ein verbreiteter Ansatz besteht darin, Armut und Reichtum anhand ökonomischer Werte zu messen. So orientieren sich die Vereinten Nationen in ihren *Millennium Development Goals* an einem **absoluten Armutsbegriff,** der jene Personen als arm definiert, denen pro Tag weniger als 1,25 US-Dollar zur Verfügung stehen. Gemessen an diesem Wert hat sich die globale Armutsrate im Jahr 2010 gegenüber 1990 um die Hälfte verringert. Dennoch leben heute noch weltweit etwa 1,2 Mrd. Menschen in extremer Armut. Der absolute Armutsbegriff hat sich weder global noch im europäischen Kontext als ein hilfreicher Indikator für die Erfassung von Armut erwiesen, da er lediglich die ökonomische Dimension von Armut und nicht in ausreichendem Maße deren gesellschaftliche Implikationen berücksichtigt.

Ergänzend wurde daher ein **relativer Armutsbegriff** entwickelt, demzufolge Einzelpersonen oder Haushalte als arm gelten, wenn sie nicht über ausreichende finanzielle Mittel verfügen, um ihr Leben so zu gestalten, wie es im betreffenden Staat als Minimalstandard erachtet wird. Damit wird die Grenze der Armut nicht absolut, sondern im relativen Verhältnis der „Mainstream"-Gesellschaft definiert. Für die Bundesrepublik Deutschland gilt demnach als arm, wer weniger als 60 % des mittleren Netto-Einkommens (Median) zur Verfügung hat.

Ein tiefergreifendes Verständnis der komplexen Prozesse sozialräumlicher Differenzierung von Gesellschaft wird möglich durch Ansätze, die auf die spezifischen und individuellen Vorstellungen und Konsequenzen von gesellschaftlichem Ausschluss und der Benachteiligung von Bevölkerungsgruppen reagieren. Dies leisten der **relative Deprivationsansatz** und der **soziale Exklusionsansatz.** Beide Ansätze verbindet die Vorstellung, dass ein Teil der Gesellschaft eine dominierende Rolle einnimmt, während andere Teile der Gesellschaft ausgeschlossen bleiben. Die Zugehörigkeit zur Mainstream-Gesellschaft wird im Fall des relativen Deprivationsansatzes über die Teilnahme an sozialen Aktivitäten und Zugang zu bzw. Verteilung von in erster Linie materiellen Ressourcen definiert (Townsend et al. 1988). Der Exklusionsansatz, zu dessen bekanntesten Vertretern der Soziologe Robert Castel zählt, bezieht sich auf Formen des sozialen Zusammenhalts bzw. der Kohäsion einer Gesellschaft. Als Exklusion beschreibt Castel den Zustand von Personen, „die sich außerhalb jener lebendigen sozialen Austauschprozesse gestellt sehen" (Castel 2008, S. 71). Mit dem Exklusionsansatz lassen sich nicht nur die ungleiche Verteilung von Ressourcen untersuchen, sondern auch damit verbundene Interdependenzen wie beispielsweise die soziale Einbindung von Individuen über Arbeitsmärkte und soziale Netzwerke sowie die bestehenden sozialen, kulturellen, politisch-institutionellen und ökonomischen Möglichkeiten, um zu partizipieren und an der Gesellschaft aktiv teilzuhaben.

Ein besonders deutliches und medienwirksames Beispiel für diese Form von sozialer Exklusion zeigte sich im Herbst 2005 anlässlich der teilweise gewaltsamen Unruhen in den Großwohnsiedlungen einiger französischer Vorstädte (franz. *banlieues*). Dort lebende Jugendliche protestierten gegen ihre gesellschaftliche Position und ihren (nicht unmittelbar an die ökonomische Stellung gebundenen) sozialen Ausschluss aus der französischen Gesellschaft. Robert Castel (2009) erachtet diese Vorkommnisse als ein Zeichen dafür, dass die Jugendlichen bezogen auf die französische Gesellschaft „weder ‚drinnen' noch ‚draußen' sind, sondern an die Ränder der sozialen Welt gebannt" wurden (Castel 2009, S. 17; Weber et al. 2012). Diese Form einer Verbannung hat für Castel eine soziale und zugleich auch eine räumliche Dimension, die durch die Lage der Großwohnsiedlungen am Rande französischer Großstädte sehr deutlich in Erscheinung tritt. Es handelt sich bei diesem Ansatz um eine Fokussierung auf die gesellschaftliche Position der Jugendlichen und die Problematisierung ihrer **sozialen und räumlichen Exklusion,** die sich wechselseitig verstärken kann, zur Stigmatisierung der *banlieues* beiträgt und den ohnehin oft problematischen Weg in den Arbeitsmarkt für die dort lebenden Menschen erschwert. Damit wendet sich Castel von der Frage nach der räumlichen Verteilung von Armut und Reichtum in der Gesellschaft ab, die lange Zeit die soziologische und sozialgeographische Armutsforschung dominierte.

4.5.3 Sozialgeographische Aspekte des Wohnens

Bereits die Vertreterinnen und Vertreter der Münchner Schule der Sozialgeographie hatten auf das **Wohnen als menschliches Grundbedürfnis** verwiesen. Nach wie vor nimmt dieser Bereich von Gesellschaft eine wichtige Stellung innerhalb der wissenschaftlichen Diskussion und in der Öffentlichkeit ein. Verschiedene sozialgeographische Prozesse wirken sich in starkem Maße auf die Art und Weise des Wohnens aus. So ist „Wohnraum" kein neutraler Raum, sondern in vielfältiger Hinsicht politisch und sozial hierarchisiert (Dangschat 1997).

Galt es in früherer Zeit noch als recht einfach, den einen Wohn- und Lebensort eines Menschen oder eines Haushalts zu identifizieren, führt heute ein komplexes System der räumlichen Entankerung und Wiederverankerung sozialer Prozesse (Kap. 1) dazu, dass Personen ihre sozialen Netzwerke sowie ihre Wohn- und Arbeitsstätten trennen und andernorts wieder verbinden. Ein wichtiger Grund dafür wird in einer zunehmenden Flexibilisierung der Arbeitsverhältnisse sowie in einem Trend hin zu immer vielseitigeren Formen der Mobilität gesehen, als deren Resultat letztlich die Ausbildung sogenannter **multilokaler Lebensformen** gesehen werden kann (Reuschke 2010; Kap. 3). Dabei wird zwischen jenen

Menschen unterschieden, die aufgrund von zwei oder mehreren, räumlich getrennten Arbeitsverhältnissen zur Multilokalität gezwungen werden, und jenen, die aufgrund komplexer sozialer Beziehungen ihren Lebensmittelpunkt an mindestens zwei Orten zugleich haben. Obgleich solche Multilokalitäten längst Realität sind (und etwa auf zentralen Bahnhöfen oder in Hochgeschwindigkeitszügen gut beobachtet werden können), reagiert die amtliche Statistik hierauf nur sehr langsam. Noch immer wird davon ausgegangen, dass zumindest ein Haupt- und ein Nebenwohnsitz zu unterscheiden sind, verstärkte Mobilität infolge einer räumlichen Trennung von beruflichen Tätigkeiten und sozialen Beziehungen bleibt unberücksichtigt – obgleich damit besondere Ansprüche an die Organisation von Raum und Gesellschaft verknüpft sind.

Ein anderer sozialgeographischer Aspekt des Wohnens bezieht sich auf den Prozess der **Segregation,** das heißt auf eine räumliche Konzentration von Menschen mit bestimmten soziodemographischen oder sozioökonomischen Merkmalen. Das Ausmaß einer solchen Ungleichverteilung lässt sich quantitativ anhand von Indizes (u. a. Segregations- und Dissimilaritätsindizes) wie auch unter Verwendung qualitativer Verfahren bestimmen (Abschn. 6.3.1). Auf der Grundlage empirischer Studien in Bremen und Bielefeld kommt Farwick (2001) zum Ergebnis, dass ein andauerndes Leben in Armut bzw. mit Sozialhilfe im Laufe der Zeit zu einem fortschreitenden Ausschluss aus der Gesellschaft führt. Eine gesellschaftliche Integration ist unter diesen Bedingungen sehr schwierig zu erreichen. Denn neben der Zeit besitzt in diesem Prozess auch der räumliche Kontext eine aktiv strukturierende Bedeutung. In diesem Zusammenhang wird allgemein auch von Lage-, Kontext- oder Quartierseffekten gesprochen. Kronauer und Vogel (2004, S. 235) argumentieren, dass die räumliche Lage von Quartieren eine „Marginalisierung und Ausgrenzung am Arbeitsmarkt, die […] Schwächung in der sozialen Einbindung und den Verlust von Teilhabe am gesellschaftlichen Leben" bewirken kann.

Daneben gibt es jedoch auch Ansätze, denen zufolge Segregation die gesellschaftliche Integration von Personen nicht erschweren, sondern begünstigen kann. So betont der Ethnologe Gabriele Cappai, dass in abgegrenzten Räumen die Möglichkeit zur **Verarbeitung von Migrations- und Integrationserfahrungen** jener Personen besteht, denen kulturelle, soziale und ökonomische Gebräuche und Regeln außerhalb dieser abgeschotteten Orte fremd erscheinen. Die Begegnung mit anderen Formen der Raum- und Zeitstrukturierung bedeutet auch Auseinandersetzung, Konflikt und Kompromiss, für die es eines angemessenen Raums bedarf (Cappai 1997).

Ein weiterer sozialgeographischer Aspekt des Wohnens betrifft die **Wohnpräferenzen** und Anforderungen an den Wohnraum, die sich im Laufe der Zeit gewandelt haben. Dabei geht es nicht nur um steigende Ansprüche an den physisch-materiellen Wohnraum (z. B. neue Wärmedämmungen, Freiflächen für den ÖPNV, Rückbau von Straßen und andere im Kontext der nachhaltigen Stadt diskutierte Erscheinungsformen), sondern auch um die Veränderung sogenannter Lebensstile und Milieus (Abschn. 4.1). Im Bereich des Wohnens und des Wohnumfelds

(z. B. Straßenzug, Kiez, Quartier) werden diese Veränderungen besonders dann sichtbar, wenn verschiedene Lebensstile nebeneinander existieren und es schließlich zu einer Überformung der vorhandenen Lebensstile und Milieus kommt. Dieser Prozess geht oftmals mit einer **Verdrängung** der alteingesessenen Wohnbevölkerung einher, die dann nicht nur aufgrund ökonomischer Bedingungen (z. B. ansteigende Wohnungsmieten sowie Umwandlung von Miet- in Eigentumswohnungen) zum Verlassen des Stadtteils bewegt wird, sondern auch infolge der fortschreitenden Überformung des alten Milieus letztlich das Gefühl von Zugehörigkeit und „Zuhause-Sein" im eigenen Quartier verliert. Diese Verdrängungsprozesse werden im Zusammenhang mit dem Begriff der Gentrifizierung diskutiert (Abschn. 6.3.3).

Im Zuge aktueller ökonomischer, politischer und kultureller Veränderungen der sozialen Umwelt, die nicht nur in Städten des deutschsprachigen Raums zu beobachten sind, erfährt eine dezidiert kritische sozialwissenschaftliche Perspektive zunehmende Beachtung (Bieri 2012). Der Trend zur Ökonomisierung und Kommodifizierung von Wohnraum führt dazu, dass sich **soziale Bewegungen** – teilweise vereint in einem „Recht-auf-Stadt"-Netzwerk – gegen die Spekulation mit (vor allem innerstädtischem) Wohnraum wenden und für eine in erster Linie nutzen- und nicht tauschorientierte Definition des Wertes von Wohnraum eintreten. Die gesellschaftspolitische Brisanz dieser Umwandlungsprozesse wird besonders deutlich, wenn es sich um eine Herauslösung aus dem Bestand des sozialen Wohnungsbaus handelt oder wenn vorübergehende Wohnungsleerstände das Motiv der Immobilienspekulation vermuten lassen. Als ein unter dem Einfluss der Neoliberalisierung zunehmend ungleich verteiltes Gut wird Wohnraum verstärkt zum Gegenstand von Aushandlungsprozessen im Kontext von Machtbeziehungen und -diskursen. Damit werden Wohnen und Wohnraum zu einem bedeutenden Forschungsthema im Spannungsfeld von Sozialgeographie, Politischer Geographie und Geographischer Stadtforschung.

4.5.4 Sozialer Zusammenhalt und Integration

Sozialer Zusammenhalt oder eine entsprechende Kohäsion kann gleichermaßen als Zustand und als Prozess verstanden werden. Der Begriff basiert auf der Vorstellung einer Gesellschaft, deren unterschiedliche Bestandteile an einem **kollektiven Projekt** mitwirken und einen Beitrag zum allgemeinen Wohlbefinden leisten. Kearns und Forrest (2000) bestimmen den sozialen Zusammenhalt anhand der folgenden Dimensionen: gemeinsame Werte und Kultur, soziale Ordnung und Kontrolle, Solidarität und soziale Gleichheit, soziale Netzwerke und soziales Kapital, territoriale Zugehörigkeit *(belonging)* und Identität. Weiterhin basiert der Begriff des sozialen Zusammenhalts auf der Annahme, dass **Konflikte und Dissens** innerhalb einer Gesellschaft selbst in Zeiten des gesellschaftlichen Wandels (idealerweise) nur gering sind. Eine solche Vorstellung von

Kapitel 4

Gesellschaft wird jedoch vor allem aus der Perspektive einer Kritischen Geographie nicht geteilt. Hier werden Konflikte als wichtiger Bestandteil demokratischer Gesellschaften verstanden, und das Fehlen von Konflikten kann demzufolge als ein Hinweis auf fundamentale Probleme der Gesellschaften gelten. Im Ganzen bleibt der Begriff des sozialen Zusammenhalts bzw. der sozialen Kohäsion etwas vage und ist nur schwierig konkret zu fassen.

Der Begriff der **Integration** besitzt sowohl konzeptionell als auch bezogen auf die Praxis besonderes Potenzial, indem er auf die Einbindung von Personen und Personengruppen in das institutionelle Gefüge der Gesellschaft verweist (Hillmann und Windzio 2008). Auch wenn der Begriff der Integration vorwiegend im Kontext internationaler Migration diskutiert wird (Sandner Le Gall und Mössner 2009), so lässt er sich doch nicht auf diesen Bereich begrenzen. Dies findet auch im bundesdeutschen Zuwanderungsgesetz von 2005 seinen Ausdruck, da hier die Integration von Bevölkerungsteilen in die Gesellschaft ausdrücklich als staatliche Aufgabe verstanden wird (Exkurs 4.5).

Weiterhin ist Integration grundsätzlich vom Konzept der **Assimilation** zu unterscheiden. Denn im Fall der Assimilation werden „Fremde" mit dem Ziel in die Gesellschaft aufgenommen, dass sie ihre ursprünglich vorhandenen kulturell-identifikatorischen Eigenschaften ablegen. Im Unterschied dazu orientiert sich das Konzept der Integration stärker am Partizipationsgedanken. Bei der Integration kann zwischen Systemintegration und Sozialintegration unterschieden werden. Unter Systemintegration wird der Zusammenhalt eines sozialen Systems verstanden, wozu Gesellschaften oder Gruppierungen zu zählen sind, während die Sozialintegration individuelle Akteure und deren Einbettung in das soziale System in den Blick nimmt. Im Alltag und in der Politik wird häufig von Integration im Sinne von individueller Sozialintegration gesprochen. Diese Form der Integration kann in der Praxis auf verschiedenen Ebenen erfolgen.

Die **strukturelle Integration** ermöglicht den Erwerb von Rechten, die Teilhabe am politischen System oder den Zugang zu Wohnungs- und Arbeitsmärkten. Die kulturelle Integration erachtet hingegen gemeinsame Werte, Verhalten und Sprache

Exkurs 4.5 Wandel des Verständnisses von Integration in der deutschen Politik

Sowohl die bundesdeutsche Integrationsdebatte als auch die Diskussion um Ausgrenzung und Armut in Deutschland haben in den vergangenen Jahren eine neue Wendung genommen. Mit der Veränderung der bundesdeutschen Migrationspolitik ab Anfang 2005 und der Verabschiedung des **Zuwanderungsgesetzes** im gleichen Jahr wurden erstmals alle Fragen zu Migration und Integration in einem Gesetz gebündelt. Gleichzeitig wurde Integrationspolitik als fester Bestandteil der Aufgaben der Bundesregierung institutionalisiert und eine inhaltliche Schwerpunktverschiebung vorgenommen.

Infolgedessen wird die Integration von ausländischen Personen nicht mehr im Sinne einer Assimilation verstanden, sondern folgt nun einem **Integrationsverständnis**, das Integration nicht als alleiniges Resultat der Bemühung der Zugewanderten versteht. Der Migrationsforscher Klaus Bade formuliert dieses veränderte Integrationsverständnis wie folgt: „Integration ist keine Einbahnstraße mit einseitigen Anpassungsleistungen, sondern ein gesellschaftliches Unternehmen auf Gegenseitigkeit, das beide Seiten, Aufnahmegesellschaft wie Einwanderer, verändert, auch wenn den Einwanderern stets die größere Anpassungsleistung abzuverlangen ist […]. Es geht darum, Integration […] als eine beide Seiten einbeziehende gesellschaftspolitische Aufgabe im weitesten Sinne zu verstehen" (Bade 2001, S. 7).

Es ist bemerkenswert, dass der Begriff der Integration in enger inhaltlicher Nähe zum Phänomen der Zuwanderung

gesehen und entsprechend häufig von der Integration ausländischer Personen bzw. von Personen mit Migrationshintergrund gesprochen wird. Obgleich durchaus ähnlich schwierige Lebenslagen angesprochen werden, scheinen die Diskurse um Integration und die Auseinandersetzung mit Armut und Exklusion bisher weitgehend unabhängig voneinander geführt zu werden. Die wichtigsten Säulen der Integrationsarbeit der Bundesregierung bestehen im sogenannten Integrationsgipfel des Bundeskanzleramts, dem Nationalen Integrationsplan bzw. Aktionsplan sowie der deutschen Islamkonferenz, mit der die Integrationsfrage noch stärker auf nur eine bestimmte Gruppe von Zugewanderten zugespitzt wird. Der Nationale Integrationsplan wurde im Anschluss an ein Treffen im Jahr 2006, an dem die wichtigsten Akteure der deutschen Integrationspolitik teilgenommen haben, entworfen und als **integrationspolitisches Gesamtkonzept** sukzessive veröffentlicht. Im Jahr 2012 kam es erneut zu einem Treffen der wichtigsten Akteure, in dessen Anschluss die Weiterführung des Integrationsplans als Nationaler Aktionsplan beschlossen wurde. Der Nationale Aktionsplan richtet sich vor allem auf die gesellschaftlichen Bereiche Sprache, Bildung und Arbeitsmarkt. Im Rückblick auf die oben vorgestellten Dimensionen der Integration fällt auf, dass im Nationalen Aktionsplan überwiegend jene Aspekte der Integration angesprochen werden, die messbar und überprüfbar sind. So kann das Integrationsbemühen der Bundesregierung zwar besser kontrolliert werden, allerdings fallen auch Bereiche der Integration heraus, die sich eher qualitativ darstellen, wie etwa die identifikatorische oder kulturelle Integration.

als Voraussetzung für die Integration in die Mainstream-Gesellschaft. Die soziale Integration wiederum setzt soziale Relationen und die Einbettung in soziale Netzwerke voraus, während die identifikatorische Integration auf die Ausbildung von Zugehörigkeitsgefühlen und emotionale Verbundenheit mit der (Aufnahme-)Gesellschaft abzielt. Frühere Arbeiten zur Integration haben meist noch eine klare Unterscheidung zwischen Aufnahmegesellschaft und zu integrierendem Individuum vorgenommen. Neuere Konzepte wie etwa **Transnationalismus** sowie Trans- und Multilokalität überwinden diese bipolare Sichtweise und verstehen Individuen als Menschen, die unterschiedlichen Gesellschaften zugleich zugehörig sein können. Anders als die eher containerräumliche Vorstellung von einer Aufnahmegesellschaft bewegen sich Individuen dann in transnationalen sozialen Räumen, die nicht mehr eindeutig oder ausschließlich an bestimmte Territorien gebunden sind (Kap. 3).

Der Exkurs 4.5 zum Wandel des Verständnisses von Integration in der deutschen Politik greift drei politische Ansätze auf, die sich mit sozialer Ungleichheit befassen: Integrationspolitik, Politik der sozialen Unterschiede (arm vs. reich) und Bildungspolitik. Es wird deutlich, dass sich die **aktuelle Integrationspolitik** überwiegend auf Migrantinnen und Migranten konzentriert, während eigentlich auch viele deutsche Bevölkerungsteile diesem Verständnis folgend als nicht integriert gelten müssten.

4.5.5 Soziale Differenzierung und soziale Bewegungen

Sozialwissenschaftliche Ansätze, die von einer mehr oder weniger deutlich zu ziehenden Trennung zwischen Aufnahmegesellschaft und zu integrierendem Individuum oder gesellschaftlichem Subsystem ausgehen, verstehen eine Aufnahmegesellschaft als ein weitgehend homogenes Gebilde im Hinblick auf gleiche Werte und Grundanschauungen sowie eine gemeinsame Sprache. Diese Ansicht wird jedoch nicht in allen Forschungsrichtungen geteilt. So finden sich beispielsweise in der sozialen Bewegungsforschung Ansätze, die **Gesellschaft als Vielfalt** und die alltägliche Produktion von Gesellschaft als einen auf Dissens basierenden Aushandlungsprozess verstehen. Folgt man Autorinnen und Autoren wie etwa Jacques Rancière, Chantal Mouffe oder Erik Swyngedouw, so ist Gesellschaft keine homogene Größe, sondern stets fundamental unterschiedlich. Es kann damit, etwa bezogen auf die Integration von Personen, keinen einheitlichen Maßstab für eine Mehrheitsgesellschaft geben. Auch der Begriff selbst macht aus dieser Perspektive keinen Sinn mehr. Mehrheitsgesellschaft ist damit ein von Gruppen definierter und machtbeladener Ausdruck. Die Bewegungsforschung untersucht die dahinterstehenden **Aushandlungsprozesse** und die daran beteiligten Akteure, Machtverhältnisse sowie hegemonialen Diskurse. Zivilgesellschaftlicher Protest entsteht als Resultat dieses Aushandlungsprozesses, der sozialen Wandel aktiv zu beeinflussen versucht (Terpe 2009) und individuell und subjektiv erfahrene Desinte-

Abb. 4.9 Graffiti an der Häuserwand eines Altbaus in Leipzig, 2014 (Foto: Hans Gebhardt)

gration, Deprivation und soziale Ungleichheit zum Ausdruck bringt (Abb. 4.9). Prozesse des sozialen Wandels oder der Integration werden daher nicht als irgendwie „natürlich" geartet verstanden, sondern als Bestandteil eines Aushandlungsprozesses in Gesellschaft und Politik.

Die Entstehung von **sozialen Bewegungen** kann bis auf die großen gesellschaftlichen Umbrüche im Zeitalter der Aufklärung zurückgeführt werden. Begrifflich unterschieden werden die sogenannten alten Bewegungen von den neuen sozialen Bewegungen (NSB). Die NSB unterscheiden sich von den alten vor allem dadurch, dass nicht mehr die ideologische Veränderung der Gesellschaft (und damit eine politische Ausrichtung der Bewegungen) im Mittelpunkt steht, sondern nunmehr gesellschaftliche Themen in ihren lokalen und regionalen Bezügen stärker in den Vordergrund rücken (Chesters und Welsh 2011). In diesem Zusammenhang lassen sich zum Beispiel **Proteste** gegen Kernkraftwerke, Flughafenerweiterungen oder andere Großprojekte verstehen. Einer der wichtigen Momente für die Entstehung neuer sozialer Bewegungen wird im Übergang von der industriellen zur postindustriellen Gesellschaft sowie den damit einhergehenden tief greifenden gesellschaftlichen Einschnitten und Veränderungen gesehen. Kernpunkt dieser Forschungsrichtung ist das Verständnis des Sozialen als politischer Aushandlungsgegenstand, der sich an unterschiedlichen Sachthemen entzündet (Hannah 2011).

Die Forschung zu sozialen Bewegungen nimmt innerhalb der Sozialgeographie bislang nur eine marginale Stellung ein und wird häufig eher der Politischen Geographie zugeordnet. Hier stehen dann weniger Aspekte des Sozialen im Vordergrund als vielmehr Fragen der (lokalen) Demokratie und raumbezogene Konflikte. Doch gerade für die Sozialgeographie bietet sich mit der Erforschung sozialer Bewegungen ein attraktives Potenzial, da dieses Forschungsfeld nicht nur wichtige Aspekte des Sozialen beleuchtet, sondern auch die räumliche Dimension von sozialen (und politischen) Prozessen umfasst (Miller und Nicholls 2013).

Kapitel 4

4.6 Gesellschaften im Wandel – Perspektiven für die Sozialgeographie

Die disziplingeschichtlichen Ausführungen haben gezeigt, dass die Entwicklung der Sozialgeographie Hand in Hand mit gesellschaftlichen Veränderungen und Umbrüchen geht. Dies zeigt sich bereits bei den Vorläufern und Anfängen der Sozialgeographie, die unter dem Eindruck der gesellschaftlichen Umwälzungen und damit einhergehender sozialer Probleme im Kontext und infolge der europäischen Industrialisierung gewirkt haben. Aktuellere Veränderungen in der Ausrichtung der Sozialgeographie – wie sie nicht nur durch Benno Werlens handlungszentrierte Sozialgeographie, sondern etwa auch im Bereich der Kritischen Sozialgeographie und der diskursanalytischen Sozialforschung vorangetrieben werden – sind ebenfalls im Kontext einer Dynamisierung und **Umbewertung der raumzeitlichen Bezüge** von Menschen und Gesellschaften zu verstehen.

Vor dem Hintergrund einer Aushandlung gesellschaftlicher Strukturen und Prozesse, die sich zunehmend an den Leitlinien der Neoliberalisierung orientiert, richtet sich in unserer Zeit ein wachsendes Interesse auf Fragen der **Governance** und der gesellschaftlichen Steuerung. Dies betrifft die sozialgeographische Forschung in den deutschsprachigen Ländern ebenso wie im weiter gefassten internationalen und insbesondere im angelsächsischen Sprachraum. So gilt es zum Beispiel zu erfassen, wie und unter maßgeblicher Beteiligung welcher Akteure diese Aushandlungsprozesse ausgetragen werden, welche Rolle in diesem Zusammenhang Macht und andere Ressourcen spielen und in welchem Verhältnis dabei die Dimensionen von Diskurs und Materialität zueinander stehen. Eng damit verknüpft sind auch übergreifende normative Fragen zu sozialer Verantwortung und **Gerechtigkeit.** Die thematische Breite und Komplexität dieser Fragen legt es nahe, dass die Sozialgeographie nicht als ein klar abgegrenztes Forschungsfeld verstanden werden sollte, sondern enge Bezüge innerhalb der Humangeographie unterhält (z. B. zu Kulturgeographie, Politischer Geographie sowie Geographischer Stadt- und Entwicklungsforschung) und verstärkt auch einen wechselseitigen Austausch mit den benachbarten sozialwissenschaftlichen Disziplinen sucht.

Zentrale Begriffe und Konzepte

absoluter und relativer Armutsbegriff, Exklusion, Geographie-Machen, Gesellschaft, Habitus, Individualisierung, Integration, Intersektionalität, Kritische Geographie, Lebensstil, *mental map* (kognitive Karte), multilokale Lebensformen, Münchner Schule, Produktion von Raum, *radical geography*, Segregation, soziale Bewegungen, soziale Differenzierung, soziale Reproduktion, sozialgeographische Landschaftsforschung, Sozialraumanalyse, Zeitgeographie

Literaturempfehlungen

Belina B, Michel B (Hrsg) (2011) Raumproduktionen: Beiträge der Radical Geography: Eine Zwischenbilanz. Westfälisches Dampfboot, Münster, S 7–34

Sammelband, der anhand einer Auswahl von Texten in deutschsprachiger Übersetzung anregende Einblicke in die vorwiegend im angelsächsischen Raum geprägte *radical geography* eröffnet.

Ley D (2009) Social geography. In: Gregory D, Johnston R, Pratt G, Watts, MJ, Whatmore S (Hrsg) Dictionary of Human Geography, 5. Aufl. Wiley-Blackwell, Oxford u. a., S 692–694

Ein kompakter und zugleich recht fundierter Überblick zur Entwicklung der Sozialgeographie aus einer angelsächsischen Perspektive – erschienen in einem hervorragenden Geographielexikon, das in Forschung und Lehre als internationales Standardwerk gilt.

Weichhart P (2008) Entwicklungslinien der Sozialgeographie: Von Hans Bobek bis Benno Werlen. Franz Steiner Verlag, Stuttgart

Umfassendes Lehrbuch, in dem frühere Entwicklungen und aktuelle Trends der Sozialgeographie anhand zahlreicher Zitate aus Originaltexten kommentiert und in Auseinandersetzung mit verschiedenen Raumkonzepten aufgearbeitet werden.

Werlen B (2000) Sozialgeographie. Eine Einführung. UTB Haupt, Bern

Lehrbuch, das bedeutende Etappen der sozialgeographischen Disziplingeschichte vorwiegend im deutschsprachigen Raum nachzeichnet, um insbesondere den innovativen Charakter und das Potenzial einer handlungszentrierten Sozialgeographie herauszustellen.

Werlen B, Lippuner R (2011) Sozialgeographie. In: Gebhardt H, Glaser R, Radtke U, Reuber P (Hrsg) Geographie: Physische Geographie und Humangeographie, 2. Aufl. Spektrum Akademischer Verlag, Heidelberg, S 686–712

Ausführliches und sehr informatives Lehrbuchkapitel, das Entwicklungslinien der Sozialgeographie mit übergreifenden Trends in Humangeographie und Sozialwissenschaften in Verbindung bringt und dabei verschiedene theoretische Zugänge reflektiert.

Kapitel 4

Literatur

Abels H (2009) Der Blick auf die Gesellschaft Einführung in die Soziologie, Bd. 1. Springer VS, Wiesbaden

Affolderbach J, Mössner S (2014) Der Institutionenbegriff in den Wirtschafts- und Sozialwissenschaften. In: Vogelpohl A, Oßenbrügge J (Hrsg) Theorien in der Raum- und Stadtforschung: Einführungen. Westfälisches Dampfboot, Münster, S 176–194

Autorengruppe Bildungsberichterstattung (Hrsg) (2008) Bildung in Deutschland 2008: Ein indikatorengestützter Bericht mit einer Analyse zu Übergängen im Anschluss an den Sekundarbereich II. W. Bertelsmann, Bielefeld

Autorengruppe Bildungsberichterstattung (Hrsg) (2010) Bildung in Deutschland 2010: Ein indikatorengestützter Bericht mit einer Analyse zu Perspektiven des Bildungswesens im demografischen Wandel. W. Bertelsmann, Bielefeld

Bade KJ (2001) Einleitung: Integration und Illegalität. In: Bade KJ (Hrsg) Integration und Illegalität in Deutschland. Institut für Migrationsforschung und Interkulturelle Studien, Osnabrück, S 7–8

Bauman Z (2000) Liquid modernity. Polity, Cambridge

Bauman Z (2001) The individualized society. Polity, Cambridge

Bauriedl S, Schier M, Strüver A (Hrsg) (2010) Geschlechterverhältnisse, Raumstrukturen, Ortsbeziehungen. Erkundungen von Vielfalt und Differenz im spatial turn. Westfälisches Dampfboot, Münster

Beck U, Beck-Gernsheim E (2002) Individualization: Institutionalized Individualism and its Social and Political Consequences. Sage, London

Beck U, Giddens A, Lash S (1996) Reflexive Modernisierung: Eine Kontroverse. Suhrkamp, Frankfurt a.M.

Belina B, Michel B (2011) Raumproduktionen. Zu diesem Band. In: Belina B, Michel B (Hrsg) Raumproduktionen: Beiträge der Radical Geography: Eine Zwischenbilanz. Westfälisches Dampfboot, Münster, S 7–34

Belina B, Best U, Naumann M (2009) Critical geography in Germany: from exclusion to inclusion via internationalisation. Social Geography 4(1):47–58

Bieri S (2012) Vom Häuserkampf zu neuen urbanen Lebensformen: Städtische Bewegungen der 1980er Jahre aus einer raumtheoretischen Perspektive. Transcript, Bielefeld

Bonn T (2013) Wasserpolitik in Jordanien: Das Spannungsfeld zwischen Behörden und Geberorganisationen im jordanischen Wassersektor. LIT-Verlag, Berlin

Bourdieu P (1998) Praktische Vernunft: Zur Theorie des Handelns. Suhrkamp, Frankfurt a.M.

Bourdieu P, Passeron J-P (1971) Die Illusion der Chancengleichheit: Untersuchungen zur Soziologie des Bildungswesens am Beispiel Frankreichs. Klett, Stuttgart

Cappai G (1997) Raum und Migration: Formen und Funktionen der Reproduktion des heimatlichen Raumes am Beispiel einer sardischen Community. Kea Zeitschrift für Kulturwissenschaften 10 (Ethnologie der Migration):29–47

Castel R (2008) Die Fallstricke des Exklusionsbegriffs. In: Bude H, Willisch A (Hrsg) Exklusion: Die Debatte über die „Überflüssigen". Suhrkamp, Frankfurt a.M., S 69–85

Castel R (2009) Negative Diskriminierung: Jugendrevolten in den Pariser Banlieues. Hamburger Edition, Hamburg

Chesters G, Welsh I (2011) Social Movements: The Key Concepts. Routledge, London, New York

Dangschat J (1997) Sag mir wo Du wohnst, und ich sag Dir wer Du bist! Zum aktuellen Stand der deutschen Segregationsforschung. PROKLA Zeitschrift für kritische Sozialwissenschaft 109:619–647

Dangschat J, Blasius J (Hrsg) (1997) Lebensstile in den Städten: Konzepte und Methoden. Leske und Budrich, Opladen

Deffner V, Haferburg C (2014) Bourdieus Theorie der Praxis als alternative Perspektive für die „Geographische Entwicklungsforschung". Geographica Helvetica 69(1):7–18

Dörfler T, Graefe O, Müller-Mahn D (2003) Habitus und Feld. Anregungen für eine Neuorientierung der geographischen Entwicklungsforschung auf der Grundlage von Bourdieus „Theorie der Praxis". Geographica Helvetica 58(1):11–23

Etzold B, Jülich S, Keck M, Sakdapolrak P, Schmitt T, Zimmer A (2012) Doing institutions: New trends in institutional theory and their relevance for development geography. Erdkunde 66(3):185–195

Everts J, Lahr-Kurten M, Watson M (2011) Practice Matters! Geographical Inquiry and Theories of Practice. Erdkunde 65(4):232–334

Farwick A (2001) Segregierte Armut in der Stadt: Ursachen und soziale Folgen der räumlichen Konzentration von Sozialhilfeempfängern. Leske und Budrich, Leverkusen

Foucault M (1977) Überwachen und Strafen: Die Geburt des Gefängnisses. Suhrkamp, Frankfurt a.M.

Freytag T, Jahnke H (2015) Perspektiven für eine konzeptionelle Orientierung der Bildungsgeographie. Geographica Helvetica 70(1):75–88

Friedrichs J (1977) Stadtanalyse: Soziale und räumliche Organisation der Gesellschaft. Rowohlt, Reinbek

Geipel R (1977) Friaul: Sozialgeographische Aspekte einer Erdbebenkatastrophe Münchener Geographische Hefte, Bd. 40. Lassleben, Kallmünz

Giddens A (1984) The Constitution of Society: Outline of the Theory of Structuration. Polity, Cambridge

Glasze G (2009) Kritische Kartographie. Geographische Zeitschrift 97(4):181–191

Glasze G, Mattissek A (2011) Poststrukturalismus und Diskursforschung in der Humangeographie. In: Gebhardt H, Glaser R, Radtke U, Reuber P (Hrsg) Geographie. Physische Geographie und Humangeographie. Spektrum Akademischer Verlag, Heidelberg, S 660–663

Glasze G, Pütz R (2007) Sprachorientierte Forschungsansätze in der Humangeographie nach dem Linguistic Turn – Einführung in das Schwerpunktheft. Geographische Zeitschrift 95(1/2):1–4

Gregory D, Urry J (Hrsg) (1985) Social relations and spatial structures. Macmillan, London

Hannah MG (2011) Biopower, life and left politics. Antipode 43(4):1034–1055

Harvey D (1973) Social justice and the city. University of Georgia Press, Athens, London

Harvey D (2012) Rebel Cities: From the Right to the City to the Urban Revolution. Verso, New York

Heeg S (2014) Fragmentierung. In: Lossau J, Freytag T, Lippuner R (Hrsg) Schlüsselbegriffe der Kultur- und Sozialgeographie. UTB Ulmer, Stuttgart, S 67–80

Heinritz G (1999) Ein Siegeszug ins Abseits. Geographische Rundschau 51(1):52–56

Helbrecht I, Pohl J (1995) Pluralisierung der Lebensstile: Neue Herausforderungen für die sozialgeographische Stadtforschung. Geographische Zeitschrift 83(3/4):222–237

Kapitel 4

Hillmann F, Windzio M (2008) Migration und städtischer Raum: Chancen und Risiken der Segregation und Integration. In: Hillmann F, Windzio M (Hrsg) Migration und städtischer Raum. Chancen und Risiken der Segregation und Integration. Barbara Budrich, Opladen, S 9–27

Jahnke H (2014) Bildung und Wissen. In: Lossau J, Freytag T, Lippuner R (Hrsg) Schlüsselbegriffe der Kultur- und Sozialgeographie. UTB Ulmer, Stuttgart, S 153–166

Joas H, Knöbl W (2004) Sozialtheorie: Zwanzig Einführende Vorlesungen. Suhrkamp, Frankfurt a.M.

Kearns A, Forrest R (2000) Social Cohesion and Multilevel Urban Governance. Urban Studies 37(5–6):995–1017

Klagge B (2005) Armut in westdeutschen Städten: Strukturen und Trends aus stadtteilorientierter Perspektive – eine vergleichende Langzeituntersuchung der Städte Düsseldorf, Essen, Frankfurt, Hannover und Stuttgart. Franz Steiner Verlag, Stuttgart

Knox PL (1975) Social well-being: A spatial perspective. Clarendon Press, Oxford

Konsortium Bildungsberichterstattung (Hrsg) (2006) Bildung in Deutschland: Ein indikatorengestützter Bericht mit einer Analyse zu Bildung und Migration. W. Bertelsmann, Bielefeld

Kramer C (2002) Zeitgeographie. In: Brunotte E, Gebhardt H, Meurer M, Meusburger P, Nipper J (Hrsg) Lexikon der Geographie, Bd. 4. Spektrum Akademischer Verlag, Heidelberg, S 65–66

Kramer C (2005) Zeit für Mobilität: Räumliche Disparitäten der individuellen Zeitverwendung für Mobilität in Deutschland. 138. Franz Steiner Verlag, Stuttgart

Kronauer M, Vogel B (2004) Erfahrung und Bewältigung von sozialer Ausgrenzung in der Großstadt: Was sind Quartierseffekte, was Lageeffekte? In: Häussermann H, Kronauer M, Siebel W (Hrsg) An den Rändern der Städte: Armut und Ausgrenzung. Suhrkamp, Frankfurt a.M., S 235–257

Latour B (1987) Science in action: How to follow scientists and engineers through society. Open University Press, Milton Keynes

Luhmann N (1984) Soziale Systeme: Grundriß einer allgemeinen Theorie. Suhrkamp, Frankfurt a.M.

Luhmann N (1997) Die Gesellschaft der Gesellschaft. Suhrkamp, Frankfurt a.M.

Marxhausen C (2010) Identität – Repräsentation – Diskurs: Eine handlungsorientierte linguistische Diskursanalyse zur Erfassung raumbezogener Identitätsangebote. Franz Steiner Verlag, Stuttgart

Mattissek A (2008) Die Neoliberale Stadt: Diskursive Repräsentationen im Stadtmarketing deutscher Großstädte. Transcript, Bielefeld

Metzger J (2014) „Arbeit ist nur das, was Geld bringt": Wandel der lokalen Ökonomie in Ameskar Fogani (Marokko) am Beispiel des Tourismus. Geographica Helvetica 69(1):49–58

Meulemann H (2013) Soziologie von Anfang an: Eine Einführung in Themen, Ergebnisse und Literatur. Springer VS, Wiesbaden

Meusburger P (1998) Bildungsgeographie: Wissen und Ausbildung in der räumlichen Dimension. Spektrum Akademischer Verlag, Heidelberg

Meusburger P (Hrsg) (1999) Handlungszentrierte Sozialgeographie: Benno Werlens Entwurf in kritischer Diskussion. Franz Steiner Verlag, Stuttgart

Miller B, Nicholls W (2013) Social Movements in Urban Society: The City as a Space of Politicization. Urban Geography 34(4):452–473

Mitchell D (1995) There's no such thing as culture: Towards a reconceptualization of the idea of culture in geography. Transactions of the Institute of British Geographers 19:102–116

Mohan J (2003) Geography and social policy: spatial divisions of welfare. Progress in Human Geography 27(3):363–374

Nassehi A (2008) Soziologie: Zehn einführende Vorlesungen. Springer VS, Wiesbaden

Pain R (2001) Gender, Race, Age and Fear in the City. Urban Studies 38(5/6):899–913

Peet R (1977) Radical geography: alternative viewpoints on contemporary social issues. Maaroufa Press, Chicago

Reuschke D (2010) Multilokales Wohnen: Raum-zeitliche Muster multilokaler Wohnarrangements von Shuttles und Personen in einer Fernbeziehung. Springer VS, Wiesbaden

Rosol M (2013) Vancouver's „EcoDensity" Planning Initiative: A Struggle over Hegemony? Urban Studies 50(11):2239–2255

Sandner Le Gall V, Mössner S (2009) Internationale Migration und Integration in Deutschland. Geographie und Schule 31(177):4–10

Schmid C (2005) Stadt, Raum und Gesellschaft: Henri Lefebvre und die Theorie der Produktion des Raumes. Franz Steiner Verlag, Stuttgart

Shoval N, Auslander GK, Freytag T, Landau R, Oswald F, Seidl U, Wahl H, Werner S, Heinik J (2008) The use of advanced tracking technologies for the analysis of mobility in Alzheimer's disease and related cognitive diseases. BMC Geriatrics 8:7 doi:10.1186/1471-2318-8-7

Simmel G (2006) Soziologie: Untersuchungen über die Formen der Vergesellschaftung. Georg Simmel Gesamtausgabe, Bd. 11. Suhrkamp, Frankfurt a.M.

Strüver A (2014) Geschlecht und Sexualität. In: Lossau J, Freytag T, Lippuner R (Hrsg) Schlüsselbegriffe der Kultur- und Sozialgeographie. UTB Ulmer, Stuttgart, S 138–152

Terpe S (2009) Ungerechtigkeit und Duldung: Die Deutung sozialer Ungleichheit und das Ausbleiben von Protest. UVK, Konstanz

Townsend P, Phillimore P, Beattie A (1988) Health and Deprivation: Inequality and the North. Routledge, London

Urry J (1981) Anatomy of Capitalist Societies: The Economy, Civil Society and the State. Macmillan, London

Vogelpohl A, Ronneberger K (2014) Henri Lefebvre: Die Produktion des Raumes und die Urbanisierung der Gesellschaft. In: Oßenbrügge J, Vogelpohl A (Hrsg) Theorien in der Raum- und Stadtforschung: Einführungen. Westfälisches Dampfboot, Münster, S 251–270

Wastl-Walter D (2010) Gender Geographien. Geschlecht und Raum als soziale Konstruktionen. Franz Steiner Verlag, Stuttgart

Weber F, Glasze G, Vieillard-Baron H (2012) Krise der banlieues und die politique de la ville in Frankreich. Geographische Rundschau 64(6):50–56

Weichhart P (2008) Entwicklungslinien der Sozialgeographie: Von Hans Bobek bis Benno Werlen. Franz Steiner Verlag, Stuttgart

Werlen B (1987) Gesellschaft, Handlung und Raum. Grundlagen handlungstheoretischer Sozialgeographie. Franz Steiner Verlag, Stuttgart

Werlen B (1995) Sozialgeographie alltäglicher Regionalisierungen. Zur Ontologie von Gesellschaft und Raum, Bd. 1. Franz Steiner Verlag, Stuttgart

Werlen B (2000) Sozialgeographie: Eine Einführung. UTB Haupt, Bern

Werlen B (Hrsg) (2007) Ausgangspunkte und Befunde empirischer Forschung. Sozialgeographie alltäglicher Regionalisierungen, Bd. 3. Franz Steiner Verlag, Stuttgart

Werlen B, Lippuner R (2011) Sozialgeographie. In: Gebhardt H, Glaser R, Radtke U, Reuber P (Hrsg) Geographie. Physische Geographie und Humangeographie. Spektrum Akademischer Verlag, Heidelberg, S 686–712

Winker G, Degele N (2009) Intersektionalität: Zur Analyse sozialer Ungleichheiten. Transcript, Bielefeld

Wintzer J (2014) Geographien erzählen: Wissenschaftliche Narrationen von Geschlecht und Raum. Franz Steiner Verlag, Stuttgart

Kultur und Politik

Benedikt Korf, Doris Wastl-Walter

5

Fusion culture: nepalesisches Königspaar mit deutschem Weihnachtsmann, Kathmandu, Nepal, 2014 (Foto: Christiane Brosius)

© Springer-Verlag Berlin Heidelberg 2016
T. Freytag et al. (Hrsg.), *Humangeographie kompakt*, DOI 10.1007/978-3-662-44837-3_5

Die zeitgenössische Kulturgeographie setzt sich mit dem „Blick auf die Welt" sowie den alltäglichen Praktiken der Menschen auseinander, mit den dahinterliegenden Normen und Werten, den jeweiligen Artefakten, der materiellen Dimension der gebauten Umwelt und damit Orten und räumlichen Strukturen. Diese werden kulturell mit Bedeutungen aufgeladen und zeigen eine Symbolik, die dann jeweils interpretiert wird. Das deutsche Wort „Weltanschauung" umreißt im weitesten Sinne das Thema der Kulturgeographie: Wie sehen wir die Welt, wie und unter wessen Einfluss lernen wir die Welt zu sehen, wie sehen wir uns und andere in dieser Welt? Und wie nutzen wir die Welt entsprechend unserer Sichtweise? Solche Weltanschauungen haben immer auch einen politischen und normativen Kern – das Sehen auf die Welt ist von kognitiven Schemata, sozialen Normen und politischen Diskursen geprägt. Einem solchen Konzept von Kulturgeographie liegt eine konstruktivistische Perspektive zugrunde, also die Annahme, dass wir unsere materielle und immaterielle Umwelt so sehen, wie wir sie zu sehen gelernt haben. Die Gesamtheit aller bedeutungsgebenden Prozesse in einer Gesellschaft zu erforschen, ist das Konzept der Neuen Kulturgeographie, die sich von traditionellen kulturgeographischen Fragestellungen wesentlich unterscheidet. Darüber hinaus wird aber auch wieder über eine „Rematerialisierung" der Kulturgeographie nachgedacht. Dabei soll die symbolische Dimension wieder stärker mit der materiellen verschränkt werden.

5.1 Von der traditionellen zur Neuen Kulturgeographie

Die Kulturgeographie war lange Zeit wesentlich vom kalifornischen Geographen Carl Sauer (1899–1975) geprägt, der die Wechselbeziehungen zwischen einer sozialen Gruppe und ihrer Umwelt untersuchte und sich insbesondere für die gegenständlichen und landschaftlichen Ausprägungen von Kultur interessierte. Sauer fokussierte aus einer grundsätzlich großstadtkritischen Perspektive auf ländliche Räume – eine Haltung, die heute mit der **„Neuen Ländlichkeit"** eine Renaissance erlebt. Er prägte das Konzept der Kulturlandschaft, das auch im deutschen Sprachraum richtungsweisend wurde. Während in Frankreich Vidal de la Blache (1845–1919) die *genres de vie* (Lebensformengruppen) und ihre Lebensgewohnheiten thematisierte, schuf Hans Bobek (1903–1990) ein „logisches System der Geographie", in dem er die „Hauptstufen der Gesellschafts- und Wirtschaftsentwicklung" je nach Nutzung der physischen Umwelt durch unterschiedliche Kulturen typisierte. Wolfgang Hartke (1908–1997) wendet sich schließlich von Bobeks noch immer sehr landschaftsbezogenen Typisierung ab und etabliert die Sozialgeographie als Gesellschaftswissenschaft (Kap. 4).

Die Neue Kulturgeographie ist heute stärker sozialwissenschaftlich und kulturtheoretisch ausgerichtet und versteht sich weniger landschaftsbezogen und typisierend als vielmehr konstruktivistisch, kritisch und reflexiv auf der Basis von Autoren und Autorinnen wie Butler, Foucault, Derrida und de Saussure (Lossau 2008). Stellt man sich, wie diese Autorinnen und Autoren, Fragen

nach der Entstehung von Weltbildern, Normen und Werten, dann stellt sich auch rasch die Frage nach der Definitionsmacht, der Möglichkeit, die eigenen Normen und Interpretationen durchzusetzen. Nach dem *cultural turn* (Exkurs 5.1) kann Kulturgeographie nicht mehr unpolitisch betrieben werden. Daher versteht sich die Kulturgeographie heute genuin politisch und dem wird in diesem Kapitel Rechnung getragen, indem Kulturgeographie und Politische Geographie zusammengeführt werden.

5.2 Kulturgeographie heute

Der Begriff der „Kultur" weist ein großes Bedeutungsspektrum auf und ist facettenreich, weshalb Kultur oft in Abgrenzung zu etwas anderem (Natur, Politik usw.) definiert oder analytisch in einzelne Teilaspekte von Kultur (Identität, Sprache, Religion usw.) aufgeteilt wird. Kultur wird heute als Gesamtheit der menschlichen kreativen und intellektuellen Leistungen verstanden, was sowohl Werte, Wissen, Regeln und Techniken einer Gesellschaft umfasst wie auch Artefakte wie Werkzeuge, Bauten oder Kunstgegenstände.

Hier soll sich dem Begriff und Phänomen der Kultur in drei Schritten genähert werden: zuerst durch eine Diskussion der (unmöglichen) Abgrenzung von Natur und Kultur, dann über eine intensive Auseinandersetzung mit dem Begriff der Identität und seinen vielfältigen Ausprägungen in Sprache, Geschlecht, Religion und Nation und schließlich über das Phänomen der Globalisierung.

5.2.1 Kultur und Natur

Kultur und Natur werden häufig als Gegensatzpaar und als weitgehend voneinander unabhängig oder getrennt verstanden. Beide Begriffe lassen zahlreiche Interpretationen zu und wurden im Laufe der Zeit einem starken Wandel unterworfen. So wurde Natur in der Antike und im Mittelalter als weit mächtiger als der Mensch gesehen. In der Renaissance wandelte sich dieses Bild: Der Mensch, der bis dahin als der Natur untergeordnet, gar unterworfen, galt, wird seitdem als die Natur ordnend und prägend wahrgenommen. Die Bedeutung, die Menschen der Natur bzw. Materie geben, ist kulturell geprägt und historisch stark wandelbar. Kulturgeographie untersucht deshalb nicht „Kultur" in Abgrenzung zu „Natur", sondern vielmehr gesellschaftliche Naturverhältnisse. Materialität und Diskurs definieren die gesellschaftlichen Naturverhältnisse, wobei die Art, wie wir Natur in der Moderne konstruieren, in der Regel dem entspricht, wie wir gesellschaftliche Beziehungen konzipieren (also ausbeuterisch, beschützend, kolonial, nachhaltig usw.). Heute zielen die gesellschaftlichen Naturverhältnisse vor allem auf die Kontrolle und die Nutzung der Natur ab, wobei die technischen Möglichkeiten diese Kontrolle und Nutzung sehr stark bestimmen.

Exkurs 5.1 *Cultural turn*

Der *cultural turn* beeinflusst die Humangeographie seit den 1990er-Jahren. In den Sozialwissenschaften bedeutet dies eine stärkere Fokussierung auf kommunikative und sinnstiftende Prozesse. Kerngedanke ist, Kultur als ein Produkt von Diskursen zu verstehen, die auch die materielle Welt um eine Sinn- bzw. symbolische Dimension erweitern. Durch diese Diskurse werden Identitäten und Erfahrungen immer neu ausgehandelt und (re-)interpretiert. Im *cultural turn* wurden Fragen der Macht zur zentralen Analysekategorie – wobei Macht als ein alle Kapillare einer Gesellschaft durchziehendes Phänomen angesehen wird. Mit anderen Worten: Macht ist überall, also nicht nur „im" Staat, sondern im gesellschaftlichen Alltag. Und der *cultural turn* betonte noch einen weiteren Punkt: Macht und Raum bedingen sich gegenseitig: In der räumlichen Anordnung von Dingen erkennen wir gesellschaftliche Machtstrukturen.

In der klassischen Kulturgeographie gab es zwei gegensätzliche Haltungen, diese Verhältnisse zu konzeptionalisieren: eine **(natur- oder geo-)deterministische Haltung,** die davon ausgeht, dass die natürliche Umwelt Gesellschaften und Kulturen prägt oder bestimmt (Abschn. 2.2). Daraus folgt, dass alle Tätigkeiten der Menschen von ihrer physisch-materiellen Umwelt grundlegend beeinflusst sind, weshalb es als ein sehr materialistisches Konzept gilt. Dem gegenüber steht der **possibilistische Zugang,** der betont, dass die Entscheidungsmöglichkeiten der Menschen innerhalb gegebener physisch-materieller Rahmenbedingungen vor allem auf den im Laufe der Geschichte einer Gesellschaft oder Kultur entwickelten Möglichkeiten beruht und nicht Ausdruck der natürlichen Verhältnisse ist (Brunotte et al. 2002). Dieses Konzept geht auf Vidal de la Blache zurück.

Demgegenüber stehen in der aktuellen Forschung Ansätze, die den Dualismus von Natur und Kultur bzw. Technik und Gesellschaft aufheben möchten. Ein solcher Ansatz ist die vom französischen Soziologen Bruno Latour (1995) begründete **Akteur-Netzwerk-Theorie** (ANT), welche die Bedeutung der Verbindungen *(networks)* zwischen den Akteuren (Menschen, Tiere, Dinge) hervorhebt. Die ANT betont, dass es sowohl materielle wie auch semiotische Verbindungen gibt, und spricht den Dingen in einem Netzwerk auch Handlungseinfluss zu (Exkurs 2.1).

Politisch steht heute neben dem Anspruch auf Kontrolle und Nutzung der Natur auch vielfach ein Schutzgedanke im Vordergrund, der von vielen sozialen Bewegungen getragen wird. Globale soziale Bewegungen wie Greenpeace, Global 2000 oder der WWF sind diesem Naturschutzgedanken verpflichtet. Damit haben sie einen wertebasierten, zielorientierten und normativen Anspruch, ebenso wie das heute breit akzeptierte Postulat der **Nachhaltigkeit** bzw. der nachhaltigen Entwicklung. Dieses steht für eine inter- und intragenerationell gerechte Ressourcennutzung, bei der an einem Ort und zu einem gegebenen Zeitpunkt nur so viele Ressourcen verbraucht werden, dass auch andere in der Befriedigung ihrer Bedürfnisse (an einem anderen Ort oder spätere Generationen) nicht eingeschränkt werden. Dies impliziert einen schonenden und nicht ausbeuterischen Umgang mit der Natur und Respekt vor deren Eigenwert. Die Wechselbeziehung zwischen Kultur und Natur kann man als Motor kultureller Innovationen und als Reflexionsrahmen sehen. Dabei sind globale Krisen und die gerechte Nutzung natürlicher Ressourcen verknüpft zu denken und im Zusammenhang zu sehen.

5.2.2 Identität und Raum

Lange Zeit hat man Identität essentialistisch als angeborenes, unveränderbares Merkmal verstanden, durch welches man sozial und räumlich (und damit oft auch regional oder national) klar zugeordnet werden konnte. Heute wird Identität in der Wissenschaft als komplex und vieldimensional, sozial konstruiert und veränderlich verstanden und selbst intuitiv noch immer als natürlich verstandene Identitätsdimensionen wie Geschlecht werden durch kulturelle Praktiken hervorgebracht und immer wieder verändert.

Die klassische Kulturgeographie hat tendenziell ein essentialistisches Identitätsverständnis gefördert, indem die Vorkommen und grundlegenden Eigenschaften kultureller Identitäten kartiert und beschrieben wurden. Mit dem *cultural turn* hat sich das Erkenntnisinteresse der Neuen Kulturgeographie darauf verschoben, wie solche Identitäten politisch und sozial konstruiert und differenziert werden bzw. wie Identifikationsprozesse in unterschiedlichen Kontexten verlaufen.

Das sehr persönliche und individuelle Konzept von Identität wird auch eingesetzt, um politische, wirtschaftliche, soziale und kulturelle Rechte für unterschiedliche Gruppen durchzusetzen. Dabei kommt zum Tragen, dass wir heute von **multiplen Identitäten** ausgehen, die jeweils situativ performiert werden. Das heißt, die gleiche Person kann an der Uni als Studentin agieren, im Sportverein als Trainerin, bei ihren Eltern als Tochter und abends im Club als Partybesucherin. Es ist immer die gleiche Person, aber ihre Identität wird sozial und räumlich differenziert gelebt: Ihre Performanz als Tochter ist an der Universität uninteressant und ihre Trainingsarbeit spielt in der Disco keine Rolle.

Im Folgenden werden zuerst zwei kulturelle Systeme vorgestellt, die sehr stark die jeweiligen Weltbilder und Sichtweisen prägen und als identitätsbildend gelten: Sprachen und deren räumliche Verteilung sowie die globalen Muster der Religionen. Schließlich werden in einem weiteren Punkt Identität und Differenz thematisiert, insbesondere bezüglich Geschlechtergeographien und nationalen Zuordnungen.

Kapitel 5

Tab. 5.1 Meistgesprochene Sprachen in absteigender Ordnung nach Größe der Bevölkerung mit der entsprechenden Erstsprache (Quelle: Lewis et al. 2013)

Rang	Sprache	Primäres Land	Länder insgesamt	Sprechende (Mio.)
1	Chinesisch	China	33	1197
2	Spanisch	Spanien	31	406
3	Englisch	Vereinigtes Königreich	101	335
4	Hindi	Indien	4	260
5	Arabisch	Saudi-Arabien	59	223
6	Portugiesisch	Portugal	11	202
7	Bengali	Bangladesch	4	193
8	Russisch	Russland	16	162
9	Japanisch	Japan	3	122
10	Javanisch	Indonesien	3	84,3
11	Deutsch	Deutschland	18	83,8
16	Französisch	Frankreich	51	68,5
20	Italienisch	Italien	10	61,1

5.2.3 Kulturgeographie der Sprachen

Sprache ist ein wichtiger Teil von Kultur und ermöglicht den Menschen Abstraktion und Kommunikation. Ohne Sprache wäre es nicht so effizient möglich, sich auszudrücken und auszutauschen, andererseits spiegeln Sprachen aber auch die materielle und natürliche Umwelt. Der Philosoph Ludwig Wittgenstein (1889–1951) schrieb in seinem Werk „Tractatus logico-philosophicus": „Die Grenzen meiner Sprache bedeuten die Grenzen meiner Welt" (1921, S. 118). Whorf (1963) formuliert in seinem Buch über das Verhältnis von „Sprache, Denken, Wirklichkeit" die heute als linguistische Relativitätstheorie bezeichnete These, dass die Struktur der (Mutter-)sprache auch das Denken und damit die „Weltanschauung" beeinflusst. Sprache formuliert und vermittelt den **Zugang zur Welt** und es zeigt sich, dass Menschen für jene Dinge, mit denen sie besonders viel zu tun haben – auch mit der Landschaft – eine größere und differenziertere Art von Wortschatz haben als jene, die das nicht tun. So stellen beispielsweise Benennungen wie Horn, Stock, Kamm, Hubel, Joch usw. im Oberwallis unterschiedliche Interpretationen der alpinen Landschaft dar (Werlen 2008). Sprache ist somit von Bedeutung als Medium unseres Wissens und Bewusstseins, aber auch der Fassbarkeit und Kommunizierbarkeit. Dies gibt ihr eine große bildungspolitische Bedeutung, da sich beispielsweise in mehrsprachigen Gesellschaften die Frage stellt, welche Sprachen unterrichtet werden. Gleichzeitig bedeutet dies, dass eventuell Jugendliche, deren Eltern aus einem anderen Sprachraum kommen, manchmal ihre Muttersprache und die Mehrheitssprache am neuen Wohnort nur im informellen Text beherrschen, ihnen aber in der formellen und schriftlichen Sprache die Möglichkeiten fehlen, ihr Weltbild differenziert zu formulieren und zu kommunizieren. So entstehen spezielle Jugendsprachen, wie man sie etwa im Deutschrap findet. In der Sprachwissenschaft kennt man dementsprechend neben **regionalen Sprachvarianten** (Dialekten) auch soziale Varianten (Soziolekte).

Die Tab. 5.1 zeigt, dass die weltweit am meisten gesprochene Muttersprache Chinesisch ist, gefolgt von Spanisch und Englisch. Englisch ist aber die meist verbreitete Sprache, sie wird in 101 Ländern von einem Teil der Bevölkerung als Muttersprache angegeben. Bei dieser Zählung wurde nicht auf die unzähligen Dialekte und Soziolekte der einzelnen Sprachen geachtet, da hier Abgrenzungen sehr schwierig sind. Englisch gilt auch als wichtigste Verkehrssprache *(lingua franca)* weltweit, gefolgt von Französisch und Spanisch. Dies beruht vor allem auf deren Verbreitung in den ehemaligen Kolonialgebieten und zeigt, dass Sprache auch ein Machtinstrument ist, das die politische und wirtschaftliche Dominanz der westlichen Welt widerspiegelt. Spanisch oder Portugiesisch werden von weitaus mehr Menschen als „Muttersprache" (nicht wie beim Englischen als *lingua franca*) gesprochen, aufgrund der kolonialen spanischen bzw. portugiesischen Vergangenheit in Südamerika. Die **europäischen Sprachen** konnten sich auch dort vor allem erhalten, wo es aufgrund der enormen sprachlichen und kulturellen Vielfalt auf nationaler Ebene immer wieder einer gemeinsamen Sprache bedarf. Oft wird dann auf die Sprache der ehemaligen Kolonialmacht zurückgegriffen, die häufig auch die Sprache der Bildungseliten geblieben ist. Die Abb. 5.1 zeigt die Vielfalt der Sprachen in Afrika. Dies führt zu einer in Europa oder den USA oft unbekannten Multilingualität der Bevölkerung, die neben ihrer jeweiligen eigenen Sprache auch noch die Sprachen der wichtigsten anderen Ethnien bzw. die Amtssprache beherrschen.

In vielen Schulsystemen Europas ist das Erlernen einer oder mehrerer Fremdsprachen ein zentrales Element der Schulbildung. Tabelle 5.2 zeigt, wie viel Prozent der Einwohner verschiedener europäischer Länder wie viele Fremdsprachen beherrschen. Da-

Abb. 5.1 Sprachen in Afrika (Quelle: Knox und Marston 2008, S. 337)

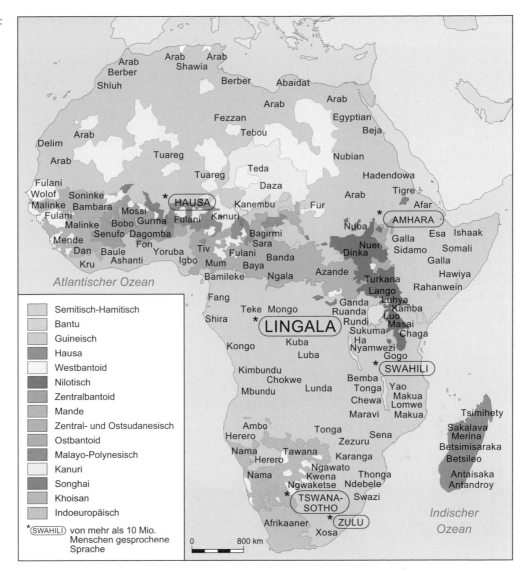

bei zeigt sich eine große Varianz: In Irland sprechen 72,7 % der Bevölkerung keine Fremdsprache, in Luxemburg hingegen sind es nur 1,1 %. Zudem sprechen 72 % der Menschen in Luxemburg sogar drei oder mehr Fremdsprachen, in Irland (1,3 %) und Ungarn (1,7 %) sind diese Anteile deutlich geringer. Die Sprachkompetenz innerhalb eines Landes lässt sich zu einem großen Teil mit der Migrationsgeschichte eines Landes bzw. seiner Kolonialgeschichte und internationalen Verflechtung erklären.

In Europa gibt es verschiedene Staaten mit mehr als einer Amtssprache. Ein gutes Beispiel dafür ist die Schweiz die mit Deutsch, Französisch, Italienisch und Rätoromanisch über vier Amtssprachen verfügt. Allerdings gibt es große Unterschiede in der Verbreitung der vier Amtssprachen (Abb. 5.2). Es ist zudem nicht zwingend, dass die Bevölkerung grundsätzlich mehr als eine dieser Amtssprachen beherrscht. Etwa 84 % der Menschen in der Schweiz bezeichnen sich als einsprachig, wobei es keinen Unterschied zwischen Männern und Frauen gibt. Interessant sind die Unterschiede

bei der Altersverteilung, denn die Menschen beherrschen umso eher eine oder mehrere Fremdsprachen, je jünger sie sind.

Es ist zu beachten, dass Sprachen als Ausdruck von Kulturen ebenso wie diese dynamisch sind und Entwicklungen und Dominanzverhältnisse widerspiegeln. So können einzelne Sprachen gefestigt und verbreitet werden, andere verschwinden. In der Schweiz geht der Anteil der Personen, die rätoromanisch sprechen (die am wenigsten gesprochene Amtssprache), kontinuierlich zurück: im Zeitraum zwischen den 1970er-Jahren und 2012 von 0,8 auf 0,5 %.

Beispiele für den Rückgang von Minderheitssprachen gibt es auch aus anderen Ländern. In Deutschland zum Beispiel ist das Sorbische (das Niedersorbische in Brandenburg und das Obersorbische in Sachsen) stark gefährdet und wird nur noch von 20 000 bis 30 000 Menschen gesprochen (Gesellschaft für bedrohte Völker 2010). Auch in Nord- und Südamerika, Afrika

Kapitel 5

Tab. 5.2 Prozentualer Anteil der Bevölkerung ausgewählter europäischer Länder, der keine, eine, zwei bzw. drei oder mehr Fremdsprachen beherrscht (Quelle: Eurostat 2013)

Land	Keine Fremdsprache (%)	Eine Fremdsprache (%)	Zwei Fremdsprachen (%)	Drei oder mehr Fremdsprachen (%)
Luxemburg	1,1	5,0	22,0	72,0
Norwegen	4,4	24,7	23,9	46,9
Slowenien	7,6	15,0	32,6	44,9
Finnland	8,2	13,1	29,5	49,2
Schweiz	12,1	20,9	34,2	32,9
Slowakei	14,7	30,2	33,5	21,6
Zypern	16,1	56,7	19,2	8,0
Deutschland	21,5	41,9	26,3	10,3
Österreich	21,9	50,5	18,9	8,8
Europäische Union	**34,3**	**35,8**	**21,1**	**8,8**
Serbien	37,4	47,4	12,3	2,9
Frankreich	41,2	34,9	19,2	4,6
Portugal	41,5	26,6	20,5	11,5
Ungarn	63,2	25,9	9,2	1,7
Irland	72,7	20,8	5,2	1,3

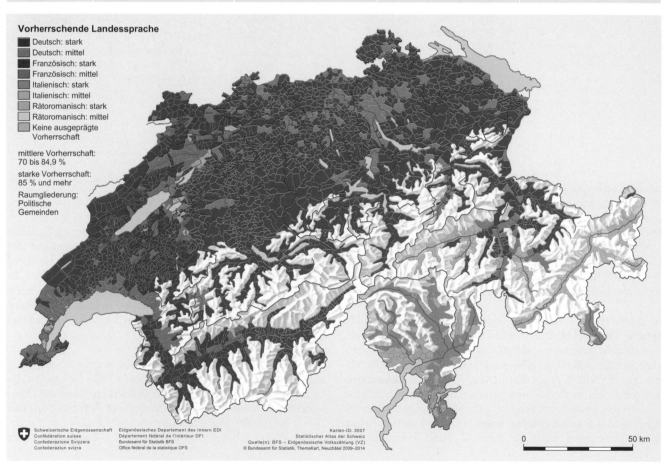

Vorherrschende Landessprache

- ■ Deutsch: stark
- ■ Deutsch: mittel
- ■ Französisch: stark
- ■ Französisch: mittel
- ■ Italienisch: stark
- □ Italienisch: mittel
- ■ Rätoromanisch: stark
- □ Rätoromanisch: mittel
- ■ Keine ausgeprägte Vorherrschaft

mittlere Vorherrschaft: 70 bis 84,9 %

starke Vorherrschaft: 85 % und mehr

Raumgliederung: Politische Gemeinden

Schweizerische Eidgenossenschaft
Confédération suisse
Confederazione Svizzera
Confederaziun svizra

Eidgenössisches Departement des Innern EDI
Département fédéral de l'intérieur DFI
Bundesamt für Statistik BFS
Office fédéral de la statistique OFS

Karten-ID: 3007
Statistischer Atlas der Schweiz
Quelle(n): BFS – Eidgenössische Volkszählung (VZ)
© Bundesamt für Statistik, ThemaKart, Neuchâtel 2009–2014

0   50 km

Abb. 5.2 Verbreitung der Landessprachen der Schweiz im Jahr 2000 (Quelle: Bundesamt für Statistik 2004)

und Asien sind viele Sprachen zunehmend weniger in Gebrauch – und dadurch verschwindet auch die in dieser Weise sprachlich gefasste Weltsicht (UNESCO 2010).

Die Darstellung der meistgesprochenen Sprachen bzw. der beispielhafte Rückgang von Minderheitensprachen zeigen, dass die jeweilige Verbreitung von Sprachen immer auch Ausdruck von kultureller Dominanz und (historischen) Machtverhältnissen ist. Dies manifestiert sich einerseits in der großen Bedeutung der ehemaligen Kolonialsprachen im globalen Süden, aber auch innerhalb der europäischen Staaten in der Dominanz bzw. politischen Unterlegenheit von (sprachlichen) Mehrheiten oder Minderheiten. In der Slowakei wurde beispielsweise 2009 während der Amtszeit einer stärker slowakisch-nationalistischen Regierung vom Parlament ein Gesetz erlassen, das den Nichtgebrauch der slowakischen Sprache bei Amtswegen unter Bestrafung stellte. Damit werden implizit die Rechte der ungarischen Minderheit (ca. 9 % der Bevölkerung) beschnitten, deren Angehörige am ehesten von der Gesetzesänderung betroffen sind. Wir sind auch Zeitzeugen einer Entwicklung im ehemaligen Jugoslawien: Dort sprach man viele Jahre von „Serbokroatisch", womit die Unterschiede zwischen Serbisch und Kroatisch minimiert werden sollten. Nach dem Zerfall Jugoslawiens und der Bildung neuer Nationalstaaten werden nun zunehmend die Unterschiede zwischen den beiden Sprachen betont und unter anderem durch das (Wieder-)Verwenden des kyrillischen Alphabets im Serbischen verfestigt und hervorgehoben. Hier kommt zum Ausdruck, dass die Grenzen zwischen Sprachen arbiträr und veränderlich sind, wie beispielsweise auch die schwierige Abgrenzung von Hochdeutsch, Holländisch, Flämisch oder Schwyzerdütsch zeigt. Sprachenpolitik ist Identitätspolitik und wird daher auch von vielen Regierungen entsprechend eingesetzt. Gleichzeitig wird das Verschwinden von Sprachen durch Assimilation oder Unterdrückung besonders durch zivilgesellschaftliche Gruppen wie die „Gesellschaft für bedrohte Sprachen" thematisiert und dokumentiert. Dabei spielen auch die (globalen) Medien eine bedeutende Rolle.

Nicht zuletzt durch die (elektronischen) Medien entwickeln sich Sprachen laufend weiter, sie beeinflussen einander und vermischen sich, wie das französische Bonmot „Parlez-vous franglais?" so schön zeigt (eine Kombination aus français und anglais/französisch und englisch). „Parlez-vous franglais?" betitelte René Etiemble 1964 seine Schrift gegen eine von englischen Wörtern und Anglizismen durchsetzte Sprache. Auch eine kritische Reflexion unseres eigenen alltäglichen Sprachgebrauchs macht die Hybridisierung und Weiterentwicklung der Sprachen deutlich.

5.2.4 Kulturgeographie der Religionen

Religionen sind eine wichtige Einflussgröße von Kulturen und die religiöse Zugehörigkeit der Menschen prägt ihre Normen und Werte. Selbst jene, die sich nicht als gläubig oder praktizierend bezeichnen, leben in einem **religiös geprägten Umfeld**, das sich in kulturellen Manifestationen, aber auch der gebauten

Abb. 5.3 Die römisch-katholische Kirche der Ungarn, die griechisch-katholische und die rumänisch-orthodoxe Kirche der Rumänen rund um den zentralen Platz in Oradea (Nagyvárad, Grosswardein), Rumänien, im Jahr 2010. Nicht auf dem Foto sichtbar sind die Synagoge am Fluss und die reformierte Kirche (Foto: Agnes Eröss)

Umwelt zeigt. So sind in Europa die christlichen Feste Weihnachten und Ostern auch für jene bedeutsam, die dies nur als Gelegenheit für Geschenke und einige freie Tage sehen. Ebenso finden wir in unserer gebauten Umwelt viele religiöse Symbole, mancherorts auch solche unterschiedlicher Religionen in unmittelbarer räumlicher Nähe. Gotteshäuser sind in allen Kulturen Ausdruck auch der weltlichen Macht der Kirche und dort, wo die Kirche auch Staatsreligion ist, sind es repräsentative Bauten an dominanten Orten, die das Stadtbild prägen. Die Abb. 5.3 zeigt die drei Kirchen der ethnisch-religiös dominanten Bevölkerungsgruppen (Ungarn und Rumänen) in der multiethnischen Stadt Oradea (Nagyvárad, Grosswardein) in Rumänien.

In einzelnen Fällen werden diese **Repräsentationsbauten** der einen Religion auch durch Eroberer in Besitz genommen und symbolisch (manchmal auch materiell) konvertiert, wie die Hagia Sophia in Istanbul oder die Mezquita-Kathedrale in Cordoba, Andalusien, bzw. die Omajaden-Moschee in Damaskus (Abb. 5.4). Dieses Bauwerk war ursprünglich ein Jupiter-Tempel, dann eine christliche Kirche und schließlich die Hauptmoschee in Damaskus.

Abb. 5.4 Omajaden-Moschee in Damaskus, 2001 (Foto: Hans Gebhardt)

Religiöse Minderheiten, die oft auch ethnische Minderheiten sind und diskriminiert oder bedroht werden, müssen dagegen diskret und eher im Verborgenen bleiben. Die Auseinandersetzung um Sichtbarkeit bzw. Vorherrschaft religiöser Symbole im öffentlichen Raum fand in der Schweiz beispielsweise in der sogenannten „Minarettbauverbotsinitiative" (auch Minarettinitiative) 2009 ihren Ausdruck, in der eine Mehrheit des Schweizer Stimmvolkes einer Volksinitiative zustimmte, die den Bau von Minaretten in der Schweiz verbietet. Ähnliche Debatten finden auch an anderen Orten statt, zum Beispiel wenn es um den Bau von Moscheen geht. Aktuell werden christliche Kirchen und sunnitische Heiligtümer im Islamischen Staat (Syrien, Irak) zerstört; auch um den Tempelberg in Jerusalem als wichtigen symbolischen Ort gibt es immer wieder heftige Auseinandersetzungen. Zusätzlich zur baulichen Infrastruktur können auch religiöse Manifestationen wie **Prozessionen oder rituelle Waschungen** den öffentlichen Raum zu bestimmten Anlässen prägen bzw. zum Konfliktfall werden.

Die Abb. 5.5 zeigt die aktuelle globale Verteilung der Weltreligionen. Es ist zu beachten, dass mit diesem Kartenmaßstab kleinere Religionsgemeinschaften unberücksichtigt bleiben bzw. nicht graphisch dargestellt werden können. Die einzelnen Darstellungen der fünf wichtigsten Weltreligionen verweisen darauf, dass selbst in Staaten, die aufgrund der Mehrheiten einer Religion zugeordnet werden, ein durchaus bemerkenswerter Anteil an anderen Religionen vertreten ist (beispielsweise Muslime in den USA). Ein spannendes Beispiel ist Britisch-Indien, das nach seiner Unabhängigkeit 1947 nach religiösen Kriterien in einen hinduistischen (Indien) und einen muslimischen Teil (Pakistan mit Ostpakistan, das heutige Bangladesch) geteilt wurde und wo aus diesem Grund ein teilweise dramatischer Bevölkerungsaustausch stattfand (ungefähr 10 Mio. Hindus und Sikhs wurden aus Pakistan vertrieben, etwa 7 Mio. Muslime aus Indien. Etwa 1 Mio. Menschen kamen ums Leben). Heute leben 144 Mio. Muslime in Indien (13,1 % der indischen Bevölkerung; Pulsfort 2010).

Die Abb. 5.6 zur Verbreitung der Religionen nach Mitgliedern (und nicht nach Fläche) zeigt ein anderes Bild als die Abb. 5.5 und spiegelt die Bevölkerungsverteilung und damit die religiöse Dominanz viel deutlicher wider. In dieser stark schematisierten Darstellung wurde aber immer nur die dominante Religion dargestellt, nicht die immer auch vorhandenen weiteren Religionsgemeinschaften, wie beispielsweise Moslems in Europa oder Buddhisten in Amerika. Auch verändern sich die relativen Zahlen zwischen den einzelnen Religionen über die Zeit, unter anderem aufgrund der unterschiedlichen Bevölkerungsdynamik der einzelnen Gruppen, aber auch aufgrund von **wachsendem Atheismus** in bestimmten sozialistischen und postsozialistischen Ländern (Osteuropa oder China), da dort Religionen politisch diskriminiert und eine säkulare, anti-religiöse Identität politisch forciert wurden.

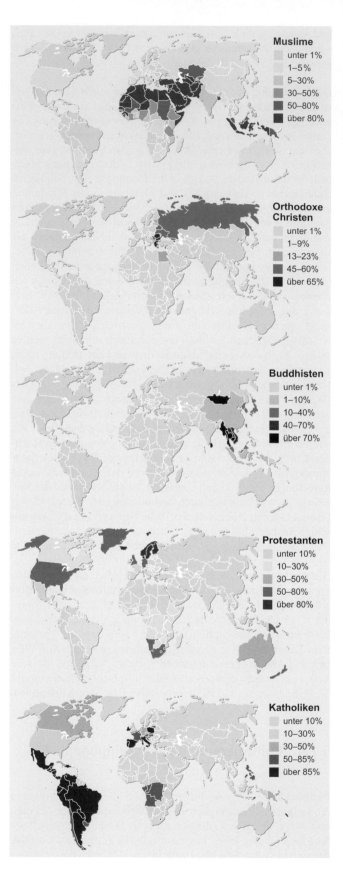

Abb. 5.5 Verbreitung der fünf wichtigsten Weltreligionen (Quelle: Le Monde diplomatique 2007, S. 69)

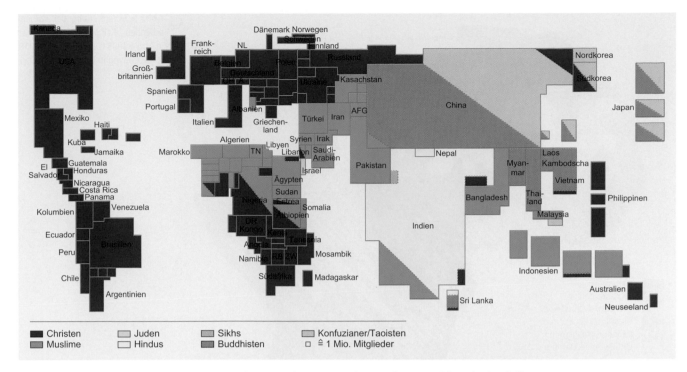

Abb. 5.6 Verbreitung der Religionen nach Mitgliedern (Quelle: Pulsfort 2010, S. 16 f.; Copyright: Ernst Pulsfort, Claudia Piloth)

Die aktuelle weltweite Verbreitung der Religionen ist das Ergebnis einer jahrhundertelangen Entwicklung, die von Eroberungen, Missionierungen, Kolonialisierungen und Migration geprägt war. Sie ist damit ebenso wie die Verbreitung der Sprachen Ausdruck von wirtschaftlichen und kulturellen historischen und aktuellen Machtverhältnissen. Auch in sozialer und wirtschaftlicher Hinsicht spielt die religiöse Zugehörigkeit oft eine große Rolle und wiederholt wurden soziale oder politische Konflikte oder Machtkämpfe an der Religion bzw. der religiösen Zugehörigkeit festgemacht. Die Abb. 5.7 zeigt die aktuelle Verbreitung der wichtigsten Glaubensgemeinschaften in Afrika. Ergänzend dazu bildet die Abb. 5.8 das komplexe kleinteilige ethnisch-religiöse Mosaik Nigerias ab. Auch dort, insbesondere im Norden, führen Verteilungs- und Machtfragen immer wieder zu gewalttätigen Konflikten, wobei religiöse und ethnische Aspekte instrumentalisiert werden.

Repräsentationen auf Karten sind aber nicht politisch neutral oder „unschuldig". Mit Karten kann auch Politik gemacht werden, denn bei einer Darstellung müssen immer Entscheidungen getroffen werden, was Karteninhalt, Schwellenwerte, Projektion, Darstellungsform, Farben, Intensität usw. betrifft (Monmonier 1996). Dabei werden oft problematische Akzente gesetzt, die im Sinne einer Kritischen Kartographie zu hinterfragen sind.

Ein weitverbreitetes gesellschaftliches Phänomen wird in diesen Karten nicht erkennbar: der Prozess der **Säkularisierung.** Mit Säkularisierung wird der Rückgang der individuellen Gläubigkeit, aber auch die geringere öffentliche Rolle von Religionsgemeinschaften bezeichnet. Dieser Säkularisierungsprozess drückt

sich in einem wachsenden Anteil an Konfessionslosen aus: War dieser um 1970 in Deutschland noch unter 5 %, so liegt er heute zwischen 20 und 40 %. Dazu kommt, dass für viele Menschen, die sich noch einer Religion zugehörig sehen (und nicht aus der Glaubensgemeinschaft ausgetreten sind), die Religion im Alltag keine Rolle mehr spielt, sie Letztere nicht praktizieren oder den religiösen Autoritäten nicht folgen. Für Deutschland zeigen jüngste demoskopische Daten, dass sich nur 43 % als religiös bezeichnen, 47 % in Westdeutschland und 25 % im Gebiet der ehemaligen DDR. Hier ist auch ein Altersgradient zu beobachten: Je älter, desto eher sehen sich die Befragten als religiös. Unter den 16- bis 29-Jährigen bezeichnen sich nur knapp mehr als ein Viertel der Befragten als religiös. 64 % der befragten Personen mit einem Alter über 16 Jahren gehen selten bis nie in die Kirche (Fowid 2013).

Die Vermutung liegt nahe, dass Religion für viele Menschen in Europa kein identitätsstiftendes Merkmal mehr ist. Allerdings ist dieser Trend zur Säkularisierung vor allem auf Westeuropa konzentriert. In anderen Weltregionen boomt die Religiosität. Dies zeigt sich zum Beispiel im weltweiten **Wachstum der Freikirchen,** beispielsweise in Brasilien. Gleichzeitig kann man eine Radikalisierung Einzelner bzw. kleiner Gruppen in vielen Religionsgemeinschaften feststellen, die eine fundamentalistische Glaubensrichtung, oft auch mit gewalttätigen Mitteln, verbreiten wollen.

Kapitel 5

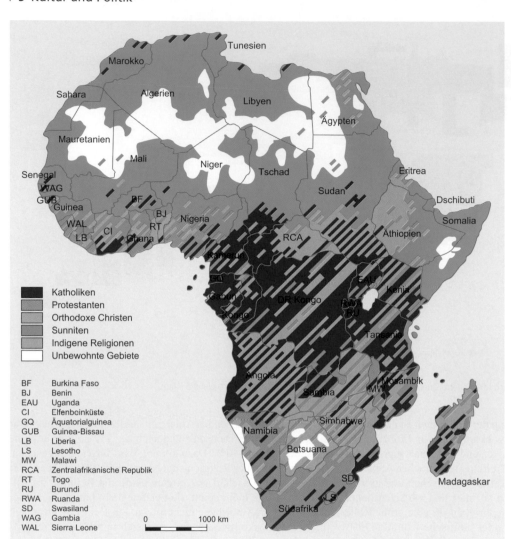

Abb. 5.7 Verbreitung der vorherrschenden Religionsgemeinschaften in Afrika 2008 (Quelle: Pulsfort 2010, S. 55; Copyright: Ernst Pulsfort, Claudia Piloth)

Katholiken
Protestanten
Orthodoxe Christen
Sunniten
Indigene Religionen
Unbewohnte Gebiete

BF Burkina Faso
BJ Benin
EAU Uganda
CI Elfenbeinküste
GQ Äquatorialguinea
GUB Guinea-Bissau
LB Liberia
LS Lesotho
MW Malawi
RCA Zentralafrikanische Republik
RT Togo
RU Burundi
RWA Ruanda
SD Swasiland
WAG Gambia
WAL Sierra Leone

0   1000 km

5.2.5 *Gender*-Geographien

Eines der ersten Merkmale, das man an anderen wahrnimmt und das bei der Geburt meist sofort definiert wird, ist das Geschlecht. Es wird an biologischen Merkmalen festgemacht, in der Regel wird zwischen männlich und weiblich (biologisches Geschlecht, *sex*) unterschieden und es gibt ziemlich feste dominante Erwartungshaltungen zu Männlichkeit oder Weiblichkeit bzw. dem sozialen Geschlecht *(gender)*. Wenn Alltagsbegegnungen damit nicht zu vereinbaren sind, kann zunächst Verwirrung entstehen, wie beispielsweise bei den thailändischen *ladyboys*. Das Geschlecht bestimmt unsere Identität und fungiert als gesellschaftlicher Platzanweiser: Von Lohnunterschieden bis zur Unterschiedlichkeit von politischen Rechten wird es als Begründung von Differenzen herangezogen (Seager 2009). Die feministische Forschung hat die Benachteiligung von Frauen mit der Forderung nach Gleichheit verknüpft, später dann aber auch die Anerkennung und Wertschätzung der Differenz verlangt (Strüver 2011). **Geographien der Geschlechtlichkeit,**

der dominanten und marginalisierten Vorstellungen von Weiblichkeit und Männlichkeit, stehen im Zentrum der *Gender*-Geographien.

Die Unterscheidung in Männer und Frauen wird meist unmittelbar am **Körper** festgemacht. Über den Körper sind wir materiell im Raum, nehmen Raum ein und bewegen uns. Er wird aber auch entsprechend den jeweiligen kulturell geprägten Vorstellungen „gelesen", das heißt in seiner Materialität interpretiert und unterliegt somit den jeweiligen Normen und Machtverhältnissen. Schönheitsideale, aber auch die Vorstellungen von Fitness und Behinderungen unterliegen gesellschaftlichen Diskursen und werden machtvoll durchgesetzt. Wir stellen uns mit unserem Körper dar und werden über ihn als jung oder alt, weiblich oder männlich, farbig oder weiß erkannt. Damit sind in den Körper auch **gesellschaftliche Machtverhältnisse** und Ideale eingeschrieben, wir werden zugeordnet und können uns dem kaum entziehen. Für die Geographie gibt dies Anlass zu einer doppelten Reflexion: einerseits über Androzentrismus, Kolonialismus und Sexismus aus der Sicht der Geographie, andererseits ist aber

Abb. 5.8 Das ethnisch-religiöse Mosaik Nigerias (Quelle: Le Monde diplomatique 2009, S. 145)

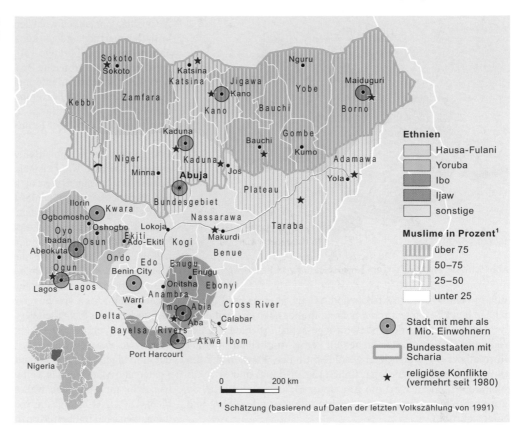

auch die geographische Forschungsperspektive nicht frei davon (Strüver 2005) und damit ergibt sich eine Überschneidung zu den Postkolonialen Geographien (Lossau 2012).

Die folgenschwere Unterscheidung in Geschlechter und die Definition von Geschlechtlichkeit werden durch soziale Prozesse konstruiert. Somit ist kulturell geprägt, was als weiblich oder männlich gilt und für Männer und Frauen als passend und möglich bzw. unmöglich erscheint. Diese **geschlechtsspezifische Differenzierung und Hierarchisierung** unterliegt demnach jeweils den sozialen Regeln und Machtverhältnissen einer Gesellschaft. Geschlechternormen werden aber auch als soziale Kategorie des Mannes oder der Frau aufgegriffen und als Geschlechtlichkeit bzw. Sexualität dargestellt im Sinn von *doing gender* (Gildemeister 2010) bzw. als *undoing gender* (Butler 2004). Für Postfeministinnen stellt sich die Frage, ob man die Geschlechterdifferenz nicht schon überwunden hat bzw. überwinden könnte, aber faktisch zeigt sie sich im Alltag weiterhin wirkmächtig (Maihofer 2013).

Dabei geht man in der Regel von einer heterosexuellen Zweigeschlechtlichkeit aus, die als biologisch angelegt verstanden und sozial immer wieder reproduziert wird. Dass dies nicht notwendigerweise so ist und so sein muss, haben die postmoderne Forschung und die *queer studies* gezeigt. Die ***Queer*-Theorie** hinterfragt herrschaftskritisch den Zusammenhang von biologischem Geschlecht *(sex)*, sozialen Geschlechterrollen *(gender)* und sexuellem Begehren *(desire)* und plädiert dafür, die traditionellen

Kategorien aufzulösen. Diese Argumente scheinen gesellschaftlich so weit akzeptiert zu sein, dass man beispielsweise bei Facebook in den USA für sein Profil nicht nur zwischen männlich und weiblich, sondern weiteren Geschlechtern auswählen kann.

Der Erfolg der „Drag Queen" Conchita Wurst (Abb. 5.9) beim Eurovision Song Contest 2014 lässt zudem vermuten, dass heute die gesellschaftliche Akzeptanz von **LGBTI** (**L**esbian, **G**ay, **B**isexual, **T**rans-[gender und Transsexuelle] sowie **I**ntersexuelle) weiter fortgeschritten ist als noch vor wenigen Jahren. Dies darf aber nicht darüber hinwegtäuschen, dass Homosexua-

Abb. 5.9 Conchita Wurst beim Eurovision Song Contest 2014 (Foto: Eurovision)

Kapitel 5

Kapitalerträge:
100'000 $ pro Tag

Arbeitseinkommen
für Hausarbeit: 1 $ pro Tag

Abb. 5.10 Kapitalerträge und Arbeitseinkünfte (Cartoon: Karl Herweg)

lität in vielen Ländern Afrikas und Asiens, aber auch im „Westen" in den USA in den *sodomy laws,* immer noch kriminalisiert wird bzw. sogar mit der Todesstrafe belegt ist. Aber auch in Europa gibt es in neun Staaten derzeit keine Möglichkeit für eine Formalisierung von gleichgeschlechtlichen Partnerschaften (vor allem in Südosteuropa, Italien und Estland) und in zwölf weiteren Ländern wird die Ehe unter gleichgeschlechtlichen Partnern per Verfassung ausgeschlossen (vor allem Ost- und Südosteuropa).

Nationalstaatliche *Gender*-Regime (als ein Set von Normen, Werten, Politiken, Prinzipien und Gesetzen, die Geschlechterarrangements gestalten) wirken somit normativ je nach Geschlecht und Sexualität auf Personen ein. Darüber hinaus hat Geschlecht auch in der alltäglichen räumlichen Praxis Bedeutung (insofern ist „Platzanweiser" nicht nur metaphorisch gemeint), wenn Räume nach Geschlecht zugewiesen werden bzw. *Gender*-Geographien (Wastl-Walter 2010) Handlungsmöglichkeiten eröffnen oder verhindern. Das bedeutet, die kulturell und sozial konstruierten Räume und Geschlechter konstituieren und beeinflussen einander wechselseitig. Dies zeigt sich an eher weiblich oder männlich konnotierten Räumen, wie Sekretariaten oder Führungsetagen in Universitäten oder Unternehmen, aber auch beispielsweise im Sport, wo Fußballerinnen eher immer noch die Ausnahme sind. Dass *queer* als *queer* wahrgenommen wird und Pilotinnen sowie männliche Pflegekräfte immer wieder bestaunt werden, zeigt die heterosexuelle Norm und Hierarchisierung in allen Bereichen unseres täglichen Lebens.

Für die geographische Forschung bedeutet dies, dass die Phänomene, mit denen wir uns beschäftigen, nach Geschlechtern differenziert betrachtet werden müssen. Forschungen über Bevölkerungsentwicklung, Migration und Mobilität bleiben oberflächlich, wenn sie nicht nach Geschlechtern als sozialer Kategorie unterscheiden. Wintzer (2014) hat nachgewiesen, dass dabei oft traditionelle Geschlechtervorstellungen und -normen unkritisch und manchmal auch verfälschend übernommen werden. Eine Auseinandersetzung mit den jeweiligen Diskursen über Geschlechterverhältnisse in den wissenschaftlichen Narrationen ist daher unerlässlich.

Auch alltagssprachlich wohl definierte Begriffe wie Arbeit müssen kritisch hinterfragt und neu konzipiert werden. So werden darunter üblicherweise nur bezahlte Tätigkeiten verstanden, nicht aber die meist von Frauen erbrachte Reproduktions- und *Care*-Arbeit. Unbezahlte Tätigkeiten im informellen Sektor gehen weltweit nicht in Statistiken ein, obwohl sie global entscheidend zum Überleben der Familien und (als Entlastungs- und Unterstützungsarbeit im Hintergrund) zur Sicherung der formellen Arbeit beitragen (Abb. 5.10).

Eine geschlechtersensible Betrachtungsweise drängt sich auch bei anderen Themen, wie beispielsweise Fragen der Sicherheit auf. Spannend ist es dabei, die staatlichen Konzepte von Männlichkeit und Weiblichkeit als antagonistische Entwürfe von Beschützern und Schutzbedürftigen und damit als geschlechtsspezifische Legitimation von Kriegen zu dekonstruieren. Die jeweiligen Zuschreibungen und Bilder sind in der Regel konstitutiv für die nationale Identität; und Militarismus, ein traditionelles Konzept von Männlichkeit, liegt dem Militär zugrunde und wird dort vermittelt. Die Feministische Geographie konnte zeigen, dass die nationale Sicherheit im Sinn von unversehrten Staatsgrenzen nicht immer identisch mit der Sicherheit der Bevölkerung ist. Wechselt man die Perspektive von der öffentlichen, nationalstaatlichen Ebene auf die private, individuelle, so ergibt sich ein völlig anderes Bild: Auf der individuellen Ebene sind nicht Kriege, sondern Gewalt gegen Frauen und Mädchen das weltweit verbreitetste, alltäglichste und trotzdem am wenigsten wahrgenommene Menschenrechtsproblem. Die UNO hat auf die veränderten Sicherheits- und Bedrohungsszenarien mit dem Konzept der „menschlichen Sicherheit" reagiert (UN-Sicherheitsrat 2000, 2008).

Vorstellungen von geschlechtsspezifischer Vulnerabilität und Bedrohung beeinflussen auch die Handlungsmöglichkeiten und Nutzung der gebauten Umwelt. Noch immer gibt es traditionelle Vorstellungen von Öffentlichkeit und Privatheit, die eines der ersten Themen der feministischen Forschung waren. Dabei wird auf einer bipolaren Vorstellung von Geschlecht basierend Öffentlichkeit weitgehend den Männern vorbehalten, Privates den Frauen zugeschrieben. Damit ist auch der öffentliche Raum in Städten geschlechtsspezifisch konnotiert. Es war das Ziel der feministischen 1980er-Bewegung, solche räumlichen Machtverhältnisse aufzuheben. Während dies im Alltag tagsüber an Bedeutung verloren hat, hört man entsprechende Argumente für die Dunkelheit bzw. Nacht aber immer noch. Unsicherheiten im öffentlichen Raum und die Tendenz, Mädchen und Frauen von „üblen" Orten fernzuhalten bzw. ihren Bewegungsraum beispielsweise in der Erziehung auch zeitlich einzuschränken, ist Ausdruck von Machtverhältnissen und Kontrolle (Ruhne 2003). Dieses Bestreben nach Kontrolle und Regulierung zeigt sich insbesondere in den vielen, unterschiedlichen und oft heftig debattierten Aus- und Abgrenzungen von Räumen der Prostitution (Löw und Ruhne 2011), die die bürgerlichen Geschlechtervorstellungen und Moral abbilden.

Letztlich ist aber das Geschlecht nur eine der Achsen der Differenz, die die **Ungleichheit in der Gesellschaft** prägen. Um die Wirklichkeit der „schwarzen, marginalisierten Frauen" besser zu erfassen und die Wechselwirkungen bzw. Interdependenzen entlang der Kategorien *race, class* und *gender* (Exkurs 3.1) zu verstehen, wurde das Konzept der **Intersektionalität** von Crenshaw (1989) entwickelt (Abschn. 4.4.5). Später kamen dann weitere Kategorien wie Staatsbürgerschaft, Ethnie oder Alter dazu. Intersektionalität bietet einen Analyserahmen, der auch im deutschen Sprachraum aufgenommen und weiterentwickelt wurde (Degele und Winker 2007, Winker und Degele 2010; Carstensen-Egwuom 2014; www.portal-intersektionalitaet.de). Degele und Winker entwickelten eine Mehrebenenanalyse, um die Wechselwirkungen der Kategorien zu untersuchen. Dabei werden auf der Mikroebene die interaktiven Prozesse der Identitätsbildung angesehen, auf der Makroebene die gesellschaftlichen Strukturen und Institutionen und auf der dritten, vermittelnden, Ebene der Repräsentationen die kulturellen Symbole. So wird der Ansatz auch empirisch fruchtbar.

5.2.6 Nationalität als raumbezogene Identitätskategorie

Neben Geschlecht oder Alter wird auch die Nationalität oft als identitätsstiftend und damit differenzierende Variable in Statistiken herangezogen. Außerdem spielt Nationalität im Alltag eine sogar manchmal lebensentscheidende Rolle, beispielsweise wenn es um Visa oder Aufenthaltsrechte geht. Grundlegend für das Verständnis von Nationalität ist die Annahme, dass jeder Mensch eine Nationalität hat, sei es über das *ius soli* (d. h. nach dem Territorialprinzip über den Geburtsort, wie dies häufig Einwanderungsländer wie beispielsweise die USA definieren) oder das *ius sanguinis* (d. h. nach dem Abstammungsprinzip entsprechend der Nationalität der Eltern, meist des Vaters). In Deutschland, Österreich und der Schweiz gilt grundsätzlich die Logik des Abstammungsprinzips, was beispielsweise dazu führt, dass Kinder, deren Familien schon in zweiter oder dritter Generation in der Schweiz leben, nicht die Schweizer Staatsbürgerschaft haben und in den Statistiken als Ausländer bzw. Ausländerinnen geführt werden, während Jugendliche in Brasilien, die von Auswanderern abstammen, jedoch noch nie in der Schweiz gelebt haben, nach wie vor über die Schweizer Staatsbürgerschaft verfügen. Hier zeigt sich die Problematik der starren Kategorien, die mit dem zeitgenössischen Lebensalltag und der Praxis vieler Menschen nicht kompatibel sind. Im Zuge dieser Diskrepanzen passen einige Staaten ihre gesetzlichen Regelungen gelegentlich an die veränderten Umstände an, was meist zu heftigen politischen Debatten führt. In einigen Ländern, beispielsweise der Schweiz, hat man die **doppelte Staatsbürgerschaft** erlaubt, andere verbieten es, obschon eine Überprüfung einer Doppelbürgerschaft in der Praxis kaum sinnvoll erfolgen kann. Für manche Menschen gehört eine Flexibilisierung ihrer nationalen Zugehörigkeit zu den Überlebensstrategien: Beispielsweise haben in Moldawien viele Menschen zwei oder sogar mehrere Pässe, weil Moldawien das nicht verhindert und Rumänien, Bulgarien, Russland bzw. unter bestimmten Umständen auch die Ukraine den jeweiligen Pass ausstellen. Dies ermöglicht für viele eine Arbeitsmigration in die EU oder nach Russland ohne besondere Formalitäten.

Einem Konzept einer unveränderlichen lebenslangen Nationalität, der dann auch noch häufig eine bestimmte nationale Mentalität zugeschrieben wird, stehen Alltagserfahrungen gegenüber. Bei der Fußballweltmeisterschaft 2014 wurden 85 von 736 Kickern nicht in dem Land geboren, für das sie spielten (Kurier 1.7.2014). Aber auch Brüderpaare, die für zwei unterschiedliche Nationalmannschaften spielen (beispielsweise die Geschwister Kevin-Prince Boateng, der für Ghana spielt, und Jérôme Boateng, der für die deutsche Nationalmannschaft aufläuft), stellen das Konzept der Abstammungslogik der nationalen Zugehörigkeit infrage. Bei den Volkszählungen einiger Länder (beispielsweise der USA oder in Tschechien) kann man mittlerweile **mehrere ethnische Zugehörigkeiten** ankreuzen oder auch keine. Bei der Volkszählung 2011 in Tschechien haben bereits 25,1 % der erfassten Personen keine ethnische Zugehörigkeit deklariert. Dies hat teilweise mit ethnischen Diskriminierungserfahrungen der älteren Generationen zu tun, aber auch damit, dass junge Leute erklären, ethnische Zugehörigkeit sei eine Kategorie des 19. Jahrhunderts, die sie ablehnen.

Nationen wurden von Anderson (1983) als *imagined communities* definiert, die durch Diskurse und Praktiken (immer wieder) hergestellt werden. Dieser andauernde Prozess wird als *nation building* bezeichnet und durch mediale Diskurse, aber auch eine entsprechende Geschichtsschreibung und nationale Symbole getragen. Auch nationale Feiertage oder Events stützen nationale Identifikationsprozesse.

Besonders problematisch wird es dann, wenn dadurch Minderheiten ausgeschlossen werden, denen die Identifikation mit diesen Diskursen oder Praktiken fehlt oder die inhaltlich nicht eingeschlossen werden. Hier kann eine gesellschaftliche Desintegration und die Entwicklung von Parallelgesellschaften gefördert werden, wenn es kein Identifikationsangebot der Mehrheitsgesellschaft für soziale, kulturelle oder politische Minderheiten gibt.

5.2.7 Globalisierung

Täglich stellen wir fest, wie viele Konsumgüter wir nutzen oder Medien wir konsumieren, die irgendwo in der Welt produziert wurden und die wir auch an beliebig vielen anderen Orten finden können. Wir sind ohne Frage in eine **weltumspannende Produktion und Verbreitung** von Gütern und Ideen eingebunden und können uns dieser kaum entziehen (Kap. 7). Auf allen Kontinenten werden Salsa und Walzer getanzt, auf den Straßen sieht man die gleichen Autos, in den Geschäften und Restaurants findet man die gleichen Marken. Nike, Swatch und Sony findet man überall, Coca-Cola, Nestlé und Red Bull sind globale Marken und chinesisches Essen, Pizza und Burger werden weltweit angeboten. Mit diesem Angebot haben sich aber auch zunehmend Konsumgewohnheiten geändert und man findet global Ähnlichkeiten. Im Geschäftsleben und in der Politik sind für Männer Anzüge und Krawatten üblich geworden, man benutzt die gleichen Smartphones und Tablets und Apple und Microsoft haben die Welt verändert und auf ihre Standards eingeschworen.

Kapitel 5

Barbie und Ken beherrschen die Welt der Kinder und vermitteln Rollenbilder und Schönheitsideale, selbst in Kontexten, wo sie wenig mit den Alltagserfahrungen der dort lebenden Menschen verbunden sind.

Phänomene der Globalisierung prägen die mediale Darstellung der aktuellen Vorgänge, sie führen zu einer **Transformation von Raumbezügen und Machtgeometrien.** In dieser Verknüpfung unseres Alltags mit Prozessen der Globalisierung zeigt sich, wie Kultur- und Politische Geographie verwoben sind. Globalisierte Lebensformen wie Migration, inklusive Pendelwanderungen, Zirkelmigration oder Rückwanderungen und eine hohe alltägliche Mobilität über Staatsgrenzen hinweg machen das Konzept der Nationalität fragwürdig und bedingen eine ständige Aushandlung von sozialen Beziehungen (Abschn. 3.4). Viel mehr als ein „Entweder-oder" scheint ein postmodernes *both-and* angemessen. Dies spiegelt sich jedoch nur wenig in den Alltagskonzepten vieler Menschen und den politischen Diskursen wider.

Doch während man noch vor zehn Jahren oft Globalisierung mit Verwestlichung und Amerikanisierung gleichsetzte, stellt man heute auch Globalisierung anderer Herkunft fest: Man fährt Autos japanischer oder koreanischer Marken, sieht Filme aus Bollywood oder brasilianische Soaps. Bereits 2007 hat Sara Bongiorni über die Schwierigkeiten einer amerikanischen Familie geschrieben, ein Jahr lang ohne chinesische Produkte zu leben (Bongiorni 2007). Sollte man im Hinblick auf Informationen aus anderen Kontinenten die westlich geprägte Sichtweise relativieren wollen, dann kann man die Nachrichten auf „Al Jazeera", dem arabischen Nachrichtensender mit Sitz in Doha, Katar, verfolgen.

Investitionen und Eigentumsverhältnisse sind global gestreut und damit eng verwoben und es ist durchaus nicht außergewöhnlich, dass südafrikanische oder mexikanische Investoren am europäischen Markt eingreifen oder russische Millionäre britische Fußballclubs kaufen.

Das wohl augenscheinlichste Beispiel dafür, wie sehr Globalisierung heute auch von nichtwestlichen Kulturen bestimmt wird und wie sehr der globale Einfluss immer durch die lokale oder regionale Kultur variiert wird, ist die Anpassung asiatischer Küche an andere Esskulturen, beispielsweise indem weniger scharf gekocht wird. Noch etwas weiter geht man in der Fusionsküche *(fusion cuisine)*, bei der regionale und nationale Rezepte mit anderen „exotischen" Zutaten ergänzt werden. Dies gab es, so wie andere Globalisierungsphänomene, schon lange und typische nationale Gerichte haben oft deutliche Einflüsse anderer Esskulturen, so wie etwa die deutsche Currywurst, bei der die heimische Wurst mit Ketchup aus den USA und Curry aus Indien verändert wurde. Auch die typische Schweizer Schokolade wird ja mit Kakao gemacht, wobei Kakaobohnen nicht in der Schweiz produziert werden. Durch die Verschmelzung globaler Einflüsse und lokaler Kultur wird die Kreativität gefördert und es entstehen spannende neue Produkte oder Strömungen.

Träger der Verbreitung von Informationen und Ideen sind häufig die Medien, insbesondere *social media*. Die Nutzung der 1998 gegründeten Internetsuchmaschine Google hat unseren Alltag verändert und die **Zugänglichkeit von Informationen** weltweit revolutioniert. Damit wurde auch die Wirtschaft völlig verändert, neue Geschäftsbereiche und Berufe entstanden, was auch die Alltagskultur und den Lebensstil vieler Menschen nachhaltig beeinflusst hat. Im Februar 2004 wurde das soziale Netzwerk Facebook gegründet, das heute schon von über 1 Mrd. Menschen frequentiert wird und nach unterschiedlichen Statistiken zu den fünf am häufigsten besuchten Websites der Welt gehört.

Auch wenn die USA vermutlich der Staat mit den meisten Usern von Facebook sind, so sind *social media* doch auch in den wirtschaftlich aufstrebenden Ländern des globalen Südens weit verbreitet. Leider gibt es keine zuverlässigen Zahlen über die Verbreitung der *social media* innerhalb der Länder, die eine räumliche und soziale Differenzierung des Gebrauchs verlässlich erlauben würden. Google und Facebook liefern sich einen Wettlauf um die Internetversorgung von Entwicklungsländern, wobei Google durch den Kauf des Drohnenherstellers Titan Aerospace 2014 einen wichtigen Vorsprung gewonnen hat. Titan soll am Projekt „Loon" mitarbeiten, das mit Antennen auf riesigen Ballons Internetanschlüsse in entlegene Weltregionen bringen und damit Google neue Nutzer und Nutzerinnen bringen soll.

Am Beispiel der im März 2014 über das soziale Netzwerk Twitter (gegründet im Juli 2006) verbreiteten Korruptionsvorwürfe gegen den türkischen Ministerpräsidenten Erdoğan wird die Rolle und politische Bedeutsamkeit neuer Formen **sozialer Kommunikation** deutlich. Als die Regierung in Ankara Twitter für die Türkei sperren ließ, brach ein Sturm der Entrüstung los, und nachdem Anfang April das Oberste Gericht des Landes das Verbot als illegal einstufte, war der Onlinedienst wieder aktiv. Hier zeigt sich eine neue politische „Kraft" mit globaler Wirkung, auf die politische Akteure zunehmend reagieren können und müssen. Zugleich wächst die Skepsis vieler Nutzer und Nutzerinnen von Facebook und Twitter in Bezug darauf, was diese Unternehmen mit den Daten ihrer Kunden tun. So haben Google und Facebook eingestehen müssen, dass sie der US-amerikanischen *National Security Agency* (NSA) Zugang zu den Daten ihrer User ermöglicht und damit zu deren informationstechnologischer Macht beigetragen haben.

Diese neuen Entwicklungen der Kommunikation in den *social media* haben in einigen Ländern **neue politische Bewegungen** ins Leben gerufen, wie Anonymus bzw. institutionalisierte Gruppen wie die Piratenpartei, die sich als Vertreterin einer neuen Generation von internetaffinen jungen Menschen versteht und deren Interessen vertreten will. Die Piratenpartei versucht sich als neue und alternative Parteienform zu präsentieren, in der die interne Willensbildung nicht mehr über alte Parteistrukturen, sondern verflüssigt im Raum der *social media* emergent zusammenfließt. Dafür wurde der Begriff der *liquid democracy* geprägt: Die Mitglieder und Interessierten können sich direkt über dafür entwickelte *Social-media*-Plattformen an der laufenden Willensbildung dieser Partei beteiligen. Damit glaubt man, eine ganz neue Form des Politischen, eine verflüssigte, emergente, vernetzte Form von politischer Willensbildung etablieren zu können.

Diese verschiedenen Entwicklungen dürfen aber nicht darüber hinwegtäuschen, dass es global noch immer eine signifikante *digital divide* (auch digitale Kluft oder digitale Spaltung) gibt. Der Begriff *digital divide* bezeichnet die Spaltung der jeweiligen Gesellschaft in Menschen, die die Möglichkeit haben, digitale Medien wie Mobiltelefone oder Internet zu nutzen, und solche, die aus verschiedenen Gründen davon ausgeschlossen sind. In Europa oder den USA sind heute nur wenige Menschen aus technischen Gründen von dem Zugang zu digitalen Medien ausgeschlossen. Einige haben aus finanziellen Gründen keinen Zugang, aber im Wesentlichen hängt die Nutzungsmöglichkeit eng mit Know-how und persönlichen Kompetenzen zusammen. So werden diese Medien in der Regel von jüngeren Menschen genutzt, vielfach auch berufstätigen, während viele ältere oder schlecht ausgebildete Menschen Hemmungen gegenüber diesen neuen Technologien entwickeln.

In Ländern mit geringerem Wohlstandsniveau und beschränkter Infrastruktur bilden technologische Schranken oder finanzielle Möglichkeiten signifikante Zugangsbeschränkungen zu diesem **medialen Raum** der *social media,* doch schreitet die Verbreitung rasch fort. Heute kann man beispielsweise in Kenia schon in entlegenen Regionen, die niemals an ein Telefonfestnetz angeschlossen waren, seine Geldgeschäfte über Mobiltelefone abwickeln. Somit bieten einige dieser hypermodernen Technologien auch für entlegene und periphere Räume neue ökonomische Möglichkeiten der kommunikativen Einbettung.

Der Zugang zur virtuellen Welt wird aber mancherorts auch staatlich beschränkt: In China sind Google, Facebook und Twitter blockiert, dafür gibt es ähnlich aufgebaute Dienste: Baidu (für Google), Weibo (für Facebook). Deren Nutzung schafft dank der Blockaden bzw. anderer Häufigkeiten beim Aufrufen von Stichworten völlig andere „Weltbilder" als in der Welt von Google usw.

Globalisierung ist keine Einbahnstraße, die nur aus einer Richtung kommt und nur in eine Richtung führt, sondern eine vieldimensionale ökonomische, politische, aber eben auch kulturelle Beziehung, ein Netzwerk, das viele Player umfasst. Und es zeigt sich, dass Globalisierung keineswegs zu einer weltweiten Homogenisierung führt, sondern zu größerer Vielfalt und einem diversifizierten Angebot an Gütern und Werthaltungen, Symbolen und Handlungsoptionen. Globalisierung ist auch kein weltweit einheitlicher Prozess, der uns wie eine Welle erfasst, sondern läuft örtlich und regional ganz unterschiedlich ab, je nachdem, wie die globalen Angebote von der lokalen Kultur aufgenommen und transformiert werden. Diese Prozesse verlaufen nicht reibungslos und lösen oft Ängste, aber auch Konflikte aus. Sie spiegeln sich in geopolitischen Diskursen wider, die Immigration verhindern und nationale Kulturen erhalten wollen. Sie zeigen sich in gewalttätigen Konflikten in verschiedensten Orten der Welt, aber auch in der Herausbildung einer globalen Medienöffentlichkeit. Somit ist die Kulturgeographie der Globalisierung immer auch Teil einer Politischen Geographie.

5.3 Politische Geographie

Es ist bereits mehrfach betont worden: Kulturgeographie nach dem *cultural turn* ist immer auch politische Geographie. Ob wir über Natur-Gesellschafts-Verhältnisse, Identitätskonflikte, Sprache, Religion oder Globalisierung sprechen – in all diesen Fällen ist Kultur als ein Produkt von Diskursen zu verstehen. Durch diese Diskurse werden Identitäten und Erfahrungen immer neu ausgehandelt und (re-)interpretiert. Die Neue Kulturgeographie (nach dem *cultural turn*) betont deshalb **Fragen der Macht** als eine zentrale Analysekategorie. Macht und Raum bedingen sich gegenseitig: In der räumlichen Anordnung von Dingen zeigen sich auch gesellschaftliche Machtstrukturen. Dies sind genuine Fragen der Politischen Geographie, die sich mit ganz unterschiedlichen Phänomenen der Regelung kollektiven Zusammenseins beschäftigt. Dieses kann friedlich oder gewalttätig, erregt oder kalkuliert, öffentlich oder verdeckt ablaufen. Als politische Phänomene können wir so unterschiedliche Dinge betrachten wie Protestbewegungen, Massendemonstrationen, politische Parteien, das Parlament, Regierungen, politische Kompromisse, Versammlungen von Politikern und Politikerinnen sowie Regierungsverantwortlichen, aber auch Bürgerkriege, geopolitische Machtkämpfe, Fragen globaler Umweltpolitik oder Menschenrechte (Abb. 5.11).

Was ist politisch an der Politischen Geographie? Man kann einerseits sagen: Jede (Human-)Geographie ist – irgendwie – politisch. Spricht man von politischer Geographie mit kleinem „p", so ist damit gemeint, dass (Human-)Geographinnen und Geographen ihre Forschung immer schon politisch verstehen müssen, als einen Beitrag zur reflexiven Hinterfragung von Politik, Wirtschaft und Gesellschaft. So gesehen ist auch Wirtschaftsgeographie oder Sozialgeographie politisch, wie ja auch Diskussionen, zum Beispiel über Bankenregulierung, politisch sind. Diese Sichtweise beruht auf der Annahme, dass es keine „unschuldigen" Begriffe und damit auch keine „unschuldige"

Abb. 5.11 Protestkundgebung als politisches Phänomen in Hamburg, 2010 (Foto: Hans Gebhardt)

– im Sinne von unpolitische – Sozialwissenschaft geben kann. In der Kulturgeographie nach dem *cultural turn,* aber auch einer marxistisch inspirierten **Radikalen Geographie,** wird diese Position vertreten. Politische Geographie mit großem „P" bezeichnet hingegen ein akademisches Wissensfeld, einen Teilbereich der Humangeographie – wie die Wirtschaftsgeographie, die Stadtgeographie, die Kulturgeographie. Um dieses Wissensfeld zu definieren, muss „das Politische" von all demjenigen abgegrenzt werden, was nicht „das Politische" ist, zum Beispiel das Kulturelle, das Wirtschaftliche oder das Soziale. Wie genau diese Abgrenzungen vorgenommen und begründet werden, ist bereits Teil der jeweiligen theoretischen und konzeptionellen Verortungen unterschiedlicher Denkschulen.

5.3.1 Was ist das „Politische"?

Die Frage nach „dem Politischen" fragt nach der Ontologie (dem Wesen) des Politischen. Dafür ist eine von Oliver Marchart (2010) vorgenommene Unterscheidung hilfreich: Marchart unterscheidet zwei Positionen, die er mit den Arbeiten von Hannah Arendt (1906–1975) und Carl Schmitt (1888–1985) verbindet. Beide definieren das Politische als eine Modalität menschlichen Handelns, aber die Artikulation dieser Modalität ist grundverschieden:

Für Hannah Arendt zeigt sich das Politische in **Formen des Zusammenseins,** „in denen man sich bespricht, um dann in Übereinstimmung miteinander zu handeln" (Arendt 1981, zitiert in Bröckling und Feustel 2010, S. 10). Hannah Arendt verband mit dem Politischen das Leben in der *polis,* als einem Reich der Freiheit, der privilegierten Sphäre der Reflexion, des Nachdenkens und Ausdiskutierens. Ulrich Beck hat diesen Gedanken später so gefasst (Beck 1988): Die Erfindung des Politischen zeige sich in reflexiven, regelverändernden Neuerungen.

Carl Schmitt hingegen schreibt: „Die spezifisch politische Unterscheidung […] ist die Unterscheidung zwischen Freund und Feind" (Schmitt 1932, S. 23). Entscheidend ist (in dieser Perspektive), dass vom Politischen nur dort gesprochen werden kann, wo die Funktion der **Freunde und Feinde** definiert wird, also in existentiellen Situationen, in Konflikten und Kriegen. Damit ist das Politische ein besonderer Intensitätsgrad einer „Assoziation oder Dissoziation von Menschen".

Schon bei der Aufzählung politischer Phänomene am Anfang dieses Unterkapitels haben wir die Vielschichtigkeit des Politischen sehen können. In der Liste befinden sich Phänomene, die eher zu Arendts Definition passen (z. B. Protestbewegungen, Massendemonstrationen) und solche, die eher zu Schmitts Freund-Feind-Denken passen (z. B. Krieg, Geopolitik). Sowohl Arendt als auch Schmitt reservieren den Begriff des Politischen jedoch für außerordentliche Ereignisse, nicht für das Alltagsgeschäft politischer Institutionen. Sie greifen damit eine begriffliche **Unterscheidung zwischen Politik und dem Politischen**

auf, die Marchart als „Politische Differenz" (Marchart 2010) bezeichnet. Das Politische erschöpft sich gerade nicht in Routinen des politischen Alltagsgeschäftes (also in „der Politik"). Indem vom Politischen gesprochen wird, soll gerade nicht von der Politik (als Organisationsproblem, als institutioneller Ort, an dem Politik gemacht wird, also in den Parlamenten, Parteien usw.) gesprochen werden. Es geht um einen Ort des Politischen, der über die institutionalisierten Orte der Politik hinausgeht – und diese immer wieder infrage stellt. Diese begriffliche Differenzierung ist mit der (normativen) politischen Forderung verbunden, dass „die Politik" nicht alleine ihren eigenen Legitimationsdiskursen, ihrer eigenen Reproduktionslogik überlassen werden soll.

Damit schließt die Diskussion um die Differenz von Politik und dem Politischen an die alltagspolitischen, öffentlichen Diskussionen an, die von Frustrationen über „die Politik" gekennzeichnet sind – Stichwort: Politikmüdigkeit. Das sich auf unterschiedliche Weise auszeichnende „Politische" wird der „bloßen" Politik gegenübergestellt. Implizit geht damit eine Kritik am Liberalismus westlicher Prägung und an der parlamentarischen Demokratie einher. Dahinter steht die (zu hinterfragende) Zeitdiagnose, dass die „offiziellen" institutionellen Orte der Politik (das Parlament, die Regierung, die Parteien, öffentliche Kommissionen usw.) keinen Raum mehr für grundsätzliche Reflexionen darüber geben könnten, was ein Kollektiv definieren soll, da sie eng innerhalb der Logik des expandierenden globalen Kapitalismus verhaftet seien. Es sei deshalb unwahrscheinlich, dass sich grundlegende Systemkritik innerhalb der offiziellen Gremien der westlichen Demokratien entfalten könne. Dafür benötige es andere Artikulationen des Politischen. Aus dem Begriff der politischen Differenz lässt sich aber zumindest für die Politische Geographie das Postulat ableiten, sich nicht nur mit den Orten der institutionalisierten Politik auseinanderzusetzen, sondern auch nach anderen Orten zu suchen, in denen das Politische in seinen verbindenden und trennenden Dimensionen ausgehandelt wird.

5.3.2 Gefährliches Denken: Politik und Raum

In der Politischen Geographie der Gegenwart spielt die Abgrenzung gegenüber „gefährlichen" Denkern (es handelt sich nur um Männer) der Vergangenheit eine große Rolle. Wir nennen diese Denker gefährlich, weil ihr Gedankengut zur Begründung von imperialer, nationalsozialistischer oder faschistischer Politik diente. Die aktuelle Politische Geographie beschwört deshalb immer wieder die Vergangenheit als Fehler, den es zu vermeiden gelte, um darauf ein alternatives Forschungsprogramm zu begründen – so zum Beispiel in der Kritischen Geopolitik *(critical geopolitics),* die sich von der klassischen Geopolitik und deren Unterstützung kolonialer und nationalsozialistischer Expansionspolitik abgrenzt. Es folgt hier deshalb ein kurzer und selektiver Blick zurück in die Geschichte des Faches und einiger seiner gefährlichen Denker (Friedrich Ratzel und Carl Schmitt), denen dann eine ganz andere Art, das Politische zu denken, gegenübergestellt wird (Peter Sloterdijk).

Friedrich Ratzel

Es ist allgemein üblich – in Lehrbüchern, disziplingeschichtlichen Aufsätzen und Festreden – die Politische Geographie im deutschsprachigen Raum mit der Figur Friedrich Ratzel (1844–1904) und seinem Werk „Politische Geographie" (von 1897) beginnen zu lassen. Um die Bedeutung seines Werks einschätzen zu können, müssen wir auf zwei Aspekte genauer achten: erstens auf den ideengeschichtlichen und historisch-politischen Kontext, in dem er sein Werk schrieb, und zweitens auf die Rezeptionsgeschichte seiner Arbeit, das heißt die Frage, wie seine Gedanken also nach ihm aufgenommen, weitergedacht – und in seinem Fall vor allem – politisch instrumentalisiert wurden.

Im Kern von Ratzels Werk – und der Kritik daran – steht ein Bild vom **Staat als Organismus**. Für ihn ist der Staat mit den Eigenschaften eines Lebewesens bzw. eines Organismus ausgestattet, der nur dann Gesundheit ausstrahlt, wenn er zu beständigem Wachstum, das heißt Territorialexpansion, fähig ist. Ratzel sieht deshalb in der historischen Bewegung und Gegenbewegung der Völker und Staaten im Raum den Kern politisch-geographischer Betrachtung. Wachstum und Expansion eines Staates sind dann gerechtfertigt, wenn sie geographisch bedingt sind: Staaten wachsen und schrumpfen entsprechend der Kulturstufen der jeweiligen Völker und abhängig vom natürlichen Potenzial des jeweiligen Territoriums. Das **Raumbedürfnis** des Lebens stehe nie still, der Raum der Erdoberfläche sei aber begrenzt. Daraus entstehe auf der ganzen Erde ein Kampf von „Leben mit Leben um Raum". Ein Volk und dessen Kultur identifizierten sich durch räumlich verbundene Beziehungen der Menschen zum Boden, zum Staatsgebiet, zum Territorium. Der Staat wird somit zur organischen Verbindung dieses Beziehungsgefüges von Volk und Boden in einem bestimmten Teil der Erdoberfläche. Dieses Bild lebt von der Prämisse, dass ein „einheitliches" Staatsvolk auf einem bestimmten Raumausschnitt lebt. Minderheiten können in solcher Sichtweise nur als Verschmutzung wahrgenommen werden. Sie stören die Reinheit der Beziehung des Volkes zum Boden. Deshalb legitimiert dieses Bild eine gewaltsame Politik gegen ethnische Minderheiten.

Ratzel unterstützte interne **Kolonisation** (Fruchtbarmachung von Brachland) und externe Kolonisation (territoriale Expansion, Imperialismus und Kolonialismus). Daher wird ihm oft vorgeworfen, dass seine Schriften der Kolonial- und Aufrüstungspolitik des deutschen Kaiserreichs eine „wissenschaftliche" Grundierung gaben. Seine Organismustheorie passte zum dominierenden Denken am Ende des 19. Jahrhunderts, das durch einen Konkurrenzkampf der Nationen und einen Wettlauf um die Eroberung der Welt in Form des Kolonialismus und Imperialismus geprägt war. Noch schwerer wiegt darüber hinaus der Vorwurf, dass in diesem Denken – der Graduierung von Kulturen und Völkern (dienend, herrschend) ein rassistischer Impuls innewohnte, der kombiniert mit dem „Gesetz der wachsenden Räume" einen entscheidenden Ideenimpuls für die **nationalsozialistische Lebensraumideologie** gegeben hat. Ratzel selbst starb, lange bevor diese Ideologie ausgearbeitet wurde. Hans-Dietrich Schultz, einer der führenden Disziplinhistoriker der deutschsprachigen Humangeographie, argumentiert jedoch, dass seine Theorie an die Lebensraumideologie des Dritten Reichs anschlussfähig war und dass in seinem Denken schon eine Umorientierung auf die „Rasse" als entscheidende Kategorie der Geschichte sichtbar wird (Schultz 1998).

Carl Schmitt

Wie bei Ratzel geht die Bezugnahme auf Carl Schmitt mit dem Eintritt in eine „Gefahrenzone" einher (Elden 2010): Schmitt unterstützte das nationalsozialistische Regime in Deutschland und legitimierte den Führerstaat. Schmitt definierte das Politische über die Unterscheidung von Freund und Feind (siehe oben). Für die Politische Geographie interessant sind seine Schriften vor allem deshalb, weil er jegliche **Rechts- und Ordnungsvorstellungen auf den physischen Raum** zurückführt: „Jede Ordnung ist … zugleich eine territorial konkrete Raumordnung" (Schmitt 1991, S. 11). Schmitt bezeichnet dies als Zusammenhang von Ordnung und Ortung, das heißt, der Freund-Feind-Gegensatz entfaltet sich immer in unterscheidbaren und abgrenzbaren physischen Räumen. Räume sind immer „umkämpfte" Räume, da Raum und das Politische nicht voneinander getrennt werden können. Hier konstruiert er eine Analogie von (politischer) Idee und (physischem) Raum. Ähnlich wie Ratzel sieht deshalb auch Schmitt die **Landnahme** als existentiellen politischen Akt – erst durch die Landnahme verwandelt sich ein Raum zu einem Rechtsraum mit einer politischen Ordnung. Und dieser Akt der Landnahme erfolgt meistens über einen politischen und rechtlichen Ausnahmezustand, das heißt in einem Zustand der Aussetzung einer bestehenden Rechtsordnung – mit anderen Worten: durch die Anwendung von Gewalt. Ähnlich wie bei Ratzel ist sein Denken mit der Begründung kolonialer Eroberungen, der nationalsozialistischen Lebensraumideologie und anderer gewalttätiger Landnahmen kompatibel.

Zugleich ist für Schmitt der Begriff des Ausnahmezustands zentral. Im **Ausnahmezustand** ist die rechtliche Ordnung suspendiert. Dabei ist die zentrale Frage, wer den Ausnahmezustand ausrufen kann: „Souverän ist, wer über den Ausnahmezustand entscheidet" (Schmitt 1932, S. 1). Raumordnende Ereignisse der Landnahme und des Kriegs finden meist in Räumen des politischen Ausnahmezustands statt. Für Schmitt ist der Ausnahmezustand jedoch räumlich und zeitlich eingegrenzt – auf eine Krisensituation, den Ernstfall, der ein schnelles Handeln erforderlich macht (Korf 2009). Dadurch wird die Frage, was politisch zu tun ist, von einer Rechts- zu einer Machtfrage, zur Frage der Entscheidung eines handelnden Souveräns. Diese Macht des Souveräns, die Rechtsordnung aufzuheben, bleibt auch im Normalzustand latent bestehen. Bei Giorgio Agamben, der Schmitts Gedanken weiterführt, wird der Ausnahmezustand „deterritorialisiert" (Agamben 2004): Der Ausnahmezustand ist raumordnend, aber nicht räumlich verortet, er wird zur Beziehungsfigur („topologisch"). Die Grenzen zwischen Gewalt und Gerechtigkeit lösen sich im Inneren des Rechts auf.

Verschiedene Überlegungen von Schmitt und Agamben sind in der Politischen Geographie aufgegriffen worden. Agambens Gedanken zur Auflösung von Gewalt und Recht lassen sich auf die Analyse extra-legaler Formen der Kriegsführung anwenden, zum Beispiel dem Gefangenenlager von Guantanamo Bay, in dem die

Kapitel 5

USA ohne gerichtliche Verfahren Gefangene aus dem „Krieg gegen den Terror" einsperrt, oder Praktiken der Kriegsführung der USA in Afghanistan und im Irak (Gregory 2004). Schmitts Begriff der Landnahme besitzt analytische Relevanz, wenn es um Formen gewaltsamer Aneignung von Land in Ländern des globalen Südens geht, sei es in Form von *land grabbing* multinationaler Unternehmen oder aber gewalttätiger Expansionen des Staates in seine peripheren Räume (Korf und Schetter 2012). Chantal Mouffe wiederum bezieht sich in ihrem Buch „Über das Politische" (Mouffe 2007) auf Schmitts Definition des Politischen als Freund-Feind-Gegensatz. Mouffe begründet damit ihre Vorliebe für „agonistische" – auf klare Auseinandersetzung hin orientierte – politische Verfahren, die sie gegenüber einem auf Konsens und Interessenausgleich orientierten Modell von Politik abgrenzt. Letzteres bezeichnet Mouffe in kritischer Absicht als „postpolitisch".

Peter Sloterdijk

Eine ganz andere Art, Raum und Politik zusammenzudenken, verfolgt Peter Sloterdijk. Er entwickelt einen Begriff von **Lebens-Räumen,** der sich radikal von Ratzels Lebensraumbegriff und auch von Schmitts Freund-Feind-Denken absetzt. Sloterdijks Lebens-Räume bestehen aus **„Sphären",** jene immer wieder neu zu bauende Orte, in denen die Zusammengehörigkeit von Menschen als In- und Mit-Sein gelebt wird, das sich gegen ein Außen abgrenzt (Sloterdijk 1998–2004). Sloterdijk erweitert mit seinem Sphärenkonzept den Raumbegriff, indem er diesen von seiner physisch-geographischen Grundierung abstrahiert, ohne diese zu leugnen. Diese Sphärentheorie hat insbesondere die Medien- und Architekturtheorie inspiriert und jene Bereiche der Politischen Geographie, die sich mit Fragen der Artikulation des Politischen im Medienzeitalter beschäftigen. Dabei greift Sloterdijk auf die Arbeiten von Martin Heidegger (1889–1976) zurück. Bei Heidegger interessiert Sloterdijk dessen „Frage nach dem Sein." Anders als Heidegger, der diese Frage mit Blick auf die Zeit („Sein und Zeit") behandelt, geht es Sloterdijk jedoch um die Frage nach „Sein und Raum" – das „Sein" wird zu einer „Zusammenseinsfrage". Sloterdijks Frage ist: Wo sind wir, wenn wir in der Welt sind? Er schreibt eine Anthropologie des Menschen als eines Wesens, das Räume bildet, doch Räume nicht (nur) verstanden als physische, sondern als „beseelte Räume". Damit wird Raum für Sloterdijk von einer leeren Abstraktion zu einer Form menschlichen Lebens – ihn interessieren die den Raum gestaltenden, raumschöpferischen Tätigkeiten.

Sloterdijk betreibt eine **Existenzialisierung des Raums** aus einer Mikro-Sphärologie intimer Beziehungen – er bezeichnet diese als „Blasen", durch die er die Vorrangigkeit der Paarbeziehung vor der des Individuums ableitet. Dies verbindet er mit einer Makro-Sphärologie der „Globen", in der er die sphärenerweiternden Raumeffekte der Globalisierung nachzeichnet. Dort trifft sich Sloterdijk mit Schmitts Überlegungen zur frühkolonialen Landnahme in der „Neuen Welt". Sloterdijk interpretiert die Moderne als einen Prozess, der zum Verlust des Raums, zur Vermischung von Mitte und Peripherie führt – weg von einem allumfassenden Raumbild des Globus hin zu einer „pluralen" Sphärologie der Raum-Vielheiten und lose aneinandergrenzen-den, sich berührenden lebensweltlichen Zellen. Deren Kombinationen und labile Konfigurationen bezeichnet Sloterdijk mit der Metapher des „Schaumes." Damit bietet Sloterdijk eine Raummetapher, die für die Beschreibung der fragilen Zustände unserer „Mediengesellschaft" und der transnationalen Verflechtung und Durchdringung von individuellen Lebens-Räumen nützlich ist.

5.3.3 Geopolitik, Territorium, Gewalt

Es sollen nun ausgehend von diesen drei Denkern – Ratzel, Schmitt und Sloterdijk – ganz spezifische Phänomene der Artikulation des Politischen in den Blick genommen werden. Ein solcher Blick kann weder einen vollständigen Überblick über die gesamte Forschungslandschaft noch einen tief gehenden Einblick in einzelne Forschungsfelder liefern, sondern nur eine erste Annäherung sein.

Für eine weitergehende Beschäftigung stehen am Ende dieses Kapitels wichtige Literaturhinweise. Paul Reuber (2012) hat die Vielzahl an Forschungsarbeiten in der Politischen Geographie systematisiert und identifiziert sechs Forschungsfelder (Abb. 5.12). In jedem dieser Forschungsfelder werden bestimmte Probleme behandelt, oft aus unterschiedlichen theoretisch-konzeptionellen Zugängen heraus. Reubers Systematisierung zeigt die reiche Palette an Themen auf, die die Politische Geographie behandelt – und ihre vielfältigen Überschneidungen mit der (Neuen) Kulturgeographie, zum Beispiel in Fragen von raum-

Abb. 5.12 Forschungsfelder der Politischen Geographie nach Reuber (verändert nach Gebhardt et al. 2013)

bezogener Identität, kultureller Differenz und Globalisierung. Dabei ist es auch wichtig, auf die unterschiedlichen Schwerpunktsetzungen in der deutschsprachigen (Reuber 2012) und der englischsprachigen Forschungslandschaft zu achten (Agnew und Muscara 2012, Jones et al. 2014).

Kritische Geopolitik

Kritische Geopolitik definiert sich bewusst in Abgrenzung zur klassischen Geopolitik. Beeinflusst vom Denken Friedrich Ratzels hatte Karl Haushofer (1869–1946) in der Zeit der Weimarer Republik eine expansionistische Territorialpolitik Deutschlands befürwortet (Sprengel 1996, Werber 2014). Haushofer entwickelte Ratzels Lebensraumkonzept weiter, indem er argumentierte, dass das dicht besiedelte Deutschland neuen Lebensraum benötige und deshalb dünn besiedelte Territorien seiner Nachbarländer annektieren solle. Interessanterweise kombinierte Haushofer Ratzels Begriff des Lebensraums mit einem Konzept des britischen Geographen Sir Halford Mackinder (1861–1947). Mackinder formulierte 1904 in der Schrift *The Geographical Pivot of History* (Mackinder 1904) die sogenannte *Heartland*-**Theorie:** Die Beherrschung des Kernlandes Eurasiens sei der Schlüssel zur Weltherrschaft, insbesondere die Kontrolle Osteuropas sei dabei entscheidend. Damit hatte Mackinder nach und neben Ratzel eine der ersten Theorien der Geopolitik formuliert. In dieser (klassischen) Geopolitik geht es darum, einem Staat oder einer Nation durch eine geopolitische Analyse der Welt realpolitische und militärische Strategien zur Verfügung zu stellen, um deren politische Situation zu stärken.

Die Kritische Geopolitik wiederum definiert genau diese realpolitische Geopolitik als ihren Untersuchungsgegenstand (Albert et al. 2010, Dalby 2006, Redepenning 2006). Sie fragt, welche **geopolitischen Leitbilder** und Ordnungsvorstellungen im politischen Alltag und in den Medien über Karten, sprachliche Argumente, Metaphern und Bilder hergestellt werden, da diese das Denken und Handeln sowohl von politischen Akteurinnen und Akteuren als auch die Wahrnehmung politischer Ereignisse in der Bevölkerung beeinflusst. Ein Beispiel für solche zu „dekonstruierenden" Leitbilder ist Samuel Huntingtons einflussreiche These eines *clash of civilizations* – eines Zusammenpralls der Kulturen. Huntington (1996) stellt Konflikte um Raum und Kultur in den Vordergrund seiner Analyse, unter anderem in seinem Konzept der Kulturkreise als Räume politischer Identität. Damit konstruiert er Kulturen als räumlich homogene Einheiten und übersieht die vielfältige Durchdringung der verschiedenen Kulturen im Raum. Huntington prognostizierte, dass die Zukunft durch Konflikte zwischen den Kulturen, insbesondere zwischen „dem Westen" und dem Rest der Welt, bestimmt sei. Dabei identifizierte er den Islam als besondere Bedrohung für den Westen – eine Prognose, die sich mit „9/11" und den verschiedenen Anschlägen islamistischer Extremisten für einige Beobachter zu bestätigen scheint. Doch konstruiert Huntington auch hier homogenisierende Metaphern von „Islam" und „Gewalt" (kritisch dazu: Lossau 2002, Reuber und Wolkersdorfer 2002).

Ein anderes geopolitisches Leitbild ist die vielfach vertretene These über zukünftige „**Klimakriege**". Diese These entwirft ein Bild, in dem die durch den Klimawandel entstehende Knappheit an Ressourcen insbesondere in den „Tropen" zu vermehrten gewalttätigen Konflikten und Migrationsströmen führen werde. Der Klimawandel wird damit auf ein Problem „unterentwickelter" Gesellschaften und ihrer mangelnden Anpassungsfähigkeit reduziert. Folgendes Beispiel kann dies verdeutlichen: In seinem Bericht zu den Sicherheitsrisiken des Klimawandels identifiziert der politisch einflussreiche Wissenschaftliche Beirat Globale Umweltveränderungen (WBGU) globale „Brennpunkte" von Konfliktkonstellationen und hält diese auf einer thematischen Weltkarte fest (Abb. 5.13). Es ist auffallend, dass alle diese Brennpunkte im globalen Süden lokalisiert werden. Konflikte, so suggeriert diese Abbildung, seien ein Problem dieser „unterentwickelten" Länder, die sich ungenügend an den Klimawandel anpassen könnten. Deshalb drohe ihnen der gesellschaftliche Kollaps. Diese Repräsentation des Problems der Klimawandelfolgen ist problematisch. Sie fokussiert das Problem des Klimawandels einseitig auf die Opfer und nicht auf die Verursacher. Zugleich bedient diese Repräsentation tiefsitzende Stereotype über Länder des globalen Südens, zum Beispiel von Afrika als hoffnungslosem, von Gewalt heimgesuchten Kontinent (Flitner und Korf 2012).

Kritische Geopolitik entlarvt die Logik dieser Argumentation und zeigt deren Folgen für die internationale Politik auf. Beide geopolitischen Leitbilder – Huntingtons *clash of civilizations* und die These vom Klimakrieg – arbeiten mit einer tief verwurzelten Zweiteilung des Raums in „unseren" und „deren" Raum, wobei der Raum der „Anderen" zivilisatorisch als rückschrittlich und gefährlich eingeordnet wird. Huntington hatte diese problematische zivilisatorische Einteilung der Welt am prägnantesten auf den Begriff gebracht. Hier finden wir wieder den rassistischen Impuls, den Hans-Dietrich Schultz bereits in Ratzels Denken identifiziert hatte und der das Andere (außerhalb des Westens) nur als minderwertig ansehen kann. Achille Mbembe hat dieses Denken und seine Stereotypen in seinem Buch mit dem provokativen Titel „Kritik der schwarzen Vernunft" (Mbembe 2014) vor Kurzem nochmals einer scharfsinnigen Kritik unterworfen. Problematisch sind solche Sichtweisen, wie die von Huntington, da sie nicht auf den Raum der Ideen beschränkt bleiben, sondern konkrete Auswirkungen auf die internationale Politik haben: Sie dienen vielfach zur Legitimierung für politisches und militärisches Eingreifen in bestimmte Orte, Gesellschaften und Staaten.

Geographien der Gewalt

Für Carl Schmitt spiegelt sich eine politische Ordnung immer im Raum. Die Landnahme wird zu einem zentralen Akt der Souveränität, zur territorialen Ortung eines Gebiets, für das der „Entdecker" eine Ordnung – auch gewaltsam – festlegen kann. Peter Sloterdijk (2005, S. 163) führt dieses „Vorrecht, [von diesem und keinem anderen Herren behütet zu werden] und das zugleich die Risiken der Ausbeutung durch den fernen Souverän abdeckt" auf die Fiktion eines „Finderechts" in der kolonialen Eroberung der Welt zurück. Empirische Phänomene solcher Landnahmen als **umkämpfte Räume** finden wir auch heute in vielfältiger Form in den globalen Randzonen postkolonialer Staaten. Diese sind oft zugleich auch Peripherien des globalen Kapitalismus,

Kapitel 5

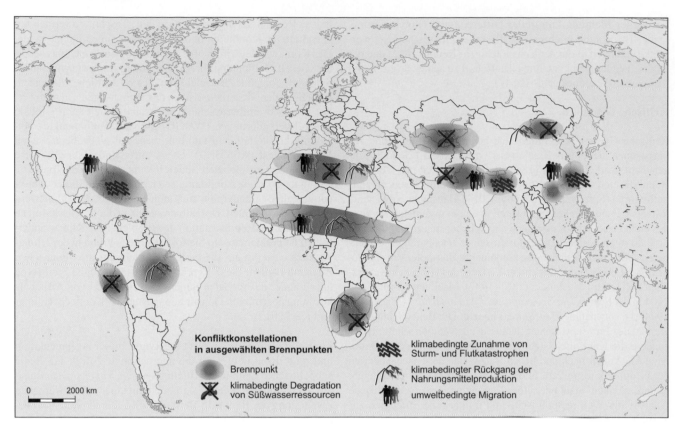

Abb. 5.13 Klimakriegsdiskurs: Konfliktkonstellationen in ausgewählten Brennpunkten (Quelle: Wissenschaftlicher Beirat Globale Umweltveränderungen 2007, S. 4)

seine Schattenzonen, zwar an dessen Peripherie verortet, aber für sein Funktionieren unabdingbar. In diesen Räumen übt der Staat seinen Herrschaftsanspruch nur sehr begrenzt, punktuell und teilweise willkürlich aus. Es entstehen „gewaltoffene" Räume (Elwert 1997) – das heißt Räume, in denen das Gewaltmonopol des Staates in Auflösung begriffen und unter widerstreitenden Gewaltakteuren umkämpft ist. Beispiele für solche gewaltoffenen Räume finden wir in vielen Ländern – teilweise durch militärische Interventionen mit verursacht (z. B. Afghanistan, Irak) und teilweise durch Zusammenbruch bestehender Ordnungen ausgelöst (z. B. Kongo, Syrien, Sierra Leone, Sudan, Somalia; Abb. 5.14 und 5.15). Dabei sind auch in diesen Ländern immer nur bestimmte Räume von akuter Gewalt betroffen, während andere in relativer Stabilität verbleiben (Korf und Raeymaekers 2012). Die Grenzen zwischen gewaltoffenen Räumen und stabileren Räumen sind meist jedoch fließend und ändern sich ständig. Zugleich finden wir gewaltoffene Räume auch in den *banlieues,* Favelas und Slums heutiger Megastädte.

Die **Geographische Konfliktforschung** untersucht die „Geographien der Gewalt" (Bohle 2007, Korf und Raeymaekers 2012, Schetter 2005, Korf und Schetter 2015), die sich in solchen gewaltoffenen Räumen ausbilden, das heißt die fragilen sozialen und politischen „Ordnungen", die sich aus einem Geflecht von unterschiedlichen Herrschaftsansprüchen, Gewalttaten und Überlebens- und Raubökonomien ausbilden. Anders als bei der Kritischen Geopolitik stehen hier weniger die diskursiven Leitbilder, als

vielmehr die konkreten sozialen Praktiken verschiedener Akteure im Blickfeld. Das ethnographische Material der Geographischen Konfliktforschung und die Diskursanalyse der Kritischen Geopolitik ergänzen sich in ihrer Methodik und ihren Erkenntnissen. So zeigen die ethnographischen Untersuchungen die Auflösung und Verflüssigung vieler Kategorien und Begriffe in den Randzonen der globalisierten Welt. Mit diesem Wissen können dann geopolitische Leitbilder, wie zum Beispiel *clash of civilizations* oder „Klimakriege", problematisiert und hinterfragt werden.

So untersucht die Geographische Konfliktforschung zum Beispiel gewalttätige Landnahmen in den globalen Randzonen (Doevenspeck und Kersting 2012), die mit diffuser und offener Gewalt einhergehen und die häufig in dünn besiedelten, meist abgelegenen Grenzräumen (Bergregionen, Waldregionen oder pastoral genutzten Trockengebieten) stattfinden. Es handelt sich um gewaltsame Territorialisierungsprozesse in Räumen fragmentierter Souveränität, das heißt in Räumen, in denen das Gewaltmonopol des Staates in Auflösung begriffen ist (Exkurs 5.2). Ein anderes Phänomen sind die Geographien der Gewalt in militarisierten Zonen heutiger Bürgerkriegsgebiete, Flüchtlingslagern und in Drogen- oder Bandenkriegen in Megastädten. Diese können als „Räume des Ausnahmezustands" analysiert werden, in denen die rechtliche Ordnung suspendiert wurde. Dieser Ausnahmezustand wird jedoch zunehmend zur Regel eines **Sicherheitsregimes** – die Grenzen zwischen Gewalt und Recht verschwimmen zusehends. Einerseits zeigt sich hier die souveräne Macht – sie setzt das Recht aus – und doch gelingt es auch hier nur selten, den Anspruch auf ein Monopol der Gewalt als Zeichen souveräner Herrschaft durchzusetzen: Im Schatten des Ausnahmezustands entstehen vielfältige Formen von Gewaltregimen, die von nicht staatlichen Gewaltakteuren, Sicherheitskräften, politischen Gangstern und Verbrechern etabliert werden, die ihren eigenen Geschäften nachgehen und untereinander in oft blutiger Konkurrenz stehen. Dabei wird die Grenze zwischen „offiziellen" Sicherheitskräften und „Kriminellen" oft fließend – politische Kategorien verflüssigen sich und gehen ineinander über.

Geographien des Zorns

Für Sloterdijk wird die Öffentlichkeit eines politischen Kollektivs zu einem „beseelten" Raum, der durch Affekte zusammengehalten wird. In seinem Buch „Zorn und Zeit" (Sloterdijk 2006) plädiert er dafür, hierbei dem Phänomen des Zorns als **Emotion mit hoher politischer Schubkraft** und als Artikulation des Politischen mehr Aufmerksamkeit zu schenken. Und in der Tat finden wir Zorn, Wut, Hass und Empörung in vielfältigen Formen vor: als Unterbrechung, ja Rebellion gegen herrschende Zustände, „die Politik", „die da oben", Diktatoren und gewählte Regierungen, internationale Finanzinstitutionen und EU-Kommission. „Stuttgart 21", *Occupy Wallstreet,* „Arabischer Frühling" (oft in den Medien als „Tage des Zorns" bezeichnet), *Indignados* (spanische Protestbewegung), der ukrainische *Maidan,* die Studierendenproteste in Hongkong, Straßenunruhen in Burkina Faso, die zur Ablösung des Präsidenten führten, PEGIDA, *Je suis Charlie* – diese Liste von Phänomenen politisch artikulierter Wut ließe sich beliebig fortführen und muss immer weiter fortgeführt werden, da diese Artikulationen in immer neuen Orten und Konstellationen ausbrechen (Exkurs 5.3).

Zorn ist ein auflösender **Affekt,** der kategoriale Begrenzungen infrage stellt – Herrschaftsansprüche, gesellschaftliche Wohlstandsverteilung, politische Entscheidungsstrukturen –, um ein Aufbrechen und Offenhalten des Politischen jenseits ausgetretener Pfade „der Politik" zu ermöglichen (wir erinnern uns an die analytische Trennung von „Politik" und „dem Politischen", die im Begriff der „Politischen Differenz" gefasst wurde). Zorn kann aber auch umschlagen in **Gewalt** gegen andere – in Pogrome gegenüber Minderheiten – oder Hass gegen andere Nationen und Völker. Appadurai spricht deshalb explizit von einer „Geographie des Zorns" (Appadurai 2009), die er auf eine Angst vor der kleinen Zahl zurückführt – die Angst vor kleinen, aber einflussreichen Minderheiten. Appadurai fragt, wie es dazu kommt, dass Völker, deren Sprachen, Geschichte und Identitäten über Jahrhunderte verwoben waren, „so viel Energie in ihren gegenseitigen Hass investierten" (Appadurai 2009, S. 100). Durch Gewalt gegen „andere" können gerade Solidarität und Identität unter denjenigen geschaffen werden, die diese Gewalt kollektiv ausüben. Dies zeigt sich insbesondere in Pogromen gegen Minderheiten, in der die „Masse" zur „Meute" werden kann, in der sich eine gewaltsame „Zerstörungssucht" der Masse bildet. Dieses Phänomen der zerstörerischen Wut einer Masse (oft auch in abwertender Absicht als „Mob" bezeichnet) zeigt sich vielfach

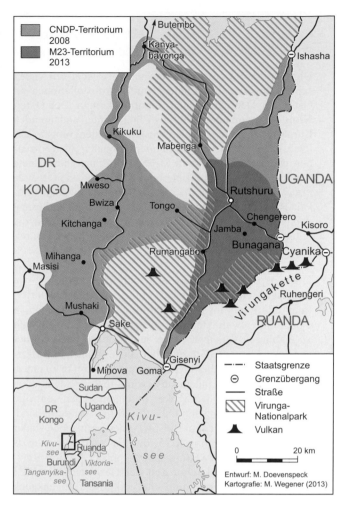

Abb. 5.14 Wechselnde territoriale Kontrolle unterschiedlicher Rebellengruppen im Ostkongo

Abb. 5.15 Ein Rebellenführer als Verwaltungschef, Rutshuru, 2012 (Foto: Martin Doevenspeck)

Kapitel 5

Exkurs 5.2 Die Territorialität der Rebellion

Der Geograph Martin Doevenspeck erforscht seit vielen Jahren die sich wandelnden Konfliktkonstellationen im Osten der Demokratischen Republik Kongo. Der **Osten Kongos** ist von einem seit zwei Jahrzehnten andauernden Bürgerkrieg mit unterschiedlichsten Rebellengruppen, Milizen, Regierungstruppen und internationalen Eingreiftruppen geprägt. Unter diesen Milizen sind auch bewaffnete Gruppen, die nach ihrer Beteiligung am Genozid in Ruanda in das damalige Zaire flüchteten. Daneben entstanden lokale Bürgerwehren. Immer wieder kommt es zur Auflösung und Neuformierung von Milizen und Rebellengruppen, die untereinander verfeindet sind, aber auch temporär Bündnisse schließen.

Doevenspeck interessiert sich insbesondere dafür, wie in diesen sich immer wieder verändernden **Herrschaftskonstellationen** Inseln der Stabilität entstehen können, in denen ein Gewaltakteur ein System politischer Ordnung zu etablieren versucht. Dabei legt Doevenspeck ein besonderes Augenmerk darauf, wie diese Milizen ihre Herrschaftsansprüche über Menschen und Territorien zu untermauern versuchen, indem sie bestimmte Repräsentationen und Symbole von Staatlichkeit und territorialer Kontrolle mobilisieren, auch wenn diese fragil und kurzlebig sind. Die Abb. 5.15 zeigt zum Beispiel einen politischen Kader der Rebellenbewegung M23, der als *administrateur de territoire* – als Verwaltungschef – in der Region Rutshuru während der kurzen Zeit der Herrschaft des M23 wirkte. Dieser Verwaltungschef erklärte Doevenspeck die politischen Ziele seiner Bewegung: Wohlstand durch Steuerreduzierung und harte Arbeit, Sicherheit durch Strafverfolgung, gute Regierungsführung durch transparente Politikprozesse und effiziente öffentliche Dienste. Diese Aussagen des M23-Kaders mögen mehr Rhetorik als Realität gewesen sein (in dem Sinne, dass die M23

wirklich gute Regierungsführung unter Beweis stellte). Und doch sind diese Repräsentationen und ihre Performanz – ihre Aufführungen im öffentlichen Raum – wichtige Bestandteile der Herrschaftssicherung im laufenden Kriegsgeschehen.

Auch diese Herrschaft stellte nur eine kurze Episode in der wechselvollen Geographie des Ostkongos dar. Die M23 wurde im November 2013 von einer neuen Eingreiftruppe der Vereinten Nationen besiegt. Schon die M23 war aus unzufriedenen Rebellen einer anderen Bewegung, dem CNDP *(Congrès National pour la Défense du Peuple)* hervorgegangen, als der CNDP 2009 in die kongolesische Armee integriert werden sollte. Obwohl die Herrschaft der M23 auf ein kleines Territorium und eine kurze Zeit begrenzt blieb, formulierte sie ambitionierte politische Ziele für die Herrschaft über ihr Territorium. Das Beispiel zeigt, wie Begriffe wie „Staat" und „Territorium" als Inbegriff einer politischen Ordnung – zwei Begriffe, die sich in ihrer heutigen Bedeutung erst im 17. und 18. Jahrhundert auf dem europäischen Kontinent ausgebildet haben – auch in scheinbar entfernten und von Gewalt zerrissenen Orten ihre Wirkmacht entfalten.

Der Philosoph Byung-Chul Han schreibt dazu: „Die Verrechtlichung vollzieht sich immer als Verräumlichung und Verortung [...] Zur Raumbildung ist nicht die Gewalt, sondern allein die Macht fähig" (Han 2011, S. 76 f.). Um politische Kontrolle über das militärisch eroberte Gebiet zu etablieren, mussten die Gewaltakteure andere Register ziehen als nackte Gewalt – das Register guten Regierens. Damit versuchten sie, ein erobertes Gebiet in ein „Territorium" zu verwandeln, in dem ihr Gewaltmonopol galt und legitim begründet werden konnte (Doevenspeck 2015; Abb. 5.14 und 5.15).

---

in städtischen Unruhen und Massenprotesten, sei es in London, Paris oder in Großstädten des globalen Südens.

Die Erforschung solcher „Geographien des Zorns" führt uns zu denjenigen politischen Affekten, die das Politische hervorbringen und prägen, und zur Wirkmacht, die dabei politischen Technologien (Massenmedien) und Akteuren („Zornmanagern") zukommt. Diese Affekte können sich in den „Geographien der Gewalt" ethnischer Konflikte ebenso manifestieren wie im *shitstorm* der Internetgeographien. Auch hier zeigen sich wieder die Verknüpfungen mit der Kritischen Geopolitik (über diskursive Repräsentationen politischer Affekte) und der Geographischen Konfliktforschung (über die Affekte, die Gewalt hervorbringen können). Eine wichtige empirische Frage ist hierbei, wie „spontan" oder „inszeniert" (bzw. organisiert) solche Massenphänomene politischer Leidenschaft sind (Ex-

kurs 5.3). Dabei kann man einerseits die diskursive Artikulation von Begriffen wie Wut, Hass, Empörung und ihre politische Instrumentalisierung in den Medien zum Thema machen oder aber nach den Mechanismen und Technologien fragen, die Zorn als kollektiv geteilten Affekt – als Massenphänomen – hervorbringen (Thrift 2008). So ist für Elias Canetti (1980) die Masse das von Affekten geleitete Gebilde, in dem der Verlust von Individualität in einer Art Rauscherfahrung als befreiender Akt empfunden wird. Dabei kann sich der Affekt der Wut, des Hasses und der Empörung sowohl in revolutionären oder rebellierenden, als auch in reaktionären oder einfach nur zerstörerischen Artikulationen des Politischen zeigen.

Exkurs 5.3 Gegen-Ort des Politischen? Die PEGIDA-Bewegung in Dresden

PEGIDA – die Bewegung der „Patriotischen Europäer gegen die Islamisierung des Abendlandes" – erschien recht plötzlich auf der politischen Bühne mit seit dem 20. Oktober 2014 organisierten wöchentlichen Montagsdemonstrationen. Diese knüpften rhetorisch an die berühmten Montagsdemonstrationen 1989/1990 in der DDR an, um gegen eine aus Sicht der Demonstrierenden verfehlte Asyl- und Einwanderungspolitik zu protestieren. Auch bei PEGIDA finden wir die „Angst vor der kleinen Zahl" (Appadurai) – in der Abgrenzung gegen die Minderheit der Muslime in Deutschland (und Europa). Dieser Minderheit wird Gefährlichkeit unterstellt – einerseits als Rekrutierungsgrund für gewalttätige Attentäter, aber auch als langfristige Bedrohung des „christlichen Erbes" aufgrund der größeren Kinderzahl von Muslimen, die in einer schrumpfenden Gesellschaft dann mehr sozialen und politischen Einfluss gewinnen könnten. Zugleich kommen unter dem ebenfalls der ehemaligen Bürgerrechtsbewegung in der DDR entlehnten Slogan „Wir sind das Volk" vielfältige Ressentiments gegen die politischen Institutionen und die „Lügenpresse" zum Vorschein, die das Volk vor eben diesen Gefahren nicht schütze.

PEGIDA wurde oben als ein Beispiel für ganz unterschiedliche öffentliche Artikulationen von Wut, Frustration und Ressentiments angeführt. Interessant unter dem Aspekt einer „Geographie des Zorns" sind vor allem folgende Fragen: Wie konnte sich aus diffusen Affekten, Ressentiments und Wut eine solche Bewegung entwickeln? Mit welchen politischen Technologien und durch welche Akteure wurden diese Affekte in öffentliche Massenveranstaltungen kanalisiert? Mit anderen Worten: Wie ist es PEGIDA gelungen, innerhalb kurzer Zeit regelmäßig Zehntausende Menschen zu einer Demonstrationsveranstaltung zu mobilisieren? Inwiefern finden wir bei PEGIDA eine Art „Rauscherfahrung" (Canetti 1980) als befreienden Akt der protestierenden Masse wieder? Wie kann man Affekte beobachten, kartieren, messen? Wie findet man Zugang zu den individuellen Emotionen und den vielfältigen Verknüpfungen und Mechanismen zwischen individuellen Emotionen und kollektivem Massenerlebnis? Die Erforschung dieser Fragen zu politischen Affekten steht methodisch noch am Anfang. Sie stellt nicht die Frage nach der inhaltlichen Richtigkeit dieser Proteste (das wäre eine normative Frage), sondern nach den Bedingungsmöglichkeiten dieser Massenphänomene als Artikulation des Politischen.

5.4 Fazit: Kultur- und Politische Geographie

In diesem Kapitel wurde wiederholt betont: Kulturgeographie und Politische Geographie können nicht getrennt voneinander gedacht werden. Es wurden dabei in den beiden Unterkapiteln zur Kulturgeographie und zur Politischen Geographie verschiedene Elemente einer Kritischen und Konstruktivistischen Geographie behandelt. Viele Fragen, die im einen Unterkapitel behandelt wurden, tauchen auch im anderen auf.

Im kulturgeographischen Teil standen Fragen der Repräsentation und Visualisierung – vor allem in Form von Karten und Statistiken – im Vordergrund. Die Kritische Kartographie betont immer wieder, dass Karten keine neutralen, sondern hoch politische Repräsentationen sind: Was wird gezeigt und was nicht, wie werden bestimmte Dinge repräsentiert? Diese Problematik zeigte sich etwa in den geopolitischen Repräsentationen von Klimakriegen oder Huntingtons *clash of civilizations,* die im Unterkapitel zur Politischen Geographie diskutiert wurden. Im kulturgeographischen Unterkapitel wurde auch die Geographie der Sprachen behandelt. Dass die Kulturgeographie der Sprache politisch ist, gilt auch für die Wissenschaft: In der Geographie als akademischem Wissensfeld gibt es seit vielen Jahren eine teilweise erbitterte Auseinandersetzung über die Dominanz der englischen Sprache in der „internationalen" geographischen Diskussion. Diese Hegemonie der englischen Sprache marginalisiert

und exotisiert Debatten, die in anderen Sprachen – auch der deutschen – geführt werden.

Es wurde außerdem – am Beispiel der Politischen Geographie – der Frage nachgegangen, wie die Arbeiten individueller, oft umstrittener, „gefährlicher" Denkerinnen und Denker in der Entwicklung von akademischen Wissensfeldern einen breiteren Raum einnehmen. Auch hier zeigt sich: Begriffe sind nicht unschuldig bzw. unpolitisch, sondern haben eine disziplinäre Geschichte, die oft mit bestimmten Theoretikern – und weit weniger mit Theoretikerinnen in einer noch immer recht stark von Männern geprägten Wissenschaftslandschaft – verbunden sind. Ihre Theorien und Gedankengebäude haben diese Denkerinnen und Denker in bestimmten historischen, politischen Kontexten ausgearbeitet. Dies ist einer der grundlegenden Gedanken des *cultural turn:* Die Geschichtlichkeit und raumzeitliche Verortung dieser Theorien ist immer mitzudenken – und diese Geschichte ist immer auch politisch.

Deshalb kann weder Kulturgeographie noch Politische Geographie ohne eine kritische Reflexion des „Politischen" in der Gesellschaft betrieben werden: Beide sind immer auch politische Geographie mit kleinem „p". Beide können von einem konstruktivistischen Fundament aus immer wieder deutlich machen, dass die Dinge in der Welt auch anders sein könnten (Lossau 2002), dass jede Form menschlichen Zusammenlebens und die räumliche Anordnung von Dingen nicht naturgegeben ist, sondern das Resultat von gesellschaftlichen Machtverhältnissen.

Kapitel 5

Zentrale Begriffe und Konzepte

Gender-Geographien, Geographien der Gewalt, Geographie des Zorns, Globalisierung, Identität und Differenz, Intersektionalität, Kultur, (Kritische) Geopolitik, Macht, nachhaltige Entwicklung, Natur, Performanz, politische Differenz, Politische Geographie, *queer studies,* Religion, Säkularisierung, Sphären, Sprache, Sprachenpolitik, soziale Konstruktion, Territorium

Literaturempfehlungen

Bauer B, Halimi S, Rekacewicz P (2012): Atlas der Globalisierung: Die Welt von morgen. Le Monde diplomatique, taz, Berlin

Diese periodisch erscheinende Publikation widmet sich aktuellen geopolitischen Entwicklungen und gibt spannende Hintergrundinformationen zu unterschiedlichen Themen von globaler Bedeutung. Die Artikel sind gut recherchiert, mit Daten und Fakten belegt und visuell hervorragend aufbereitet.

Dodds K (2007): Geopolitics: A very short introduction. Oxford University Press, Oxford

Dieses Buch führt kurz und prägnant in das geopolitische Denken ein – und in die Kritik an der klassischen Geopolitik. Es geht dabei primär auf die englischsprachige Literatur ein.

Gebhardt H, Glaser R, Radtke U, Reuber P (Hrsg) (2007) Geographie. Physische Geographie und Humangeographie. Spektrum Akademischer Verlag, Heidelberg

In diesem umfassenden Lehrbuch werden die natur- und gesellschaftswissenschaftlichen Forschungsmethoden und Zugänge der Geographie, Physischen Geographie und Humangeographie sowie die Zusammenhänge von Natur und Gesellschaft vorgestellt und schließlich die Schnittfelder diskutiert. Es bietet einen exzellenten Einblick in die aktuellen Fragestellungen und den *state of the art.*

Korf B, Schetter C (Hrsg) (2015) Geographien der Gewalt. Studienbücher der Geographie. Borntraeger, Stuttgart

In diesem Sammelband werden unterschiedliche Fallstudien zur Geographie der Gewalt zusammengetragen. Dieses Buch kann in Ergänzung und zur Vertiefung der Beispiele im Abschn. 5.3.3 gelesen werden.

Lossau J, Freytag T, Lippuner R (Hrsg) (2013) Schlüsselbegriffe der Kultur- und Sozialgeographie. Ulmer UTB, Stuttgart

Dieses Lehrbuch führt in ausgewählte Schlüsselbegriffe der Kultur- und Sozialgeographie ein, von denen viele für die Kultur- und Politische Geographie von großer Bedeutung sind.

Reuber P (2012) Politische Geographie. Schönigh, Paderborn

Dieses Lehrbuch bietet einen hervorragenden Ein- und Überblick über die Politische Geographie im deutschsprachigen und im anglophonen Raum. Reubers Darstellung orientiert sich an verschiedenen Denkschulen in der Geographie und stellt deren theoretische Herangehensweisen und Forschungsthemen vor und prüft kritisch ihre jeweilige Aussagekraft.

Kapitel 5

Literatur

Agamben G (2004) Ausnahmezustand. Suhrkamp, Frankfurt a.M.

Agnew J, Muscara L (2012) Making political geography. Rowman & Littlefield, Lanham

Albert M, Reuber P, Wolkersdorfer G (2010) Kritische Geopolitik. In: Schieder S, Spindler M (Hrsg) Theorien der Internationalen Beziehungen. Westdeutscher Verlag, Opladen, S 505–529

Anderson B (1983) Imagined Communities: Reflections on the Origin and Spread of Nationalism. Verso, London

Appadurai A (2009) Geographie des Zorns. Suhrkamp, Frankfurt a.M.

Beck U (1988) Die Erfindung des Politischen: Zu einer Theorie reflexiver Modernisierung. Suhrkamp, Frankfurt a.M.

Bohle HG (2007) Geographies of violence and vulnerability: an actor-oriented analysis of the civil war in Sri Lanka. Erdkunde 61(2):129–146

Bongiorni S (2007) A year without „made in China": one family's true life adventure in the global economy. Wiley, Hoboken

Bröckling U, Feustel R (2010) Das Politische Denken: Zeitgenössische Positionen. Transcript, Bielefeld

Brunotte E, Gebhardt H, Meurer M, Meusburger P, Nipper J (2002) Lexikon der Geographie in 4 Bänden. Spektrum, Heidelberg

Bundesamt für Statistik (2004) Landessprachen in den Gemeinden, 2000. http://www.bfs.admin.ch/bfs/portal/de/index/regionen/thematische_karten/maps/bevoelkerung/sprachen_religionen.parsys.0002.PhotogalleryDownloadFile2.tmp/k16.16s.pdf. Zugegriffen: 19. März 2015

Butler J (2004) Undoing Gender. Routledge, New York

Canetti E (1980) Masse und Macht. Fischer, Frankfurt a.M.

Carstensen-Egwuom I (2014) Connecting intersectionality and reflexivity: methodological approaches to social positionalities. Erdkunde 68(4):265–276

Crenshaw K (1989) Demarginalizing the intersection of race and sex: a black feminist critique of antidiscrimination doctrine, feminist theory and antiracist politics. The University of Chicago Legal Forum 140:139–167

Dalby S (2006) The geopolitics reader. Taylor & Francis, Abingdon

Degele N, Winker G (2007) Intersektionalität. Zur Analyse gesellschaftlicher Ungleichheiten. Transcript, Bielefeld

Doevenspeck M (2015) Die Territorialität der Rebellion: eine Enklave lokalen Friedens im kongolesischen Bürgerkrieg. In: Korf B, Schetter C (Hrsg) Geographien der Gewalt. Studienbücher der Geographie. Borntraeger, Stuttgart, S 216–229

Doevenspeck M, Kersting P (2012) Land grabbing in Westafrika – intensiv diskutiert, kaum untersucht. Geographische Rundschau 64(9):12–19

Elden S (2010) Reading Schmitt geopolitically: nomos, territory and großraum. Radical Philosophy 161:18–26

Elwert G (1997) Gewalträume: Beobachtungen zur Zweckrationalität von Gewalt. In: von Trotha T (Hrsg) Soziologie der Gewalt. Westdeutscher Verlag, Opladen, S 59–85

Eurostat (2013) Number of foreign languages known (self-reported) by sex. http://appsso.eurostat.ec.europa.eu/nui/show.do?dataset=edat_aes_l21&lang=en. Zugegriffen: 18. März 2015

Flitner M, Korf B (2012) Kriege der Zukunft = Klimakriege? Geographische Rundschau 64(2):46–48

Fowid (2013) Religiosität der Bevölkerung. Umfrage – Bevölkerung Deutschlands ab 16 Jahre 2012. http://fowid.de/fileadmin/datenarchiv/Religionszugehoerigkeit/Religiositaet_Bevoelkerung.pdf. Zugegriffen: 19. März 2015

Gebhardt H, Glaser R, Radtke U, Reuber P (Hrsg.) (2012) Geographie. Physische Geographie und Humangeographie. Spektrum Akademischer Verlag, Heidelberg

Gesellschaft für bedrohte Völker (2010) Bedrohte Sprachen. Gefahr für Minderheiten weltweit. Gesellschaft für bedrohte Völker, Göttingen

Gildemeister R (2010) Doing Gender. In: Becker R, Kortendiek B (Hrsg) Handbuch Frauen- und Geschlechterforschung. Theorie, Methoden, Empirie. Geschlecht und Gesellschaft, Bd. 35. Verlag für Sozialwissenschaften, London, S 137–145

Gregory D (2004) The Colonial Present: Afghanistan, Palestine, Iraq. Blackwell, Oxford

Han B-C (2011) Topologie der Gewalt. Matthes & Seitz, Berlin

Huntington S (1996) Clash of Civilizations and the Remaking of World Order. Simon & Schuster, London

Jones A, Jones R, Woods M (2014) An introduction to political geography: space, place and politics. Routledge, London

Knox PL, Marston SA (2008) Humangeographie. Spektrum Akademischer Verlag, Heidelberg (Hrsg von Gebhardt H, Meusburger P, Wastl-Walter D.)

Korf B (2009) Geographie des Ernstfalls. Geographische Zeitschrift 97(2–3):151–167

Korf B, Raeymaekers T (2012) Geographie der Gewalt. Geographische Rundschau 64(2):4–11

Korf B, Schetter C (2012) Räume des Ausnahmezustands. Carl Schmitts Raumphilosophie, Frontiers und Ungoverned Territories. Peripherie 126/127:147–170

Korf B, Schetter C (2015) Geographien der Gewalt. Studienbücher der Geographie. Borntraeger, Stuttgart

Latour B (1995) Wir sind nie modern gewesen: Versuch einer symmetrischen Anthropologie. Suhrkamp, Frankfurt a.M.

Le Monde diplomatique (2007) Atlas der Globalisierung. Le Monde diplomatique, Berlin

Le Monde diplomatique (2009) Atlas der Globalisierung. Le Monde diplomatique, Berlin

Lewis MP, Simons GF, Fennig CD (Hrsg) (2013) Ethnologue: languages of the world. Sil International, Dallas

Lossau J (2002) Politik der Verortung. Transcript, Bielefeld

Lossau J (2008) Kulturgeographie als Perspektive. Zur Debatte um den cultural turn in der Humangeographie – eine Zwischenbilanz. Berichte zur Deutschen Landeskunde 82(4):317–334

Lossau J (2012) Postkoloniale Geographie: Grenzziehungen, Verortungen, Verflechtungen. In: Reuter J, Karentzos A (Hrsg) Schlüsselwerke der Postcolonial Studies. Springer, Wiesbaden, S 355–364

Löw M, Ruhne R (2011) Prostitution. Herstellungsweisen einer anderen Welt. Suhrkamp, Berlin

Mackinder H (1904) The geographical pivot of history. Geographical Journal 23(4):421–437

Maihofer A (2013) Geschlechterdifferenz – eine obsolete Kategorie? In: Grisard D, Jäger U, König T (Hrsg) Verschieden sein. Nachdenken über Geschlecht und Differenz. Ulrike Helmer, Sulzbach, S 27–46

Marchart O (2010) Die politische Differenz. Suhrkamp, Frankfurt a.M.

Mbembe A (2014) Kritik der schwarzen Vernunft. Suhrkamp, Berlin

Monmonier M (1996) Eins zu einer Million. Die Tricks und Lügen der Kartographen. Birkhäuser Verlag, Basel

Mouffe C (2007) Über das Politische. Suhrkamp, Frankfurt a.M.

Pulsfort E (2010) Herders neuer Atlas der Religionen. Herder, Freiburg

Kapitel 5

Redepenning M (2006) Wozu Raum? Systemtheorie, Critical Geopolitics und raumbezogene Semantiken. Beiträge zur regionalen Geographie Europas, Bd. 62. Institut für Länderkunde, Leipzig

Reuber P (2012) Politische Geographie. Schöningh UTB, Münster

Reuber P, Wolkersdorfer G (2002) Clash of civilization aus der Sicht der kritischen Geopolitik. Geographische Rundschau 54(7–8):24–29

Ruhne R (2003) Raum Macht Geschlecht. Zur Soziologie eines Wirkungsgefüges am Beispiel von (Un)Sicherheiten im öffentlichen Raum. Westdeutscher Verlag, Opladen

Schetter C (2005) Ethnoscapes, national territorialisation and the Afghan war. Geopolitics 10(1):50–75

Schmitt C (1991) Völkerrechtliche Großraumordnung mit Interventionsverbot für raumfremde Mächte. Duncker & Humblot, Berlin

Schmitt C (1932/1991) Der Begriff des Politischen. Text von 1932 mit einem Vorwort und drei Corollarien. Duncker & Humblot, Berlin

Schultz HD (1998) Herder und Ratzel: zwei Extreme, ein Paradigma?. Erdkunde 52(2):127–143

Seager J (2009) The penguin atlas of women in the world. Penguin Books, New York

Sloterdijk P (1998–2004) Sphären I–III. Suhrkamp, Frankfurt a.M.

Sloterdijk P (2005) Im Weltinnenraum des Kapitals. Suhrkamp, Frankfurt a.M.

Sloterdijk P (2006) Zorn und Zeit. Suhrkamp, Frankfurt a.M.

Sprengel R (1996) Kritik der Geopolitik. Ein deutscher Diskurs 1914–1944. Akademie-Verlag, Berlin

Strüver A (2005) Macht Körper Wissen Raum? Ansätze für eine Geographie der Differenzen. Beiträge zur Bevölkerungs- und Sozialgeographie. Institut für Geographie, Wien

Strüver A (2011) Der kleine Unterschied und seine großen Folgen – Humangeographische Perspektiven durch die Kategorie Geschlecht. In: Gebhardt H, Glaser R, Radtke U, Reuber P (Hrsg) Geographie. Physische Geographie und Humangeographie. Spektrum Akademischer Verlag, Heidelberg, S 667–675

Thrift N (2008) Non-representational theory. Routledge, London

Unesco (2010) Atlas of the world's languages in danger. Paris, Unesco. http://www.unesco.org/culture/languages-atlas/. Zugegriffen: 18. März 2015

UN-Sicherheitsrat (2000) UN-Resolution 1325 (S/RES/1325). http://daccess-dds-ny.un.org/doc/UNDOC/GEN/N00/720/18/PDF/N0072018.pdf?OpenElement. Zugegriffen: 19. März 2015

UN-Sicherheitsrat (2008) UN-Resolution 1820 (S/RES/1820). http://www.securitycouncilreport.org/atf/cf/%7B65BFCF9B-6D27-4E9C-8CD3-CF6E4FF96FF9%7D/CAC%20S%20RES%201820.pdf. Zugegriffen: 19. März 2015

Wastl-Walter D (2010) Gender Geographien. Geschlecht und Raum als soziale Konstruktionen. Franz Steiner Verlag, Stuttgart

Werber N (2014) Geopolitik. Junius, Hamburg

Werlen I (2008) Die Grundwörter der Oberwalliser Gipfelnamen. In: Volkart B, Widmer P (Hrsg) Chomolangma, Demawend, Kasbek. Festschrift für Roland Bielmeier. VGH Wissenschaftsverlag, Bonn, S 577–614

Whorf BL (1963) Sprache Denken Wirklichkeit. Rowohlt, Hamburg

Winker G, Degele N (2010) Intersektionalität. Zur Analyse sozialer Ungleichheiten. Transcript, Bielefeld

Wintzer J (2014) Geographien erzählen. Wissenschaftliche Narrationen von Geschlecht und Raum. Sozialgeographische Bibliothek, Bd. 18. Franz Steiner Verlag, Stuttgart

Wittgenstein L (1921) Logisch-philosophische Abhandlung. Annalen der Naturphilosophie 14(3/4):185–262

Wissenschaftlicher Beirat Globale Umweltveränderungen (WBGU) (2007) Welt im Wandel: Sicherheitsrisiko Klimawandel. Springer, Berlin, Heidelberg

Stadt und Urbanität

Ludger Basten, Ulrike Gerhard

6

Der Times Square in neuem Glanz, New York, 2012 (Foto: Ulrike Gerhard)

© Springer-Verlag Berlin Heidelberg 2016
T. Freytag et al. (Hrsg.), *Humangeographie kompakt*, DOI 10.1007/978-3-662-44837-3_6

Kapitel 6

Unsere heutige Welt ist eine Welt der Städte: Seit 2007 lebt mehr als die Hälfte der Weltbevölkerung in Städten, die unser Zusammenleben wie auch unser Wirtschaften prägen. Und obgleich „die" Stadt in Lüneburg, Nairobi oder Hongkong sehr unterschiedliche Formen annimmt, definiert sich doch über dieses spezielle Untersuchungsobjekt die Teildisziplin der Stadtgeographie. Mit ihren Konzepten und Perspektiven erfasst die Stadtgeographie Prozesse und Praktiken (z. B. ökonomische, soziale, kulturelle), die eine große Vielfalt städtischer Räume, aber auch spezifischer Lebensweisen und -bedingungen hervorbringen. Diese Heterogenität gilt auch für die Städte in sich, denn sie sind Orte der Spannungen und Konflikte, da hier ökonomische, soziale und kulturelle Unterschiede auf engstem Raum aufeinandertreffen und Ungleichheiten sowie Fragmentierungen hervorbringen. In diesem Kapitel geht es um das Werden und Wachsen städtischer Räume, um Differenzierungen innerhalb dieser Räume sowie um Wandlungen, Vernetzungen und die zukünftigen Planungen von Städten.

Abb. 6.1 Eine Konzentration von Menschen und Funktionen auf engstem Raum: Urbanität in Downtown Toronto, Kanada, 2013 (Foto: Ludger Basten)

6.1 Die Stadt als Objekt

Eine universelle und präzise Definition von Stadt kann es aufgrund der angesprochenen **Heterogenität** der Städte nicht geben. Geographinnen und Geographen verstehen unter einer Stadt im Allgemeinen eine Siedlung, in der eine größere Zahl von Menschen auf recht engem Raum lebt, was dichte Wohn-, Bau- und Ortsformen bedingt (z. B. Mehrfamilienhäuser, Großwohnsiedlungen). Städte sind zudem Zentren der Wirtschaft und des Handels und somit auch Knotenpunkte des Verkehrs, weshalb sie von großer Bedeutung auch für Menschen sind, die außerhalb des Stadtgebiets selbst leben – Geographinnen und Geographen sprechen diesbezüglich von Bedeutungsüberschuss oder **Zentralität.** All das führt in der Stadt zur Ausprägung besonderer Wirtschafts-, Umgangs- und Lebensformen, die insgesamt oft mit dem Begriff **Urbanität** umschrieben werden und sich von denen in nichtstädtischen Siedlungen mehr oder weniger deutlich unterscheiden (Wirth 1938).

Die innerstädtische Szenerie in Abb. 6.1 mit ihrer Konzentration von Menschen und Funktionen auf engstem Raum wird wohl unzweideutig als urban wahrgenommen. Für ein suburbanes Einfamilienhausgebiet am Stadtrand mit anderen, recht homogenen Bauformen sowie nur geringer funktionaler wie sozioökonomischer Mischung mag das jedoch ganz anders aussehen, obgleich auch solche Gebiete integrale Bestandteile moderner Großstädte sind – und zwar nicht nur im globalen Norden, sondern auch im globalen Süden, wo sich mittlerweile sehr ähnliche Stadtformen ausbilden (Abschn. 6.2.2). Selbst informelle Hüttensiedlungen lassen sich mittlerweile nicht nur im globalen Süden (Abb. 6.2), sondern auch in manchen europäischen Großstädten finden. Und trotz ihrer völlig andersartigen Bau- und Wohnformen sowie wirtschaftlichen und Beschäftigungsstrukturen stellen auch solche Gebiete für ihre Bewohnerinnen und Bewohner eindeutig etwas Städtisches dar. Das geographische Verständnis von Stadt muss demnach eine Vielzahl von Vorstellungsbildern zulassen.

Die gebaute Umwelt der Städte unterscheidet sich einerseits von Stadt zu Stadt, je nach ihrem historischen und kulturellen Erbe, andererseits nach Teilräumen innerhalb ein und derselben Stadt. Die konkreten baulichen Formen und räumlichen Muster, ob direkt sichtbar oder latent (z. B. Muster der sozioökonomischen Differenzierung), werden durch ökonomische, soziale, politische und kulturelle Prozesse ständig geschaffen, reproduziert und verändert. Geographinnen und Geographen begreifen daher Städte nicht nur als materielle Umwelten, sondern auch als ökonomische, soziale, politische oder kulturelle Räume, deren Konturen sich ebenso verändern wie die physische Stadt. Und beide beeinflussen sich wechselseitig: Der physische Stadtraum eröffnet gewisse Möglichkeiten zum politischen oder wirtschaftlichen Handeln, während er andere ausschließt. Gleichzeitig führen politische und wirtschaftliche Entscheidungen zu materiellen Umbauten der Stadt. Solche Prozesse sind Grundlage der **inneren Differenzierung** der Stadt in baulich, funktional oder

Abb. 6.2 Urbane Dichte in Form von Hüttensiedlungen in Soweto, Südafrika, 2013 (Foto: Ludger Basten)

Abb. 6.3 Das römische Köln in einer Modellansicht (Quelle: Colonia 3D; aus: Schäfer 2012, S. 558)

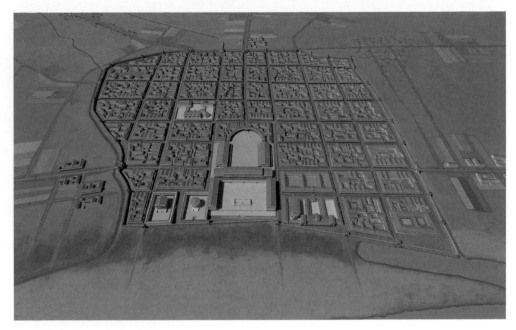

auch soziokulturell unterschiedliche Teilräume, was ein weiteres zentrales Charakteristikum der Stadt darstellt. Diese Prozesse der inneren Differenzierung werden später dezidiert betrachtet.

Die Vielfalt des Städtischen zeigt sich jedoch nicht nur in der Heterogenität von Formen und Mustern oder in der Komplexität der Wirkungszusammenhänge, die diese hervorrufen. Städte sind darüber hinaus von Individuen wahrgenommene, interpretierte und bewertete Räume, doch werden solche Sichtweisen der Stadt kulturell vermittelt und geprägt. Dies führt beispielsweise dazu, dass man in den Abb. 6.1 und 6.2 Stadt erkennt – oder eben nicht. Die Bedeutungen von Objekten und Begriffen aber sind nicht fix. So müssen neue bauliche Formen und Muster sowie Prozesse und Praktiken stets mit bisherigen Verständnissen von Stadt abgeglichen werden, und erst im gesellschaftlichen Diskurs (und im konkreten räumlichen Kontext) entscheidet sich, ob wir beispielsweise ein suburbanes Einfamilienhausgebiet als städtisch ansehen oder nicht.

Solche individuellen Deutungen sind immer auch **normative Bewertungen**. Steht Stadt für uns für etwas Negatives oder etwas Positives? Ist die Stadt mit ihrer relativen Anonymität und ihrem vergleichsweise geringem Maß an sozialer Kontrolle etwas Unheimliches, Bedrohliches, vielleicht gar Unmoralisches? Oder wirken Anonymität und geringe Kontrolle eher befreiend, da die Abwesenheit enger sozialer Normen und Erwartungen Energien und Kreativität freisetzt, Raum gibt, sich selbst zu finden und zu entwickeln? Ist Suburbia eine ideale Verknüpfung von Stadtnähe und Leben „auf dem Lande" – oder eher ein baulich und soziokulturell homogenisierter Raum der Mittelschicht, der konservative Werte, Geschlechter- und Familienverhältnisse reproduziert? Ist eine informelle Hüttensiedlung ein von Kriminalität und Armut dominiertes Elendsviertel der Gescheiterten – oder ist es ein Ort des Einfallsreichtums und der Innovation, ein Möglichkeitsraum des Überlebens und vielleicht gar eine Praktik des Widerstands gegen herrschende Ungerechtigkeiten?

Eine einzige Antwort auf diese Fragen kann es nicht geben. Vielmehr sind Antworten stets abhängig von den (stadtgeographischen Forschungs-)Perspektiven und Fragestellungen der Betrachtenden, vom gewählten räumlichen Maßstab, vom spezifischen soziokulturellen Umfeld sowie vom historischen Kontext.

6.2 Vom Werden und Wachsen städtischer Räume

6.2.1 Historische Phasen der Stadtentwicklung

Die ersten städtischen Siedlungen entstanden im Vorderen Orient. In Europa war das **antike Griechenland** die erste Kultur, in der die Städte den Mittelpunkt der Wirtschaft und des kulturellen Lebens einer demokratischen Bürgergesellschaft darstellten. Zwar war die griechische Polis als Stadtstaat eng mit dem umgebenden Land verknüpft, doch ihre Lebensformen waren eindeutig städtisch bestimmt, ihre Stadtanlagen bereits weitgehend geplant.

Die **Römer** prägten dann eine neue eigenständige Stadtkultur aus, die sie in die von ihren Armeen besetzten Gebiete und damit auch in Teile des heutigen Deutschlands trugen. Sie bauten planmäßig angelegte und ummauerte Städte mit rechtwinkligen Grundrissen, klar abgrenzbaren Stadtvierteln, Einrichtungen der Verwaltung, des Militärs, Kommerzes und öffentlichen Lebens (Abb. 6.3). Sie errichteten Infrastrukturen zur Wasserversorgung und legten (Heer-)Straßen an, die ihre Städte und Militärlager zu Bestandteilen eines integrierten Städtesystems machten. Mit dem Ende des römischen Reichs verfielen allerdings die römischen Städte und diese städtisch geprägte Gesellschaftsform in Deutschland.

Kapitel 6

Erst im **Mittelalter,** ab dem späten 8. Jahrhundert, entwickelte sich hier wieder eine städtische Kultur mit einer Vielzahl neuer Städte, die bis heute das wesentliche Gerüst des deutschen Städtesystems bilden (Heineberg 2014). Die Stadt erwies sich in dieser Epoche als wirtschaftlich, gesellschaftlich und kulturell erfolgreiches Modell, das robust genug war, um Krisen zu überstehen, und flexibel genug, um politische wie wirtschaftliche Veränderungen zu absorbieren. Grundlagen der mittelalterlichen Stadtentwicklung waren Kommerz, Kirche und Krone, ihre Keimzellen verkörpert durch Marktplatz, Dom und Burg, welche mancherorts über römischen Grundlegungen entstanden. Die Mutterstädte des frühen Hochmittelalters (bis ca. 1150) erwuchsen aus einer oder mehrerer dieser Keimzellen, die späteren, auf bewusste Gründungsakte zurückgehenden Gründungsstädte (ab ca. 1150) berücksichtigten stets die drei genannten Pfeiler der feudalen Gesellschaftsstruktur. Der durch Handwerk und Handel erwirtschaftete Reichtum machte Städte für weltliche wie kirchliche Herrschende attraktiv, weshalb diese den Städten (und den dort lebenden Menschen) besondere rechtliche und wirtschaftliche Privilegien verliehen (z. B. Markt-, Münzrecht) sowie neue Städte gründeten.

Die Gestalt der mittelalterlichen Stadt reflektiert diese Entwicklungslogik. Meist umschloss eine Stadtmauer einen dicht besiedelten, fußläufigen Stadtraum, der bereits eine klare innere Differenzierung zeigte, nicht nur mit den Keimzellen von Marktplatz, Dom- oder Klosterbezirk und Burgbereich (nicht immer waren kirchliche und weltliche Macht gleichermaßen präsent), sondern auch durch spezialisierte Handwerkerviertel. Und auch im Mittelalter gab es schon Vorstädte bzw. Häuser und Viertel außerhalb der Mauer, wo sich „unerwünschtes" Gewerbe und die entsprechende Bevölkerung niederlassen konnten – in einem rechtlich anders gestellten, nicht von der Stadtmauer geschützten Raum.

Über das 14. Jahrhundert kam die mittelalterliche Stadtgründungsphase zum Erliegen. Die späten Stadtgründungen, oft in territorialen Randlagen, prägten meist keine vollständigen Stadtfunktionen mehr aus und blieben wirtschaftlich und gemessen an der Bevölkerungszahl eher unbedeutend (Zwerg- oder Minderstädte). Politisch-militärische Konflikte und auch die Pest führten zum Ende der langen Urbanisierungsphase zu einem Rückgang der Stadtbevölkerung.

In der **frühen Neuzeit** kam es nur zu wenigen neuen Impulsen für die Stadtentwicklung und wenigen neuen Stadtgründungen – allerdings zum Export und zur Anpassung europäischer Stadttypen in den Kolonien in Übersee. In Deutschland waren Bergstädte zur Ausbeutung und Verarbeitung von wertvollen Erzen (z. B. Clausthal und Zellerfeld im Harz) ein verbreiteter Typus der im 16. und 17. Jahrhundert neu entstehenden Städte. Exulantenstädte, von toleranten Fürsten zur Ansiedlung von religiösen Minderheiten gegründet (z. B. Freudenstadt, Glückstadt), waren ein anderer neuer Städtetyp. Städtebaulich bedeutsamer waren Fürstenstädte als Ausdruck des Übergangs vom mittelalterlichen Feudalismus zum auf einen Fürsten oder König fokussierten Absolutismus. Zwei Archetypen sind hier relevant: Garnisonsstädte (z. B. Mannheim) als Spiegelbild der neuen militärischen Ba-

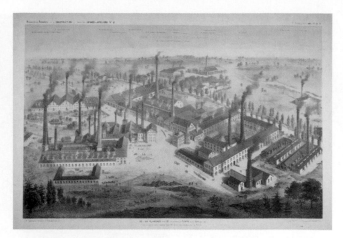

Abb. 6.4 Eine neue Phase der Urbanisierung: Industriebetriebe als Keimzellen neuartiger Stadtlandschaften – die Krupp'sche Gussstahlfabrik in Essen (Quelle: Deutsches Historisches Museum, Berlin; Inv.-Nr.: Gr 2007/20)

sis absolutistischer Macht oft mit großen, sternförmigen Festungsanlagen versehen (Vauban'sche Befestigung) sowie Residenzstädte (z. B. Karlsruhe, Würzburg) mit ihren prunkvollen Schloss-, Park- und Stadtanlagen. Ihre planmäßigen Anlagen, meist in einem radialen oder Schachbrettmuster und bis heute im Straßengrundriss erkennbar, sind ein eindrückliches Zeugnis der Macht und des Gestaltungswillens ihrer Bauherren.

Mit dem Beginn des **Industriezeitalters** brachen sich vollkommen neue Kräfte ihren Weg, die nicht nur die bis dato herrschenden ökonomischen wie politisch-gesellschaftlichen Zustände und Beziehungen revolutionierten, sondern auch die räumliche Form und Ausdehnung der Städte sprengten und zu einer dramatischen neuen Phase der **Urbanisierung** führten (Reulecke 1985). Die Industriewirtschaft begründete eine neue räumliche Logik der Stadtentwicklung durch veränderte Standortanforderungen sowie neue Verkehrswege und -mittel (Kanäle und Eisenbahn). Industriebetriebe wurden zum Ausgangspunkt neuer Städte (z. B. Ludwigshafen), in Gebieten mit wichtigen Bodenschätzen entstanden in rasantem Tempo neue Stadtlandschaften praktisch aus dem Nichts (z. B. das Ruhrgebiet in der zweiten Hälfte des 19. Jahrhunderts; Abb. 6.4). Die Städte nahmen durch Zuwanderung dramatisch an Bevölkerung zu, expandierten massiv in die Fläche und sprengten damit ihre seit dem Mittelalter weitgehend stabil gebliebenen Grenzen – vielerorts wurden die alten Stadtmauern geschleift. Mit der räumlichen Ausdehnung entwickelten sich neue Bauformen und neue funktionale wie soziale Stadtteile: Industriegebiete, Büro-, Banken- und Bahnhofsviertel, Werkssiedlungen, Mietskasernen und Villenviertel entstanden. Spezialisierte Infrastrukturen wie Schlachthäuser, Gas- oder Wasserwerke sowie soziale und kulturelle Einrichtungen wie Krankenhäuser, Theater oder Stadtparks wurden gebaut. Die Stadt des Industriezeitalters – als Neugründung ebenso wie als überprägte vorindustrielle Stadt – brachte eine nach baulichen Formen und räumlichen Mustern völlig neue Stadtgestalt hervor, die an die radikal andersartigen wirtschaftlichen und gesellschaftlichen Rahmenbedingungen angepasst war.

6.2.2 Suburbanisierung

Wie dargestellt kannte schon das Mittelalter Ansiedlungen außerhalb der Stadtmauern, die keine vollständigen städtischen Funktionen und Rechte aufwiesen, doch mit der Urbanisierung des Industriezeitalters entstand eine ganz neue Dynamik der Entwicklung am **Stadtrand.** Allerdings waren es nun zunächst die gehobenen Schichten, die Enge, Schmutz und „Lasterhaftigkeit" der Industriestädte zu entfliehen suchten; insbesondere Frauen und Kinder sollten abgeschieden von der Großstadt leben können. So entstand erst in England, dann in den USA und später auch in Deutschland der *suburb* als stadtnahes Wohngebiet für die höhere Mittelschicht, gewissermaßen als Ausdruck einer bürgerlichen Utopie (Fishman 1987). Anders als im Mittelalter wurde der Vorort nun normativ positiv besetzt, während die Stadt als Bedrohung für Gesundheit und Anstand betrachtet wurde, auf die aber ökonomisch nicht verzichtet werden konnte.

Die industriezeitliche Expansion der Städte wurde ab dem Ende des 19. Jahrhunderts durch neue **Transporttechnologien** insbesondere des Personennahverkehrs gefördert. Pferdeomnibusse, Straßenbahnen und schließlich Schnellbahnsysteme machten das tägliche Pendeln für breite Bevölkerungsschichten erschwinglich und ermöglichten daher die Entwicklung neuer Vororte. Häufig finanzierten private Entwicklungsgesellschaften den Ausbau von Bus- und Straßenbahnsystemen, um Grundstücke in den neuen Vororten besser vermarkten zu können. Diese Vororte prägten keine vollständigen Stadtfunktionen aus und blieben dementsprechend sekundäre, dem Stadtzentrum untergeordnete (lat. *sub*) Teile der Stadt (lat. *urbs*). Im 20. Jahrhundert wurde diese Suburbanisierung zum Massenphänomen, in den USA schon vor, dann verstärkt nach dem Zweiten Weltkrieg, als der Prozess sukzessive auch die europäischen Staaten erfasste. Die zunehmende Automobilisierung unterstützte eine weitläufige und flächendeckende Suburbanisierung, sie war jedoch, ebenso wie die früheren Nahverkehrsmittel oder industrialisierten Bautechniken, keinesfalls originärer Auslöser der Suburbanisierung. Die *suburbs* wurden im Zeitverlauf durch Versorgungseinrichtungen (Einzelhandel, Schulen usw.) ergänzt, ab den 1960er-Jahren folgten Industrie und Gewerbe, zunehmend in Form großflächiger Einkaufszentren (z. B. Ruhrpark Bochum) und Bürostädte (Frankfurt-Niederrad) „auf der grünen Wiese". In den letzten Jahrzehnten haben sich allerdings in den Metropolregionen tiefgreifende ökonomische und soziokulturelle Restrukturierungen vollzogen, sodass in der Stadtforschung, insbesondere im nordamerikanischen Raum, bereits von **postsuburbanen Entwicklungen** gesprochen wird (Phelps und Wu 2011). Darunter versteht man Stadtstrukturen, in denen sich die Vororte durch Ausprägung vollständiger Stadtfunktionen vom einst dominanten Zentrum emanzipieren und die Kernstadt nur noch eines von vielen spezialisierten Zentren in einer großflächigen Stadtregion darstellt (Abschn. 6.4.4).

In den USA fand das suburbane Wachstum meist außerhalb der Kernstadt in rechtlich eigenständigen Stadtgemeinden statt. Daher wird dort der Begriff *suburb* oft im administrativen Sinne

Abb. 6.5 Standardisierter Wohnungs- und Städtebau der Nachkriegssuburbanisierung: das klassische Beispiel von Levittown, New York, 1947 (Foto: Thomas Airviews)

auf eine rechtlich eigenständige, hauptsächlich Wohngebiete umfassende Gemeinde innerhalb einer Metropolregion bezogen. Der Begriff Suburbanisierung wird dann verwendet, um eine Entwicklungsphase zu bezeichnen, in der diese suburbanen Gemeinden relativ oder gar absolut schneller wachsen als die Kernstadt.

Wir verstehen allerdings **Suburbanisierung** als einen umfassenden, mehrdimensionalen Prozess. Einerseits geht es dabei um die großflächige Ausdehnung einer funktional zusammenhängenden Stadtregion, überwiegend durch neue Wohngebiete, vollkommen losgelöst von der Frage der administrativen Zugehörigkeit *(urban sprawl)*. Andererseits ist Suburbanisierung mehr als lediglich eine räumliche Expansion von Städten. So prägen etwa die suburbanen Gebiete eigenständige Bau- und Wohnformen aus, die sich von denen der Kernstadt unterscheiden. In Nordamerika handelt es sich vorwiegend um freistehende, niedriggeschossige Einfamilienhäuser (Abb. 6.5), in Europa haben sich dagegen auch Formen verdichteten Geschosswohnungsbaus in den Vororten etabliert (z. B. Großwohnsiedlungen; Abb. 6.6). Damit historisch einher geht die Dominanz bestimmter Lebensformen – eine Kernfamilie mit arbeitendem Vater und der Mutter als „Vollzeithausfrau" – sowie mit sozialen Mustern und Normen der Mittelschicht, die insbesondere durch die materiellen Errungenschaften des Massenkonsums zum Ausdruck gebracht werden.

Es ist sehr wichtig, die Suburbanisierung nicht als quasi natürliche Folgewirkung bestimmter technologischer oder ökonomischer Entwicklungen des „freien Markts" zu missdeuten. Stets waren es gesellschaftliche und politische Wertvorstellungen sowie daraus resultierende Interventionen und Regulierungen durch Politik und Planung, die den Prozess ermöglichten und lenkten. Über die Förderung des Wohneigentums, den Bau von Ver- und Entsorgungs- sowie Verkehrsinfrastrukturen und generell durch diverse Maßnahmen der Steuer-, Wohnungsbau-, Sozial- und Familienpolitik wurde eine suburbane Lebensweise propagiert und zum politisch

Kapitel 6

Abb. 6.6 Großwohnsiedlungen am Stadtrand – das Beispiel der französischen *Banlieue* in Montpellier-Moisson, La Paillade, 2012 (Foto: Ulrike Gerhard)

gewünschten „Modell" der modernen Stadtentwicklung gemacht. Diese positive normative Basis des Prozesses der Suburbanisierung wird mit dem Begriff **Suburbanismus** gekennzeichnet.

Selbstverständlich waren und sind Suburbanisierung und Suburbanismus nicht unumstritten. So wie einst die Industriestadt als Übel und Suburbia als Lösung gesehen wurden, wurde zunehmend auch der Suburbanismus hinterfragt und das moderne Suburbia als sozial, politisch, ästhetisch und ökologisch verarmte wie auch verarmende Form von Stadt kritisiert. Aus dem Leitgedanken der Nachhaltigkeit heraus wird beispielsweise dieser Form von Stadtentwicklung angesichts ihres inhärenten Ressourcenverbrauchs, zukünftiger Energiepreise und demographischer Wandlungen grundsätzlich die Zukunftsfähigkeit abgesprochen (Abschn. 6.5.2). Und viele Autorinnen und Autoren diagnostizieren als Ergebnis gewisser soziokultureller Wandlungen in jüngerer Zeit eine neue positive Wertschätzung und Nachfrage nach innerstädtischer Urbanität (Abschn. 6.2.3)

Es bleibt jedoch festzuhalten, dass suburbane Siedlungs- und Lebensformen vielerorts, insbesondere in den Industrienationen, zur dominanten Form von Stadt geworden sind. Darüber hinaus scheint auch der Suburbanismus inzwischen zu einem globalen Phänomen geworden zu sein, denn die Suburbanisierung lässt sich mittlerweile auch in den rasant wachsenden Metropolen Ostasiens, Südamerikas und des globalen Südens beobachten – auch wenn sich die dortigen baulich-städtebaulichen Formen und Entwicklungsmodelle von denen in Europa oder Nordamerika unterscheiden.

6.2.3 Reurbanisierung

Obgleich die flächenhafte Ausdehnung der Stadt das vorherrschende Entwicklungsmodell seit dem Zweiten Weltkrieg ist, lässt sich seit zwei Jahrzehnten ein Trend beobachten, der die Suburbanisierung zwar nicht abgelöst hat, diese zumindest aber überlagert: Durch eine Aufwertung der zentrumsnahen Bereiche gewinnt die Innenstadt wieder an Attraktivität und lockt auch zahlungskräftige Bewohnerinnen und Bewohner an. Diese empirisch beobachtbaren Prozesse der Verdichtung, Aufwertung und **Umwandlung innerstädtischer Gebiete** werden zusammenfassend als Reurbanisierung bezeichnet. Umstritten ist, ob es sich hierbei um einen Trend ehemaliger Suburbaniten „zurück in die Stadt" oder nur um eine „In-Wert-Setzung" innerstädtischer Wohnlagen für verschiedene Haushaltsformen handelt. Ebenso heftig wird diskutiert, ob sich die qualitative Aufwertung ehemals heruntergekommener Stadtviertel oder Industrieflächen auch quantitativ in (absolut) steigenden Bevölkerungszahlen im innerstädtischen Bereich niederschlägt oder diese im Sinne eines Stadtmarketings nur „herbeigeredet" werden (Hesse 2008). Wie stark die innerstädtische Bevölkerung gegenüber dem Umland tatsächlich zunimmt, ist abhängig vom jeweiligen Entwicklungskontext der Stadt in schrumpfenden oder wachsenden Regionen. Demnach können in Deutschland verschiedene Stadttypen hinsichtlich ihrer Reurbanisierungsform unterschieden werden (Herfert und Osterhage 2012).

Die Ursachen dieser Reurbanisierung sind vielfältig. Zum einen hat der demographische Wandel zu einem Überdenken des Wachstumsparadigmas geführt, da sich viele Gemeinden in Deutschland auf abnehmende Bevölkerungszahlen einstellen müssen, die eine fortgesetzte Flächenausdehnung unsinnig erscheinen lassen (Abschn. 3.3). Zum anderen sind aufgrund des strukturellen Wandels innenstadtnahe Brachflächen entstanden, da Industrie und Transportgewerbe ihre Standorte an den Stadtrand oder ins Ausland verlagert haben. Ehemalige Bahnflächen, Güterbahnhöfe, Hafenbecken und Industrieflächen stehen nun für **Wohn-, Freizeit- und Versorgungsnutzungen** zur Verfügung und werden häufig stark nachgefragt. Neben der Umwandlung ehemaliger Fabrikgebäude zu neuem Wohnraum sind mancherorts völlig neue Stadtteile entstanden (z. B. das Europaviertel in Frankfurt am Main oder die Bahnstadt in Heidelberg auf ehemaligen Güterbahnhofsflächen, die HafenCity in Hamburg oder der Duisburger Innenhafen auf ehemaligen Hafenflächen). Auch frühere Militärflächen bieten nach dem Abzug ausländischer Streitkräfte als sogenannte Konversionsflächen neue Entwicklungspotenziale. Insgesamt entspricht die Rückbesinnung auf die Qualitäten solcher zentrumsnahen Bereiche dem Gedanken der nachhaltigen Stadtentwicklung (Abschn. 6.5.2).

Ein weiterer Aspekt, der die Entwicklung städtischer Räume beeinflusst, ist der **Wandel von Lebensstilen** und Wertemustern (Abschn. 3.3.2 und 3.5). Galt das Haus im Grünen lange Zeit als Schlüssel zum privaten Glück und Zeichen des Wohlstands (Abschn. 6.2.2), liegt heute für viele eher Urbanität im Trend, verkörpert durch Altbauflair, *Loft Living,* Wohnen am Wasser sowie die Nähe zu zentral gelegenen Kultureinrichtungen und Arbeitsplätzen. Innerstädtische Gebiete gelten oft als Orte der **Kreativität,** in denen meist zahlungskräftige Urbaniten nach einem anspruchsvollen Lebensstil streben. Stadtplanung und Immobilienwirtschaft haben diese Konsumtrends aufgegriffen und die ökonomische Bedeutung von Urbanität und Zentralität erkannt. Sie vermarkten innerstädtische Projekte mithilfe von Inszenierungsstrategien, die unterschiedlichen „Leitthemen" folgen (Abb. 6.7). Sie lassen von internationalen Stararchitekten *(Starchitecture)* sogenannte *Flag-*

Abb. 6.7 Leitthemen der Inszenierung von Innenstädten (verändert nach Gerhard und Schmid 2009, S. 315)

	Festivalisierung	Historisierung	Kulturalisierung	Globalisierung
Ausprägung	Events Einkaufszentren	revitalisierte Gewerbeflächen Sanierung neue Wohnviertel	Kultureinrichtungen Illumination	„Starchitecture" „Flagship Development" „Leuchtturmprojekte"
Merkmale	Verschmelzung von Konsum und Stadt	Idealisierung Verklärung Nostalgie	Kultur als Motor der Stadtentwicklung	Superlative Außendarstellung
Intention	Hedonismus	symbolische Bedeutung	sinnliches und kulturelles Erleben	Konkurrenzfähigkeit
Zielgruppe	Konsumenten	Bewohner kaufkräftige Mittelschicht	Kulturbeflissene gehobenes Bildungsbürgertum	globale Unternehmen Dienstleister Investoren
Städtische Entwicklungsmuster	Aufwertung der Innenstadt (u.a. *Business Improvement Districts*) Renaissance der Einkaufsgalerien	Aufwertung alter Industrieflächen Orientierung zum Wasser (Hafenfronten) Errichtung von *master-planned communities*	Errichtung von Repräsentationsbauten Beleuchtung und Inszenierung	Hochhausbauten Beleuchtung repräsentative Gebäude
Beispiele	Potsdamer Platz, Berlin CentrO, Oberhausen West Edmonton Mall, Edmonton Boston-Marathon, Boston	Schloss-Arkaden, Braunschweig Dom-Römer-Areal, Frankfurt Frauenkirche, Dresden King Farm, Maryland	Zeche Zollverein, Essen Museum Küppersmühle, Duisburg Elbphilharmonie, Hamburg Tate Modern, London	MARTa, Herford Guggenheim, Bilbao Burj Al Arab, Dubai Royal Ontario Museum, Toronto

ship-Gebäude entwerfen (z. B. Museumsbauten, Hochhäuser) und organisieren massenwirksame Kultur- und Sportevents. Bemerkenswert ist, dass dieser Wertewandel nicht nur für junge, kreative und kinderlose Bevölkerungsgruppen gilt, welche „die drei A" der Innenstädte (Arme, Alte, Ausländer) ersetzt haben, sondern immer mehr unterschiedliche Haushaltstypen einschließt (z. B. „junge Alte", Familien ohne Auto usw.). Die zunehmende soziale Heterogenität der Städte lässt also innenstadtnahe Bereiche für viele Menschen attraktiver erscheinen. Allerdings gilt diese Attraktivitätssteigerung nicht für alle Stadtbewohnerinnen und -bewohner, denn die Kehrseite dieses Wandels ist ein deutlicher Anstieg von Mieten und Immobilienpreisen, der insbesondere in den (noch) wachsenden Metropolen zu einer **Verdrängung** weniger wohlhabender Bevölkerungsgruppen geführt hat (meist auch mit dem Begriff Gentrifizierung umschrieben; Abschn. 6.3.3). Die Folge ist eine deutliche Differenzierung der Reurbanisierungsdynamik zwischen den Städten (z. B. zwischen Nord und Süd, Ost und West, *Rustbelt* und *Sunbelt* der USA), vor allem aber auch innerhalb dieser Städte. Letzteres wird als Prozess der Fragmentierung bezeichnet und ist Gegenstand des folgenden Teilkapitels. Zudem ist Reurbanisierung ein Trend, der sich insbesondere in den wohlhabenden Industrienationen als neuer Lebensstil ausdrückt. Inwiefern er auch für die wachsenden Metropolen des globalen Südens zutrifft bzw. zutreffen wird, bedarf einer weiteren Analyse.

Kapitel 6

Insgesamt lassen sich somit verschiedene **Phasen der Stadtentwicklung** herausstellen (Urbanisierung, Suburbanisierung, Desurbanisierung, Reurbanisierung), die allerdings nicht streng sukzessiv ablaufen (wie z. B. im Modell zur Entwicklung von Agglomerationsräumen von van den Berg et al. [1982] suggeriert). Sie verlaufen vielmehr parallel zueinander und ergänzen sich gegenseitig und prägen somit das Bild einer sehr komplexen und vielfältigen Stadtentwicklung in verschiedenen Teilen der Welt.

6.3 Soziale Räume und Fragmentierungen

Während bisher tendenziell die Stadt als Ganzes in ihrer Entwicklung betrachtet wurde, soll sich nun der internen Differenzierung der Stadt zugewendet werden und zwar vorwiegend unter Aspekten sozialräumlicher Beziehungen und Muster.

6.3.1 Segregation

Das grundlegende Konzept der **sozialräumlichen Differenzierung** ist das der Segregation, worunter im geographischen Sinne zu verstehen ist, dass unterschiedliche Bevölkerungsgruppen in unterschiedlichen Teilräumen der Stadt leben (Abschn. 4.5.3).

Dabei wird der Begriff Segregation sowohl für den Prozess verwendet, der zur räumlichen Trennung von Bevölkerungsgruppen führt, als auch für das Ergebnis dieser Mechanismen, also für das dadurch hervorgerufene Muster der Verteilung unterschiedlicher Bevölkerungsgruppen im Stadtraum. Grundsätzlich kann man Segregation nach allen denkbaren Kriterien analysieren; die meisten sozial- und stadtgeographischen Untersuchungen fokussieren jedoch auf sozioökonomische Schichten oder Klassen, ethnische oder sprachliche Gruppen, oder sie nehmen Merkmale wie etwa die Religionszugehörigkeit, das Bildungsniveau, die Haushaltsformen oder das Alter in den Blick.

Die Analyse von Segregationsmustern, also der „tatsächlichen" räumlichen Trennung unterschiedlicher Gruppen und ihrer Veränderung im Zeitablauf, ist Gegenstand der **Sozialraumanalyse,** die Stadtviertel als soziale Räume und damit als Ergebnis von Wechselwirkungen zwischen sozialen Gruppen (nicht Individuen) und ihrer räumlichen Umwelt begreift. Sie stellt ein lang etabliertes Arbeitsfeld der Sozialgeographie dar, in dem seit den Anfängen der sogenannten **Chicagoer Schule** der Sozialökologie in den 1920er-Jahren ein makroanalytisches, quantitatives Methodenspektrum entwickelt worden ist. Für eine dementsprechende „Messung" von Segregation werden statistische Kennzahlen verwendet, die ausdrücken sollen, wie sehr sich die räumliche Verteilung einer bestimmten Bevölkerungsgruppe in einer Stadt von der Verteilung der „restlichen" Bevölkerung (Segregationsindex) oder der einer anderen Bevölkerungsgruppe (Dissimilaritätsindex) unterscheidet. Diese Indizes sind standardisiert und variieren zwischen 0 (vollständige Gleichverteilung) und

Exkurs 6.1 Sozialraumanalyse

Die **Chicagoer Schule** der Sozialökologie hat die Stadt als eine Art natürliches Ökosystem angesehen, in dem Wettbewerb um Raum herrscht (Sozialdarwinismus). So seien auf „natürliche" Weise sozioökonomisch, kulturell und baulich relativ homogene Stadtviertel entstanden, die daher als *natural areas* bezeichnet wurden. Nach den Studien von Burgess (1925), Hoyt (1939) sowie Harris und Ullman (1945) ließen sich daraus sozialräumliche Stadtstrukturmodelle ableiten (Abb. 6.8).

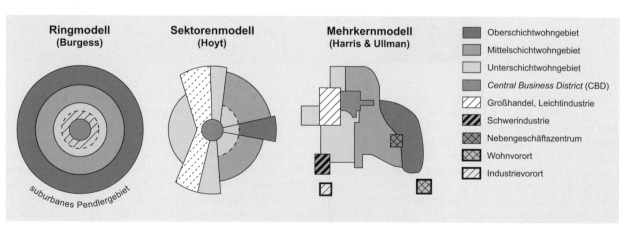

Abb. 6.8 Stadtstrukturmodelle der Chicagoer Schule (verändert nach Heineberg 2014, S. 115, 119)

Eine Weiterentwicklung stellte die *social area analysis* von Shevky und Bell (1955) dar, bei der aus soziologischen Theorien drei **Dimensionen der sozialen Differenzierung** abgeleitet wurden, nämlich sozialer Rang, Urbanisierung und ethnische Segregation. Deren Ausprägung wurde anhand von ausgewählten Indikatoren quantifiziert, und aus der Überlagerung dieser Dimensionen ergaben sich die komplexen Muster der sozialräumlichen Differenzierung der Stadt. Der Einsatz von Computern machte schließlich die Untersuchung großer Mengen quantitativer Daten mit Verfahren der **Hauptkomponentenanalyse** möglich. Dabei werden die Dimensionen der sozialräumlichen Differenzierung nicht aus Theorien abgeleitet und damit vorgegeben (deduktives Vorgehen), sondern sie sind das Ergebnis einer induktiven Analyse einer großen Anzahl von Indikatoren, bei der gleichartig variierende Indikatoren zu sogenannten Faktoren zusammengefasst werden. In der räumlichen Betrachtung wird daraus eine **Faktorialökologie** *(factorial ecology)*, also eine Analyse der sozialräumlichen Muster. Murdie (1969) stieß dabei auf drei wesentliche Faktoren der sozialräumlichen Differenzierung, die den deduktiv gewonnenen Dimensionen von Shevky und Bell durchaus ähnlich sind: sozioökonomischer Status, Familienstatus und ethnischer Status. Diese bilden üblicherweise unterschiedliche räumliche Muster aus (Abb. 6.9) – man erkennt quasi eine Überlagerung der Muster der frühen Stadtstrukturmodelle.

Um Ergebnisse quantitativer Verfahren der Sozialraumanalyse korrekt zu interpretieren, muss man sich ihrer methodologischen Prämissen bewusst sein. Erstens sind Bevölkerungsgruppen solcher Analysen (z. B. Mittelschicht, Ausländer) immer konstruierte Gruppen, die nicht auf dem Selbstverständnis des Einzelnen oder auf gleichartigen sozialen Praktiken basieren. Zweitens impliziert diese Analyse eine angenommene Aussagekraft von Nähe bzw. Distanz. Welche Auswirkungen aber räumliche Nähe auf die Ausprägung von sozialen Kontakten und Praktiken hat, kann sehr unterschiedlich sein. Drittens erfordert eine räumliche Analyse immer eine Verortung von Menschen, die meist über ihren „offiziellen" Wohnstandort erfolgt,

während aber Arbeit und soziale Kontakte durchaus andernorts stattfinden können. Wo jemand wohnt und wer „nebenan" wohnt, mag daher unterschiedlich aussagekräftig sein für das Raumverhalten von Individuen wie auch einer Bevölkerungsgruppe insgesamt.

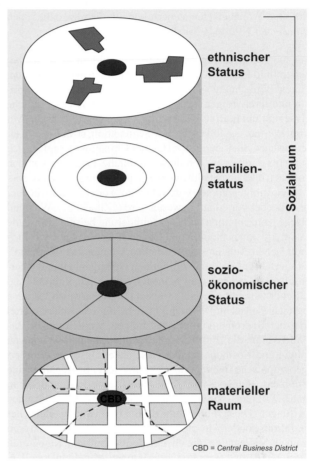

Abb. 6.9 Dimensionen der sozialräumlichen Differenzierung nach Murdie (verändert nach Murdie 1969, S. 8)

100 (komplette Segregation). Zu beachten ist aber, dass solche Indizes zwar auf „objektive" statistische Indikatoren zurückgreifen, damit aber keineswegs „die" Realität („Fakten") abbilden, sondern Forschungskonstrukte sind, die wichtigen methodologischen Einschränkungen unterliegen (Exkurs 6.1).

Um **Segregationsmuster** zu erklären, werden darüber hinaus Prozesse untersucht, die diese Muster bedingen oder zur Folge haben. So lassen sich unterschiedliche Wirkmechanismen analysieren, das heißt, ob die Segregation vorwiegend über soziale, ökonomische oder politisch-juristische Prozesse hervorgerufen

und gesteuert wird. Ebenso kann man eher freiwillige Segregation (z. B. ins Kloster gehen) von Prozessen der erzwungenen Segregation unterscheiden, beispielsweise in Form der gesetzlichen Ausweisung von rassisch getrennten Wohngebieten in Südafrika während des Apartheid-Regimes. Unfreiwillige, von den Betroffenen nicht gewollte Segregation stellt also nichts anderes dar als eine räumliche Ausdrucksform von **Diskriminierung**. Diskriminierung und räumliche Segregation sind daher immer – gewollte oder ungewollte – Ergebnisse des Handelns menschlicher Akteure, etwa des Staates (z. B. durch Pläne, Verordnungen), aber auch von Zivilpersonen (z. B. Bürgerinnen und Bürger oder

Kapitel 6

Bürgerinitiativen) oder ökonomischen Entscheidungsträgern. Hinter vielen Segregationsmustern verbergen sich in der Regel keine anonymen, scheinbar automatischen Prozesse (z. B. des „Markts"), sondern die Interessen machtvoller Individuen oder Gruppen. So hat man in der Vergangenheit in den USA nachgewiesen, dass Makler Miet- oder Kaufangebote in bestimmten Stadtteilen gewissen Personengruppen gar nicht erst vorgelegt haben oder dass Banken Personengruppen für den Kauf von Häusern in bestimmten Stadtteilen keine Kredite bewilligt haben *(redlining)*. Solche Schlüsselakteure, die dadurch den Zugang zu bestimmten Wohngebieten steuern können, werden daher auch als *gatekeeper* (Pförtner, Türsteher) bezeichnet.

Segregation hat wiederum bestimmte Folgewirkungen für die betroffenen Individuen wie auch für die Städte, in denen sie leben. Bei einer Betrachtung von Mustern und Prozessen der Segregation und ihren Folgen ist es daher wichtig, wissenschaftliche Analyse und **normative Bewertung** nicht zu verwechseln. Mit anderen Worten, der Tatbestand der Segregation, etwa in Form eines ethnischen Stadtviertels (z. B. einer Chinatown), sagt an sich noch nichts darüber aus, ob diese räumliche Trennung von den Betroffenen oder den Stadtbewohnern insgesamt als negativ oder als Makel wahrgenommen wird („Ghetto") oder ob er nicht eher als positiv oder vorteilhaft bewertet wird („Zitadelle"). Während ethnische Konzentration und Diskriminierung beispielsweise die soziale Inklusion behindern und Chancen des sozialen wie auch ökonomischen Aufstiegs einschränken können, mag ein ethnisches Viertel für bestimmte Individuen Geborgenheit und Überlebenschancen sichern, weil man sich sprachlich, kulturell und sozial eher zurechtfindet als in einer möglicherweise fremden Mehrheitsgesellschaft. Während manche ein ethnisches Viertel als Ort der Bedrohung empfinden mögen, werden andere das besondere Flair, die „Exotik" und Fremdartigkeit als Gewinn an Urbanität und Kosmopolitanität einschätzen. Insofern erfordert die geographische Betrachtung von städtischer Segregation eine differenzierte Analyse von Tatbeständen und Entwicklungen, Ursache-Wirkungs-Zusammenhängen und normativ-politischen Bewertungen. Dies gilt nicht nur für die Betrachtung ethnischer Segregation, sondern in gleichem Maße für andere Analysen räumlicher Segregation, die eher sozioökonomische Kategorien der Differenzierung (arm und reich) in den Mittelpunkt stellen. Diese räumlichen Differenzierungen und ihre jüngeren Entwicklungen werden im Folgenden betrachtet.

6.3.2 Polarisierung und Fragmentierung

Während Segregation, wie oben beschrieben, sowohl Prozess als auch Ergebnis sein kann, handelt es sich bei der Polarisierung um ein Auseinanderdriften von zwei (oder mehr) vergleichbaren Einheiten, also um einen Prozess der Spaltung, der eine Verschärfung sozialer oder sozialräumlicher Differenzierungen innerhalb der Stadtgesellschaft impliziert. Polarisierung ist demnach eindeutig **negativ** konnotiert, da sie eine zunehmende soziale Distanz zwischen verschiedenen Bevölkerungsgruppen

beschreibt, die insbesondere seit den 1970er-Jahren im Zuge der ökonomischen Restrukturierung der Städte zu beobachten ist (Abschn. 6.4.1). Während Segregation also bereits in der Chicagoer Schule zum Fachvokabular der Stadtforschung zur Beschreibung der inneren Differenzierung von Städten gehörte, findet sich zur Polarisierung im Diercke-Wörterbuch der Allgemeinen Geographie aus dem Jahr 1985 kein Eintrag. In aktuellen Stadtmodellen hingegen (z. B. der postmodernen Stadt; Abschn. 6.4.4) wird Polarisierung als zentrales Charakteristikum der jüngeren Entwicklung von Städten behandelt, was schließlich zu einem „Auseinanderbrechen" des Stadtraums in verschiedene, stark voneinander abweichende und sozial kaum miteinander verbundene Stadtteile führt und auch als Fragmentierung des Stadtraums bezeichnet wird.

Polarisierung und Fragmentierung beschreiben demnach **zunehmende Ungleichheiten** innerhalb von Städten, die Ausdruck von Ausgrenzung, Diskriminierung und Isolation sind. Sie beziehen sich vor allem auf ökonomische Ungleichheiten, sind aber eng mit anderen Variablen wie ethnische oder religiöse Zugehörigkeit, Bildungsstand, Erwerbstätigkeit, Geschlecht und Haushaltsform verwoben, wenn auch in sehr komplexer und zum Teil widersprüchlicher Form. Daher wird in jüngerer Zeit neben der sogenannten vertikalen Dimension (arm und reich, Oberschicht und Unterschicht) auch von einer horizontalen Dimension von Ungleichheit gesprochen, die quer durch alle Schichten verläuft, aber ebenso tiefe Gräben im Stadtraum hinterlässt.

So zeigt die Karte von Washington, D.C. (Abb. 6.10) zum einen, wie stark das durchschnittliche Haushaltseinkommen zwischen den einzelnen Stadtquartieren variiert, zum anderen aber auch, dass diese Unterschiede im Zeitverlauf noch weiter zunehmen, die Polarisierung also andauert. Während das Einkommen in manchen Stadtteilen, insbesondere im Nordwesten um bis zu 47 % angestiegen ist, liegen die Wachstumsraten fast im gesamten Osten bei unter 10 %; im Südosten, den ärmsten Stadtteilen jenseits des Anacostia-Rivers, war das Einkommen sogar rückläufig. Ergänzt um weitere Variablen wie ethnische Herkunft oder Familienform (z. B. alleinerziehend), zeigen sich recht deutliche räumliche Cluster. Vor allem unter der afroamerikanischen Bevölkerung ist Armut sehr viel weiter verbreitet und der Anteil der alleinerziehenden Haushalte liegt deutlich über dem Durchschnitt. Zwar darf von räumlichen Überlappungen zwischen Einkommen und Ethnie noch nicht auf einen kausalen Zusammenhang zwischen den beiden Variablen geschlossen werden, dennoch zeichnet sich ein komplexes Bild der **Räumlichkeit sozialer Ungleichheiten,** bei dem der Stadtraum sozial wie ökonomisch auseinanderdriftet (Gerhard 2014). Der US-amerikanische Stadtforscher Wilson (2007) konstatiert daher eine zunehmende Verfestigung von Armut in zahlreichen Stadtteilen der USA, die sich in Armutsraten von zum Teil über 50 % der dortigen Bevölkerung ausdrückt, während benachbarte Viertel in Prosperität und Wachstum erstrahlen. Wacquant (2008) spricht von einer wachsenden Gruppe von *urban outcasts,* den Ausgegrenzten, denen die Teilhabe am normalen, öffentlichen Leben der Stadt aufgrund von Armut dauerhaft verwehrt ist.

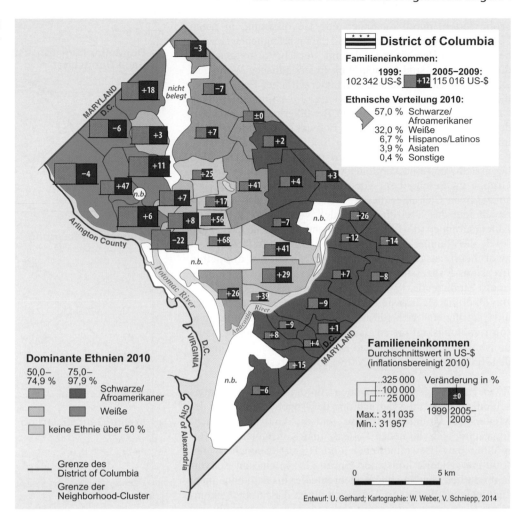

Abb. 6.10 Räumliche Verteilung von Ethnie und Einkommen in Washington, D.C.

Starke soziale Ungleichheiten finden sich aber auch in den Städten des globalen Südens (Abschn. 8.5.1). So gelten zum Beispiel lateinamerikanische Städte seit jeher als extrem fragmentiert, was durch hohe Segregationsindizes veranschaulicht wird (Wehrhahn 2014, Fischer und Parnreiter 2002). Der Prozess der Polarisierung ist hier besonders ausgeprägt, da auch diese Städte und Regionen im globalen Wettkampf um Kapital und Ansehen aufrüsten und somit deutlich sichtbaren Wohlstand ausbilden, der aber nur einem kleinen Teil der Bevölkerung zugutekommt, während eine breite Masse zunehmend verarmt. Dies äußert sich in dem stetigen Anwachsen der Favelas auf der einen Seite, gegenüber der rapiden Expansion von Gated Communities oder *barrios cerados* auf der anderen Seite, in denen sich wohlhabende Bevölkerungsschichten vom urbanen Alltag breiter Bevölkerungsschichten zunehmend abkoppeln (Rothfuß 2012).

Soziale Ungleichheiten nehmen aber auch in deutschen Städten seit Jahren zu. So haben selbst wohlhabende Städte mit einer wachsenden **Armutsbevölkerung** zu kämpfen, die sich in bestimmten Stadtteilen konzentriert und auf der Mikroebene eine weitere Fragmentierung aufzeigt. So variiert zum Beispiel in Heidelberg die Arbeitslosenrate zwischen den nördlichen und südlichen Stadtteilen von 4 bis 19 %, innerhalb der einzelnen Stadtteile sind die Disparitäten zum Teil noch größer (Stadt Heidelberg 2008). Illustriert werden die Unterschiede gerade in den prosperierenden deutschen Agglomerationen wie München, Frankfurt oder Stuttgart vor allem durch die Miet- und Grundstückspreise. So liegen die Mietpreise in den bevorzugten Stadtteilen der Stadt Heidelberg rund 40 % über dem Mietspiegel – Tendenz steigend – und lassen somit den Zuzug einkommensschwächerer Bevölkerungsgruppen und selbst der „normalen" Mittelschicht kaum noch zu. Die soziale Distanz zwischen den Bevölkerungsgruppen wird somit immer größer.

6.3.3 Gentrifizierung

Gentrifizierung beschreibt einen Stadtentwicklungsprozess, der inzwischen in unseren Städten so weitverbreitet ist, dass er auch in den Medien zum Grundvokabular gehört. Gemeint ist eine **bauliche, soziale und funktionale Aufwertung** von

Kapitel 6

Wohnvierteln durch hinzuziehende Bevölkerung, in deren Folge die Mietpreise ansteigen und die ursprünglichen Bewohnerinnen und Bewohner **verdrängt** werden. Austragungsorte dieses Wandels sind vornehmlich innerstädtische Wohnviertel, in Deutschland meist mit gründerzeitlicher Bausubstanz, die in den letzten Jahrzehnten wenige Investitionen erfahren haben, nun aber von bestimmten Bevölkerungsgruppen wieder wertgeschätzt werden. Diese Entwicklung wurde erstmals im Jahr 1964 in England von der Stadtforscherin Ruth Glass beschrieben, wobei sie das Wort *gentry* (= niederer Adel) heranzieht, um eine vergleichsweise höher gestellte soziale Gruppe zu beschreiben. Verschiedene Modelle zeigen den sukzessiven Charakter dieses Aufwertungsprozesses. So unterscheidet das Drei-Phasen-Modell von Berry (1985) drei Akteursgruppen (die früh Hinzuziehenden, die Nachziehenden sowie die kommerziellen Investoren). Dangschat (1988) sieht zwei mehrphasige Zyklen, die er im Modell des **doppelten Invasions-Sukzessions-Zyklus** abbildet (Abb. 6.11): Pioniere (meist Studierende, Künstler) verdrängen zuerst die ansässige Bevölkerung (1. Invasion/Sukzession). Anschließend ziehen die Gentrifizierer nach, die aus beruflich stärker etablierten und somit zahlungskräftigeren Haushalten bestehen, was die Hauspreise weiter steigen lässt und zu einer erneuten Verdrängung der Hinzugezogenen führt (2. Invasion/Sukzession).

Zwei Erklärungsansätze können für diesen Prozess unterschieden werden: die Betrachtung der Angebotsseite, also der Mieten und Grundstückspreise, und die Analyse der Nachfrageseite, also die neuen Lebens- und Konsumstile der Bewohner bzw. Bewohnerinnen und Hinzuziehenden. In der *Rent-gap*-Theorie konstatiert Smith (1996) eine im Zeitverlauf deutlich abnehmende Bodenrente der bis dato noch nicht „entdeckten" Wohnviertel, die sich durch die heruntergekommene Bausubstanz und somit sinkende Hauswerte ergibt und deutlich unter der potenziell zu erzielenden Bodenrente liegt. Diese „Ertragslücke" erkennen Investoren und zahlungskräftigere Bevölkerungsschichten, sie kaufen die Wohnungen auf und beginnen mit dem Aufwertungsprozess, um sie anschließend gewinnbringend vermarkten zu können. Bei der Theorie der *new middle class* von Ley (1996) ist die Tertiärisierung des Arbeitsmarkts der wichtigste Erklärungsansatz. Die soziale Restrukturierung innerhalb der Gesellschaft führt zu einem Werte- und Lebensstilwandel insbesondere innerhalb einer neu entstehenden Mittelklasse, die mit ihrem steigenden Wohlstand nicht mehr in die Wohngebiete am Stadtrand strebt, sondern innenstadtnahen Wohnraum präferiert – eine **urbane Mittelschicht** also, welche die Nähe zu dienstleistungsorientierten Arbeitsplätzen, Bildungseinrichtungen, Einkaufsmöglichkeiten sowie kulturellen und gastronomischen Einrichtungen sucht. Dadurch kommt es zu einem Wandel im Wohnviertel, der sich in einem gestiegenen Besatz an Kneipen und Cafés, Galerien und kleinen, inhabergeführten Geschäften äußert, aber auch die Nutzung des öffentlichen Raums fördert – und damit eine moderne Form von Urbanität beschreibt. Bestimmte Geschäfte (z. B. Bioläden) zeigen hier quasi symbolhaft diesen Gentrifizierungsprozess an, da sie die Konsumwünsche der neuen Mittelschicht ansprechen.

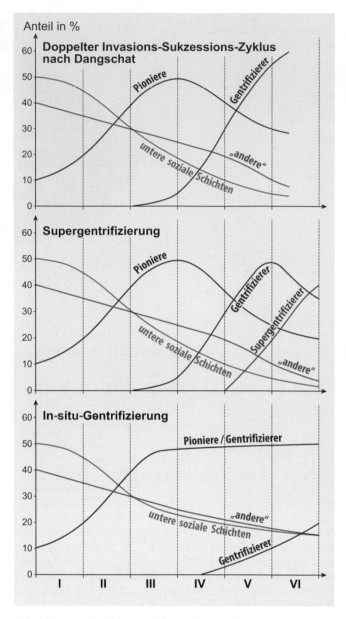

Abb. 6.11 Unterschiedliche Verlaufsformen der Gentrifizierung (verändert nach Dangschat 1988, S. 281)

Auffällig ist, dass sich mit fortschreitender Gentrifizierung die **Lebensstile** und Eigenschaften der Akteure in den letzten Jahren deutlich gewandelt haben. Waren bei Dangschat noch die „Ökos" und „Müsliesser" die typischen Pioniere, die von den Yuppies *(Young Urban Professionals)* und Dinks *(Double Income No Kids)* als Gentrifizierer verdrängt wurden, sind es heute vor allem Künstler oder junge Akademiker, die als Pioniere neue, hippe Viertel entdecken. Es lässt sich allerdings beobachten, dass viele von ihnen im Zeitverlauf ihren Lebensstil verändern, häufig in Verbindung mit der einsetzenden Familienphase, und sich im Viertel einrichten, statt – wie frühere Generationen – an den Stadtrand zu ziehen. Dadurch verändert sich der Charakter des Wohnviertels erneut, es kommt zu einer

Gentrifizierung in situ (Abb. 6.11). So kann in einigen gentrifizierten Wohnvierteln deutscher Städte (Glockenbachviertel in München, Prenzlauer Berg in Berlin, Belgisches Viertel in Köln) eine „neue Fruchtbarkeit" beobachtet werden: Kinder bevölkern die innerstädtischen Spielplätze, während die (berufstätigen) Mütter (und Väter) weiterhin das urbane Leben im Stadtteil genießen („Latte-macchiato-Mütter"). Zudem formieren sich in manchen Nachbarschaften **Widerstände** gegen die Aufwertungsprozesse, insbesondere wenn diese von großen Investoren vorangetrieben werden (z. B. im Hamburger Schanzenviertel mit dem angekündigten Abriss der Roten Flora oder in Köln-Ehrenfeld mit einem geplanten Shoppingcenter auf dem sogenannten Heliosgelände). Somit kommt es nicht mehr zu dem zyklenhaften Verlauf der Kurven, wie noch in den Modellen beschrieben. In Deutschland kann der Staat als wichtiger Akteur die *rent gap* wie auch die Rolle der Pioniere aushebeln, indem er etwa Altstadtviertel zu Sanierungsgebieten erklärt und damit praktisch „vom Markt nimmt". In manchen Gebieten kann schließlich von einer **Supergentrifizierung** gesprochen werden (Abb. 6.11), wenn nämlich die aufgewerteten Wohnviertel aufgrund des knappen städtischen Wohnungsmarkts derart nachgefragt sind, dass die „neue Mittelklasse" der Gentrifizierer durch die Klasse der „Superreichen" verdrängt wird, welche weitere Luxussanierungen vornehmen (z. B. „Prenzlauer Gärten" in Berlin). Inzwischen werden vielerorts auch nicht mehr nur die gründerzeitlichen Wohnviertel von Aufwertungsprozessen erfasst. Auf der Suche nach mehr Urbanität, vor allem aber auch höheren Renditen, werden brachgefallene Güterbahnhöfe (Frankfurt Neue Messestadt), Gewerbeviertel (Meat Packing District in New York, London East End) oder Hafenviertel (Duisburg Innenhafen, Hamburg HafenCity) zu neuen Wohnvierteln recycelt. Einige Autorinnen (Lees et al. 2008) sprechen in diesem Zusammenhang von *new-built gentrification* und *brownfield gentrification,* da hier eben keine Sanierung und Aufwertung bestehender Wohngebäude stattfindet, sondern Neubau auf Brachflächen, der aber trotzdem Verdrängungseffekte in umgebenden Wohnvierteln auslösen kann.

Trotz dieser vielfältigen Formen handelt es sich bei der Gentrifizierung aus gesamtstädtischer Perspektive nach wie vor um einen Segregations- bzw. Polarisierungsprozess. Smith (1996) spricht von einer *new urban frontier,* die in den Städten zu beobachten sei, entlang derer sich Arme und Reiche, Investoren und eingesessene Bevölkerung, Kapital und Politik reiben. Während die Zahlungskräftigen in die innerstädtischen Bereiche ziehen, ist der neu entstandene Wohnraum für viele Stadtbewohnerinnen und Stadtbewohner unerschwinglich. Es kommt somit zu einer Umkehr der klassischen Stadtstrukturmodelle, wie sie in Exkurs 6.1 beschrieben wurden. Zudem handelt es sich nicht mehr nur um einen lokalen Prozess von lediglich stadtweiter Bedeutung, sondern eine Auswirkung globaler Konkurrenz- und Wettkampfbedingungen zwischen den Städten, die um die Gunst des globalen Kapitals buhlen. Gentrifizierung kann dann eine neue urbane Strategie darstellen, die von vielen Stadtregierungen verfolgt wird und nicht losgelöst von den globalen Restrukturierungsprozessen zu sehen ist (Abschn. 6.4).

6.3.4 Privatisierung

Der Trend zur Privatisierung thematisiert den vierten hier beschriebenen Differenzierungs- und Fragmentierungsprozess innerhalb von Städten. Hierbei handelt es sich um eine Vielzahl von Entwicklungen, die unterschiedliche Maßstabsebenen (einzelner Häuserblock, Straßenzug, Stadtviertel oder Gesamtstadt) betreffen, verschiedene Formen und Akteure (Wohnbevölkerung, Stadtplanung, Politik) einbeziehen und somit auch unterschiedlich stark auf den Stadtraum einwirken. Bereits die Einrichtung einer Concierge im Erdgeschoss eines Wohngebäudes markiert die Grenze zwischen öffentlichem Straßen- und privatem Wohnraum, ist aber in vielen Ländern – zum Beispiel im Mittelmeerraum – seit jeher weitverbreitet und somit im eigentlichen Sinne noch kein aktueller Privatisierungstrend. Charakteristisch für Privatisierungsprozesse ist, dass sie im Ergebnis zu einem deutlichen **Bedeutungsrückgang des öffentlichen Raums** und damit – nach unserer Art der Definition von Stadt – zu einem Rückgang an Urbanität führen.

Augenfälligstes Phänomen im Kontext der Privatisierung ist die Entstehung von **Gated Communities.** Hierbei handelt es sich um abgegrenzte Wohnviertel, die meist von einem Developer oder einer Baugesellschaft geplant und angelegt und dann grundstücksweise an private Hausbesitzer übertragen werden. Sie sind häufig von einem Zaun oder einer Mauer umgeben und beherbergen zahlreiche Gemeinschaftseinrichtungen wie Grünflächen, künstlich angelegte Seen, Kinderspielplätze und manchmal auch Schwimmbäder, die aus den verpflichtenden Abgaben der Hauseigentümer finanziert werden (Abb. 6.12). Sie weisen meist eine relativ homogene Bevölkerungsstruktur auf, da bereits durch den Preis der Immobilien sowie die hohen Nebenkosten weniger zahlungskräftige Stadtbewohner ausgeschlossen werden. Allerdings sind Gated Communities bei Weitem kein alleiniges Phänomen der Oberschicht: Gerade auch in Ländern mit großem sozialen Gefälle wie zum Beispiel

Abb. 6.12 Einfahrt in eine Gated Community in Stockton, Kalifornien, 2015 (Foto: Ulrike Gerhard)

Kapitel 6

Brasilien, Indien oder auch Spanien stellen sie ein verstärkt nachgefragtes Wohnmodell der Mittelschicht dar, die sich von urbanen Problemen wie Armut, Verfall und Kriminalität abschottet. Der in Deutschland häufig verwendete Begriff der „bewachten Wohnkomplexe" (Glasze 2003) ist jedoch nicht ganz zutreffend, da diese Siedlungen nicht notwendigerweise durch einen Pförtner am Eingang oder einen privaten Sicherheitsdienst bewacht sein müssen, sondern vor allem baulich und sozial eingehegte Gebiete sind. Auch gibt es viele weichere Formen von Einhegung: So schließen sich in den USA viele Hauseigentümer zu sogenannten *Home Owner Associations* (HOA) zusammen, um bestimmte Infrastrukturmaßnahmen und Sicherheitsvorkehrungen in ihren Wohneinheiten gemeinsam zu betreiben. Sie übernehmen dabei sukzessive die Aufgaben der öffentlichen Hand, grenzen sich aber nicht notwendigerweise durch sichtbare Barrieren von der Stadt ab. Dennoch können sie als Ausdruck eines Rückzugs des Staates aus klassischen Aufgabenfeldern der Stadtentwicklung bezeichnet werden. Eigentümergemeinschaften haben in den letzten Jahrzehnten enorm an Bedeutung gewonnen. Allein in den USA gibt es inzwischen 86 000 HOA, gegenüber 20 000 im Jahr 1975, vier von fünf Häusern, die seit 2000 in den USA gebaut wurden, liegen innerhalb derartiger privater Gemeinschaften (Knox 2006).

In Deutschland sind Gated Communities vereinzelt ebenfalls anzutreffen. Allerdings finden sich hier weitere Formen von Privatisierung, die von vielen Menschen in der Stadt wohl weniger explizit als solche wahrgenommen werden. So stellen **Shoppingcenter** einen zunehmenden Anteil der Einzelhandelsfläche in Städten bereit und ergänzen oder ersetzen gar die Innenstädte in einer idealisierten Form: ausgewählter Branchenmix, einheitliche Vermarktung, Sauberkeit und Sicherheit durch private Reinigungs- und Sicherheitskräfte. Die Kehrseite einer solchen Entwicklung jedoch liegt auf der Hand: Was für zahlungskräftige Konsumentinnen und Konsumenten ein Paradies zu sein scheint, ist für Menschen ohne gefülltes Portemonnaie eine „No-go-Area". Denn wer zu lange ohne Einkäufe „herumlungert", kann des Hauses verwiesen werden, wer politische Meinungen äußern will, verletzt die Hausordnung, und wer Straßenmusik machen will, muss vom Mall-Management angeheuert werden und vor allem verkaufssteigernd wirken. Die Merkmale eines öffentlichen Raums, die eben auch Urbanität definieren, sind hier somit weitestgehend nicht existent. Gleiches gilt auch für die zu attraktiven Erlebnis- und Einkaufszentren umgestalteten **Bahnhöfe** in vielen deutschen Städten. Hier besitzt die Deutsche Bahn AG das Hausrecht – ein Akteur also, der sich in hundertprozentigem Besitz des Bundes befindet, seine Bahnhöfe aber wie einen privaten Raum gestalten kann. Aufgrund der großen Besucherfrequenz und der damit einhergehenden Bedeutung im Stadtraum kann die Bahn AG somit auch als „neuer Stadtentwickler" bezeichnet werden.

Eine weitere Form der Privatisierung spielt sich entlang von Einkaufsstraßen ab. Häufig schließen sich Einzelhändler zu Immobilien- und Standortgemeinschaften (ISG) zusammen, die auch als *Business Improvement Districts* (BID) bezeichnet werden. Erstmals wurde ein solcher BID in der Bloor Street in Toronto im Jahr 1969 gegründet, inzwischen sind sie von Großbritannien bis Südafrika nahezu überall anzutreffen. Allerdings variieren sie je nach Rechtslage des Landes bzw. Bundeslandes deutlich voneinander, was ihre Befugnisse und Kompetenzen angeht. Während es bei manchen lediglich um die Gestaltung der Geschäftsauslagen oder gemeinschaftliche Weihnachtsaktionen geht, werden bei anderen Investitionen getätigt oder auch Nutzungsrechte im öffentlichen Raum verhandelt und reglementiert. Da es sich um einen Mehrheitsbeschluss innerhalb eines bestimmten Straßenabschnitts handelt, werden sämtliche Anlieger, die diesem Bereich zugehörig sind, mit vereinnahmt, eine Art Zwangsmitgliedschaft für diejenigen, die mit den damit einhergehenden zum Teil recht hohen Abgaben (eine Art privater Steuer) nicht einverstanden sind (Pütz 2008). Letztendlich befinden sich die BIDs in einem Spannungsfeld zwischen (meist) öffentlichem Städtebau und privater Wirtschaftsförderung, sie ermöglichen private Initiativen in der Stadtentwicklung und bilden somit eine Form von sogenannten **Public-Private-Partnerships** (PPP) der Stadtentwicklung.

Die Entwicklung des Stadtraums wird somit bei den dargestellten Prozessen in private Hände gelegt – seien es Baugesellschaften, Einzelhandel oder Hauseigentümer und Hauseigentümerinnen. Diese gestalten die Stadt für ihre Bewohner (oder besser für ihre Nutzer) zum Teil sehr attraktiv, sie verfolgen damit aber letztlich immer ökonomische Interessen. Daher wird auch von „unternehmerischen Städten" gesprochen (Harvey 1989), in denen die Staatsbürger zu Kunden und Kundinnen werden und der Blick für das Gemeinwohl jenseits von „Privatopia" endet.

6.4 Umstrukturierungen, Wandlungen und Vernetzungen

Bei der bisherigen Betrachtung der Entwicklungen und Differenzierungen von Städten standen die Stadt als Ganzes bzw. die inneren Strukturen der Städte im Mittelpunkt. Diese sind jedoch nicht losgelöst von globalen Zusammenhängen zu sehen. Im folgenden Teilkapitel werden die übergeordneten systemischen und strukturellen Rahmenbedingungen der Stadtentwicklung genauer diskutiert.

6.4.1 Ökonomische Restrukturierung

Der Wandel von der Industrie- zur Dienstleistungsgesellschaft wird in der Geographie und anderen Gesellschaftswissenschaften intensiv diskutiert. Dabei bleibt umstritten, ob der produzierende, sekundäre Sektor wirklich derart an Bedeutung verloren hat, dass von einer postindustriellen Gesellschaft gesprochen werden kann und ob dieser Wandel für alle Länder gleichermaßen gilt (also auch für die Schwellenländer oder die Länder des globalen Südens). Schließlich stellt sich die Frage, welche Form und Auswirkungen die Tertiärisierung für die verschiedenen gesellschaftlichen Gruppen hat (z. B. Frauen und Männer, Arbeiter und Akademiker, Junge und Alte). Zahlreiche Autorinnen und Autoren präferieren daher den Terminus der **Konsum- oder Erlebnisgesellschaft,** der den derzeitigen Entwicklungsstand unserer Gesellschaft pointierter wiedergeben würde (Schulze 1992). Trotz dieser vielfältigen Debatte bleibt festzuhalten, dass sich nahezu die gesamte Welt in einem kontinuierlichen Prozess der ökonomischen und vornehmlich auch kapitalistischen Restrukturierung befindet, welcher die räumlichen Maßstabsebenen der Organisation der Staaten verändert hat: Neben der nationalstaatlichen Ebene hat sowohl die globale oder supranationale Ebene als auch die lokale oder regionale Ebene an Bedeutung gewonnen. Entscheidend für die Stadtentwicklung ist, dass der **lokale Staat** nun mit anderen lokalen Staaten um nationale und internationale Kapitalinvestitionen konkurriert und die urbane Entwicklung somit in translokale/globale Vernetzungen eingebunden ist (Kap. 7; Brenner 1997).

Augenfälligster Trend der Restrukturierung in westlichen Städten ist der Prozess der **Deindustrialisierung.** Durch die Verlagerung von Produktionsstätten an den Stadtrand, vor allem aber in andere Länder mit niedrigeren Produktionskosten, haben sich sowohl soziale als auch räumliche Veränderungen ergeben. So sind gerade in Altindustriegebieten, deren Wachstum auf der Schwer- oder der Textilindustrie gründete (z. B. das Ruhrgebiet, die Midlands in England, Lothringen in Frankreich), viele Arbeitsplätze aufgrund des Strukturwandels weggefallen, was sich nun in hoher Arbeitslosigkeit, starker Abwanderung und letztlich abnehmenden Bevölkerungszahlen widerspiegelt. Zwar wurden vielerorts neue Arbeitsplätze insbesondere im Dienstleistungssektor geschaffen (Kap. 7), doch stellt sich die Frage, inwiefern diese für die ehemalige Arbeiterklasse überhaupt attraktiv sind. Viele dieser neuen Arbeitsplätze sind schlechter bezahlt, oft kurzfristiger Art oder als Teilzeitbeschäftigungen ausgelegt. Diese Merkmale führen dazu, dass vor allem Frauen diese Beschäftigungen aufnehmen, weshalb auch von einer Feminisierung des Arbeitsmarkts gesprochen wird (McDowell und Dyson 2011).

Räumlich äußert sich die Deindustrialisierung in dem Entstehen von großen **Brachflächen** innerhalb der Städte. Dadurch ergibt sich einerseits ein enormes innerstädtisches Entwicklungspotenzial (Abschn. 6.2.3), andererseits aber auch ein Nachnutzungsproblem, da Investitionsmittel knapp und die Brachflächen nicht ohne Weiteres zur Umnutzung geeignet sind. In zentralen, attraktiven Lagen entstehen mancherorts neue Wohnviertel, die von der zahlungskräftigen Bevölkerungsschicht nachgefragt werden, aber auch Einkaufszentren und Freizeitparks finden hier ausreichend Platz (z. B. CentrO in Oberhausen; Basten 1998). Andernorts wird die Industriebrache zur Industriekultur entwickelt und vermarktet (z. B. Zeche Zollverein in Essen; Krajewski et al. 2006).

Ein weiteres Merkmal der ökonomischen Restrukturierung ist die Entstehung von **Technologieparks,** meist im Umfeld von forschungsintensiven Unternehmen, aber auch als Spin-offs von Universitäten und Forschungseinrichtungen. Hier breiten sich vor allem Firmen im Bereich der Bio-, Computer- und Nanotechnologie aus, die auch als Spitzen- oder Hochtechnologien mit hoher Forschungsintensität gelten. Diese nutzen zum Teil die frei gewordenen Industriebrachen innerhalb der Stadt, häufig erschließen sie aber auch neue Gebiete am Stadtrand mit günstigem Verkehrsanschluss insbesondere in Richtung Flughafen. Sie bringen den Städten erhebliche Wachstumsimpulse, die sich räumlich in expansiven Entwicklungs- und Hightech-Korridoren niederschlagen und – wenn sie zu stadtähnlicher Größe anwachsen – auch als **Technopolen** bezeichnet werden. Weitere Wachstumspole sind Logistikzentren, Ansiedlungen im Umfeld von Großflughäfen sowie Konzentrationen von Dienstleistungsfirmen aus dem Bereich des Finanzsektors (Unternehmensberatungen, Wirtschaftsprüfer, Versicherungsunternehmen). Diese zum Teil futuristischen Ansiedlungen haben die „Bürostädte" der 1960er- und 1970er-Jahre als wichtigste Wachstumszentren abgelöst.

Mit diesen Entwicklungen einher geht auch eine gesteigerte Bedeutung von Wissenseinrichtungen für die Stadtentwicklung. So wird dem **Wissen** ein zunehmender gesellschaftlicher Stellenwert eingeräumt, der sich auch ökonomisch niederschlägt. Wissen gilt als Kapital, durch das Innovationen ausgelöst, Arbeitsplätze geschaffen, Bevölkerung angelockt und Entwicklungsimpulse induziert werden (Sheppard 2013). Selbst für touristische Zwecke lassen sich Wissenseinrichtungen wie Bibliotheken, Museen oder auch Universitäten vermarkten, wenn sie denn mit einer entsprechenden Architektur ausgestattet sind. Viele Universitätsstädte boomen und können sich, selbst wenn sie bevölkerungsmäßig eher mittelgroß sind, mit den Metropolen des Landes – und häufig auch mit deren hohen Immobilienpreisen – messen. Die Bedeutung von Wissen und wissensintensiven Dienstleistungen wird im Zuge der anhaltenden ökonomischen Restrukturierung sicherlich weiter zunehmen und über Prosperität und Stagnation der Stadtregionen mitentscheiden. Ähnliches gilt auch für die Bereiche der **Kultur- und Kreativwirtschaft.** Zu Ersterer werden vor allem Theater, Museen, Kunstgewerbe und Verlage gezählt, zu Letzterer auch Medien, Softwareentwicklung sowie Universitäten, die als neuartige Triebkräfte der Stadtentwicklung umworben werden. Die Bedeutung dieser Bereiche hat im öffentlichen Diskurs derart zugenommen, dass die dort Beschäftigten von Florida (2002) bereits als neue Klasse *(creative class)* bezeichnet werden. Inwieweit dies jedoch dauerhaft Prosperität verspricht, bleibt offen (Exkurs 6.2).

Kapitel 6

Exkurs 6.2 *Creative class* – mehr als nur ein Modewort?

Kaum ein Thema hält sich so hartnäckig in Wissenschaft und Populärmedien – und wird dennoch derart heftig kritisiert und auch negiert: die These von der Existenz einer „neuen" kreativen Klasse von Stadtbewohnerinnen und Stadtbewohnern, die als Inkubatoren für aktuelle, dynamische Stadtentwicklungsprozesse dienen. Laut dem „Erfinder" der Kreativen Klasse, Richard Florida, seien sie besonders technologieaffin, talentiert und tolerant (die sogenannten „*Three T's*"; Florida 2002) und trügen somit zu einer positiven Entwicklung von Städten bei. Peck (2007) spricht dagegen kritisch von einem *creativity fix* und meint damit die völlige Überbetonung dieser Gruppe von Erwerbstätigen, die in vermeintlich kreativen Berufen arbeiten, deren Abgrenzung jedoch extrem unscharf ist, da sie von Künstlern über Professoren bis zu Investmentbankern reicht.

Ob es diese Klasse nun wirklich gibt oder nicht und ob diesbezüglich der „Klassen"-begriff angebracht erscheint oder nicht – aus stadtgeographischer Sicht ist besonders interessant, inwiefern die Anwesenheit der genannten Gruppe zu einer ökonomischen **Restrukturierung des urbanen Raums** beiträgt. Denn die „Kreativen" sind in der Regel gut gebildet, pflegen einen urbanen Lebensstil (Habitus) und verleihen den Innenstädten eine neue Attraktivität, da sie kulturelle Einrichtungen nachfragen und die Aufwertung der Innenstädte fördern. Sie sind daher von Politik und Stadtplanung stark umworben. Das Ansehen einer Stadt als *creative city* wird zum Teil aufwendig vermarktet und gar schon in einem Ranking von Städten nach ihrem sogenannten „Kreativitätsindex" abgebildet (Abb. 6.13).

Die Frage stellt sich jedoch, was diese Zahlen wirklich über Prosperität und Entwicklungsdynamiken von Städten aussagen. Sind sie nicht vielmehr Momentaufnahmen, die sich aufgrund eines komplexen Ursachengefüges jederzeit ändern können? Für wen werden diese Städte überhaupt lebenswert, wenn sie einen hohen Kreativitätsindex aufweisen? Im Kontext ökonomischer Restrukturierung können die sogenannten Kreativen gar als „*neoliberals dressed in black*" (Peck 2007) bezeichnet werden, mit denen die ökonomische In-Wert-Setzung von neuen urbanen Räumen besonders wirksam vorangetrieben wird, wodurch vielerorts wiederum Gentrifizierungsprozesse ausgelöst werden (Abschn. 6.3.3).

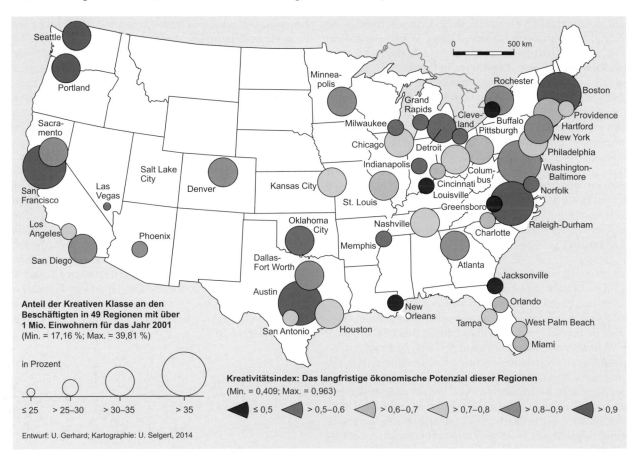

Abb. 6.13 Kreative Städte in den USA: Anteil der Kreativen Klasse an den Beschäftigten und Kreativitätsindex in 49 Regionen mit über 1 Mio. Einwohnern (Stand 2001; Datengrundlage Florida 2002)

6.4.2 Neoliberalisierung

Die Prozesse der ökonomischen Restrukturierung seit den späten 1960er-Jahren stehen in engem Zusammenhang mit ebenso einschneidenden politischen Veränderungen. Dadurch haben sich insbesondere im globalen Norden das Verhältnis von Staat und Wirtschaft und deren jeweiliges Verhältnis zu den Bewohnerinnen und Bewohnern der Städte deutlich gewandelt. Viele dieser Veränderungen werden unter dem Schlagwort der Neoliberalisierung zusammengefasst. Dieser Prozess fußt auf der Ideologie des Neoliberalismus, die insbesondere in ihrer amerikanisch-britischen Ausprägung eine radikale Befreiung (lat. *libertas* = Freiheit) individueller Entscheidungen von staatlichen Vorgaben oder Regeln fordert und gleichzeitig die spezifische Rationalität ökonomischen Handelns (Schlagwort *Homo oeconomicus*) zur Norm jeglichen persönlichen wie auch staatlichen Handelns erklärt. So umschreibt der Begriff der Neoliberalisierung einen tief greifenden gesellschaftlichen Wandlungsprozess, in dem mehr und mehr Entscheidungen einer „rein" **ökonomischen Logik** unterworfen werden, nach der Alternativen ausschließlich nach Kriterien der Effizienz und Leistung und über den Maßstab des Preises bewertet werden. Zudem wird diese Rationalität auch auf Bereiche übertragen, in denen bis dato andere Entscheidungsmechanismen vorherrschten: etwa auf das Soziale und das Politische oder, konkreter, auf die Sozial- und gerade auch die Stadtpolitik, in der es traditionell auch um Aspekte wie Gerechtigkeit, Teilhabe oder Solidarität geht. Eine **neoliberale Stadtpolitik** unterwirft also soziale und politische Entscheidungen zunehmend dem Primat der Ökonomie bzw. interpretiert sie nunmehr in erster Linie als ökonomische Fragen (Brenner und Theodore 2002).

Ein Ergebnis dieser Neoliberalisierung ist die Betonung der Selbstverantwortlichkeit des Einzelnen und ein dadurch ideologisch begründeter **Rückzug des Staates** aus klassischen Bereichen der Wohlfahrtsvorsorge, die traditionell vor Ort durch die Stadt (bzw. die Stadtgemeinde) – als lokaler Staat – erbracht oder umgesetzt wurden. Die Delegation von Verantwortlichkeiten an untere Regierungsebenen und die gleichzeitige Reduzierung von Mitteln zum Beispiel für den sozialen Wohnungsbau, für Programme der Stadterneuerung, aber auch für andere sozialstaatliche Leistungen schlagen sich insbesondere in den Städten nieder und zwar sowohl in den prosperierenden mit ihren drastisch gestiegenen Mietniveaus als auch in den schrumpfenden, wo sich Benachteiligungen meist in bestimmten Stadtvierteln konzentrieren und verschärfen (Abschn. 6.5.2). Gleichzeitig verabschiedet sich der Staat weitgehend von dem Anspruch, städtische (bzw. regionale) Entwicklungen über staatliche Pläne, Zielvorgaben und Regeln steuern zu wollen (Deregulierung). Dies bedeutet die Aufgabe des raumordnungspolitischen Ziels, in allen Teilen des Landes gleichwertige Lebensverhältnisse herzustellen – und damit letztlich die Akzeptanz von Polarisierungstendenzen zwischen den Städten.

Dieser Rückzug des Staates äußert sich jedoch nicht nur in aufgegebenen Zielen und reduzierten Mitteln für die Stadtentwicklungspolitik, sondern auch instrumentell. Stadtverwaltungen und öffentliche Institutionen werden nach dem Vorbild von Unternehmen umstrukturiert. Dienststellen werden im betriebswirtschaftlichen Sinne zu Profitcentern, die sich in erster Linie darum bemühen, Kosten zu senken und Einnahmen zu vermehren. Somit werden aus politisch definierten städtischen Bürgerinnen und Bürgern letztlich Kundinnen und Kunden oder Leistungsempfängerinnen und -empfänger, die sich der gleichen ökonomischen Entscheidungslogik unterwerfen sollen wie der Staat selbst. Öffentliches Eigentum wie zum Beispiel Wohnungen, Infrastrukturen und Versorgungsunternehmen werden privatisiert und „zu Geld gemacht". Stadtentwicklungspolitik wird zunehmend über punktuelle und imageträchtige Leuchtturmprojekte (Abschn. 6.2.3) betrieben, von denen man sich Ausstrahlungseffekte und weitere private Investitionen erhofft, wozu ein international ausgerichtetes **Stadtmarketing** etabliert wird (Mattissek 2008). Dagegen werden Probleme, die nicht Bestandteil derartiger Projekte werden können und Kosten verursachen, aber kaum Einnahmen hervorbringen (z. B. bezahlbarer Wohnraum, Armut, Ausgrenzung), tendenziell vernachlässigt. Da sich aber Leuchtturmprojekte selten allein aus öffentlichen Mitteln finanzieren lassen, sucht sich die Stadt Partner (als Investoren, Entwickler oder auch Betreiber) für **Public-Private-Partnerships** – in der meist ungeprüften und oft unüberprüfbaren Hoffnung, dass von solchen Projekten tatsächlich die Privaten und die Stadt profitieren können. PPP werden über privatwirtschaftliche Mechanismen gesteuert (Verträge, Verhandlungslösungen usw.) und verlangen Flexibilität, Tempo und Entscheidungsfreiheiten, die mit traditionellen Strukturen und rechtlichen Rahmenbedingungen staatlichen Handelns oft schwer vereinbar sind. Daher gründen Städte wie auch übergeordnete staatliche Ebenen für projektbezogene Entwicklungsaufgaben zunehmend privatrechtliche Gesellschaften (vorzugsweise als GmbH), die aufgrund ihrer Rechtsform einer direkten demokratischen Kontrolle durch Parlamente weitgehend entzogen sind. So haben viele Städte Aufgaben der Wirtschaftsförderung und Standortentwicklung in privatrechtlich organisierte Agenturen oder Firmen ausgelagert, oft in Kooperation mit privaten Akteuren wie Industrie- und Handelskammern. In Großbritannien hat man für großflächige Revitalisierungs- und Reurbanisierungsprojekte eigens das Instrument der *Urban Development Corporations* erfunden (Imrie und Thomas 1993).

Die dominant ökonomistische Orientierung der Stadtentwicklungspolitik zeigt sich auch in der weitverbreiteten Wahrnehmung, dass die Städte untereinander in einem ökonomischen – und globalen – Wettbewerb stehen, der nicht zu hinterfragen oder gar zu bekämpfen ist, sondern in dem es zu bestehen gilt. Dies führt zur Ausrichtung des Stadtumbaus auf die Bedürfnisse der Erfolgreichen und Kreativen (Abschn. 6.2.3 und 6.3.3), was sich insbesondere in den Großstädten und Metropolregionen beobachten lässt.

Kapitel 6

6.4.3 Metropolitanisierung und die Entwicklung von Global Cities

Wie in den vorherigen Teilkapiteln gezeigt, sind Stadtentwicklungsprozesse heute nicht mehr losgelöst von globalen Wandlungen zu sehen. Seit den 1980er-Jahren werden die Städte als Knoten in einem weltweiten Raum der Ströme analysiert. Auf den besonderen Zusammenhang von Stadt und Weltökonomie hinzuweisen, kann als Verdienst der **Global-City-Forschung** bezeichnet werden, deren Programm von Friedmann (1986) in den sogenannten **Weltstadthypothesen** formuliert wurde (Abb. 6.14). Strukturelle Veränderungen in Städten ergeben sich demzufolge in Abhängigkeit von ihrem Integrationsgrad in den Weltmarkt sowie ihrer Funktionen, die ihnen in der neuen internationalen Arbeitsteilung zugeschrieben werden. Weltstädte sind die Stützpunkte der räumlichen Ordnung des globalen Kapitals und weisen dementsprechende Beschäftigungsstrukturen und -dynamiken auf. Zugleich spiegeln sie die Widersprüche des globalen Kapitalismus wider: eine große Zahl internationaler Migranten, räumliche und klassenspezifische Polarisierung sowie hohe soziale Kosten, die die Finanzkapazität des Staates gefährden. Als weiterer Meilenstein der Global-City-Forschung können die Arbeiten von Sassen (2001) genannt werden, in denen London, Tokio und New York als die führenden Global Cities herausgestellt und analysiert werden. Zentrale Bedeutung wird dabei den globalen Finanz- und Kapitalmärkten zugesprochen, da der sogenannte **FIRE-Sektor** (Finance, Insurance, Real Estate) den Industriesektor als wichtigsten ökonomischen Bereich abgelöst hat. Global Cities sind somit die „Kommandozentralen der Weltwirtschaft", in denen die Steuerungs- und Innovationsfunktionen konzentriert sind. Die *Global and World City Research Group* (GaWC) um Taylor, Beaverstock und Smith hat diese eher auf einzelne Städte bezogenen Analysen mit umfangreichen **relationalen Daten** unterlegt, mit denen sie die Verbindungen zwischen den Global Cities quantifiziert (Beaverstock et al. 1999). Dazu wurden Daten von Unternehmen aus den Bereichen Wirtschaftsprüfung, Bank- und Finanzwesen, Werbeagenturen und Rechtsberatung in 263 Städten ausgewertet und als Ergebnis ein hierarchisches Raster von insgesamt 55 Weltstädten entwickelt. In zahlreichen Folgeuntersuchungen wurde dieser Faktorenkatalog zur Messung von Weltstädten weiter ausdifferenziert (Global and World City Research Group 2014).

Solche Ansätze sind nicht unumstritten. Ein zentraler **Kritikpunkt** ist, dass mit dieser aufwendigen empirischen Methodologie eine quantitative Messgenauigkeit von „Weltstadtheit" suggeriert wird, die stark von den zugrundeliegenden Prämissen (welche Branchen innerhalb des Dienstleistungssektors werden untersucht, welche Daten stehen zur Verfügung, wie wurden diese Daten generiert) abhängt, aber nicht unbedingt die „realen" Strukturen des Städtesystems widergibt (Gerhard 2004). Mithilfe anderer Indikatoren kommt man – wie nicht zuletzt die GaWC-Forschungsgruppe selbst gezeigt hat – zu sehr unterschiedlichen Rankings, die die Komplexität des globalen urbanen Systems anschaulich widerspiegeln. Neuere Ansätze untersuchen daher die Rolle politischer, zivilgesellschaftlicher und kultureller Akteure

im globalen, urbanen System, denen im Kontext der Globalisierung eine besondere Wirkmächtigkeit zukommt, da auch sie eine „globale Kontrollfunktion" konstituieren und eigene stadtgeographische Entwicklungen induzieren (Gerhard 2007).

Ein weiterer Kritikpunkt an der Global-City-Forschung ist die unhinterfragte Übernahme einer Perspektive auf Globalisierung, die von einer ökonomistischen Logik des westlichen Kapitalismus ausgeht und somit vor allem ein vom globalen Norden her konzipiertes Städtesystem erschließt. Dabei fallen viele Städte aus dem Blickwinkel der Weltstadtforscher heraus, die Robinson (2002) als „*cities off the map*" bezeichnet. Aufmerksamkeit erlangen höchstens noch diejenigen Städte des globalen Südens, die aufgrund ihrer enormen Bevölkerungszahl und Wachstumsdynamik als **Megastädte** bezeichnet werden. Sie besitzen im Gegensatz zu den Global Cities keine funktionale Sonderstellung über ihre regionalen oder nationalen Grenzen hinaus. Der Begriff der Megastadt ist somit vor allem quantitativ-deskriptiv, indem er extrem große Agglomerationen beschreibt, in denen größenspezifische „Probleme" vorherrschen (z. B. Umweltprobleme, Vulnerabilität, Unregierbarkeit). Um aber die Auswirkungen von Globalisierungsprozessen auf Städte weltweit gleichermaßen zu analysieren, sind daher neuartige Konzepte für eine **kosmopolitane Stadtforschung** nötig, die eine epistemologische Brücke schlagen zwischen der eher entwicklungstheoretisch ausgerichteten Betrachtung der Städte des globalen Südens und den vorherrschenden Stadttheorien des globalen Nordens (Roy 2011; Kap. 8).

Insofern erscheint das Konzept der **Metropolitanisierung** bedeutsam, womit nicht ein Größenwachstum, sondern eine qualitative Entwicklung zur Metropole gemeint ist. Metropolen sind demnach funktional gewichtige Städte, die aufgrund ihrer funktionalen Verflechtung im Städtesystem eine größere Bedeutung besitzen, als an ihrer „reinen" Bevölkerungsgröße abzulesen ist. Der Stellenwert als Metropole (nicht einfach Großstadt) ist also abgeleitet aus dem (globalen) Städtesystem und ihrer Rolle darin. In einem solchen Bedeutungszusammenhang sind auch die sogenannten **Europäischen Metropolregionen** in Deutschland zu sehen, die seit 1996 von der Ministerkonferenz für Raumordnung ausgewiesen wurden, um die Wettbewerbsfähigkeit in Europa auszubauen (Blotevogel und Schulze 2010). Die heute insgesamt elf Europäischen Metropolregionen in Deutschland zeichnen sich durch spezifische funktionale Profile aus (Entscheidungs- und Kontrollfunktion, Innovations- und Wettbewerbsfunktion, Gateway-Funktion), die über sogenannte Metropolitanindizes gemessen werden können.

6.4.4 Postmodernisierung

In den vorangegangenen Abschnitten wurde dargelegt, dass die Städte seit einigen Jahrzehnten tief greifende Wandlungsprozesse durchlaufen, die auf allen Ebenen sichtbar werden: im Ökonomischen, Sozialen, Politischen und eben auch in den räumlichen Strukturen auf allen Maßstabsebenen von **lokal bis global.** Die

Abb. 6.14 Die sieben Weltstadthypothesen von Friedmann (verändert nach Friedmann 1986)

Weltstadthypothesen

1 The form and extent of a city's integration with the world economy, and the functions assigned to the city in the new spatial division of labour, will be decisive for any structural changes occurring within it.

2 Key cities throughout the world are used by global capital as „basing points" in the spatial organization and articulation of production and markets. The resulting linkages make it possible to arrange world cities into a complex spatial hierarchy.

3 The global control functions of world cities are directly reflected in the structure and dynamics of their production sectors and employment.

4 World cities are major sites for the concentration and accumulation of international capital.

5 World cities are points of destination for large numbers of both domestic and/or international migrants.

6 World city formation brings into focus the major contradictions of industrial capitalism – among them spatial and class polarization.

7 World city growth generates costs at rates that tend to exceed the fiscal capacity of the state.

Beobachtung, dass diese unterschiedlichen Restrukturierungen mehr oder weniger zeitgleich verlaufen und logisch miteinander verflochten sind, hat zu neuen Theorieansätzen geführt, die hierin einen fundamentalen Wandel und deutlichen Bruch mit bisherigen Entwicklungsmustern erkennen. Mit dem Oberbegriff der Postmodernisierung wird beschrieben, dass sich gegenwärtig fundamental andersartige Logiken gesellschaftlicher, ökonomischer und eben auch städtischer Entwicklungen etablieren, die sich von denen der sogenannten industriellen Moderne deutlich unterscheiden (Soja 1997, 2000; Dear 2002). Andere Theoretiker wie Ulrich Beck (Beck et al. 2001) oder Anthony Giddens (1994) sprechen eher von einer Zweiten Moderne, der Hoch- oder Spätmoderne, um zu betonen, dass hier nicht etwas vollkommen Neues entsteht, sondern dass es sich noch immer um das System des modernen Industriekapitalismus handelt, welches gegenwärtig restrukturiert wird. Der amerikanische Geograph Edward Soja, einer der führenden Theoretiker der Postmoderne, skizziert diese Postmodernisierung der Stadtentwicklung über sechs sogenannte Diskurse (Soja 1997, 2000; Abb. 6.15).

Mit den Augen wahrnehmbar wird dabei vor allem der physische Stadtumbau, durch den **neue urbane Räume** entstehen: Wohn-, Kultur-, Büro- und Einzelhandelsprojekte sowie vielfältige Mischformen. Diese finden sich insbesondere auf den Brachflächen der Industrialisierung, also auf denjenigen Flächen, die einst die Stadt der industriellen Moderne charakterisierten. Hier tritt die veränderte **In-Wert-Setzung** städtischer Räume ebenso zutage wie die gesellschaftlich-kulturell gewandelte, nunmehr positiv konnotierte Interpretation von Stadtleben und Urbanität. Gleichzeitig entwickeln sich dadurch stadtstrukturell andere Standortlogiken: Während die klassische Industriestadt aus dem Zentrum (*Central Business District* – CBD, Bankenviertel) heraus

strukturiert und gesteuert wurde und von dort das Umland (Wohnvorstädte, Industriezonen usw.) beherrschte, löst sich diese Logik der Raumorganisation in der Postmoderne weitgehend auf (Basten 2005). Dear sieht gar eine Umkehrung der Raumstrukturen, da die heutigen Zentren der Macht (Firmenzentralen, Elitenwohnsitze usw.) nunmehr in der Peripherie der Städte lokalisiert seien und von dort aus das ehemalige Stadtzentrum beherrschten. Mit dem Slogan „Von Chicago nach L.A." (Dear 2002) beschreibt er ein Modell des postmodernen Urbanismus: Während Chicago die zentrumsdominierte Stadt der industriellen Moderne verkörpert, steht Los Angeles für die einem Flickenteppich ähnelnde, postmoderne Stadtstruktur, die von einem flächigen Netz von (Daten-)Autobahnen überspannt wird. *Edge cities* (großflächige Bürovorstädte), ethnische Wohnviertel, Shoppingcenter und *Urban Entertainment Center,* Elitenwohnviertel, Armenviertel usw. bilden **Konzentrationen spezialisierter Raumnutzungen** in einer weitflächigen Stadtregion, die kein dominantes Zentrum mehr kennt.

Jenseits der veränderten Form und Raumstruktur ist in der Stadt der Postmoderne besonders bedeutsam, dass Stadt als neuartige Verbindung von **Kultur und Kommerz** begriffen wird. So wird „das Städtische" einerseits künstlich und künstlerisch geschaffen, geformt und inszeniert. Die Stadt insgesamt sowie bestimmte Viertel werden durch Filme, Literatur, Festivals und Großereignisse zu einer Bühne und zur Szene, Urbanität wird als kulturelle „Performance" verstanden (Abb. 6.7). Andererseits und gleichzeitig wird Stadt auch als kommerzielles Produkt begriffen: ein **Stadtimage** wird kreiert und inszeniert, Urbanität und städtisches Flair werden ökonomisch in Wert gesetzt, um die Stadt als Standort zu vermarkten, neue, wohlhabende Einwohner, Firmen und Investoren anzulocken. Image wird so zu einem Faktor der Lebensqualität,

Kapitel 6

Diskurse über die „Postmetropolis"

1 **Flexcity/The Postfordist Industrial Metropolis**
… handelt von der Restrukturierung der (geo-)politischen Ökonomie der Urbanisierung, die zur Entwicklung „flexibler Spezialisierungen" in der postfordistischen industriellen Metropole führt.

2 **Cosmopolis**
… handelt von der Globalisierung des urbanen Kapitals, der Arbeit und der Kultur sowie der Ausbildung einer neuen Hierarchie von Global Cities.

3 **Exopolis**
… handelt von der Restrukturierung städtischer Formen und dem Wachstum von *edge cities* sowie randlichen und postsuburbanen Zonen der Metropolen – von innen nach außen und von außen nach innen gestülpten Metropolen.

4 **Fractal City/Metropolarities**
… handelt von neuen sozialen Strukturen und Mustern sowie dem Entstehen neuer sozialer Polarisierungen und Ungleichheiten.

5 **Carceral Archipelago**
… handelt vom Aufkommen neuer Befestigungen in Städten, Technologien der Überwachung, dem Austausch von „Polis" (Öffentlichkeitsvorstellung der Antike) durch Polizei und von neuen Formen der politischen Regulierung des Raums.

6 **Simcities**
… handelt von den veränderten Dar- und Vorstellungen von Stadt sowie der zunehmenden „Hyperrealität" des Alltagslebens.

Abb. 6.15 Sechs Diskurse über die „Postmetropolis" nach Soja (verändert nach Soja 1997, 2000)

das kulturell vermittelte Gefühl, in einem Szenestadtviertel oder in einer „hippen" Stadt zu wohnen, lässt sich über Immobilienwerte in bare Münze umwandeln. Neue urbane Räume, insbesondere im Sinne der Reurbanisierung (Abschn. 6.2.3), lassen sich somit gleichzeitig als Bedingung wie als Ergebnis der Postmodernisierung der Stadt begreifen – und zwar dezidiert auch in den Metropolen des globalen Südens, denn Sojas Diskurse der Postmetropolis wirken, auf jeweils spezifische Weise, dort ebenso wie in New York oder Frankfurt.

6.5 Die Stadt als Projekt

Wie bereits gesehen, sind städtische Strukturen nicht Ergebnis anonymer, quasi automatischer Prozesse, sondern Resultat menschlicher Handlungen. Intentional handelnde Akteure – Individuen oder Gruppen – verfolgen bestimmte Interessen und gestalten und verändern dadurch die Stadt. Somit kann Stadt auch als Projekt verstanden werden, als ein auf die Zukunft gerichteter **Entwicklungsprozess,** in dem Normen und Wertvorstellungen in bauliche wie auch soziale Formen überführt werden. Idealstadtentwürfe aus unterschiedlichen Epochen (Antike, Renaissance, Industriezeitalter usw.) zeugen von diesem normativen Impuls der geplanten Stadtgestaltung ebenso wie die jüngeren Debatten um planerische Leitbilder der Stadtentwicklung (Exkurs 6.3).

6.5.1 Stadtplanung

Dic Entwicklung der Stadt hängt von einer Vielzahl von Akteuren ab, die ihre jeweiligen Interessen unter Einsatz von Know-how, Geld, politischer Macht usw. durchzusetzen versuchen. Allerdings sind diese Ressourcen höchst ungleich verteilt: Während beispielsweise große Immobilienentwickler gegenüber Bürgerinnen und Bürgern wie auch kommunalen Politikern und Verwaltungen meist deutlich im Vorteil sind, finden insbesondere sozial Benachteiligte in der Stadt häufig kein Gehör. Im Grundsatz sollen Interessenkonflikte in einer Demokratie letztlich formal über Parlamentsbeschlüsse entschieden und über staatliche Regeln und Verwaltungen durchgesetzt werden. Das entsprechende **Regulierungssystem** im Bereich der städtischen Raumentwicklung wird als Stadtplanung bezeichnet. Es umfasst formale Regelwerke (Gesetze, Satzungen, Ordnungen usw.), Institutionen (Ausschüsse, Ämter usw.) und Instrumente (Pläne, Programme usw.) zur Verhandlung von Interessen und zur staatlich legitimierten Entscheidungsfindung.

Wie vielerorts ist auch in Deutschland die öffentliche Hand einer der zentralen Akteure der Gestaltung von Stadt, insbesondere aufgrund der verfassungsmäßig verankerten **kommunalen Planungshoheit,** also dem Recht der Gemeinde, die örtliche Flächennutzung zu planen. Wie bereits erwähnt, setzen die meisten baulichen Entwicklungen in der Stadt aber den Einsatz **privatwirtschaftlicher Akteure** voraus, die (legitimer Weise) eigene Interessen verfolgen: Bauherren, Investoren, Projektentwickler, Architekten, Banken usw. Zwar agiert auch die öffentliche Hand als Bauherr für Straßen, Schulen, Museen usw., doch angesichts knapper werdender Finanzmittel und des ideologisch begründeten Rückzugs des Staates ist die Bedeutung des Staates als Bauherr tendenziell zurückgegangen (Abschn. 6.4.2). Hinzu treten **zivilgesellschaftliche Akteure** wie Verbände oder Bürgerinitiativen, die versuchen, Planungsprozesse zu ihren eigenen Gunsten zu beeinflussen. Daraus ergibt sich eine große Komplexität von Interessen, Problemstellungen und Akteurskonstellationen, denen kategorische Gegenüberstellungen wie privat vs. öffentlich oder Eigeninteresse vs. Allgemeinwohl selten gerecht werden, da ein objektiv feststellbares Allgemeinwohl schlichtweg nicht existiert.

Exkurs 6.3 Leitbilder der Stadtentwicklung

Leitbilder sind Konzepte, die auf prägnante Weise eine leitende Zielsetzung für die Stadtentwicklung formulieren und oft bildlich oder modellhaft dargestellt werden können. Sie sollen **Orientierung** vermitteln, stellen also keine Verbindlichkeit her, sondern umschreiben eine Art Leitlinie für Akteure der Stadtentwicklung und Stadtplanung. Sie sind das Ergebnis fachlicher Diskurse in Wissenschaft, Praxis und Politik, entstehen also immer in einem konkreten zeitlichen und räumlichen Kontext und reflektieren die Problemlagen ihrer jeweiligen Zeit.

Der durch die Industrialisierung ausgelöste Umbau (und das Wachstum) der Städte brachte zum Anfang des 20. Jahrhunderts das von Ebenezer Howard in England entwickelte Modell der **Gartenstadt** hervor, das mit seinem nostalgischen Impuls auch die deutsche Stadtentwicklung beeinflusste. Dem entgegen stellte die maßgeblich von Le Corbusier (1887–1965) entworfene **Charta von Athen** ein modernistisches Leitbild einer funktionellen Stadt, in der eine klare räumliche Funktionstrennung herrschen sollte. Die in diesen beiden Modellen enthaltenen Idealvorstellungen von vorindustriellen historischen Kleinstädten einerseits und modernen, Technologie und sozialen Wandel bejahenden Großstädten andererseits prägen die verschiedenen Leitbilder der (west-)deutschen Stadtentwicklung nach dem Zweiten Weltkrieg. Während die **Orientierung am historischen Erbe** vielerorts als Leitbild des Wiederaufbaus nach den Kriegszerstörungen diente (z. B. Münster), entwickelten Planer andernorts das Leitbild der **gegliederten und aufgelockerten Stadt** (Abb. 6.16), das ab Ende der 1950er-Jahre weiterentwickelt wurde zum Leitbild der **autogerechten Stadt** und der **Urbanität durch Dichte**. Diese waren geleitet von der Idee, durch moderne Infrastrukturen (Autostraßen, schienengebundenen Nahverkehr), Bau- und Wohnformen (Großwohnsiedlungen, Flächensanierung in den Städten) die Probleme „veralteter" Stadtstrukturen zu überwinden.

In den 1970er-Jahren formierten sich Widerstände gegen diese Art der Stadtentwicklung, was sich dann in den Leitbildern der **erhaltenden Stadterneuerung** und anschließend des **ökologischen Städtebaus** widerspiegelte. Seit den 1990er-Jahren dominiert in Deutschland das Leitbild der **nachhaltigen Stadtentwicklung**, das ökologische, ökonomische und soziokulturelle Aspekte in Einklang zu bringen sucht und sich an Zielsetzungen wie Kompaktheit, kurzen Wegen, Funktionsmischung und Innenstadtrevitalisierung orientiert (Heineberg 2014).

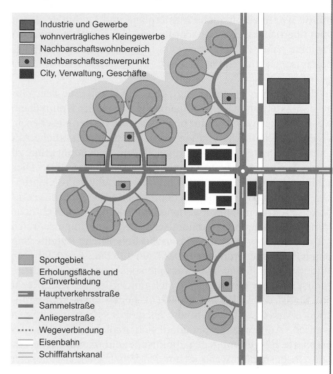

Industrie und Gewerbe
wohnverträgliches Kleingewerbe
Nachbarschaftswohnbereich
• Nachbarschaftsschwerpunkt
City, Verwaltung, Geschäfte

Sportgebiet
Erholungsfläche und Grünverbindung
Hauptverkehrsstraße
Sammelstraße
Anliegerstraße
Wegeverbindung
Eisenbahn
Schifffahrtskanal

Abb. 6.16 Die gegliederte und aufgelockerte Stadt (verändert nach Göderitz et al. 1957, S. 26)

Über das 20. Jahrhundert wurde in Deutschland ein System der Raumplanung entwickelt, in dem die Stadtplanung die lokalräumliche Institutionalisierung staatlichen Planungshandelns darstellt. Insbesondere in den 1960er- und 1970er-Jahren, in einer Phase der gesamtgesellschaftlichen Modernisierung, wurde ein räumlich und sachlich **integriertes Planungssystem** entwickelt, das einem rationalistischen Planungsmodell folgte. Es postulierte erstens eine klare Trennung von politisch legitimierten Festsetzungen des Allgemeinwohls einerseits und der fachlichen Umsetzung durch Experten andererseits. Zweitens ging es von der Prognostizierbarkeit der Zukunft aus; Planung sollte Zukunftsentwicklungen steuern. Drittens zielte es auf eine widerspruchsfreie Integration sowohl unterschied-

licher Fachplanungen (Sozialplanung, Verkehrsplanung usw.) als auch diverser räumlicher Planungsebenen (lokal, regional, Länderebene), weshalb dieses Planungsmodell auch als integrative Entwicklungsplanung bezeichnet wird. Darin spielen formelle Pläne – auf Stadtebene die kommunalen Bauleitpläne – eine zentrale Rolle. Über sie soll Flächennutzung insgesamt und die bauliche Nutzung von Grundstücken hoheitlich reguliert werden (Albers und Wekel 2011).

Dieses Planungsmodell ist jedoch seit den späten 1970er-Jahren zunehmend kritisch hinterfragt und demontiert worden. Erstens erwiesen sich soziale Realitäten als komplexer als angenommen und nur sehr eingeschränkt prognostizier- oder planbar.

Kapitel 6

Zweitens entwickelten sich Widerstände gegen dieses expertokratische Planungsmodell (z. B. gegen „Abrisssanierungen", für Denkmalschutz und Umweltschutz) und die Zielvorstellungen des modernistischen Stadtumbaus (Exkurs 6.3). Drittens wurde das zugrunde liegende Verständnis eines fürsorglich-planenden Staates kritisiert, teils aus ideologischen Gründen (Neoliberalisierung; Abschn. 6.4.2), teils aufgrund der (eben ideologisch bewerteten) Kosten. So ist sukzessive ein alternatives Planungsmodell entstanden, das weniger auf hoheitlich-administrative und stärker auf dialog-orientierte Planungsverfahren und Verhandlungslösungen setzt. Damit sind auch Stellenwert und Vielfalt von **partizipativen Verfahren** (die sogenannte Bürgerbeteiligung) in der Planung vielerorts deutlich gestiegen. Die hoch komplexe Integration von Planwerken wird teilweise ersetzt durch eher **weiche Steuerungsinstrumente** wie unverbindliche Masterpläne und Leitbilder, denen man über stückweise Fortschritte und einzelne (Leuchtturm-) Projekte näher zu kommen sucht (Planungsmodell des [perspektivischen] Inkrementalismus).

In der heutigen Stadtplanung zeigt sich somit eine sehr eingeschränkte politische wie finanzielle Macht der Kommunen, weshalb diese vermehrt auf übergeordnete Regierungsebenen, zivilgesellschaftliche und vor allem privatwirtschaftliche Akteure der Stadtentwicklung zugehen, um in **Kooperation** zu agieren (Public-Private-Partnerships; Abschn. 6.4.2). Dies schlägt sich in öffentlich und privat gemischten Projektgruppen oder Finanzierungsmodellen nieder, aber auch in veränderten Praktiken von Verwaltung und Politik: Privatrechtliche Vertragslösungen und ökonomische Steuerungsimpulse treten oft neben (bzw. vor) die klassische hoheitliche Regulierung durch Pläne und Ordnungen. Das kann durchaus zu erheblichen Widerständen führen und zwar einerseits vonseiten globalisierungskritischer Gruppen, die sich unter Slogans wie „Recht auf Stadt" oder *„We are the 99 %"* gegen einen vermeintlichen „Ausverkauf" der Städte an globale Kapitalinteressen wehren. Andererseits engagiert sich mancherorts auch das etablierte Bürgertum gegen „politische und ökonomische Eliten", insbesondere wenn es um den Erhalt etablierter lokaler Stadtqualitäten geht. In einigen Gemeinden erscheinen daher größere Entwicklungsprojekte ohne die breite Zustimmung der Bürgerinnen und Bürger kaum mehr durchsetzbar (z. B. Konflikte um Stuttgart 21 oder das Tempelhofer Feld in Berlin). Diese umfassenderen Akteurskonstellationen und Praktiken der Stadtentwicklung, bei denen der Staat weniger dominant ist als einst, werden als **Urban Governance** bezeichnet (Mattissek und Prossek 2014). Dabei ist jedoch zu beachten, dass mehr Kommunikation und weniger formelle staatliche Steuerung keineswegs automatisch mehr Gerechtigkeit oder eine bessere Stadtplanung hervorbringen. Individualisierte Verhandlungen mit jeweils Beteiligten und Einzelfallentscheidungen bleiben tendenziell intransparent und außerhalb demokratischer Kontrolle, gehen häufig zu Lasten von Nichtbeteiligten und reproduzieren oder verstärken bestehende Ungleichheiten an Macht und Ressourcen.

6.5.2 Stadt der Zukunft

Über welche Sachinhalte aber definiert sich die Stadt als Projekt? Bereits seit Mitte der 1990er-Jahre orientiert sich die Diskussion um die Zukunft der Städte am Konzept der **Nachhaltigkeit,** womit eine gleichermaßen ökologisch, ökonomisch und sozial zukunftsfähige Entwicklung gemeint ist. Die Übertragung des Konzepts auf die Stadt im Sinne einer nachhaltigen Stadtentwicklung ist nicht einfach, da zwischen den oben genannten Dimensionen der Nachhaltigkeit vielfältige Wechselwirkungen bestehen und da insbesondere die empirische Messung der Auswirkungen von Stadtentwicklung hoch komplex ist. So könnte beispielsweise die Ansiedlung großflächiger Einkaufsmärkte am Stadtrand dort Ackerflächen versiegeln, in der Innenstadt dem Einzelhandel Konkurrenz machen und zudem eine Zunahme des Autoverkehrs auslösen. Die möglichen ökologischen, ökonomischen und sozialen Folgen treten damit teilweise zeitversetzt und nicht am gleichen Ort auf. Während das neue Einkaufsgebiet „brummt", verschwinden womöglich in anderen Stadtteilen – oder auch in der Nachbargemeinde – die wohnstandortnahen Geschäfte für den täglichen Bedarf, auf die aber Menschen ohne Auto (beispielsweise eine zunehmende Zahl von Alten) dringend angewiesen sind. Eine nachhaltige Stadtentwicklung orientiert sich daher prinzipiell an den Zielen, Ressourcen (Flächen, öffentliche und private Gelder, „soziales Kapital") sparsam und möglichst effizient einzusetzen, negative Auswirkungen (Lärm, Verschmutzung, Klimawandel usw.) auf Ökosysteme soweit zu reduzieren, dass deren Funktionalität dauerhaft gesichert bleibt, sowie eine gerechte Verteilung von Vor- und Nachteilen der Stadtentwicklung sicherzustellen und zwar nicht nur zwischen unterschiedlichen Bevölkerungsgruppen innerhalb der Stadt, sondern auch darüber hinaus (Leipzig Charta 2007).

Diese Frage der **sozialen Gerechtigkeit** ist in Deutschland zuletzt wieder stark in den Fokus der politischen Debatten um Stadtentwicklung geraten. Dies liegt zum einen daran, dass die von neoliberalen ökonomischen Theorien angeleitete Politik zu einer zunehmenden ökonomischen Polarisierung innerhalb der Bevölkerung geführt hat, während gleichzeitig durch Prozesse der sozialen Ausdifferenzierung (Heterogenisierung der Gesellschaft) neue Formen der „horizontalen" Ungleichheit hinzugekommen sind. Häufig leiden betroffene Individuen und Gruppen gleichzeitig unter mehreren solcher Benachteiligungen (alt und arm, mangelndes Sprachvermögen und schlechte Chancen auf dem Arbeitsmarkt usw.). Zum anderen ist die Verräumlichung dieser Polarisierungen in der Stadt deutlicher und augenfälliger geworden, insbesondere da sich in manchen Stadtvierteln Konzentrationen von Bevölkerungsgruppen mit multiplen Benachteiligungen herausgebildet haben. Hier versuchen bestimmte **staatliche Programme,** wie etwa das Bund-Länder-Programm „Stadtteile mit besonderem Entwicklungsbedarf – Soziale Stadt", entgegenzusteuern. Andernorts – und manchmal direkt nebenan – entstehen exklusive neue urbane Räume einer zahlungskräftigen Oberschicht, die mit besonderen „Sicherheitsmaßnahmen" (Kameras, private

Sicherheitsdienste, vermehrte Polizeistreifen o. Ä.) gegen die Öffentlichkeit abgeschottet werden. Auch hier treten Fragen der Integration oder Inklusion, der sozialen, kulturellen, ökonomischen und politischen Teilhabe (Stichworte *citizenship* und Governance) an der Stadtgesellschaft verstärkt in den Blickpunkt – ganz im Sinne der sozialen Dimension von Nachhaltigkeit.

Die Gestaltung einer zukunftsfähigen Stadt durch Politik und Planung ist demnach eine Herkulesaufgabe. Es gilt Lösungen zu finden für die gleichzeitigen Herausforderungen der ökonomischen Restrukturierung (Stichworte Arbeitslosigkeit und Qualifizierung), der ökologischen Krise (Stichworte Energieeffizienz und Umwelt-/Lebensqualität) und des demographischen Wandels (Stichworte Schrumpfung, Alterung und Einwanderung), ohne dabei den sozialen Zusammenhalt und die politischen Werte einer offenen, demokratischen Stadtgesellschaft aus den Augen zu verlieren. Globalisierung, Neoliberalisierung und Postmodernisierung wirken jedoch auch jenseits des globalen Nordens auf die Städte und Metropolen ein und führen dort ebenso zu den diskutierten Folgeproblemen der sozialen, ökonomischen und Umweltgerechtigkeit. Die Entwicklung von Analyseverfahren und Lösungsansätzen, die dennoch sensibel für die jeweiligen soziokulturellen und politischen Kontexte der Stadtentwicklung bleiben, stellt eine zentrale Herausforderung nicht nur für die praktische Stadtpolitik, sondern auch für die Geographische Stadtforschung dar.

Zentrale Begriffe und Konzepte

Bauleitplan, *creative class,* Deregulierung, Gentrifizierung, Global City, Leitbild, lokaler Staat, Megastädte, Metropole, Metropolregion, nachhaltige Stadtentwicklung, Neoliberalismus, Polarisierung, Postmodernisierung, Privatisierung, Public-Private-Partnership, Restrukturierung, Reurbanisierung, Segregation, Sozialraumanalyse, Suburbanisierung, Ungleichheiten, Urban Governance, Urbanität, Zentralität

Literaturempfehlungen

Albers G, Wekel J (2011) Stadtplanung: eine illustrierte Einführung, 2. Aufl. WBG, Darmstadt

Grundlegender, kompakter Überblick über die wissenschaftlichen und rechtlichen Grundlagen der Stadtplanung sowie über ihre Verfahrensweisen und Praxis.

Brake K, Herfert G (Hrsg) (2012) Reurbanisierung. Materialität und Diskurs in Deutschland. Springer VS, Wiesbaden

Sammelband zu theoretischen wie empirischen Befunden der aktuellen Reurbanisierungsdebatte in Deutschland unter Einbeziehung internationaler Beispiele und Entwicklungen. Er folgt dem Band „Surburbanisierung in Deutschland", der 2001 von einem ähnlichen Herausgeberteam editiert wurde, und zeigt somit die Schwerpunktverlagerung aktueller Stadtentwicklungstrends an.

Harvey D (2007) Kleine Geschichte des Neoliberalismus. Rotpunktverlag, Zürich

Gut verständlicher und kritischer Überblick über die Entstehung und Verbreitung neoliberalistischer Ideologien und ihre Bedeutung für geographisch ungleiche Entwicklungen (auch in Städten) von einem der wichtigsten Vertreter neomarxistischer Perspektiven in der Geographie.

Lees L, Slater T, Wyly EK (2008) Gentrification. Routledge, New York

Eingängige Einführung in Prozesse der Gentrifizierung und deren wissenschaftliche Reflexion.

Soja EW (2000) Postmetropolis. Critical studies of cities and regions. Blackwell, Oxford, Malden

Umfassende Herleitung und Begründung einer Theorie der postmodernen Stadtentwicklung und Diskussion ihrer Ausprägung insbesondere am Beispiel US-amerikanischer Städte.

Literatur

Albers G, Wekel J (2011) Stadtplanung: eine illustrierte Einführung, 2. Aufl. WBG, Darmstadt

Basten L (1998) Die Neue Mitte Oberhausen. Ein Großprojekt der Stadtentwicklung im Spannungsfeld von Politik und Planung. Stadtforschung aktuell, Bd. 67. Birkhäuser, Basel

Basten L (2005) Postmoderner Urbanismus. Gestaltung in der städtischen Peripherie Schriften des Arbeitskreises Stadtzukünfte der Deutschen Gesellschaft für Geographie, Bd. 1. LIT, Münster

Beaverstock JV, Smith RG, Taylor PJ (1999) A Roster of World Cities. Cities 16(6):445–458

Beck U, Bonß W, Lau C (2001) Theorie reflexiver Modernisierung – Fragestellungen, Hypothesen, Forschungsprogramme. In: Beck U, Bonß W (Hrsg) Die Modernisierung der Moderne. Suhrkamp, Frankfurt a.M., S 11–59

van den Berg L (1982) Urban Europe. A Study of Growth and Decline. Pergamon Press, Oxford, New York

Berry BJL (1985) Islands of Renewal in Seas of Decay. In: Peterson PE (Hrsg) The New Urban Reality. Brookings, Washington D.C., S 69–96

Blotevogel HH, Schulze K (2010) 1, 2 oder 3? Zur Konstituierung europäischer Metropolregionen an Rhein und Ruhr. Raumforschung und Raumordnung 68(4):255–270

Brenner N (1997) State Territorial Restructuring and the Production of Spatial Scale. Urban and Regional Planning in the Federal Republic of Germany, 1960–1990. Political Geography 16(4):273–306

Brenner N, Theodore N (Hrsg) (2002) Spaces of Neoliberalism. Urban Restructuring in North America and Western Europe. Blackwell, Malden

Burgess EW (1925) The Growth of the City. An Introduction to a Research Project. In: Park RE, Burgess EW (Hrsg) The City. University of Chicago Press, Chicago, S 47–62

Dangschat J (1988) Gentrification: der Wandel innenstadtnaher Wohnviertel. Kölner Zeitschrift für Soziologie und Sozialpsychologie 29:272–292

Dear MJ (Hrsg) (2002) From Chicago to L.A. Making Sense of Urban Theory. Sage, Thousand Oaks

Fischer K, Parnreiter C (2002) Transformation und neue Formen der Segregation in den Städten Lateinamerikas. Geographica Helvetica 57(4):245–252

Fishman R (1987) Bourgeois Utopias. The Rise and Fall of Suburbia. Basic Books, New York

Florida R (2002) The Rise of the Creative Class. Basic Books, New York (sowie gleichnamige, ergänzte Taschenbuchausgabe von 2004)

Friedmann J (1986) The World City Hypothesis. Development and Change 17(1):69–83

Gerhard U (2004) Global Cities. Anmerkungen zu einem aktuellen Forschungsfeld. Geographische Rundschau 56(4):4–10

Gerhard U (2007) Global City Washington, D.C. Eine politische Stadtgeographie. Transcript, Bielefeld

Gerhard U (2014) Die Bedeutung von „Rasse" und „Klasse" im US-amerikanischen Ghetto. Geographische Rundschau 66(5):18–24

Gerhard U, Schmid H (2009) Die Stadt als Themenpark. Stadtentwicklung zwischen alltagsweltlicher Inszenierung und ökonomischer Inwertsetzung. Berichte zur deutschen Landeskunde 83(4):311–330

Giddens A (1994) Living in a Post-traditional Society. In: Beck U, Giddens A, Lash S (Hrsg) Reflexive Modernization. Politics, Tradition and Aesthetics in the Modern Social Order. Polity Press, Cambridge, S 56–109

Glasze G (2003) Bewachte Wohnkomplexe und „die europäische Stadt" – eine Einführung. Geographica Helvetica 5(4):286–292

Global and World City Research Group (2014) Globalization and World Cities Research Network. http://www.lboro.ac.uk/gawc/. Zugegriffen: 18. März 2015

Göderitz J, Rainer R, Hoffmann H (1957) Die gegliederte und aufgelockerte Stadt. Archiv für Städtebau und Landesplanung, Bd. 4. Ernst Wasmuth, Tübingen

Harris CD, Ullman EL (1945) The Nature of Cities. Annals of the American Academy of Political and Social Science 242(1):7–17

Harvey D (1989) From Managerialism to Entrepreneurialism: the Transformation in Urban Governance in Late Capitalism. Geografiska Annaler Series B 71(1):3–17

Heineberg H (2014) Stadtgeographie. Grundriss Allgemeine Geographie, 4. Aufl. Schöningh UTB, Paderborn

Herfert G, Osterhage F (2012) Wohnen in der Stadt: Gibt es eine Trendwende zur Reurbanisierung? Ein quantitativ-analytischer Ansatz. In: Herfert G, Brake K (Hrsg) Reurbanisierung – Materialität und Diskurs in Deutschland. Springer VS, Wiesbaden, S 86–112

Hesse M (2008) Reurbanisierung? Urbane Diskurse, Deutungskonkurrenzen, konzeptuelle Konfusion. Raumforschung und Raumordnung 66(5):415–428

Hoyt H (1939) The Structure and Growth of Residential Neighborhoods in American Cities. Federal Housing Administration, Washington

Imrie R, Thomas H (Hrsg) (1993) British Urban Policy and the Urban Development Corporations. Paul Chapman, London

Knox PL (2006) Urban Social Geography. Prentice Hall, Harlow

Krajewski C, Reuber P, Wolkersdorfer G (2006) Das Ruhrgebiet als postmoderner Freizeitraum. Geographische Rundschau 58(1):20–27

Lees L, Slater T, Wyly EK (2008) Gentrification. Routledge, New York

Leipzig Charta (2007) Leipzig Charta zur nachhaltigen europäischen Stadt. Angenommen anlässlich des Informellen Ministertreffens zur Stadtentwicklung und zum territorialen Zusammenhalt. Leipzig am 24./25. Mai 2007. Informationen zur Raumentwicklung 4:310–319

Ley D (1996) The New Middle Class and the Remaking of the Central City. Oxford University Press, Oxford

Mattissek A (2008) Die neoliberale Stadt. Diskursive Repräsentationen im Stadtmarketing deutscher Großstädte. Transcript, Bielefeld

Mattissek A, Prossek A (2014) Regieren und Planen. In: Lossau J, Freytag T, Lippuner R (Hrsg) Schlüsselbegriffe der Kultur- und Sozialgeographie. Ulmer, Stuttgart, S 198–211

McDowell L, Dyson J (2011) The Other Side of the Knowledge Economy: „Reproductive" Employment and Affective Labours in Oxford. Environment and Planning A 43(9):2186–2201

Murdie RA (1969) Factorial Ecology of Metropolitan Toronto, 1951–1961. An Essay on the Social Geography of the City. Research Paper, Bd. 116. University of Chicago, Department of Geography, Chicago

Peck J (2007) The Creativity Fix. In: Fronesis 24. http://www.eurozine.com/articles/2007-06-28-peck-en.html. Zugegriffen: 18. März 2015

Phelps NA, Wu F (Hrsg) (2011) International Perspectives on Suburbanization: A Post-Suburban World? Palgrave Macmillan, Basingstoke

Pütz R (Hrsg) (2008) Business Improvement Districts. Ein neues Governance-Modell aus Perspektive von Praxis und Stadtforschung. Geographische Handelsforschung, Bd. 14. L.I.S. Verlag, Passau

Reulecke J (1985) Geschichte der Urbanisierung in Deutschland. Neue Historische Bibliothek. Suhrkamp, Frankfurt a.M.

Robinson J (2002) Global and World Cities: A View from off the Map. International Journal of Urban and Regional Research 26(3):531–554

Rothfuß E (2012) Exklusion im Zentrum. Die brasilianische Favela zwischen Stigmatisierung und Widerständigkeit. Transcript, Bielefeld

Roy A (2011) Slumdog Cities. Rethinking Subaltern Urbanism. International Journal of Urban and Regional Research 35(2):223–238

Sassen S (2001) The Global City. Princeton University Press, Princeton N.J.

Schäfer A (2012) Zur Bauornamentik des Kapitolstempels in Köln. Kölner Jahrbuch 45:549–568

Schulze G (1992) Die Erlebnisgesellschaft. Kurzsoziologie der Gegenwart. Campus, Frankfurt a.M.

Sheppard E (2013) Economics, Geography, and Knowing „Development". In: Meusburger P, Glückler J, el Meskioui M (Hrsg) Knowledge and the Economy. Springer VS, Heidelberg, S 139–155

Shevky E, Bell W (1955) Social Area Analysis: Theory, Illustrative Applications and Computational Procedure. Stanford Sociological Series, Bd. 1. Stanford University Press, Stanford

Smith N (1996) The New Urban Frontier. Gentrification and the Revanchist City. Routledge, London, New York

Soja EW (1997) Six Discourses on the Metropolis. In: Westwood S, Williams J (Hrsg) Imagining Cities: Scripts, Signs, Memory. Routledge, London, New York, S 19–30

Soja EW (2000) Postmetropolis. Critical studies of cities and regions. Blackwell, Oxford, Malden

Stadt Heidelberg (2008) Bericht zur sozialen Lage der Stadt. Stadt Heidelberg, Heidelberg

Wacquant L (2008) Urban Outcasts: A Comparative Sociology of Advanced Marginality. Polity Press, Cambridge u. a.

Wehrhahn R (2014) Ghettos und Slums: Begriffe, Konzepte, Diskurse. Geographische Rundschau 66(5):4–11

Wilson D (2007) Cities and Race. America's New Black Ghetto. Routledge, London

Wirth L (1938) Urbanism as a Way of Life. American Journal of Sociology 44(1):1–24

Wirtschaft und Entwicklung

Hans-Martin Zademach, Christian Schulz

Containerschiff im Hamburger Hafen, 2010 (Foto: Hans Gebhardt)

© Springer-Verlag Berlin Heidelberg 2016
T. Freytag et al. (Hrsg.), *Humangeographie kompakt*, DOI 10.1007/978-3-662-44837-3_7

Warum entwickeln sich Regionen unterschiedlich? Welche gesellschaftlichen Kräfte begünstigen technologische und wirtschaftliche Innovationen? Wie können Menschen zusammenarbeiten, die in unterschiedlichen Regionen der Erde leben? Die Wirtschaftsgeographie befasst sich in räumlicher Perspektive mit der Beschreibung, Analyse und Erklärung von wirtschaftlichen Tätigkeiten sowie mit den hierfür relevanten sozio-institutionellen Kontexten und Implikationen für die natürliche Umwelt. Dabei wird sie von einer durchaus produktiven Heterogenität von Denkstilen geprägt. Innerhalb dieser Denk- und Betrachtungsweisen entwickeln Wirtschaftsgeographinnen und Wirtschaftsgeographen spezifische Theorien, Modelle und Methoden, die darauf abzielen, unser Verständnis für regionale Entwicklungsprozesse und die Mobilität von Personen, Informationen, Gütern und Kapital zu verbessern und damit unsere Kompetenz im Umgang mit den zunehmenden Herausforderungen in einer uneven world zu schärfen. Verstärkt rückt auch die Frage in den Vordergrund, welche Möglichkeiten bestehen, mehr soziale Gerechtigkeit mit einem höheren Maß an ökologischer Nachhaltigkeit zu erreichen.

Abb. 7.1 Das Unternehmen „Sennheiser" ist mit seinen weltweit mehr als 2000 Beschäftigten unter anderem auf die Herstellung von Mikrofonen, Kopfhörern und Konferenzanlagen spezialisiert (Foto: Joydeep, CC-by-SA 3.0)

7.1 Von heimlichen Gewinnern, gewonnenen Heimlichkeiten und unheimlichen Verlierern

In marktwirtschaftlichen Systemen hängt die Entwicklung von Regionen in besonderem Maße von der Leistungs- und Wettbewerbsfähigkeit der ansässigen Unternehmen ab. Unternehmen schaffen nicht nur Ausbildungs- und Arbeitsplätze, sie zahlen auch (in den meisten Fällen) Steuern, tätigen Investitionen und generieren Haushaltseinkommen, die teilweise wieder in der Region ausgegeben werden und so Arbeitsplätze erhalten oder neu schaffen; diese direkten und induzierten Impulse werden als Multiplikatoreffekte bezeichnet. Zudem versuchen Unternehmen, die institutionellen Rahmenbedingungen eines Wirtschaftsraums zu beeinflussen, entweder direkt durch Lobbyarbeit oder indirekt, indem sie durch ihre wirtschaftliche Macht und die regionalwirtschaftliche Bedeutung ihrer Investitionsentscheidungen nationale und lokale Regierungen zu wirtschaftspolitischen Anpassungsmaßnahmen drängen.

Unternehmen treten in vielen unterschiedlichen Formen auf, von den einzelnen Freiberuflern (z. B. Architektinnen und Architekten oder Rechtsanwältinnen und Rechtsanwälte) über kleinere Kapitalgesellschaften bis hin zu multinationalen Konzernen. Unter diesen verschiedenen Formen hat in den letzten Jahren infolge der gleichnamigen Publikation von Hermann Simon (1996) der Typ des „heimlichen Gewinners" – noch besser bekannt unter dem englischen Begriff **hidden champion** – sowohl in der öffentlichen als auch in der fachlichen Diskussion verstärkt Beachtung erfahren. Der Begriff bezeichnet Unternehmen, die in ihrem Markt führend, aber überwiegend keine Großkonzerne sind (Abb. 7.1). Viele dieser Unternehmen sind in ihrem Bereich hoch spezialisiert und daher häufig relativ unbekannt. Meistens

handelt es sich um mittelständisch geprägte Unternehmen im Familienbesitz, die in besonderer Weise mit dem Ort ihrer Gründung verbunden sind (Ermann et al. 2011).

In der Datenbank des Weissman-Instituts für Familienunternehmen sind für den Standort Deutschland insgesamt 1116 Unternehmen (Stand 2011) als *hidden champions* dokumentiert (Abb. 7.2). Sie gelten als wesentliche Säule der stark exportorientierten deutschen Wirtschaft. Denn in keinem Land der Erde sind mehr Weltmarktführer beheimatet als in Deutschland. Bezogen auf die Größe der Bevölkerung kommt die Bundesrepublik auf 16 *hidden champions* je 1 Mio. Einwohner, lediglich Österreich und die Schweiz weisen mit knapp 14 eine ähnlich hohe Dichte an *hidden champions* auf. In Frankreich liegt der entsprechende Wert bei 1,1, in den Vereinigten Staaten bei 1,2 und in Japan bei 1,7 (Simon 2012).

Wie lässt sich dieser enorme Erfolg Deutschlands erklären? Hermann Simon, Mitbegründer der Unternehmensberatung „Simon-Kucher & Partners" und viele Jahre an verschiedenen Universitäten als Professor für Marketing tätig, führt ihn auf ein Bündel von Gründen zurück – vom historisch begründeten Drang zur Internationalisierung über besondere gewachsene Kompetenzen (etwa bei der Ausbildung) bis hin zum scharfen Wettbewerb im heimischen Umfeld (Exkurs 7.1). Interessant ist, wie ausdrücklich in diesem Fall mit geographischen Kategorien gearbeitet wird: Zunächst betrifft dies die beiden zentralen **Untersuchungskategorien** der Geographie, Raum und Zeit, wie sie etwa in den räumlichen Ballungen von Unternehmen und der dezentralen Ausprägung jahrhundertealter Fertigkeiten zum Ausdruck kommen. Dazu führt Simon das klassische Argument der Lage ins Feld, nämlich die geostrategische Mittellage in Europa. Auch hat er den Themenkomplex Grenzen bzw. Grenzziehungen im Blick, wenn etwa auf die Umstände der Entstehung des deutschen Staates aus einer Vielzahl von Kleinstaaten verwiesen wird. Nicht zuletzt geht Simon wiederholt zumindest indirekt auf Fragen des räumlichen Maßstabs ein (Kap. 1).

Abb. 7.2 Weltmarktführer in Deutschland 2011 nach Gemeinden (aus: Ermann et al. 2011)

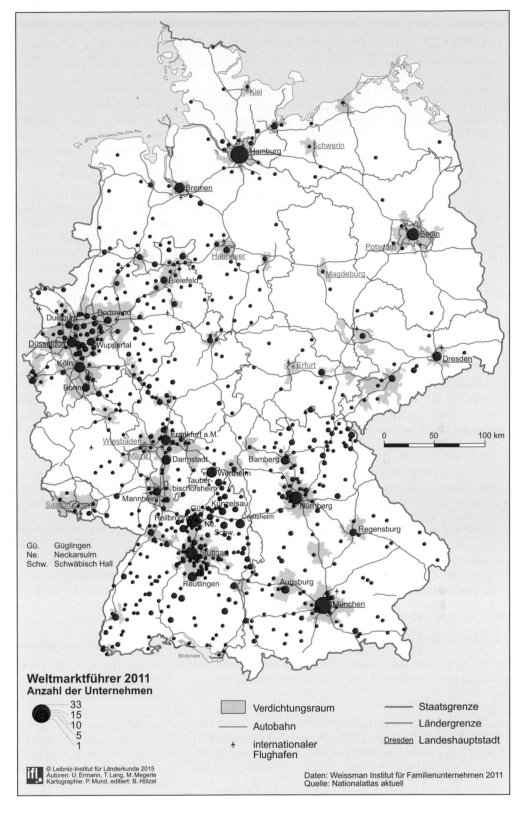

Weltmarktführer 2011
Anzahl der Unternehmen

33
15
10
5
1

Verdichtungsraum

Autobahn

internationaler
Flughafen

Staatsgrenze

Ländergrenze

Dresden Landeshauptstadt

Gü.   Güglingen
Ne.   Neckarsulm
Schw. Schwäbisch Hall

© Leibniz-Institut für Länderkunde 2015
Autoren: U. Ermann, T. Lang, M. Megerle
Kartographie: P. Mund, editiert: B. Hölzel

Daten: Weissman Institut für Familienunternehmen 2011
Quelle: Nationalatlas aktuell

Exkurs 7.1 *Hidden champions* – Deutschlands Stärke hat gute Gründe

Warum gibt es in Deutschland so viele *hidden champions*? Bei dem Versuch, diese Frage zu beantworten, stoßen wir auf ein Bündel von Einflussfaktoren, die teilweise weit in die Geschichte zurückreichen:

1. Historische Kleinstaaterei

Anders als beispielsweise Frankreich war Deutschland bis zum Ende des 19. Jahrhunderts kein Nationalstaat, sondern eine Ansammlung von Kleinstaaten. Jeder Unternehmer, der wachsen wollte, musste internationalisieren.

2. Traditionelle Kompetenzen

In vielen deutschen Regionen gibt es jahrhundertealte Fertigkeiten. So wurden im Schwarzwald von jeher Uhren gefertigt, was hohe feinmechanische Kompetenzen erforderte. Heute gibt es im Raum Tuttlingen am Schwarzwaldrand mehr als 400 medizintechnische Unternehmen, die aus dieser feinmechanischen Tradition entstanden sind.

3. Innovationskraft

Deutschland zeichnet sich durch eine besondere Innovationskraft aus. Dies lässt sich etwa an der Zahl der vom Europäischen Patentamt gewährten Patente im internationalen Vergleich gut belegen.

4. Starke Produktionsbasis

Anders als beispielsweise Großbritannien und die Vereinigten Staaten hat Deutschland seine Produktionsbasis erhalten. In Deutschland trägt das Produzierende Gewerbe – das heißt die Wirtschaftsbereiche Bergbau, Verarbeitendes Gewerbe, Energie- und Wasserversorgung sowie Entsorgung – nach wie vor gut ein Viertel zur Bruttowertschöpfung bei, im Vereinigten Königreich beläuft sich dieser Anteil auf nur mehr 14,6 %, im EU-Durchschnitt liegt er bei 19,1 % (Stand 2014, Datenquelle: Eurostat).

5. Entwicklung der Lohnstückkosten

Die deutschen Exporte profitierten in den letzten zehn Jahren massiv von der günstigen Entwicklung der Lohnstückkosten. Diese sind von 2002 bis 2010 nur moderat gestiegen oder sogar gefallen, während sie im Euroraum insgesamt anzogen.

6. Scharfe Konkurrenz

Ein Drittel der *hidden champions* sehen ihre schärfsten Wettbewerber in Deutschland, oft sogar in regionaler Nähe. Die harte interne Konkurrenz trägt entscheidend zur Export- und Wettbewerbsstärke deutscher Unternehmen bei.

7. Made in Germany

Aus dem 1887 von den Engländern als Zeichen für minderwertige Qualität gedachten „Made in Germany" ist heute ein Gütesiegel geworden.

8. Industriecluster

Traditionelle Cluster der verarbeitenden Industrie (z. B. für Schneidwaren in Solingen, Wälzlager in Schweinfurt, oder Bleistifte in Nürnberg) versammeln höchste Kompetenz in einer Region und fördern Höchstleistung.

9. Unternehmercluster

Neben den branchenbezogenen Industrieclustern finden sich häufig auch mehrere *hidden champions*, die nicht in der gleichen Branche tätig sind, in enger Nachbarschaft (z. B. hat Windhagen im Westerwald in drei Bereichen mittelständische Weltmarktführer: Straßenfräsen, professionelle Sonnenbräuner und Überwachungssysteme). Ähnliches beobachtet man quer durch Deutschland. Anders als beim Industriecluster ist das Verbindende nicht die Branche, sondern das soziale Netzwerk, das Inspiration liefert, einem Erfolgreichen nachzueifern.

10. Regionale Streuung

Wenige Länder sind so dezentral strukturiert wie Deutschland. In den meisten Ländern dieser Welt konzentrieren sich herausragende Unternehmen viel stärker an einem Ort, in der Regel in der Hauptstadt.

11. Duale Berufsausbildung

Das System der dualen Berufsausbildung (parallele Ausbildung in Betrieb und Berufsschule bzw. Berufsakademie) wird regelmäßig als eine der wichtigsten Ursachen der deutschen Wettbewerbsstärke genannt.

12. Geostrategische Mittellage

Deutschland hat in der globalisierten Welt eine einzigartige Mittellage. Man kann innerhalb normaler Bürozeiten mit Japan und Kalifornien telefonieren, die wichtigsten Geschäftszentren der Welt sind in vergleichsweise kurzen Reisezeiten zu erreichen und selbst innerhalb Europas liegt Deutschland zentral.

13. Mentale Internationalisierung

Internationales Geschäft erfordert stets auch eine kulturelle Horizonterweiterung. Dazu besteht in Deutschland recht große Bereitschaft.

Natürlich gibt es weitere Erklärungen. Ausführlichere Analysen belegen, dass der globale Erfolg deutscher Unternehmen nicht auf eine einzelne Wurzel zurückgeht, sondern aus teilweise interagierenden Ursachen entsteht. Und eine weitere wichtige Einsicht besteht darin, dass diese Ursachen nur schwer imitierbar sind.

(FAZ vom 15.10.2012, gekürzt und verändert)

Was in der in Exkurs 7.1 wiedergegebenen Betrachtung zu den Erfolgsgeheimnissen der deutschen Wirtschaft relativ wenig ausgeleuchtet wird, ist die Tatsache, dass in einer globalisierten Wirtschaft auch viele mittelständische Unternehmen nicht nur ihre Distributions-, sondern auch ihre Produktionsaktivitäten weltweit ausgedehnt haben, um ihre Wettbewerbsfähigkeit zu sichern und zu stärken. Denn in der globalen Ökonomie konkurrieren nicht mehr territorial getrennte Wirtschaftssektoren oder Produktionssysteme; stattdessen interagieren verschiedene Wertschöpfungszusammenhänge, die in komplexen **grenzüberschreitenden Produktionsnetzen** gesteuert werden und in verschiedene institutionelle Kontexte und politische Kräftefelder eingebettet sind. Führende Unternehmen bilden durch die Errichtung von Niederlassungen oder mittels Übernahmen und Fusionen ein globales Standortsystem. Parallel dazu werden Funktionsbereiche in andere Regionen verlagert, etwa aus Flexibilitätsüberlegungen oder aufgrund unterschiedlich hoher Arbeits- und Umweltkosten.

So fußt der Erfolg vieler *hidden champions* zu einem erheblichen Anteil auf den an ausländischen Standorten erbrachten Leistungen von Zulieferern und externen Dienstleistern. Dies führt unstrittig zu einer Reihe von positiven Effekten, etwa sinkenden Verbraucherpreisen und steigendem Wohlstand im Heimatland infolge geweiteter Absatzmärkte. Die voranschreitende Internationalisierung hat jedoch auch zahlreiche negative Begleiterscheinungen. Beispielsweise sind Informationen über Produktionsbedingungen oft nur bedingt bekannt und regelmäßig auch nur eingeschränkt zugänglich. Ein tragisches Beispiel liefert der Einsturz eines Fabrikhochhauses bei Dhaka im April 2013 (Abb. 7.3): Erst durch diese Katastrophe, bei der mehr als 1000 Todesopfer zu beklagen waren, wurde eine breite Diskussion über die menschenunwürdigen **Arbeitsbedingungen** in Textilfabriken in Bangladesch ausgelöst. Zum Zeitpunkt des Unglücks sollen sich etwa 3000 Menschen in dem achtstöckigen Gebäude aufgehalten haben. Da viele Arbeiter, insbesondere Frauen, für weniger als 40 US-Dollar pro Monat arbeiten, können ausländische Konzerne in Bangladesch besonders billig produzieren. Auch wirtschaftlich sehr erfolgreiche Textilunternehmer aus Deutschland haben von diesen enorm günstigen Produktionskosten profitiert.

Von großer Bedeutung ist daneben das sogenannte **Umweltdumping,** das heißt die Schädigung der Umwelt durch den ausbeuterischen oder fehlerhaften Umgang mit natürlichen Ressourcen (Haas et al. 2009). Ausdruck von Umweltdumping sind der zunehmende internationale Handel mit Abfällen – als sogenannter Mülltourismus (z. B. das Recyceln von Elektronikschrott in Ghana) – und anderen gefährlichen Gütern sowie die Abwanderung von bestimmten Sektoren aus Ländern mit hohen Umweltstandards in Niedrigstandardländer, die auch als Verschmutzungsoasen bezeichnet werden. Tatsächlich lassen sich auf den internationalen Märkten regelrechte Unterbietungswettläufe beobachten, bei denen sich vor allem Entwicklungs- und Schwellenländer gezwungen sehen, ihre Wettbewerbsfähigkeit durch die strategische Nutzung niedriger Umwelt- bzw. Sozialstandards zu steigern *(race to the bottom)*. Hohe Schadstoffemissionen infolge enorm gesteigerter Transportwege sind ein weiterer negativer Effekt der ausgedehnten internationalen Arbeitsteilung.

Abb. 7.3 Bergungsarbeiten in den Trümmern eines eingestürzten Fabrikgebäudes nahe Dhaka in Bangladesch, 2013 (Foto: AFP)

Angesichts dieser vielfältigen internationalen Interdependenzen im Wirtschaftsgeschehen können sich wirtschaftsgeographisch ausgerichtete Studien heute kaum mehr nur auf geschlossene Raumausschnitte wie Nationalstaaten oder lokale Unternehmenscluster beschränken. Im Gegenteil – ein zentrales Anliegen des Fachs besteht darin, die Verbindungen einzelner Standorte mit anderen Regionen sowie die dahinter liegenden Mechanismen und Motive wie auch entsprechende Ausgrenzungen bzw. trennende Prozesse offenzulegen und kritisch zu reflektieren.

7.2 Globale Verflechtungen und Rahmenbedingungen regionaler Entwicklung

Der Austausch und Zufluss von Waren, Dienstleistungen und Kapital ist in der Welt äußerst ungleich verteilt. Der mit Abstand größte Teil fließt mit großer Beständigkeit zwischen den wirtschaftlich hoch entwickelten Ländern der **Triade** (Nordamerika, Europa und Japan bzw. Ostasien) und untermauert die überragende Rolle der führenden Industriestaaten im internationalen Wirtschaftsgeschehen. In der übrigen Welt haben sich die Waren- und Finanzströme nach Art und Richtung sowohl langfristig gesehen als auch in den letzten Jahren recht unterschiedlich entwickelt, in großer Regelmäßigkeit, aber mit dem Resultat sich nochmals verstärkender Gegensätze.

7.2.1 *Uneven worlds:* persistente räumliche Strukturen im globalen Zeitalter

Die zunehmende Verflechtung der Weltwirtschaft findet insbesondere im Zuwachs und der veränderten räumlichen Verbreitung des internationalen Handels, der wachsenden Mobilität

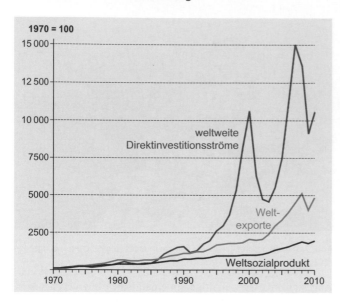

Abb. 7.4 Indikatoren der wirtschaftlichen Globalisierung: Entwicklung von Weltsozialprodukt, Weltexporten und weltweiten Direktinvestitionsströmen in den Jahren 1970 bis 2010 (Datengrundlagen: UNCTAD 2014)

des Produktionsfaktors Kapital sowie einer weltumspannenden Infrastruktur in Form von Verkehrs-, Informations- und Kommunikationsströmen Ausdruck. Durch die geographische Rekonfiguration unternehmerischer Aktivitäten mittels **ausländischer Direktinvestitionen** – entweder als Neugründungen *(greenfield investments)* oder durch die Übernahme schon bestehender Unternehmen im Gastland *(brownfield)* – optimieren transnationale Unternehmen ihre gesamten Wertschöpfungsketten. Diese sogenannten **Global Players** gelten als Motor und Träger der ökonomischen Globalisierung.

Die Abb. 7.4 zeigt die Entwicklung von Weltexporten und weltweiten Direktinvestitionsbeständen in den letzten vier Jahrzehnten. Beide Größen sind deutlich stärker gestiegen als das Weltsozialprodukt. Dabei muss beachtet werden, dass die Entwicklungen von Handel und Direktinvestitionen in engem Zusammenhang zueinander stehen: Auf der einen Seite substituieren Direktinvestitionen den Außenhandel, auf der anderen Seite ziehen sie durch unternehmensinternen Austausch und zwischenbetriebliche Zulieferungen wiederum grenzüberschreitenden Handel nach sich (Haas und Neumair 2006).

Als zentrale Gründe für das starke Wachstum des Außenhandels gelten die Liberalisierung des Welthandels durch das allgemeine Zoll- und Handelsabkommen (GATT) und die Welthandelsorganisation (WTO), die Bildung regionaler Integrationsräume, ein allgemein steigendes Wohlstandsniveau und die drastische Abnahme von Transport- und Kommunikationskosten. Der Löwenanteil der Weltexporte entfällt bis heute auf die sogenannten entwickelten Volkswirtschaften, also diejenigen Staaten, die sich durch ein relativ hohes materielles Wohlstandsniveau auszeichnen und in der amtlichen Statistik (etwa von der *United Nations Conference on Trade and Deve-*

lopment – kurz UNCTAD – oder der Weltbank) als *advanced economies* ausgewiesen werden. Weite Teile Asiens, der gesamte afrikanische Kontinent und auch die noch nicht der EU angehörenden ehemaligen sozialistischen Staatshandelsländer (Transformationsstaaten) spielen nur eine untergeordnete Rolle (Abb. 7.5). Dabei unterscheiden sich die hoch industrialisierten Länder des globalen Nordens und die sich entwickelnden Ökonomien nicht nur in ihren Produktionsstrukturen und ihrer Einbindung in regionale Handelsräume, sondern auch in Bezug auf ihre **Terms of Trade,** das heißt das Verhältnis zwischen Preisentwicklung für Importe und Exporte. Während Halbfertig- und Fertigprodukte den Großteil des Handelsvolumens der führenden Industriestaaten ausmachen, exportieren vor allem besonders arme Länder nach wie vor überwiegend agrarische Produkte, deren Exportpreise tendenziell langsamer steigen als die Einfuhrpreise für Industriegüter.

Bei den Direktinvestitionen ergibt sich ein ähnliches Bild. Auch hier dominieren als Geber wie als Empfänger die hoch industrialisierten Länder, die Rolle der sich entwickelnden Ökonomien ist insgesamt noch immer vergleichsweise gering (Abb. 7.6). Eine beachtenswerte Ausnahme bildet hier die Gruppe der sogenannten Schwellenländer, allen voran die **BRICS-Staaten** (Brasilien, Russland, Indien, China und Südafrika), die – besonders im Fall von China – inzwischen selbst als potente Investoren in allen Weltregionen (d. h. ebenso in Süd-Süd- wie Süd-Nord-Kooperationen) in Erscheinung treten (siehe zum Aufstieg Chinas zur Weltwirtschaftsmacht infolge eines raschen Industrialisierungsbooms ausführlich z. B. Giese et al. 2011).

Nochmals gefestigt wird das bislang skizzierte Bild der Regionalisierung der Weltwirtschaft und der anhaltenden Dominanz der führenden Industrienationen im weltweiten Wirtschaftsgeschehen, wenn man die regionale Verteilung globaler **Finanztransaktionen** betrachtet: So konzentriert sich etwa der Aktien- und Devisenhandel sowie der Börsen- und außerbörsliche Handel mit Finanzderivaten jeweils auf eine geringe Anzahl sehr großer Finanzplätze bzw. auf eine begrenzte Anzahl großer Unternehmen (Zademach 2014). Allein die drei größten Wertpapierbörsen – die beiden in New York ansässigen Börsen NASDAQ und NYSE Euronext sowie die London Stock Exchange – vereinen regelmäßig deutlich mehr als die Hälfte der Umsätze im weltweiten Aktienhandel auf sich. Bei den kleinen Börsen südlich der Sahara gilt Nairobi mit 60 gelisteten Unternehmen schon als Riese unter den Zwergen.

Wie diese Ausführungen deutlich machen, findet Globalisierung auf den Ebenen des Handels, der Produktion und des Finanzsystems statt. Allerdings bedeutet Globalisierung keineswegs eine räumliche Homogenisierung, und es kann deshalb von einer „flachen Erde" (Friedman 2005) oder einem „Ende der Geographie" (O'Brien 1992) eigentlich keine Rede sein. Gegen die Vorstellung einer räumlich entankerten, gleichmäßig schrumpfenden Erde mit zunehmender Chancengleichheit sprechen unter anderem folgende Argumente (Braun und Schulz 2012):

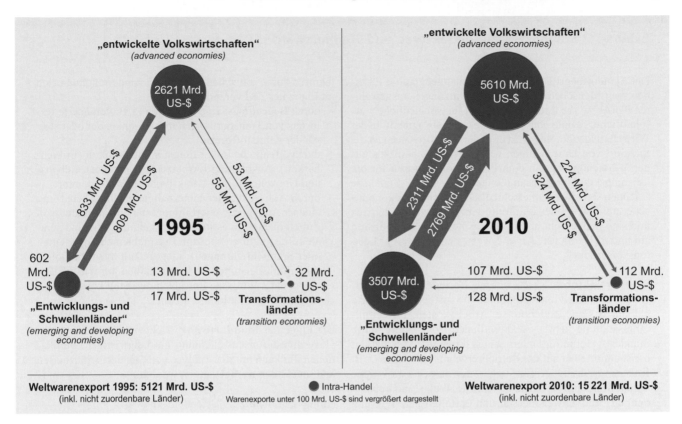

Weltwarenexport 1995: 5121 Mrd. US-$
(inkl. nicht zuordenbare Länder)

● Intra-Handel
Warenexporte unter 100 Mrd. US-$ sind vergrößert dargestellt

Weltwarenexport 2010: 15 221 Mrd. US-$
(inkl. nicht zuordenbare Länder)

Abb. 7.5 Außenhandel nach Ländergruppen 1995 und 2010 (verändert nach Neumair et al. 2012, Datengrundlage: UNCTAD 2014; Anmerkung: Eine allgemein anerkannte Klassifikation der Gruppen der sogenannten entwickelten Volkswirtschaften *(advanced economies)* und der Entwicklungs- und Schwellenländer *(emerging and developing economies)*, auch als sich ökonomisch entwickelnde Staaten bezeichnet, existiert nicht. Die hier gegebene Zusammenfassung folgt der Einordnung der *United Nations Conference on Trade and Development* (UNCTAD); zum Entwicklungsbegriff siehe auch Kap. 8)

- Der schnelle **Transport** von Menschen, Waren, Dienstleistungen und Informationen ist auf technische Infrastruktur angewiesen wie Eisenbahnlinien, Autobahnen, Energie- und Datennetze sowie Flug- und Seehäfen. Diese immer wichtiger werdenden Faktoren differenzieren unseren Globus in gut und weniger gut erreichbare Standorte (Exkurs 7.2).

- Das ökonomische Grundprinzip der steigenden **Skalenerträge** *(economies of scale)* hat in Zeiten einer vielfach verflochtenen, arbeitsteilig organisierten Wirtschaft weiterhin Bestand. Positive Skaleneffekte fördern die räumliche Ballung von wirtschaftlichen Aktivitäten.

- Auch in der globalisierten Wirtschaft werden sensible Informationen nach wie vor bevorzugt *face-to-face* ausgetauscht. Der für Innovationen relevante Austausch von nicht kodifizierbaren Informationen und ebensolchem Wissen erfordert die Kopräsenz verschiedener Akteure an einem Ort (Abschn. 7.3).

Vor diesem Hintergrund wird klar, dass Globalisierung auch eine Transformation von Raumbezügen und Machtgeometrien bedeutet. In anderen Worten findet Globalisierung nicht lediglich im wirtschaftlichen Bereich statt, sondern es kommt auch zur Neuaushandlung von sozialen Beziehungen.

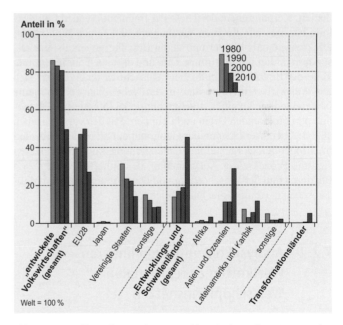

Abb. 7.6 Entwicklung der Anteile ausgewählter Länder und Regionen an den Direktinvestitionsbeständen weltweit in den Jahren 1980 bis 2010 (verändert nach Giese et al. 2011, S. 97; Datengrundlage: UNCTAD 2014)

Exkurs 7.2 Standort, Standortfaktoren und Standortwahl

Der Standortbegriff steht in der Humangeographie für einen vom Menschen für bestimmte Nutzungen ausgewählten Platz bzw. die Raumstelle, an der unterschiedliche wirtschaftliche, soziale oder politische Gruppen agieren. In der Wirtschaftsgeographie wird er in der Regel etwas enger als Standort von Unternehmen verstanden, das heißt als Ort der Wertschöpfung, an dem Produktionsfaktoren für die Leistungserstellung zusammengeführt werden. Standorte zeichnen sich durch unterschiedliche physische, ökonomische, politische oder kulturelle Umweltbedingungen aus und sind meist nicht homogen, das heißt, sie beeinflussen auf unterschiedlichste Art und Weise den Prozess der Leistungserstellung.

Standortfaktoren lassen sich als Vorteile für eine wirtschaftliche Aktivität definieren, die an bestimmte Orte gebunden sind (Bodenpreise, Arbeitskosten, Infrastrukturausstattung usw.). Während sich sogenannte harte Standortfaktoren für Unternehmen durch ihre Messbarkeit meist unmittelbar auf das Betriebsergebnis auswirken (z. B. Kosteneinsparung, Absatzsteigerung), lassen sich weiche Standortfaktoren (z. B. Standortimage, Wohn- und Lebensqualität) nur schwer messen und entfalten ihre Wirkung erst mittel- und langfristig. Dabei sind viele der Standort-

faktoren keine statischen Merkmale, sondern können sich im Laufe der Zeit verändern:
– durch Bedeutungsverschiebungen (z. B. veränderte Relevanz von Transportkosten infolge sinkender oder steigender Kraftstoffpreise)
– durch öffentliche Investitionen in Infrastruktur (Erreichbarkeit), Ausbildung (Arbeitskräfteangebot), Lebens- und Umweltqualität (Attraktivität als Wohnstandort)
– durch Aktivitäten der Unternehmen selbst (Schaffung eigener Aus- und Weiterbildungsstätten, Gründung von Zulieferparks, Investitionen in Wohnungsbau und soziale Infrastrukturen wie zum Beispiel Kindertagesstätten oder Sporteinrichtungen); hierzu zählt auch die politische Einflussnahme von Unternehmen auf wirtschafts- und strukturpolitische Entscheidungen auf kommunaler, regionaler und nationaler Ebene

Die Frage der **Standortwahl** ist entsprechend eine komplexe Investitionsentscheidung mit langfristigen Implikationen. Ihr kann mit der Analyse von Standortbedürfnissen und -qualitäten nachgegangen werden.

(Braun und Schulz 2012, Zademach 2014)

Daher wird Globalisierung heute dezidiert als **fragmentierende Entwicklung** (Scholz 2002, 2004) angesehen, das heißt als eine Entwicklung, die systemimmanent Gewinner und Verlierer produziert. Kernargument der These der fragmentierenden Entwicklung ist, dass am globalen Wettbewerb und seinen Wohlfahrtseffekten niemals Länder und deren Bevölkerungen als Ganzes, sondern immer nur bestimmte Orte und dort auch nur bestimmte Teile der Bevölkerung teilhaben. Tatsächlich untergliedert sich der Weltwirtschaftsraum also in ein Nebeneinander von ganz unterschiedlich an einer zunehmend global integrierten Ökonomie partizipierenden Orten und Gruppen. Mit den verschiedenen analytischen Werkzeugen der Geographie, wie etwa den beiden im Folgenden vorgestellten Untersuchungskonzepten, lassen sich die Prozesse der Ausgrenzung, der Schaffung von neuen Barrieren und der Verschärfung von Disparitäten auf allen Maßstabsebenen (multiskalar) nachzeichnen.

7.2.2 Analysekonzepte: von linearen Wertketten zu relationalen Wertschöpfungsnetzen

In der praktischen und analytischen Auseinandersetzung mit der Koordination von international verflochtenen Wertschöpfungszusammenhängen vollzog sich in den letzten beiden Jahrzehnten

eine immer stärkere Fokussierung auf den Netzwerkgedanken. Allgemein sind die Zusammenarbeit und Vernetzung von Unternehmen insbesondere dann sinnvoll, wenn entweder wechselseitig Kernkompetenzen genutzt werden können, ohne den Verlust der eigenen Kompetenzen befürchten zu müssen, oder wenn die Ressourcenbündelung zu einer verbesserten Wettbewerbsposition führt.

Die jüngere Fachliteratur zur vernetzten Organisation von Wertschöpfungsprozessen hat zwei Gruppen von Zugängen besonders viel Aufmerksamkeit geschenkt: zum einen dem Konzept der globalen Wertketten, zum anderen der Heuristik der globalen Produktionsnetzwerke (Tab. 7.1). Einen Ausgangspunkt stellt bei beiden Ansätzen das Konzept der **Wertkette** *(value chain)* von Michael Porter (1985) dar. In diesem Konzept werden Unternehmen in eine lineare Abfolge von Wertschöpfungsaktivitäten gegliedert, in der die einzelnen Phasen der Herstellung eines Produkts oder einer Dienstleistung – von der Planung über die unterschiedlichen Fertigungsschritte bis zum Vertrieb – sequentiell aufgeschlüsselt sind. Wertschöpfungsprozesse können hierbei sowohl organisatorisch als auch räumlich voneinander getrennt werden.

Den ersten, gegenwärtig viel beachteten Zugang zu vernetzten Produktions- und Wertschöpfungszusammenhängen stellt das Konzept der ***Global Value Chains*** (GVC) dar. Bezogen auf den Wertbegriff noch relativ nahe am Verständnis von Porter

Tab. 7.1 Zugänge zur Analyse globaler Wertschöpfungszusammenhänge (verändert nach Zademach 2009, S. 75)

	Global Commodity Chains und *Global Value Chains* (GCC/GVC)	*Global Production Networks* (GPN)
Grundkonzept	Wertschöpfungsprozesse als sequentielle Folge; Typologisierung von Waren- und Wertketten mithilfe interner Faktoren, vor allem Beziehung zwischen Kettenmitgliedern	Organisation von Produktion, Distribution und Konsum als relationaler Prozess; Wechselbeziehung zwischen internen und externen Einflüssen (auch „Nicht-Firmen", also Regierungsorganisationen, Gewerkschaften, Verbände usw., Teil von GPN)
Gegenstand	– Steuerung und Konfiguration von GCC/GVC; Entwicklungsprozesse im globalen Maßstab (Industrie-/Schwellenländer) – Branchen (High- vs. Lowtech), lokale Unternehmen, (Regionen)	– (Räumliche) Konfiguration von GPN; regionale, wirtschaftliche und soziale Entwicklungsprozesse (multiskalar) – Akteure (Unternehmen, Institutionen), Netzwerke (wirtschaftlich und politisch), Branchen (Produzierendes Gewerbe und Dienstleistungen)
Analysekategorien	(1) Input-Output-Strukturen (2) Territorialität (3) Governance (4) institutioneller Rahmen	(1) Wertschöpfung bzw. Mehrwert (2) Macht (korporativ, institutionell, kollektiv) (3) *embeddedness* (territorial, organisational, gesellschaftlich)
Fachdisziplinen	Entwicklungsforschung, Wirtschaftswissenschaften, Soziologie, Geographie	Geographie, Politische Wissenschaften
Wichtige Vertreter/ Publikationen	Dieter Ernst, Gary Gereffi, John Humphrey, Hubert Schmitz, Timothy Sturgeon Gereffi und Korzeniewicz 1994 (GCC); Gereffi et al. 2005 (GVC); Themenhefte der Zeitschriften „Die Erde" zu GCC (2007, Heft 2) und „Geographische Rundschau" zu GVC (2008, Heft 9)	Neil Coe, Peter Dicken, Martin Hess, Jeffrey Henderson, Henry Yeung Henderson et al. 2002; Coe et al. 2004; Themenhefte der Zeitschriften „Journal of Economic Geography" (2008, Heft 3) und „Geoforum" (2013, Heft 1)

ausgerichtet, geht diese Konzeption aus dem Ansatz der *Global Commodity Chains* (GCC) oder Warenketten hervor, welcher in der ersten Hälfte der 1990er-Jahre in die Fachdebatte eingeführt und seitdem beständig weiterentwickelt wurde. GCC werden darin als organisationsübergreifende Netzwerke gefasst, die sich um standardisierte Produkte bzw. Konsumgüter *(commodities)* gruppieren und die Haushalte, Unternehmen und Staaten der Weltwirtschaft verknüpfen (Gereffi und Korzeniewicz 1994).

In seiner ursprünglichen Konzeptualisierung schlägt dieser Ansatz vier analytische Dimensionen als Bezugsrahmen für die Untersuchung von Warenketten vor: erstens die Input-Output-Struktur der Kette, zweitens die räumliche Verortung und Territorialität der Wertschöpfungsprozesse (mit starkem Fokus auf die globale und nationale Maßstabsebene), drittens die Governance bzw. Steuerung der Produktionsbeziehungen sowie viertens die institutionellen Bedingungen im Sinne des nationalen und internationalen Referenzrahmens für das Zusammenwirken der beteiligten Akteure. Allerdings konzentrieren sich die Studien über Warenketten – trotz dieses umfassenden Analyserahmens – nahezu ausschließlich auf die Dimension der Governance, also zum Beispiel die Führungsstile oder den Grad der Mitbestimmung in zwischenbetrieblichen Beziehungen.

Mit Hilfe des GCC-Konzepts konnten insbesondere die Unterschiede zwischen Warenketten, die von **Produzenten gesteuert** werden *(producer driven)*, gegenüber käufergesteuerten Warenketten *(buyer driven chains)* herausgearbeitet werden. Vereinfacht dargestellt sind Erstere typisch für technologieintensive Branchen wie die Automobil- oder die Halbleiterindustrie, in denen die führenden Unternehmen in einem integrierten Produktionssystem sowohl auf ihre Zulieferer als auch auf ihre Abnehmer Einfluss ausüben können. **Käufergesteuerte Warenketten** beschreiben Massengütermärkte mit eher geringer Technologieintensität; hier liegt die Steuerungsmacht bei Handelsunternehmen wie führenden Warenhausketten oder Markenunternehmen, die ein Netz meist unabhängiger Produzenten vornehmlich über Preis- und Wettbewerbskräfte koordinieren (so z. B. im Textilsektor, wo die meisten Markenunternehmen keinerlei Eigenproduktion mehr vornehmen).

Auch bei den Weiterentwicklungen des GCC-Ansatzes stehen die verschiedenen Koordinationsmechanismen, mittels derer die Wertschöpfungsnetzwerke gesteuert werden, im Zentrum der Betrachtung. Dabei werden drei **analytische Kategorien** herangezogen, nämlich erstens die Komplexität einer Transaktion *(complexity)*, zweitens der Umfang der Möglichkeiten, Informationen zu kodifizieren, das heißt aufzuzeichnen und für eine Wiederverwendung zu speichern *(codifiability)*, sowie drittens die Fähigkeiten der Zulieferer *(capability)*, also etwa das Vorhandensein eigener Patente oder bestimmter Mitarbeiterqualifikationen. Mithilfe dieser Kategorien erfolgt nun eine stärkere Ausdifferenzierung unterschiedlicher Governance-Formen, anstelle der Zweiteilung wird eine fünfgliedrige Typologie zur Ordnung der möglichen Steuerungsformen einer GVC vorgeschlagen (Abb. 7.7). Die einzelnen Formen unterscheiden sich dabei im Grad der Machtasymmetrie und im Grad der expliziten Koordination.

Damit wird deutlich, dass die unterschiedlichen Koordinationsformen von Wertschöpfungsnetzen in der GCC- und GVC-Literatur vornehmlich mit internen Faktoren begründet werden:

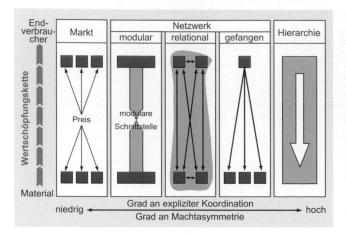

Abb. 7.7 Wertschöpfungssteuerung im Konzept der *Global Value Chains* (verändert nach Gereffi et al. 2005, S. 89)

die Art der Transaktionen, die Kompetenz der Netzwerkunternehmen sowie die Möglichkeiten zentraler Akteure, auf vor- und nachgelagerte Wertschöpfungsstufen etwa durch die Definition von Standards Einfluss zu nehmen. Externe Faktoren – also zum Beispiel Arbeitsmärkte oder auch bestimmte soziokulturelle Praktiken – stehen hingegen nicht so sehr im Mittelpunkt.

Eine alternative Möglichkeit zur Analyse der Ausrichtung unternehmerischer Produktionsnetzwerke und deren Bedeutung für regionale Entwicklungsprozesse liefert die Heuristik der **globalen Produktionsnetzwerke** *(Global Production Networks,* GPN*)* der sogenannten *Manchester School.* Diese Analytik knüpft an die oben genannten Ansätze – allen voran Gereffis Wertketten, daneben netzwerktheoretische Ansätze und das durch Mark Granovetter (1985) in der Wirtschaftssoziologie popularisierte Konzept der *embeddedness* – an und versucht, den ihnen gegenüber geäußerten Kritikpunkten zu begegnen. Die lineare bzw. vertikale Struktur der bisherigen Theorien wird dabei überwunden. An die Stelle des Kettenkonzepts rückt der Netzwerkbegriff, der die Komplexität von Wertschöpfungsprozessen besser abbilden soll und die relationale Konzeption ökonomischen und sozialen Handelns betont. Entsprechend ist die Bezeichnung Produktion hier nicht auf die ursprüngliche Bedeutung beschränkt, sondern schließt auch die Bereiche Beschaffung, Forschung, Entwicklung, Distribution und Konsum mit ein.

Im Erkenntnisinteresse des GPN-Ansatzes liegt jedoch nicht nur die Organisation transnationaler Wertschöpfungsprozesse, sondern im Vordergrund steht ein weit gespanntes Feld von Fragen und Problemstellungen der globalen Wirtschaft. Dazu zählen insbesondere die kontinuierlichen Ungleichgewichte der Raummuster von Produktion und Konsum sowie die Maßnahmen und Strategien von NGOs und staatlichen Institutionen (Coe et al. 2008). Der Ansatz eröffnet damit die Möglichkeit, die „Unordnung" unternehmerischer Netzwerke in ihrer Verbindung mit wirtschaftlichen und sozialen Entwicklungsprozessen auf der globalen, nationalen und regionalen Ebene zu fassen.

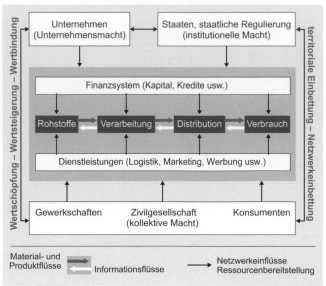

Abb. 7.8 Analyserahmen der *Manchester School* zur Untersuchung globaler Produktionsnetzwerke (verändert nach Braun und Schulz 2012, S. 215)

Den zentralen Kern des Ansatzes bilden die drei analytischen Kategorien *power, value* und *embeddedness* (Abb. 7.8). Der verwendete **Wert**begriff ist dabei weiter als zuvor gefasst und beschreibt nicht nur Input-Output-Relationen, sondern schließt auch Fragen der Verteilung und Aneignung der geschaffenen Werte mit ein. Ähnlich findet auch in der Kategorie **Macht** ein erweitertes Verständnis Anwendung: Neben der unternehmerischen Macht innerhalb eines Netzwerks werden auch institutionelle und kollektive Machtverhältnisse berücksichtigt. *Embeddedness* als dritte Kategorie berücksichtigt schließlich, wie stark sich die Unternehmen eines Produktionsnetzwerks an verschiedene institutionelle, kulturelle und soziale Kontexte anpassen, sie also zum Beispiel umfangreiche geschäftliche Verbindungen zu lokalen Unternehmen eingehen.

Die drei Kategorien finden ihre Ausgestaltung im Handeln von Unternehmen und Institutionen (Akteursgruppen) sowie in spezifischen Strukturen (Branchen, Netzwerke). Die Handlungen mit ihren jeweiligen Pfaden sind ausschlaggebend dafür, wie sich ein Produktionsnetzwerk zusammensetzt und entwickelt, wie sich bestimmte Wertschöpfungsschritte und Machtverhältnisse in einem GPN verteilen, in welchem Ausmaß einzelne Akteursgruppen in ein lokales Gefüge oder die Gesamt- oder Teilstruktur des Netzwerks eingebettet sind und mit welchen Auswirkungen dies letztlich für wirtschaftliche, soziale und regionale Entwicklungsprozesse einhergeht (z. B. zunehmender Wohlstand durch die Sicherung des generierten Mehrwerts oder technologischer Aufschwung). Entsprechend bildet nicht lediglich eine Branche, eine Unternehmung, eine Institution, die Nachfrageseite, der Arbeitsmarkt oder eine Region den Ausgangspunkt der Untersuchung, sondern stets auch die interdependenten Zusammenhänge dieser Einheiten untereinander.

7.3 Standortagglomerationen und lokalisierte Produktionssysteme

Standen in den vorangehenden Abschnitten die globale Dimension der Produktionsorganisation und daraus resultierende Standortbeziehungen im Vordergrund, geht es im Weiteren vor allem um regionale und lokale Standortmuster. Dabei sind lokale Konzentrationen besonders vieler Betriebe einer Branche oder benachbarter Branchen von besonderem Interesse für die wirtschaftsgeographische **Standort- und Innovationsforschung.**

7.3.1 Standortkonzentrationen

Aus der Karte zur Verbreitung der *hidden champions* in Deutschland nach Gemeinden (Abb. 7.2) lässt sich erkennen, dass dieser Unternehmenstyp in der Bundesrepublik räumlich ungleich verteilt ist. Das Muster entspricht weder der Verteilung städtischer Agglomerationsräume noch naturräumlichen Determinanten (Bodenschätze, Topographie). Bei genauerer Betrachtung der Branchenzugehörigkeit der Weltmarktführer ergeben sich auffällige Konzentrationen. So haben sich etwa im baden-württembergischen Landkreis Tuttlingen fast 400 kleine und mittlere Unternehmen (KMU) angesiedelt, die medizintechnische Produkte herstellen (z. B. Implantate, Endoskope, Instrumente) – teilweise auch in Kleinstunternehmen und in Heimarbeit (Abb. 7.9). Bei den chirurgischen Instrumenten gilt Tuttlingen heute als international wichtigster Produktionsstandort (über 50 % Weltmarktanteil), gefolgt von Sialkot in Pakistan (Halder 2005).

Schon früh haben sich Wissenschaftler mit den Gründen für derartige Konzentrationen befasst. Unter dem Begriff der *industrial districts* hat der britische Ökonom Alfred Marshall bereits gegen Ende des 19. Jahrhunderts Standorte wie Sheffield und Solingen (Eisenwaren und Messerschmieden) oder Yorkshire (Wollwaren) untersucht und gezeigt, dass die jeweilige Spezialisierung zu besonderen Wissensbeständen, handwerklichen Fertigkeiten und technischen Innovationen geführt hat und dass darüber hinaus funktionelle Vorteile (z. B. Infrastruktur, Einkaufs- und Vertriebsgemeinschaften, spezialisierte Arbeitsmärkte) den ansässigen Unternehmen zugutekommen. Diese historischen Standortkonzentrationen werden heute auch als „alte Industriedistrikte" oder *Marshallian Districts* bezeichnet.

Seit den 1970er-Jahren sind derartige Phänomene wieder in den Mittelpunkt des wirtschaftsgeographischen Interesses gerückt. Die Konzentration kleinbetrieblicher Standorte des produzierenden Gewerbes im sogenannten „Dritten Italien" (Lederwaren, Schuhe, Bekleidung; angesiedelt im Nordosten Italiens) oder Dienstleistungscluster wie die Softwareentwicklung im Silicon Valley oder die Film- und Fernsehwirtschaft in Köln wurden Gegenstand zahlreicher empirischer Studien, die an Marshalls Befunde anknüpften und weitere Erkenntnisse über **Agglomerationsvorteile** (Exkurs 7.3), vor allem aber auch über die Frage der Wissensgenerierung und Innovativität solcher Standorte hervorbrachten.

Insbesondere die sogenannte Kalifornische Schule um Allen Scott und Michael Storper sowie die Arbeiten des GREMI-Netzwerks *(Groupe de Recherche Européen sur les Milieux Innovateurs)* haben in den 1980er-Jahren wegweisende konzeptionelle Impulse geliefert. Ihre Forschungen gingen weit über räumlich-funktionale Aspekte von Kooperationsbeziehungen hinaus und unterstrichen die Rolle persönlicher **Kontakte und Vertrauensbeziehungen** (soziales Kapital) und daraus resultierenden, von vielen Akteuren geteilten Erfahrungswissens, das standortspezifisch ist („kreative Atmosphäre") und nicht kurzerhand weitergegeben oder gehandelt werden kann *(untraded interdependencies)*. In diesem Zusammenhang ist auch das bereits erwähnte Verständnis der Einbettung von Unternehmen in einen spezifischen regionalen und sozialen Kontext entstanden (Granovetter 1985).

7.3.2 Analytische und normative Perspektive: Cluster und Clusterpolitik

Die jüngere Beschäftigung mit Standortkonzentrationen bzw. lokalen Produktionssystemen wurde stark geprägt durch den Begriff **Cluster** (Klumpung, Ballung), der in dieser Bedeutung auf die Arbeiten von Michael Porter zur regionalen Wettbewerbsfähigkeit zurückgeht. Porter (1996) identifiziert die Präsenz von „verwandten und unterstützenden Branchen" als zentralen Standortfaktor und definiert Cluster als geographische Nachbarschaft kooperierender und komplementärer Unternehmen einer Branche, die gemeinsame Infrastrukturen und Ressourcen (z. B. spezialisierter Arbeitsmarkt) nutzen und mit einschlägigen Verbänden, Forschungseinrichtungen, Ausbildungsstätten und Ähnlichem in Beziehung stehen.

Aus geographischer Perspektive weiterentwickelt wurde das Konzept insbesondere durch Malmberg und Maskell (2002), die vier charakteristische **Dimensionen von Clustern** unterscheiden:

- horizontal – die Anzahl der Unternehmen einer Branche, die auf derselben Wertschöpfungsstufe angesiedelt sind (verschiedene Anbieter einer Produktkomponente oder einer Dienstleistung, z. B. mehrere Filmproduktionsgesellschaften im Umfeld eines Fernsehsenders)
- vertikal – die Bandbreite der ansässigen Wertschöpfungsstufen (z. B. Fahrzeughersteller und Zulieferer von Vorprodukten, Einzelteilen und Systemkomponenten)
- institutionell – die Existenz öffentlicher Einrichtungen (z. B. Forschungsinstitute) und privater (z. B. Branchenverbände), mit denen die Unternehmen Beziehungen unterhalten
- extern – die Beziehungen mit anderen Clustern, Branchen und Einrichtungen, die über den jeweiligen regionalen Kontext hinausgehen

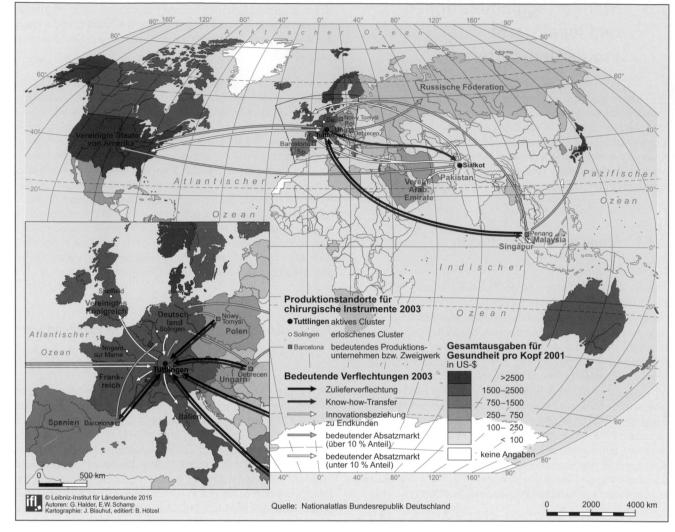

Abb. 7.9 Chirurgische Instrumente aus Tuttlingen – Lieferverflechtungen und Innovationsbeziehungen (verändert nach Schamp und Halder 2005, S. 99)

Insbesondere die zuletzt genannte Dimension gilt als wichtiger Faktor für die Überlebensfähigkeit von Clustern, da nur über die ausreichende Aufnahme externer Impulse nötige Innovationen und Anpassungen eingeleitet werden. Entsprechende Bezugsquellen *(global knowledge pipelines)* sind in internationalen Kooperationsbeziehungen zu finden, können aber auch durch **„temporäre Clusterung"** von Branchenvertretern im Rahmen von Tagungen, Messen oder Fachreisen geschaffen werden (Maskell et al. 2006). Das Clusterkonzept bleibt somit nicht auf den lokalen oder regionalen Rahmen beschränkt, sondern zeigt zeitlich und räumlich variable Facetten, die ein relationales Mehrebenenverständnis voraussetzen (Abschn. 7.2.2).

Erfolgreiche Branchencluster wie das Silicon Valley oder die Route 128 (Region Boston) wurden nicht nur intensiv beforscht, sondern gelten auch als Vorbilder für regionale Politikstrategien. Weltweit werden sie von Wirtschaftsförderern, Kommunalberatern und Lokalpolitikern als Modellbeispiele verstanden, deren „Erfolgsrezepte" man – mit leichten Anpassungen – auf den jeweils eigenen Kontext übertragen sollte. Der analytische Clusterbegriff, also die wissenschaftliche Identifizierung einer besonderen Wirtschaftsstruktur und Standortballung, wird hier zum normativen Begriff, das heißt, Cluster werden als Leitbild der Regionalentwicklung formuliert, ohne dass die tatsächlichen Grundvoraussetzungen eines Clusters notwendigerweise schon vorhanden wären. Dies gilt zum Beispiel für zahlreiche der weltweit entstandenen Clusterinitiativen im Bereich der Umwelttechnologie, die diesen Sektor als Zukunftsbranche fördern wollen (siehe Verzeichnis der *Global Clean Tech Initiative* unter www. globalcleantech.org).

Die inzwischen inflationäre Verwendung des Clusterbegriffs in der Wirtschaftspolitik geht einher mit einer Geringschätzung der Rolle historischer Grundlagen und teilweise langer **Entwicklungspfade,** die zu den heutigen Wirtschaftsstrukturen in Erfolgsregionen geführt haben. Der folgende Abschnitt nimmt deshalb die Genese und die Entwicklungsfaktoren lokaler oder regionaler Produktionssysteme genauer in den Blick.

Exkurs 7.3 Agglomeration und geographische Nähe

Die wirtschaftsgeographische Forschung unterscheidet in der Regel zwischen Standortvorteilen, die sich aus der Konzentration ähnlicher Unternehmen ergeben (*agglomeration economies,* auch *Porter externalities* – benannt nach Michael Porter; Abschn. 7.3.2), und solchen, die eher aus der städtischen Verdichtung von Infrastrukturen, Dienstleistungsangeboten, Verfügbarkeit von Arbeitskräften, Bildungs- und Forschungseinrichtungen usw. resultieren (*urbanisation economies* oder auch *Jacobs externalities* – benannt nach der amerikanisch-kanadischen Stadtforscherin Jane Jacobs).

Beiden Konzepten liegt die Annahme zugrunde, dass die räumliche Nähe von Unternehmen die Kooperation und den Austausch von Informationen und Wissen *(spillover)* auch zwischen nicht kooperierenden Unternehmen begünstigt und allgemein die Innovationsfähigkeit einer Branche am Standort erhöht. Dabei wurde der Begriff der **Nähe** in den letzten Jahren weiter differenziert (Boschma 2005) in:

– physische Nähe als geometrisch messbare Entfernung
– organisatorische Nähe, die etwa zwischen zwei Betrieben oder Abteilungen eines multinationalen Unternehmens höher ist als bei zwei nur lose über ein Netzwerk verbundenen Einzelunternehmen
– soziale Nähe als Grad der Einbettung eines Unternehmens in einen bestimmten gesellschaftlichen Kontext
– institutionelle Nähe als Gemeinsamkeiten in Handlungsroutinen, Wertvorstellungen, Normen und Einstellungen
– kognitive Nähe im Sinne von ähnlichen Wissensbeständen, die den sprachlichen Austausch zwischen Unternehmen erleichtern

Diese Facetten zeigen, dass räumliche oder geographische Nähe begünstigend wirken kann, aber nicht die alleinige Bedingung für erfolgreiche Unternehmenskooperation und Standortentwicklung ist. Zugleich verweist Ibert (2011) darauf, dass auch ein Mindestmaß an (sozialer, kognitiver, institutioneller) Distanz und somit Spannungen oder Reibungen nötig sind, damit Innovationen entstehen können.

7.4 Evolution und Innovation

Wie oben am Beispiel der Medizintechnik im Landkreis Tuttlingen ausgeführt, haben heutige Branchenmuster häufig Grundlagen, die weit in die Wirtschaftsgeschichte zurückreichen. Die Spezialisierung auf chirurgische Instrumente basiert zweifelsohne auf der frühen Tradition metallverarbeitender Betriebe und der Messerherstellung. Es stellt sich jedoch die Frage, warum vergleichbare Standorte in Sheffield oder Solingen, die auf einer ähnlichen Tradition gründen und im frühen 20. Jahrhundert ebenfalls zu den wenigen Zentren der Fertigung medizinischer Instrumente zählten, in diesem Segment heute international keine Rolle mehr spielen. Warum stellen sich also die Entwicklungsverläufe, trotz ähnlicher Ausgangsbedingungen, so unterschiedlich dar?

7.4.1 Erklärungsansätze zur regionalen Wirtschaftsentwicklung

Regionale Wirtschaftsentwicklung wird heute in der Regel weder als ein naturräumlich (z. B. durch Fundorte von Bodenschätzen) determinierter noch als eindimensionaler Prozess von unternehmerischen Innovationen und Nachahmungen verstanden. Vielmehr hat sich eine **koevolutionäre Perspektive** durchgesetzt, wonach sich wirtschaftliche Entwicklung sowie das Entstehen und sich Verändern regionaler Institutionen wechselseitig be-

dingen. So entstehen spezifische regionale Kontexte oder Institutionengefüge (Exkurs 7.4), deren Ausprägung von vielfältigen Faktoren abhängt und vor allem historisch gewachsen ist.

Institutionen sind also wandelbar und variieren nicht nur räumlich, sondern auch über die Zeit. Sie sind Teil eines stetigen, teilweise sehr dynamischen Wechselspiels zwischen Unternehmen, Verbänden, Behörden, Politik und gesellschaftlichen Gruppen wie Gewerkschaften, Umweltverbänden usw. Sie sind das Ergebnis von Reibungen an der Schnittstelle von regionaler Verankerung, räumlichen Differenzen und der Evolution von Technologien, Unternehmen und Branchen. Daraus entstehende Verhaltensregeln *(codes of conduct)* und sonstige informelle Normen und Wertvorstellungen sind mitbestimmend für unternehmerische Entscheidungen und Innovationen. Regionale Besonderheiten und die Rolle von Kontextbedingungen lassen sich am Beispiel der dänischen Windkraftbranche gut illustrieren: Wie kam es, dass gerade Dänemark und nicht ein anderes Land mit ähnlichen klimatischen und topographischen Voraussetzungen zum Pionier in dieser dynamischen Branche wurde und bis heute den Weltmarkt prägt? Offenkundig war ein besonderes Zusammenspiel von unternehmerisch eingestellten Landwirten, strukturellen Umbrüchen in der Agrarbranche, genossenschaftlich organisierten Regionalbanken als Kreditgebern sowie einem günstigen politischen Klima ausschlaggebend dafür, dass sich die Branche in den 1980er- und 1990er-Jahren rasant entwickeln konnte (Garud und Karnøe 2003).

Aus regionalspezifischen Kontexten können sich somit gewisse **Pfadabhängigkeiten** und sogenannte *lock-ins* ergeben, das heißt

Exkurs 7.4 Institutionen

Der Begriff der Institution ist nicht zu verwechseln mit seiner alltagssprachlichen Verwendung im Sinne von Organisationen oder Einrichtungen (etwa die „Institution Kirche"). Es handelt sich vielmehr um Normen oder (Spiel-) Regeln der Gesellschaft, die unterschiedlich stark formalisiert sein können. Unabhängig von ihrem jeweiligen Formalisierungsgrad haben diese einerseits Einfluss auf das Wirtschaftsgeschehen und werden andererseits selbst als Ergebnis gesellschaftlicher Aushandlungsprozesse von Wirtschaftsakteuren mitgestaltet. Sie sind daher in hohem Maße **kontextabhängig** und somit variabel im Raum und über die Zeit.

Douglass North (1990) definiert Institutionen als Spielregeln *(rules of the game)* und Akteure als Spieler *(players)*. Dabei unterscheidet er formale Regeln *(rules)* von informellen Zwängen *(constraints)*, häufig auch als **formelle bzw. informelle Institutionen** bezeichnet. Diese Unterscheidung beruht auf der Frage, ob Regeln rechtlichen und

damit expliziten Charakter haben (etwa Formalisierung über staatliche Gesetze oder Verordnungen) oder eher im Bereich impliziter Konventionen liegen (etwa Gepflogenheiten einer Branche, Verhaltensregeln in einer Kooperationsbeziehung o. Ä.). Diese kategorische Unterscheidung hilft bei einer ersten Systematisierung, ist aber nicht immer sinnvoll und kann falsch interpretiert werden, indem etwa formellen Institutionen grundsätzlich eine größere Bedeutung beigemessen wird. Nützlicher erscheint es, den Charakter der jeweils gemeinten Institution konkret zu benennen. Zudem können Institutionen nicht immer auf klar definier- und abgrenzbare Regeln reduziert werden, sondern sind vielmehr als komplexe Regelsysteme zu verstehen, die Interaktion zwischen Personen und Organisation gleichermaßen ermöglichen und determinieren (Hodgson 2006).

(Braun und Schulz 2012, S. 133)

längerfristige Festlegungen auf bestimmte Technologien oder Organisationsformen. Sie sind zentraler Gegenstand der evolutionären Wirtschaftsgeographie.

7.4.2 Evolutionäre Perspektive

Die evolutionäre Wirtschaftsforschung bemüht systematisch Analogien (Variation, Selektion, Mutation) aus der biologischen Evolutionslehre, um **Veränderungs- und Anpassungsprozesse** im Wirtschaftsgeschehen zu analysieren und zu bewerten. Neben der historischen Perspektive geht dieser Ansatz, der in den letzten beiden Jahrzehnten verstärkt in der Wirtschaftsgeographie aufgegriffen wurde, von teilweise irrationalem Handeln unternehmerischer Entscheidungsträger *(bounded rationality)* und einem fortwährenden Versuchs- und Lernprozess aus.

Insbesondere junge Branchen und Technologien sind von einer großen Variation geprägt, da viele Technologien, Organisations- und Vertriebsformen noch in der Experimentierphase stecken und es an etablierten Produktstandards, Normen und Nutzungsroutinen fehlt (Vorphase der Pfadkonstitution in Abb. 7.10). In der weiteren Pfadausbildung kommt es dann zur Selektion und Verdichtung auf wenige konkurrenzfähige Produkte oder Produktionsweisen, die weiter den Markt- und Nutzerbedürfnissen angepasst werden. Hat sich ein bestimmter Standard (z. B. ein Betriebssystem für Smartphones verschiedener Hersteller) durchgesetzt, werden steigende **Skalenerträge** spürbar. Dahinter verbirgt sich das Phänomen, dass ein Produkt oder eine Technologie dann besonders rentabel wird, wenn sie von möglichst vie-

len Menschen genutzt wird (Abschn. 7.2.1). Je mehr Menschen diese Technologie nutzen, umso interessanter wird es für andere Hersteller (z. B. mit Smartphone-Applikationen) und für Konsumenten (z. B. mit Smartphone-Verträgen, kostenpflichtigen Applikationen), in dieselbe Technologie einzusteigen bzw. sie zu nutzen. Bildet sich ein solcher Pfad aus, kommt es zu langfristigen Verfestigungen durch Produktstandards, Kapitalbindung in den Herstellungsanlagen und in der Betriebsinfrastruktur (z. B. Mobilfunknetz), Nutzergewohnheiten, technische Normen und rechtliche Rahmenbedingungen. Hierbei spricht man von einem *lock-in,* der zunächst positiven weil selbstverstärkenden *(increasing returns)* Charakter hat.

Erst wenn ein solcher Pfad zu Verkrustungen führt, das heißt, wenn durch den Erfolg etablierter Produkte die Innovationskraft der Branche nachlässt oder eine Technologie zunehmend als problematisch erkannt wird (z. B. Dominanz von Automobilen mit

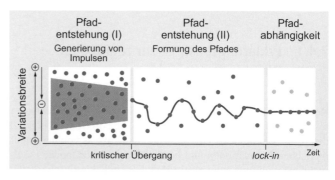

Abb. 7.10 Pfadkonstitution und -entwicklung (verändert nach Schreyögg et al. 2003, S. 264)

Exkurs 7.5 Versandhandelscluster Nord-Pas-de-Calais

In der französischen Region Nord-Pas-de-Calais, das als eine der frühindustrialisierten Regionen Europas gilt, dominierte im Raum Lille-Roubaix-Tourcoing im 19. Jahrhundert die **Textilindustrie**. Diese begann schon vor dem Ersten Weltkrieg verstärkt in andere Branchen (Verlagswesen, Maschinenbau, Hotelgewerbe, Groß- und Einzelhandel) zu investieren. Heute beheimatet die Region den Sitz wichtiger Großunternehmen wie etwa der ACCOR-Gruppe (internationale Ketten-Hotels wie Novotel, Sofitel, Ibis, Mercure) oder des Einzelhandelskonzerns Auchan. Besonders auffällig ist auch die weltweit einmalige Konzentration der Versandhandelsbranche (Abb. 7.11). Auch hier liegen die Ursprünge in der Textilindustrie. So war es die von der Familie Pollet 1873 gegründete Wollspinnerei *Les Filatures de la Redoute,* die 1922 eher zufällig das Geschäftsfeld des Versandhandels entdeckte. Durch Insolvenz eines Industriekunden auf einer Großlieferung Strickwolle sitzen geblieben inserierte man erstmals in einer Pariser Tageszeitung und bot Privatkunden eine kostenlose Anlieferung der bestellten Wolle, um dringend benötigte Lagerkapazitäten frei zu machen. Die Resonanz auf das nur briefmarkengroße Inserat war so überraschend hoch, dass man das Privatkundengeschäft als vielversprechend erkannte und systematisch in den Versandhandel investierte. Schon 1928, als der erste Katalog (Wolle und Textilien) erschien, zählte man einen festen Stamm von 600 000 Kunden in ganz Frankreich. Dieser Erfolg animierte zahlreiche Textilunternehmer zur Nachahmung. Insbesondere *Les Trois Suisses,* hervorgegangen aus der Spinnerei *Toulemonde-Destombes,* reagierte 1932 auf die Flaute in der Textilindustrie und imitierte die Strategie von *La Redoute,* baute die Versandhandelssparte zügig aus und konnte schon 1934 die erste **Auslandsniederlassung** gründen. Heute zählt die Gruppe *Les Trois Suisses International* (3SI), eine Tochter des Otto-Konzerns, weltweit

etwa 5500 Beschäftigte, *Redcats/La Redoute* gar 19 000. Der Jahresumsatz der Unternehmen lag 2012 bei 1,2 Mrd. bzw. 1 Mrd. Euro. Zahlreiche Dienstleister aus den Bereichen IT, Logistik, Marketing, Finanzierung, Fotografie und Kataloggestaltung bieten den Unternehmen ein vielfältiges Umfeld, das auch den jüngeren Wandel hin zum **elektronischen Handel** erleichterte (aktualisiert nach Dörrenbächer und Schulz 2005, S. 15 f.).

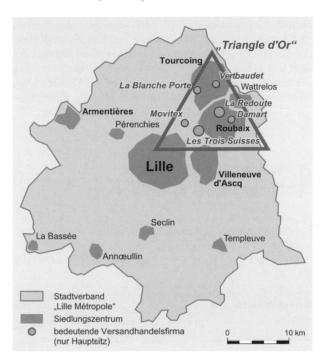

Abb. 7.11 „Goldenes Dreieck" des Versandhandels in Lille-Roubaix-Tourcoing

---

Verbrennungsmotor), kann es verstärkt zu **negativen Ausprägungen** des *lock-ins* kommen. Dies äußert sich etwa in einer gewissen Trägheit marktbeherrschender Unternehmen sowie in einer auf Bewahrung setzenden Wirtschaftspolitik. Entsprechende Tendenzen lassen sich auch in Deutschland immer wieder beobachten, zum Beispiel wenn umweltpolitisch geforderte Anpassungen der Automobilindustrie hinausgezögert und oft später als im Ausland getätigt werden (Drei-Wege-Katalysator, Diesel-Rußfilter, Reduzierung der CO_2-Flottenemissionen, E-Mobilität). Zu stark ausgeprägte *lock-ins* (z. B. der Montanindustrie im Ruhrgebiet) haben in der Vergangenheit zu schädlichen Verkrustungen geführt und den überfälligen Strukturwandel teilweise aktiv verhindert (z. B. durch Flächenblockade seitens der Großunternehmen des Kohlebergbaus und der Eisen- und Stahlindustrie, die unter anderem lange Zeit nicht mit neuen Branchen um Arbeitskräfte konkurrieren wollten).

Entscheidend für das evolutionäre Verständnis wirtschaftlicher Entwicklung ist auch die Erkenntnis, dass wesentliche Momente der Pfadentstehung und -änderung nicht vorherbestimmt und oft von einer gewissen Zufälligkeit gekennzeichnet sind. Im Unterschied zu einer Reihe von früheren Ansätzen zur Erklärung regionaler Entwicklungspfade (z. B. Theorie der Langen Wellen, auch als Kondratieff-Zyklen bezeichnet) werden Entwicklungsverläufe heute üblicherweise als **kontingent** konzeptualisiert, das heißt, es wird anerkannt, dass sich Regionen mit ähnlichen Merkmalen und vergleichbaren Rahmenbedingungen aufgrund der Komplexität der Einflussfaktoren (inklusive der Irrationalität von Entscheidungsprozessen) durchaus unterschiedlich entwickeln können und regionale Entwicklung entsprechend auch nur sehr eingeschränkt steuerbar ist. Oft sind es sogar kleine, zufällige Begebenheiten, die ein langfristiges Einschwenken auf einen bestimmten Entwicklungspfad bedingen (Exkurs 7.5).

Die Wirtschaftsgeographie hat die evolutionäre Perspektive nicht nur um die räumliche Dimension erweitert (z. B. durch die Betrachtung bestimmter Branchen in unterschiedlichen Zusammenhängen), sondern sich auch mit den Pfadabhängigkeiten von Regionen und Städten im Zusammenhang mit ihrer jeweiligen Wirtschaftsstruktur beschäftigt (Boschma 2005). Dabei wurde auch das Konzept der *related variety* geprägt, demzufolge benachbarte Branchen in einer Region nicht nur von der Entwicklung der Leitbranche profitieren, sondern sich wechselseitig befruchten und so den Standort innovativer und weniger konjunkturanfällig machen können. IT-Spezialisten und Softwareunternehmen, Unternehmensberater und Wirtschaftsprüfer an einem internationalen Finanzplatz sind daher nicht nur einfache Dienstleister für ihre Kundenunternehmen des Banken- und Versicherungsgewerbes. Durch Spezialisierung auf eine Branche und langjährige Kooperationsbeziehungen können sie selbst zu innovativen und über den Standort hinaus bekannten Unternehmen werden. Die Robustheit eines Standorts basiert also nicht allein auf der Diversität des Branchenspektrums, sondern auch auf dem Maß der Verflechtungen zwischen den Branchen (Boschma und Frenken 2011).

7.4.3 Weiterführende Ansätze: *Social Studies of Technology*

Eine vielversprechende Erweiterungsmöglichkeit des evolutionären Ansatzes stellt die raumwissenschaftliche Adaption der *Social Studies of Technology* (kurz SST, auch *Transition Studies*) dar.

Ursprünglich aus den Ingenieurwissenschaften kommend, verbindet diese Arbeitsrichtung technische mit sozialwissenschaftlicher Innovationsforschung. Diese koevolutionäre Perspektive auf sozialen und technologischen Wandel bietet mit dem Drei-Ebenen-Modell der sozio-technischen Landschaften, Regime und Nischen (Abb. 7.12) eine inzwischen an zahlreichen sektoralen Fallbeispielen erprobte Heuristik (für einen Überblick siehe Truffer und Coenen 2012). Demnach stellen *landscapes* die übergeordneten Rahmenbedingungen für wirtschaftliche Aktivitäten dar, inklusive vorherrschender Normen, Wertvorstellungen, politischer Traditionen, Produktions- und Konsumptionsmuster. Darunter existiert ein „Patchwork" dominanter *regimes*, die die Arbeits- und Organisationsformen für einen bestimmten Wirtschaftszweig oder eine Produktgruppe determinieren. Regimekomponenten sind – neben etablierten Technologien, Märkten und Infrastrukturen – auch spezifisches technologisches Wissen, Unternehmensnetzwerke und informelle Kooperationsbeziehungen, zugehörige Fachpolitiken sowie kulturell-symbolische Bedeutungen.

Neben den genannten Ebenen Landschaft, Regime und Nische soll die Darstellung in Abb. 7.12 auch die zeitlich-prozessuale Dimension sozio-technischer Transitionen veranschaulichen. Ferner deutet sie an, dass es sich hier nicht um einen linearen oder gar vordeterminierten Prozess handelt (z. B. Transfer einer Innovation von der Nische zum Regime), sondern dass Wandel vielmehr aus den permanenten Reibungen und Spannungen zwischen den drei Ebenen resultiert und diese sich stets wechselseitig beeinflussen.

Gemäß dem zentralen Postulat der SST finden innerhalb dieser Regime eher inkrementelle, das heißt schrittweise Innovationen

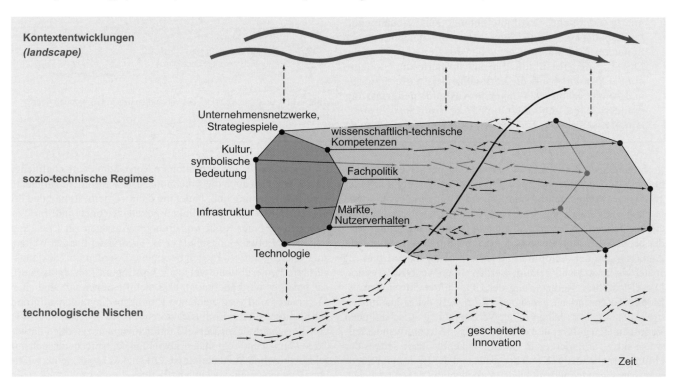

Abb. 7.12 Multilevel-Perspektive (MLP) der *Social Studies of Technology* (verändert nach Geels 2002, S. 1263)

Abb. 7.13 In vielen Städten – hier in Köln im Jahr 2014 – entstehen im Rahmen der Transition-Town-Bewegung Urban-Gardening-Projekte, bei denen gemeinschaftlich – meist auf Brachflächen – regionale und ökologische Lebensmittel produziert werden (Foto: Hanswerner Möllmann)

statt, während grundlegendere Innovationen auf die Entwicklung in regimeunabhängigen Nischen und deren besondere Kontexte angewiesen sind. Im Erfolgsfalle halten **Nischeninnovationen** Einzug in das Regime und führen dort zu wesentlichen Veränderungen. Gleichzeitig können die übergeordneten Ebenen die Rahmenbedingungen für die Nischen beeinflussen, etwa wenn sich gesellschaftliche Muster ändern (z. B. steigende Nachfrage nach Bio-Produkten) oder juristische Rahmenwerke oder förderpolitische Instrumente angepasst werden (z. B. Energiewende). Politischen, administrativen, wirtschaftlichen und zivilgesellschaftlichen Akteuren auf der lokalen und regionalen Ebene wird dabei insgesamt eine besondere Rolle in der Kodeterminierung von Nischenentwicklung und Regimewandel zugestanden.

Dieser letzte Aspekt bietet nicht nur einen räumlichen Zugriff auf lokalisierte Nischen und Regime, sondern erlaubt es auch, den Transitionsansatz sowohl auf technologische Entwicklungen in spezifischen räumlich-institutionellen Kontexten als auch auf grundsätzliche Prozesse des gesellschaftlichen und wirtschaftlichen Wandels anzuwenden (z. B. Nachhaltigkeitstransition; Abschn. 7.5).

Ein geringfügig abweichendes Begriffsverständnis liegt den in der geographischen Innovationsforschung postulierten **Transition Regions** sowie dem normativen Ansatz der Transition Towns zugrunde. Erstere umfassen nach Philippe Cooke (2011, S. 106) *„sub-national territories, usually with some degree of devolved governance in the fields of innovation, economic development and energy that, for reasons to be demonstrated, act as regional ,lighthouses' for eco-innovation both to other regions and countries. These are the places that are subject to ,learning visits' by global policy-makers and other interested parties eager to learn how success was achieved".*

Weniger empirisch-analytisch als vielmehr politisch-programmatisch sind die **Transition Towns** zu verstehen. Hierbei handelt es sich um in einem internationalen Netzwerk zusammengeschlossene Städte, die in alternativen lokalen Initiativen (etwa zur dezentralen Energieversorgung, politischen Partizipation in der Stadtentwicklung, Förderung regionaler Wirtschaftskreisläufe durch Lokalwährungen usw.) Katalysatoren für einen breiteren wirtschaftlichen und gesellschaftlichen Wandel sehen (Abb. 7.13; Aiken 2012). Dieses noch junge Phänomen wird in der internationalen Forschung zunehmend beobachtet, nicht zuletzt da ihm ein großes Veränderungspotenzial zugestanden wird, das teilweise auch wirtschaftsgeographische Muster infrage stellt, wie der nächste Abschnitt zeigen wird.

7.5 Aktuelle Herausforderungen und Lösungsansätze

Zu den größten aktuellen Herausforderungen (nicht nur) der Wirtschaftsgeographie zählt die Auseinandersetzung mit gesellschaftsrelevanten Fragestellungen sozialer Gerechtigkeit und ökologischer Nachhaltigkeit des menschlichen Wirtschaftens. Dabei geht es nicht zuletzt auch um die Frage, inwieweit sich die Wirtschaftsgeographie an gegenwärtig intensiv geführten Debatten über Alternativen zum dominanten kapitalistischen Wirtschaftssystem beteiligt und welche räumlichen Konsequenzen sich aus möglichen Systemveränderungen ergeben. In diesem Zusammenhang ist der traditionelle Zugang der Geographie, die natürliche Umwelt und Fragen im Umgang mit Ressourcen mit in den Blick zu nehmen, ein großes Vermögen. Umso mehr mag verwundern, dass umweltbezogene Aspekte erst in den letzten Jahren, besonders unter dem Eindruck der globalen Debatte über den Klimawandel, wieder verstärkt im Fachdiskurs problematisiert werden (Braun et al. 2003, Hayter 2008). Die ***Environmental Economic Geography*** widmet sich sowohl in sektoralen Fallstudien (Bergbau, betrieblicher Umweltschutz im verarbeitenden Gewerbe, Energieerzeugung, Umweltdienstleistungen, Landwirtschaft, Tourismus) als auch konzeptionell den räumlichen Dimensionen der Anpassung an Ressourcenverknappung und neue regulative Umweltregime. Dabei stehen bisher Aspekte der Innovation von Produkten und Produktionsprozessen, der Effizienz der Produktionsorganisation (inklusive Transport), der internationalen Diffusion von Umweltstandards, der umweltbezogenen Governance und des gesellschaftlichen Einflusses auf das Wirtschaftsgeschehen im Vordergrund. Auf wachsendes Interesse stoßen Umwelt- bzw. Nachhaltigkeitsaspekte auch in der Finanzindustrie (Exkurs 7.6).

Obwohl die Mehrzahl der wirtschaftsgeographischen Arbeiten traditionellen Wachstumsmodellen verbunden bleibt, also ein „Ergrünen" der Wirtschaft vor allem durch Effizienzgewinne für möglich halten (**ökologische Modernisierung**), ohne jedoch das grundsätzliche Paradigma wachstumsorientierter Akkumulation infrage zu stellen, mehren sich die wachstumskritischen Beiträge insbesondere auch vor dem Hintergrund der Konjunktur internationaler politischer Leitbilder, Strategien und Programme wie *Green Economy* (UNEP), *Green Growth* (OECD), *Sustainable Growth* (EU 2020) oder *Smart Growth (US Environmental Pro-*

Exkurs 7.6 Ethische Investments

Weltwirtschafts- und Finanzkrise haben zu einem Vertrauensverlust in das Banken- und Finanzsystem geführt. Um das Vertrauen der Kunden wiederzugewinnen, werden von Finanzdienstleistungsunternehmen zunehmend „nachhaltige", „grüne" oder „ethische" Geldanlagen angeboten. Bei dieser Art von Anlagen – zusammengefasst wird von *Socially Responsible Investments* (kurz SRI) gesprochen – werden neben den klassischen Kriterien Rendite, Risiko und Liquidität auch die sozialen und ökologischen Auswirkungen berücksichtigt. Allerdings halten nicht alle Anlagekonzepte, was sie versprechen. So hatte etwa der britische Mineralölkonzern BP, der zuletzt vor allem im Zusammenhang mit der verheerenden Umweltkatastrophe infolge des Brands auf der Ölbohrplattform „Deepwater Horizon" im Golf von Mexiko Schlagzeilen machte, die längste Zeit einen der vorderen Plätze in vielen sogenannten *Sustainable Investment Indices* inne. Hintergrund ist in dem Fall eine Anlagestrategie, gemäß der schlicht solche Unternehmen als Investitionsobjekte ausgewählt werden, die im Branchenvergleich besser abschneiden als ihre Mitkonkurrenten (*Branchenleader*- oder *Best-in-class*-Ansatz). Auch die Anlagestrategie des negativen Screenings

erfüllt die Erwartungen vieler Anleger sicherlich nur bedingt, denn hier werden lediglich Unternehmen, die gegen bestimmte, oft nicht allzu hoch angesetzte Normen und Standards verstoßen, aus dem Anlageportfolio aussortiert (nicht investiert wird hier z. B. in Waffenproduzenten und Tabakkonzerne).

Vielversprechender sind Anbieter, die nach positiven Anlagekriterien auswählen – auch positives Screening genannt. Dieses Vorgehen beinhaltet die Auswahl von Unternehmen, die festgelegte Anforderungen hinsichtlich bestimmter ökologischer und sozialer Aspekte oder auch guter Unternehmensführung besonders gut erfüllen, also zum Beispiel eine Berichterstattung zu ökologischen und sozialen Belangen vorlegen und ihre Vorstandsgehälter veröffentlichen. Insgesamt stellt der SRI-Markt im deutschsprachigen Raum noch ein ausgesprochenes **Nischensegment** dar. Laut Informationen des Fachverbands „Forum Nachhaltige Geldanlagen" beläuft sich der Anteil der nachhaltigen Investmentfonds und Mandate am gesamten Markt in Deutschland auf 1,3 %, in Österreich und der Schweiz auf 3,6 % (Stand 2013).

tection Agency). Letzteren wird eine ungenügende Reichweite unterstellt, das heißt das Unvermögen, eine Entkopplung von Wirtschaftsentwicklung und Ressourcenverbrauch zu ermöglichen und langfristig globale Verteilungsgerechtigkeit zu fördern. Sowohl globale Längsschnittstudien als auch mittel- bis langfristige Prognosen belegen, dass **Effizienzgewinne** durch technologische Neuerungen und organisatorische Veränderungen zwar dazu beigetragen haben, dass die Ressourcenintensität im Verhältnis zur Wirtschaftsleistung (BIP) sinkt (relative Entkopplung), gleichwohl nehmen beide Maßzahlen stetig zu (Abb. 7.14) und werden dies global auch in der nächsten Zukunft tun. Eine absolute Entkopplung scheint unter dem gegenwärtig vorherrschenden Leitbild des stetigen quantitativen Wachstums nicht möglich (Entkopplungsmythos).

Vor diesem Hintergrund gewinnen Debatten über **Postwachstum** und alternative Entwicklungsmodelle an Bedeutung und beginnen, Eingang in die Wirtschaftsgeographie zu finden (Schulz 2012, Zademach und Hillebrand 2013). Ein Schwerpunkt dieser Debatten liegt darin zu erörtern, inwieweit alternative Geschäftsmodelle und Wirtschaftsformen sowie veränderte Konsummuster **(Suffizienzüberlegungen)** eine Abkehr von rein quantitativen Wachstumsmaximen ermöglichen („Wohlstand ohne Wachstum"; Jackson 2009). Aus wirtschaftsgeographischer Perspektive besonders reizvoll sind in diesem Zusammenhang die Fragen, in welchem Ausmaß diese Alternativen räumliche Ströme und Verteilungsmuster verändern und ob bzw. wie gegenwärtige Erklärungsansätze zu Standortsystemen und räumlicher Organisation sozioökonomischer Austauschbeziehungen angepasst oder

überdacht werden müssen. Tabelle 7.2 fasst einige wesentliche Komponenten des Postwachstumskonzepts zusammen und illustriert deren räumliche Relevanz.

Viele der auch unter dem Stichwort *diverse economies* geführten Wirtschaftsformen, die sich vom orthodoxen, auf Profitoptimierung zielenden Wachstumsmodell unterscheiden, haben unmittelbare räumliche Konsequenzen. Dies gilt für den Res-

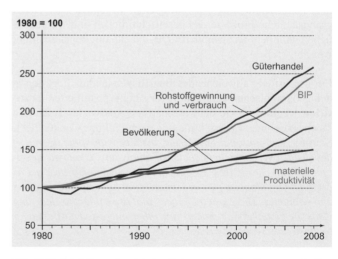

Abb. 7.14 Entwicklung der globalen Nutzung materieller Ressourcen im Verhältnis zur Wirtschafts- und Bevölkerungsentwicklung in den Jahren 1980 bis 2008 (verändert nach Dittrich et al. 2012, S. 17)

Tab. 7.2 Kernelemente des Postwachstumsansatzes und ihre räumliche Relevanz (verändert nach Krueger et al. 2013)

Element	Beispiel	Räumliche Dimension
Entmaterialisierung von Produktion und Konsumption	Teil- und Tauschsysteme, verlängerte Produktlebenszeit durch Reparatur- und Instandhaltungsdienste (integrierte Produkt-Service-Systeme), Wiederverwendung	Verbrauch natürlicher Ressourcen, neue Unternehmensnetzwerke
suffizienzorientierte Lebensstile	sanfter Tourismus, Slow Food, neue Wohnformen (z. B. Co-Housing)	veränderte Mobilitätsmuster, neue Produktionsorganisation
Reregionalisierung von Produktionssystemen	standortnahe Zulieferer für produzierendes Gewerbe, regionale Wertschöpfungsketten in Landwirtschaft und Nahrungsmittelerzeugung	regionale Wertschöpfung und Kapitalakkumulation, geringerer Transport
genossenschaftliche, nicht gewinnorientierte Geschäftsmodelle	Solidarwirtschaft, „social business", Genossenschaften und Gemeinschaftsinitiativen (z. B. Tauschbörsen)	neue Arbeitsmärkte, vertrauensbasierte Netzwerke und nicht marktliche Kooperationsformen, lokale Reinvestitionen
nachhaltigkeitsorientierte Wirtschafts-, Innovations- und Energiepolitik	regionale Clusterinitiativen grüner Innovationspolitik, nationale Transitionsstrategien (z. B. Energiewende)	neue Märkte und Produktionssysteme, globale Diffusion von Innovationen
globale und regionale Verteilungsgerechtigkeit (pro-poor growth)	Mikrokredite, Klimaschutzinvestitionen in Entwicklungsländern (Clean Development Mechanism – CDM)	Ressourcen- und Kapitalverteilung
Einsatz alternativer Wohlstandsindikatoren	OECD, Better-Life-Initiative Index of Sustainable Economic Welfare – ISEW	Internalisierung räumlicher Externalitäten
Finanzsystem	genossenschaftliche Banken, Regionalwährungen, Steueranreize, Nachhaltigkeitsindikatoren für Anlageprodukte	lokale und regionale Finanzkreisläufe, engerer Bezug zur Realwirtschaft

---

Exkurs 7.7 Wachstums- und Wohlstandsmessung

In engem Zusammenhang mit den alternativen Ansätzen steht die Frage der Wohlstands- und Wachstumsmessung. Diese ist vor allem auch durch eine zunehmende Anerkennung der **Unzulänglichkeiten des Bruttoinlandsprodukts** (BIP) als gemeinhin dominantem (und politisch relevantem) Indikator motiviert. Die Kritik am BIP lässt sich knapp wie folgt zusammenfassen:

– Im BIP schlagen auch die sogenannten *regrettables* positiv zu Buche, also etwa öffentliche Ausgaben zur Kompensation von Gesundheits- oder Umweltschäden, Verkehrsunfällen, Kriegen usw. Gleichzeitig bleiben nicht marktliche Leistungen wie private Kindererziehung, Altenpflege, Hausarbeit oder sonstiges Ehrenamt unberücksichtigt, weshalb die Wohlfahrtssituation vieler Haushalte vom BIP nur unzureichend erfasst wird.
– Das BIP als Gesamtwert oder Pro-Kopf-Indikator sagt nichts aus über die Verteilung des Wohlstandszuwachses auf einzelne Bevölkerungsgruppen. Zunehmende soziale Disparitäten und Verluste an Realeinkommen in größeren Teilen der Bevölkerung trotz positiver Wirtschaftsentwicklung, wie sie etwa in zahlreichen westlichen Industrieländern zu beobachten sind, verdeutlichen die Eindimensionalität des Indikators.

Es setzt sich die Erkenntnis durch, dass steigender materieller Wohlstand nicht zwangsläufig und vor allem nicht unbegrenzt zur Verbesserung der individuellen Lebensqualität und Zufriedenheit der Bevölkerung führt (Easterlin-Paradox).

Im Kontext der ökologischen Ökonomik wurde bereits in den 1980er-Jahren ein erster wirtschaftsbezogener Nachhaltigkeitsindex entwickelt, der **Index of Sustainable Economic Welfare** – ISEW. Anders als das BIP berücksichtigt er soziale Verteilungsaspekte und ergänzt sozioökonomische Indikatoren um Daten zu Luft- und Wasserverschmutzung, Lärmemissionen sowie Ressourcen-, Flächen- und Landschaftsverbrauch. Ferner fließen Pendlerzahlen, Autounfälle, Urbanisierungsprozesse sowie langfristige Kosten für Umweltschäden mit ein. Auch der Wert unbezahlter Hausarbeit wird geschätzt. Neue Dynamik hat die Indikatorendebatte jüngst durch die **Better-Life-Initiative** der OECD erfahren, die in ihrem Bericht zur Wohlfahrtsmessung 22 sogenannte *Headline Well-Being Indicators* vorschlägt und vergleichbare Daten für alle 34 OECD-Mitgliedsstaaten liefert (OECD 2011).

sourcenverbrauch einer auf dezentrale Energieversorgung setzenden Gemeinde ebenso wie für die Transportimplikationen regionaler Wertschöpfungssysteme in der Landwirtschaft oder für die lokalen Reinvestitionen genossenschaftlich organisierter Betriebe. An diesen Beispielen wird auch deutlich, dass rein monetäre Indikatoren zur Messung wirtschaftlicher Entwicklung und gesellschaftlichen Wohlstands zu kurz greifen (Exkurs 7.7) und stattdessen qualitative Nachhaltigkeitsaspekte stärkere Berücksichtigung verdienen.

Konzeptionell und methodisch verfügt die Wirtschaftsgeographie über ein vielfältiges Instrumentarium, sich mit **alternativen Entwicklungskonzepten** auseinanderzusetzen, empirische Erkenntnisse zu liefern und über Disziplingrenzen hinweg an der theoretischen Modellbildung mitzuwirken. Insbesondere den im vorangehenden Abschnitt angesprochenen evolutionären Ansätzen wird in Verknüpfung mit den *Social Studies of Technology* das Potenzial zugesprochen, einen originär wirtschaftsgeographischen Beitrag zur Debatte über Postwachstum und Nachhaltigkeitstransitionen zu liefern (Patchell und Hayter 2013). Es bietet sich hier die Chance, an der Beantwortung drängender gesellschaftlicher Zukunftsfragen mitzuwirken.

Zentrale Begriffe und Konzepte

Agglomeration, Arbeitsteilung, Cluster, Disparitäten, Distanz, Effizienz, *embeddedness,* Governance, Innovation, Institution, Kettenperspektive, (Ko-)Evolution, Liberalisierung, Mobilität, nachhaltige Entwicklung, Nähe, Netzwerke, Pfadabhängigkeit, Suffizienz, *Terms of Trade,* Transition, Triade, Wachstum, Wertschöpfung, -bindung und -verteilung

---

Literaturempfehlungen

Bathelt H, Glückler J (2012) Wirtschaftsgeographie: Ökonomische Beziehungen in räumlicher Perspektive. Ulmer UTB, Stuttgart

Umfassendes Standardlehrbuch für den deutschsprachigen Raum, auch in fortgeschrittenen Studienabschnitten (Master, Promotion) noch eine sehr ergiebige Quelle.

Braun B, Schulz C (2012) Wirtschaftsgeographie. Ulmer UTB, Stuttgart

Eingängige Einführung in die wichtigsten Konzepte und Themen der Wirtschaftsgeographie, gut für Studienanfängerinnen und -anfänger geeignet. Besondere Beachtung erfahren die Beziehungen zwischen wirtschaftlicher Entwicklung und natürlicher Umwelt.

Coe NM, Kelly PF, Yeung HWC (2007) Economic Geography: A Contemporary Introduction. Blackwell, Oxford

Kompakte, sehr gut verständliche und illustrierte Einführung mit zahlreichen Beispielen rund um den gesamten Globus, international ein absolutes Standardwerk.

Giese E, Mossig I, Schröder H (2011) Globalisierung der Wirtschaft. Eine wirtschaftsgeographische Einführung. Schöningh, Paderborn

Gelungene Darstellung komplexer Globalisierungszusammenhänge und ihrer räumlichen Dimension, trägt der globalen Finanz-, Wirtschafts- und Schuldenkrise ab 2007 in einem eigenen Kapitel Rechnung.

Hayter R, Patchell J (2011) Economic Geography: An Institutional Approach. Oxford University Press, Oxford

Didaktisch hervorragend gestaltetes Lehrbuch in englischer Sprache, innovative Konzeption basierend auf institutionellen Ansätzen, guter Einstieg für Bachelor-Studierende.

Literatur

Aiken G (2012) Community Transitions to Low Carbon Futures in the Transition Towns Network (TTN). Geography Compass 6(2):89–99

Boschma RA (2005) Proximity and Innovation: A Critical Assessment. Regional Studies 39(1):61–74

Boschma RA, Frenken K (2011) The Emerging Empirics of Evolutionary Economic Geography. Journal of Economic Geography 11(2):295–307

Braun B, Schulz C (2012) Wirtschaftsgeographie. UTB basics, Ulmer, Stuttgart

Braun B, Schulz C, Soyez D (2003) Konzepte und Leitthemen einer ökologischen Modernisierung der Wirtschaftsgeographie. Zeitschrift für Wirtschaftsgeographie 47(3–4):231–248

Coe NM, Hess M, Yeung HWC, Dicken P, Henderson J (2004) „Globalizing" regional development: a global production networks perspective. Transactions of the Institute of British Geographers 29:468–484

Coe NM, Dicken P, Hess M (2008) Global production networks: realizing the potential. Journal of Economic Geography 8(3):271–295

Cooke P (2011) Transition regions: Regional-national eco-innovation systems and strategies. Progress in Planning 76(3):105–146

Dittrich M, Giljum S, Lutter S, Polzin C (2012) Green economies around the world. Implications of resource use for development and the environment. SERI, Wien

Dörrenbächer HP, Schulz C (2005) Dienstleistungsstandort Nord-Pas-de-Calais – Hoffnungsschimmer im Strukturwandel einer Altindustrieregion. Geographische Rundschau 57(9):12–18

Ermann U, Lang T, Megerle M (2011) Weltmarktführer: ein räumlicher und zeitlicher Überblick. In: Nationalatlas aktuell 5 (11.2011) 11 [30.11.2011]. Leibniz-Institut für Länderkunde (IfL), Leipzig. http://aktuell.nationalatlas.de/weltmarktfuehrer-11_11-2011-0-html. Zugegriffen: 18. März 2015

Friedman TL (2005) The World is Flat: The Globalized World in the Twenty-first Century. Penguin, London

Garud R, Karnøe P (2003) Bricolage versus breakthrough: distributed and embedded agency in technology entrepreneurship. Research Policy 32(2):277–300

Geels F (2002) Technological transitions as evolutionary reconfiguration processes: a multi-level perspective and a case-study. Research Policy 31(8–9):1257–1274

Gereffi G, Korzeniewicz M (Hrsg) (1994) Commodity Chains and Global Capitalism. Praeger, Westport

Gereffi G, Humphrey J, Sturgeon T (2005) The governance of global value chains. Review of International Political Economy 12(1):78–104

Giese E, Mossig I, Schröder H (2011) Globalisierung der Wirtschaft. Eine wirtschaftsgeographische Einführung. Grundriss Allgemeine Geographie. Schöningh, Paderborn

Granovetter M (1985) Economic Action and Social Structure: The Problem of Embeddedness. American Journal of Sociology 91(3):481–510

Haas HD, Neumair SM (Hrsg.) (2014) Internationale Wirtschaft: Rahmenbedingungen, Akteure, räumliche Prozesse. Oldenbourg, München

Haas HD, Neumair SM, Schlesinger DM (2009) Geographie der internationalen Wirtschaft. Geowissen kompakt. WBG, Darmstadt

Halder G (2005) Chirurgische Instrumente aus Tuttlingen und Sialkot/Pakistan. Lokale Produktion für den Weltmarkt. Geographische Rundschau 57(2):12–22

Hayter R (2008) Environmental Economic Geography. Geography Compass 2(3):831–850

Henderson J, Dicken P, Hess M, Coe NM, Yeung HWC (2002) Global production networks and the analysis of economic development. Review of International Political Economy 9(3):436–464

Hodgson GM (2006) What are Institutions? Journal of Economic Issues 40(1):1–25

Ibert O (2011) Dynamische Geographien der Wissensproduktion – die Bedeutung physischer wie relationaler Distanzen in interaktiven Lernprozessen. In: Ibert O, Kujath HJ (Hrsg) Räume der Wissensarbeit. Zur Funktion von Nähe und Distanz in der Wissensökonomie. VS Verlag, Wiesbaden, S 49–69

Jackson T (2009) Prosperity Without Growth: Economics for a Finite Planet. Earthscan, London

Krueger R, Schulz C, Gibbs D (2013) Beyond the Green Economy? Toward a better understanding of transitions to alternative development scenarios. Regional Studies Association International Conference 2013 – Global Urbanisation: Challenges and Prospects, Los Angeles, USA, mimeo, 16.–18.12.2013. (Paper presented)

Malmberg A, Maskell P (2002) The Elusive Concept of Localization Economies: Towards a Knowledge-based Theory of Spatial Clustering. Environment and Planning A 34(3):429–449

Maskell P, Bathelt H, Malmberg A (2006) Building Global Knowledge Pipelines: The Role of Temporary Clusters. European Planning Studies 14(8):997–1013

Neumair SM, Schlesinger DM, Haas HD (2012) Internationale Wirtschaft. Unternehmen und Weltwirtschaftsraum im Globalisierungsprozess. Oldenbourg, München

North DC (1990) Institutions, Institutional Change and Economic Performance. Cambridge University Press, Cambridge

O'Brien R (1992) Global finance integration: The end of geography. Council on Foreign Relations, New York

Patchell J, Hayter R (2013) Environmental and evolutionary economic geography: time for EEG2? Geografiska Annaler Series B 95(2):111–130

Porter ME (1985) Competitive Advantage: Creating and Sustaining Superior Performance. The Free Press, New York

Porter ME (1996) Competitive Advantage, Agglomeration Economies and Regional Policy. International Regional Science Review 19(1–2):85–94

Schamp EW, Halder G (2005) Internationalisierung – Industrieunternehmen werden globale Akteure. In: Leibniz-Institut für Länderkunde (Hrsg) Deutschland in der Welt. Nationalatlas Bundesrepublik Deutschland, Bd. 11. Springer Spektrum, Wiesbaden, S 98–99

Scholz F (2002) Die Theorie der „fragmentierenden Entwicklung". Geographische Rundschau 54(10):6–11

Scholz F (2004) Geographische Entwicklungsforschung. Methoden und Theorien. Studienbücher der Geographie. Borntraeger, Berlin

Schreyögg G, Sydow J, Koch J (2003) Organisatorische Pfade – von der Pfadabhängigkeit zur Pfadkreation? In: Schreyögg G, Sydow J (Hrsg) Strategische Prozesse und Pfade. Managementforschung, Bd. 13. Gabler, Wiesbaden, S 257–294

Schulz C (2012) Post-Wachstums-Ökonomien – (k)ein Thema für die Wirtschaftsgeographie? Zeitschrift für Wirtschaftsgeographie 56(4):264–273

Simon H (1996) Die heimlichen Gewinner (Hidden Champions). Die Erfolgsstrategien unbekannter Weltmarktführer. Campus, Frankfurt a.M.

Simon H (2012) Deutschlands Stärke hat 13 Gründe. Exzerpt aus dem Buch Hidden Champions – Aufbruch nach Globalia, Campus, Frankfurt a.M. Frankfurter Allgemeine Zeitung (15.10.2012):14

Truffer B, Coenen L (2012) Environmental Innovation and Sustainability Transitions in Regional Studies. Regional Studies 46(1):1–21

UNCTAD (2014) World Investment Report 2014. United Nations, New York und Genf

Zademach HM (2009) Transnationale Wirtschaft: Unternehmen, Wertschöpfungsnetzwerke und regionale Integrationsprozesse. In: Hess M, Paesler R (Hrsg) Wirtschaft und Raum. Wege und Erträge der Münchner wirtschaftsgeographischen Forschung. Wirtschaft und Raum, Bd. 20. Herbert Utz, München, S 71–96

Zademach HM (2014) Finanzgeographie. Geowissen kompakt. WBG, Darmstadt

Zademach HM, Hillebrand S (Hrsg) (2013) Alternative Economies and Spaces. New Perspectives for a Sustainable Economy. Transcript, Bielefeld

Nach der Entwicklungs-geographie

Benedikt Korf, Eberhard Rothfuß

Müllrecycling im informellen Wirtschaftssektor auf den Philippinen, 2011 (Foto: Hans Gebhardt)

© Springer-Verlag Berlin Heidelberg 2016
T. Freytag et al. (Hrsg.), *Humangeographie kompakt*, DOI 10.1007/978-3-662-44837-3_8

„Nach der Entwicklung ist vor der Entwicklung." Seit mehr als 50 Jahren leisten westliche Länder Entwicklungshilfe in Ländern des globalen Südens. Dennoch sind viele dieser Länder immer noch sehr arm. Warum hat die Entwicklungshilfe nicht zu einer Überwindung der Armut beigetragen? Die Geographische Entwicklungsforschung, die sich in Deutschland seit den 1970er-Jahren entwickelt hat, versucht darauf Antworten zu geben. Sie hat in dieser Zeit mancherlei Wandlungen erfahren, von den großen Theorien (Modernisierungs- und Dependenztheorien) über die Theorien mittlerer Reichweite (grundbedürfnisorientierte Entwicklung) bis hin zu einer grundsätzlichen Infragestellung des (westlichen) Entwicklungsbegriffs und den hieraus resultierenden Folgen für eine postkoloniale Perspektive im Kontext von *Post-development*-Ansätzen. Dieses Kapitel widmet sich vor allem solchen jüngeren konzeptionellen Vorstellungen einer Kritischen Humangeographie der Länder des globalen Südens, der, wenn man so will, „Globalisierungsverlierer", und illustriert die Konzepte aber auch immer wieder mit Beispielen aus verschiedenen Erdteilen.

8.1 Die Geburt und Erfindung der „Dritten Welt"

Durch Hungerskatastrophen und damit einhergehende Epidemien starben zwischen 1876 und 1879 sowie zwischen 1896 und 1900 nahezu 60 Mio. Menschen in Äthiopien, Brasilien, China und Indien. Als unmittelbarer Auslöser dieses Massensterbens wurden in der Wissenschaft lange Zeit ökologische Faktoren für die Katastrophe verantwortlich gemacht. Dem widersprach Mike Davis (2004) in seiner „politischen Ökologie" des Hungers. Er zeigte auf, dass das Wetterphänomen El Niño zwar der Auslöser der Verarmung großer Teile des „Trikont" (als antikoloniale Bezeichnung der drei Kontinente Asien, Afrika und Lateinamerika; Laube und Rossé 2009) war, jedoch nicht deren Ursache. Diese lag viel stärker im Zusammenspiel von integrierter Weltökonomie, Freihandelsideologie im spätviktorianischen Zeitalter und Imperialismus bzw. **Kolonialismus,** also der Ausbeutung dieser Länder durch ihre Kolonialherren. Es sind diese Konstellationen globaler Herrschaft, die nach Davis zur „Geburt der Dritten Welt" geführt haben. Diese Gefüge wirken bis in die heutige Zeit nach.

Dieser strukturellen Begründung der „Geburt der Dritten Welt" kann eine terminologische gegenübergestellt werden, die ab Mitte des letzten Jahrhunderts ihre Grundlegung erfuhr und die „Dritte Welt" als **politisch-ökonomischen Diskurs** etablierte. Als Ursprung gilt die zweite Antrittsrede von US-Präsident Harry S. Truman im Jahr 1949, in der er versprach, den Menschen in den „unterentwickelten Gebieten" durch technischen Fortschritt, Innovationen und Kapitalinvestitionen zu einem besseren Leben zu verhelfen. Es war nicht zufällig, dass sich dieser Diskurs um Entwicklung und Unterentwicklung gerade zu diesem Zeitpunkt ausbildete: Es war die Zeit des Kalten Kriegs und der Dekolonisierung; die Vereinigten Staaten von Amerika sowie

ihre europäischen Verbündeten suchten, ihre geopolitischen und wirtschaftlichen Interessen in den ehemaligen Kolonialstaaten (implizit) weiterhin geltend machen zu können und verschoben den Diskurs von einer kolonialen in eine modernisierungstheoretische Richtung. Die grundlegende Erzählungslogik des Defizitären blieb erhalten: Die unterentwickelten Länder bräuchten die Kolonialländer – oder jetzt eben die Geberländer von „Entwicklungshilfe" –, um ihre Defizite in ihrer Entwicklung überwinden zu können.

Zu dieser Erzählung entstand in Frankreich eine Gegeninterpretation, worin die Dekolonisierung als dramatischer Einschnitt in der Geistesgeschichte der jüngsten Vergangenheit verstanden wurde. Die Welle der Befreiung in den Kolonien nach dem Zweiten Weltkrieg habe – zu Recht – ein ganzes Weltbild zerstört. Seit der Zeit der Entdeckungsreisen hätten die Europäer sich selbst als zivilisiertes und beherrschendes Zentrum, alle anderen als Bewohner und Bewohnerinnen einer barbarischen und von Europa unterjochten Randzone wahrgenommen. Doch dieser von kultureller Überlegenheit und Rassismus getragene Eurozentrismus sei nun unwiederbringlich verwirkt. Diese Revolution der Wahrnehmungen sei, so Ignacy Sachs (1971), durch die „Dritte Welt" *(tiers monde)* ausgelöst worden – und ihrem Streben nach Dekolonisierung. Bald bezeichnete der Terminus auf dem ganzen Globus die (ehemals) kolonisierten, blockfreien und vermeintlich unterentwickelten Gesellschaften Asiens, Afrikas und Lateinamerikas. Nach ihrer „Neuentdeckung" als „Dritte Welt" benannte Sachs sein Werk daher *„La découverte du tiers monde"*.

In diesem Kapitel soll gezeigt werden, wie dieser „Ursprungsmythos", der in der Folge das Paradigma Entwicklung über Dekaden etablierte, das **Denken der Geographischen Entwicklungsforschung** geprägt hat – sowohl in affirmativer (zustimmender) Art als auch in kritischer Abgrenzung dazu.

Dies führt zu den Leitfragen dieses Kapitels:

- Wie beeinflusste das normative Paradigma von Entwicklung die Forschung über und Theorien zu Entwicklung und Entwicklungsländer(n)?
- Welche theoretischen und methodologischen Probleme entstehen aus der Ambivalenz zwischen Entwicklungspraxis und Entwicklungsforschung?
- Wie können wir heute eine Forschung über Entwicklung als eine kritische geographische Sozialforschung konzipieren, die diese Probleme ernst nimmt?

8.2 Zur Normativität des Entwicklungsbegriffs

Geographische Entwicklungsforschung hat ein Problem: Ihr wird zunehmend ihr Forschungsgegenstand streitig gemacht. Ihre zentralen Begriffe „Entwicklung" und „Entwicklungsländer" werden meist nur noch in Anführungszeichen gesetzt, um sie dann

Abb. 8.1 Im Igarapés Bittencourt in Manaus wurde in den letzten Jahren die in Palafitas wohnende Slumbevölkerung in soziale Wohnbauprojekte der Regierung umgesiedelt (Fotos: Hans Gebhardt 2012)

gleich zu relativieren. Damit wird zum Ausdruck gebracht, dass diese Begriffe nicht unschuldig sind, dass sie eine problematische politische Geschichte besitzen – sie sind Teil eines mittlerweile kritisch hinterfragten Denkmusters geworden. Es ist heutzutage erstens politisch unkorrekt, von „Entwicklungsländern" zu sprechen, denn damit wird eine Art Hierarchisierung zwischen schon entwickelten und noch zu entwickelnden Ländern und Gesellschaften hergestellt. Peter Sloterdijk (2000, S. 30) formuliert dies so: „Entwicklung ist evidentermaßen nicht ohne Kränkung des zu Entwickelnden zu haben, denn wer entwickeln will, lässt sich zum Nicht-Entwickelten herab." Es ist zweitens empirisch problematisch, mit dem Begriff „Entwicklungsländer" eine Art Sammelbegriff für so unterschiedliche Gesellschaften oder Länder wie etwa Somalia, Brasilien und Indien zu verwenden. Diese Gesellschaften durchlaufen eine Vielzahl unterschiedlicher Entwicklungspfade: Manche sind zu *emerging economies* geworden, andere zu *failed states* zerfallen, manche werden durch demokratische, andere durch autokratische politische Systeme regiert, manche haben den Durchbruch zu einer (teilweisen) Integration in den Weltmarkt geschafft, andere eher den Anschluss verpasst. Außerdem ist es drittens theoretisch fragwürdig, den Begriff „Entwicklung" im Sinne eines teleologischen – das bedeutet, auf einen historischen Endzustand ausgerichteten – Pfades gesellschaftlichen Fortschritts zu gebrauchen. Eine solche Teleologie sieht meistens den Westen als Maßstab für die Beurteilung und Einteilung in fortgeschrittene und rückständige Gesellschaften an. Unterschiedliche Gesellschaften werden so auf einem normativen Zeithorizont eingeordnet. Damit wird das Entwicklungsmodell des Westens jedoch unhinterfragt akzeptiert.

Angesichts all dieser Probleme mit den Begriffen Entwicklung und Entwicklungsländer stellt sich zunehmend die Frage: Wozu brauchen wir dann noch eine Geographische Entwicklungsforschung? Auf diese Frage kann man in unterschiedlicher Weise antworten: Erstens verorten sich viele Geographinnen und Geographen noch in der Tradition eines Fachs, das sich Geographische Entwicklungsforschung nennt, ohne deren problematische Begrifflichkeit zu verwenden – oder sie machen diese Begrifflichkeit selbst zum Problem und reflektieren diese kritisch.

Zweitens könnte man auch argumentieren, dass zwar der Kritik am Entwicklungsbegriff zuzustimmen sei, dass aber viele Probleme, die mit diesem Begriff einst gefasst werden sollten – Armut, ungleiche globale Wirtschaftsstrukturen, Hunger, Verwundbarkeit usw. –, auch heute noch weitverbreitete Phänomene in vielen Ländern sind, teilweise auch in denjenigen, die sich selbst schon als *emerging economies* ansehen. Besonders deutlich wird dies in Indien und Brasilien, die sich selber als regionale Großmächte definieren. In Indien und Brasilien gibt es einerseits eine wohlhabende und aufstrebende Mittelschicht, innovative Hightech-Sektoren und eine kosmopolitisch orientierte Elite, andererseits plagen Hunger und Mangelernährung noch immer große Teile der Bevölkerung im ländlichen Raum, aber auch in den städtischen Slums (Abb. 8.1).

Drittens wissen wir auch, dass der Wohlstand im Westen – unsere Konsumgüter, unser Ressourcenverbrauch – oft gerade auf der Ausbeutung von Menschen in anderen Gesellschaften basiert. Das Problem der „Unterentwicklung" ist also nicht nur ein innergesellschaftliches der betroffenen Länder, sondern eng mit dem globalisierten Wirtschaftssystem des Kapitalismus verbunden.

Geographische Entwicklungsforschung beschäftigt sich mit vielen Einzelaspekten dieser komplexen Zusammenhänge. Dabei ist man seit einiger Zeit davon abgekommen, allgemeingültige Erklärungsansätze (eine einzige „Entwicklungstheorie") anzustreben – diese globalen Erklärungsansätze werden mittlerweile einer grundlegenden Kritik unterzogen. Stattdessen konzentrieren sich empirische Arbeiten auf einzelne Elemente einer **fragmentierenden globalen Entwicklung.** Oft grenzt sich die Entwicklungsgeographie dabei gegenüber einer als theoretisch unreflektiert wahrgenommenen, weil beschreibenden und synthetisierenden Regionalgeographie (z. B. „Länderkunde Indien") ab, die humangeographische und physisch-geographische Faktoren in einem Raumcontainer (z. B. „Indien") zusammenbringt. Eine solche Regionalgeographie ist insbesondere deshalb problematisch, da viele soziale, politische und wirtschaftliche Prozesse gerade nicht innerhalb dieses Raumcontainers stattfinden, sondern über diesen hinausgehen. Die klassische Regionalgeographie, oft als „Entwicklungsländerforschung" bezeichnet, scheint jedoch der Vergangenheit anzugehören – und eine Kritik an dieser mag als Abgrenzungsrhetorik praktiziert werden, beantwortet aber noch nicht die Frage, was nach dieser Entwicklungsgeographie kommen soll und wie dieses Andere aussehen wird.

8.3 Entwicklungstheorie – Entwicklung der Theorie

Warum manche Länder und Gesellschaften entwickelt und andere unterentwickelt sind – über diese Frage haben in den letzten Jahrzehnten Wissenschaftlerinnen und Wissenschaftler leidenschaftlich gestritten und unterschiedlichste, sich oft widersprechende, Theorien propagiert. Um zu verstehen, wie die Geographische Entwicklungsforschung das Phänomen der Entwicklung erforscht und analysiert hat, ist deshalb ein Blick auf die Theoriegeschichte unablässig.

Paradoxerweise wird die Theoriegeschichte der Geographischen Entwicklungsforschung oft auf eine Art erzählt, die eigentlich das teleologische Grundmuster der Entwicklungsmetapher selbst reproduziert: Es wird von veralteten, irreführenden früheren Theorien gesprochen, die es zu überwinden gelte, die von besseren Erklärungsansätzen abgelöst werden müssten. Diese Erzählungen der Fachgeschichte bewerten, von ihrem eigenen Standpunkt als teleologischem Höhepunkt aus, die meist als defizitär identifizierten Aussagen früherer Theorien. Paradoxerweise folgt diese Theoriegeschichte demnach einer Logik, die sie in den Theorien selbst einer radikalen Kritik unterzieht – der Logik einer teleologischen **Fortschrittserzählung** der Entwicklungstheorie. Sinnvoller erscheint es uns, die Theorienlandschaft der Entwicklungsforschung aus ihren jeweiligen gesellschaftlichen Entstehungskontexten heraus einzuordnen, denn Theorien sind immer auch „Kinder ihrer Zeit". Gleichzeitig erlaubt dies, genauer über die jeweilige „Reichweite" einer Theorie nachzudenken, das heißt zu fragen, welche empirischen Phänomene genau mit einer spezifischen Theorie erklärt oder analysiert werden können und welche nicht.

Eine weitere Unterscheidung ist wichtig: „Theorie" versucht eine Erklärung für bestimmte Zusammenhänge zu geben, zum Beispiel in der Form „Unterentwicklung entsteht aufgrund rückständiger Mentalitäten der Bevölkerung in einer Gesellschaft" (dies ist eine Theorie, die heutzutage als nicht mehr haltbar und als normativ problematisch angesehen wird). Ein **„Analyserahmen"** *(analytical framework)* hingegen schlägt bestimmte Kategorien und Begriffe vor, mit denen ein Phänomen untersucht werden kann, ohne dabei schon eine inhaltliche Aussage über die zu identifizierende Dynamik oder zeitliche Veränderung der untersuchten Phänomene anzubieten. „Theorien" tendieren zu einer starken Vereinfachung und Generalisierung von Zusammenhängen, während *analytical frameworks* eher einer deskriptiven Bestandsaufnahme zu einem bestimmten Zeitpunkt dienen.

Von **Großtheorien** (Globaltheorien bzw. *grand theories*) sprechen wir dann, wenn diese Theorien den Anspruch haben, Entwicklungs- und Unterentwicklungsphänomene mit einem universal, das heißt in allen Gesellschaften, gültigen Modell erklären zu wollen. Die Modernisierungs- und Dependenztheorien sind prominente Großtheorien, die jeweils Spiegelbilder ihrer Zeit waren und bei heutiger Perspektivierung die Gefahr einer dogmatischen Verengung bergen (Gertel 2007).

Die **Modernisierungstheorien** haben sich paradigmatisch nach dem Zweiten Weltkrieg im Sog des Modernisierungsenthusiasmus herausgebildet, demzufolge Entwicklungshemmnisse nicht in erster Linie aus wirtschaftlichen Defiziten, sondern aus den traditionellen Wertvorstellungen in den Entwicklungsgesellschaften entspringen. Kern der Begründung ist der postulierte Gegensatz zwischen „moderner" (mit den Attributen dynamisch – rational – städtisch) und „traditioneller" Welt (mit den Attributen statisch – irrational/fatalistisch – agrarisch). Gründe für Unterentwicklung seien somit „endogene Faktoren". Daraus wird dann die normative Forderung abgeleitet, Unterentwicklung könne durch Modernisierung und Rationalisierung der Gesellschaft und Wirtschaft, das heißt durch Anpassung oder Übernahme moderner Ideen (oder Ideologie) aus den Industrieländern gelöst werden (Abb. 8.2).

Die **Dependenztheorie** ist in den 1960er-Jahren in Lateinamerika als Kritik am modernisierungstheoretischen Paradigma entstanden (Frank 1980) und positionierte sich als marxistische Kritik gegen die Ideologie und den Fetisch der Modernisierung nach dem Vorbild des Nordens. Sie begründete Unterentwicklung und Rückständigkeit durch die kolonial etablierte und postkolonial fortgeschriebene Abhängigkeit der Entwicklungsländer von den Industrieländern. Demnach sind „exogene Faktoren" für die Unterentwicklung verantwortlich. Als Gegenstrategie schlug die Dependenztheorie eine „autozentrierte Entwicklung" vor (Senghaas 1974). Das Grundproblem, das die Dependenztheorie angesprochen hat, wonach der globale Handel den Entwicklungsländern weit mehr Nach- als Vorteile brächte, gilt durchaus auch unter den heutigen Bedingungen der Globalisierung aufgrund deren kolonialhistorisch asymmetrischer Integration in den Weltmarkt. Eine dependenztheoretisch geprägte Position vertritt im deutschsprachigen Raum vor allem Scholz (2004) mit seiner These der fragmentierenden Entwicklung. Diese besagt, dass die Globalisierung eine umfassende „nachholende Entwicklung" für die Masse der Menschen im globalen Süden unmöglich macht, da diese „fragmentierend" wirkt. Anstatt die Struktur von Armut und Reichtum im nationalstaatlichen Rahmen zu sehen, geht diese Theorie dazu über, bestimmte Orte oder Zonen als Fragmente von Armut (z. B. Ghettos, Slums) und Reichtum (Zitadellen, Gated Communities) zu identifizieren, die sich global ausbreiten.

Theorien mittlerer Reichweite grenzen sich im Prinzip vom universalen Erklärungsanspruch der Großtheorien ab. Anfang der 1980er-Jahre entwickelten einige deutschsprachige Entwicklungssoziologen den sogenannten „Bielefelder Verflechtungsansatz", der sich empirisch vergleichend mit der Verflechtung

Abb. 8.2 Eine Wasserpumpe ersetzt die „Handarbeit" zum Tränken der Ziegen und Rinder bei den Himba-Nomaden in Nordwest-Namibia (Fotos: Eberhard Rothfuß 2003 & 2014)

von Produktionsweisen auseinandersetzte (Evers 1987, Elwert 1985, Elwert et al. 1983). Der **Verflechtungsansatz** zeigte die enge Verzahnung des kapitalistischen Sektors mit dem informellen Subsistenzsektor auf. Dieser informelle Sektor ist demnach nicht ein Relikt vormoderner Produktionsweise, sondern integraler Bestandteil der kapitalistischen Moderne und Produktion. Diese theoretische Position erwies sich empirisch als überaus produktiv und inspirierte die Ausarbeitung einer Reihe anderer Theorien mittlerer Reichweite (Krüger 2007), die meist als Analyserahmen verstanden wurden und die empirische Forschung zu Fragen von Subsistenz, Verwundbarkeit, ländlicher Entwicklung und urbaner Randökonomie anleitete. Diese Theorien mittlerer Reichweite verzichten darauf, universal gültige Aussagen über „Entwicklungskontexte" zu machen. Vielmehr bieten sie einen Begriffsbaukasten an, mit dem unterschiedliche empirische Lebenswelten analysiert werden können. In den letzten 15 Jahren wurden diese Arbeiten vor allem durch den sogenannten *Livelihood*-Ansatz inspiriert, der die Handlungsspielräume marginaler Akteure in ihrem jeweiligen Verwundbarkeitskontext analysiert (Abb. 8.3; Chambers und Conway 1991, Bohle 2011, Korf 2004a, Krüger 2007). Dabei werden teilweise stärker handlungstheoretische Überlegungen (wie können Akteure in einem gegebenen Kontext agieren?) oder aber institutionentheoretische Fragen (welche institutionellen Regelungen prägen und beeinflussen die Handlungsspielräume dieser Akteure?) betont (Coy 2001). Kritisch wird diesen Ansätzen oft entgegengehalten, sie würden politische Konstellationen weitgehend aus der Analyse ausklammern bzw. diese als Randbedingungen einer präziseren Analyse der gesellschaftlichen Entstehungsbedingungen ausblenden (de Haan 2012; für eine Reaktualisierung des *Livelihood*-Ansatzes (Exkurs 8.1) mittels Bourdieus Theorie der Praxis siehe Sakdapolrak 2014).

Mit dem Ende des Kalten Kriegs erklärte Ulrich Menzel (1991) auch das Scheitern der Entwicklungstheorie als *grand theory*, das heißt als allumfassende Theorie der Entwicklung. Diese *grand theory* (v. a. Modernisierungstheorie und Dependenztheorie) biete keinen wirklichen Erklärungsanspruch mehr für

die globale Ungleichheit, so Menzel. Diese Position wird in der Entwicklungsgeographie heute von vielen geteilt, weshalb sich der Trend in den letzten zwei Dekaden stark in Richtung der Theorien mittlerer Reichweite entwickelt hat. Doch ist dabei zu berücksichtigen, dass sowohl die großen Theorien als auch die Theorien mittlerer Reichweite ihr Erkenntnisobjekt weiterhin unter der – durchaus kritisch zu hinterfragenden – Metapher „Entwicklung" subsumieren.

Nach der Entwicklung: Die Dekonstruktion dieses Diskurses über „Entwicklung", durch den das Untersuchungs- oder Interventionsobjekt der Entwicklung oder Unterentwicklung überhaupt erst konstruiert und konstituiert wird, ist Gegenstand einer poststrukturalistischen Theorie der Entwicklung, oft als ***post-development*** bezeichnet (Ziai 2012). Poststrukturalistische Theorien verstehen „Entwicklung" als Ausdruck eines Machtdiskurses, durch den der Westen sein Gegenüber, das „Andere" – die unterentwickelte Welt – erst erschafft. Der nach Ziai (2010) eurozentrische, entpolitisierende und autoritäre Entwicklungsdiskurs wird damit zum „bösartigen Mythos" erklärt, zu einem Machtinstrument,

Abb. 8.3 Lak-See in der vietnamesischen Provinz Dak Lak, 2015. Fischer erwirtschaften mit Touristen ein zusätzliches Einkommen, um ihr Leben abzusichern (Foto: Hans Gebhardt)

Exkurs 8.1 *Livelihood*-Ansatz

Der Begriff *livelihood*, der im Zentrum dieses Ansatzes steht, wurde bei Chambers und Conway (1991) als *„a means of gaining a living"* definiert und kann im einfachsten Sinne mit Lebenserhaltung übersetzt werden. Nach Krüger (2003) umfasst diese Lebenserhaltung „alle Fähigkeiten, Ausstattungen und Handlungen, die zur Existenzsicherung erforderlich sind". Im Kern geht es um die Frage, wie arme Haushalte ihre Existenz absichern, wobei der Fokus der Betrachtung auf dem Alltagsleben von Armutsgruppen liegt (Bohle 2009). Im Zentrum dieser Ansätze steht das *Livelihood*-Konzept (Abb. 8.4), ein Analyseschema, welches erstmalig von Scoones (1998) entworfen und seitdem auf vielfältige Weise weiterentwickelt wurde. Es erlaubt einen systematischen Zugang zum Überlebenshandeln der Betroffenen, indem es die Elemente abbildet, die eine Existenzsicherung aus Sicht des *Livelihood*-Konzeptes entweder gewährleisten oder gefährden. Der einzelne Haushalt

steht im Mittelpunkt des Analyseschemas, dessen Wahl einer Lebenserhaltungsstrategie *(livelihood strategy)* entscheidend durch die folgenden fünf verschiedenen Kapitalsorten *(livelihood assets)* beeinflusst wird: Humankapital, Naturkapital, Sachkapital, Finanzkapital, Sozialkapital. Bei einer Anpassungs- oder Bewältigungsstrategie im Alltagshandeln werden eine oder mehrere der fünf verschiedenen Kapitalsorten mobilisiert. Die so entstandene Lebenserhaltungsstrategie hängt zudem auch vom jeweiligen Verwundbarkeitskontext, von den übergeordneten institutionellen Prozessen und politisch-ökonomischen Rahmenbedingungen ab (Gertel 2007). Dabei gilt das Lebenserhaltungssystem dann als nachhaltig, wenn es in der Lage ist, Stress- und Schockereignisse abzufedern, zu bewältigen und sich davon zu erholen, sowie dabei die verfügbaren materiellen und immateriellen Vermögenswerte zu sichern, ohne die natürlichen Ressourcen zu zerstören (Krüger 2003).

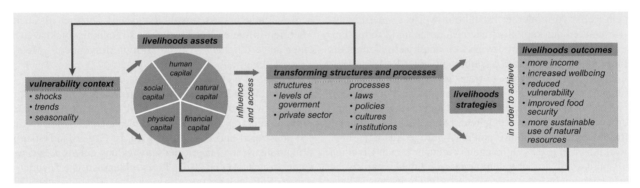

Abb. 8.4 Das *Sustainable-livelihood*-Konzept (aus Gebhardt et al. 2012, S. 754)

durch das der Westen seine Hegemonie über die „unterentwickelte" Welt begründet und auf ein technisches Problem reduziert, das durch Entwicklungsprojekte beseitigt werden könne. Der Entwicklungsdiskurs identifiziere auf diese Weise anhand eines universalen Entwicklungsbegriffs defizitäre Gesellschaften und verschreibe diesen dann auf Basis des universellen Wissens von Expertinnen und Experten eine Therapie in Form von Entwicklungsprogrammen. Doch hinterfrage der Entwicklungsdiskurs nicht die Wünschbarkeit seines eigenen Entwicklungs- und Wachstumsmodells, ja teilweise vergrößere diese Ideologie noch die bestehende Kluft zwischen entwickelter und unterentwickelter Welt, da sie einseitig auf eine Integration „unterentwickelter" Regionen und Gesellschaften in die kapitalistische Weltwirtschaft ausgerichtet sei. Hegemonial wirke dieser Entwicklungsdiskurs, da durch die Diagnose von defizitären (d. h. unterentwickelten) Ländern oder Gesellschaften diese einem universalen Expertenwissen (der Entwicklungsforschung, der Entwicklungsorganisationen, der internationalen Finanzinstitutionen) unterworfen würden. Bei der poststrukturalistischen Entwicklungstheorie handelt

es sich gewissermaßen um eine Fundamentalkritik, nicht nur an der Entwicklungsforschung, sondern auch an der Entwicklungspraxis – die zugrundeliegende Idee bzw. Ideologie von Entwicklung wird infrage gestellt (Tab. 8.1).

Der **Postkolonialismus** analysiert die kulturellen Dimensionen der Kolonialepoche sowie des Imperialismus. In postkolonialer Kritik steht die Frage zum Erbe der kolonialen Epoche, also welche gesellschaftlichen, ökonomischen und kulturellen Implikationen daraus erwachsen und noch heute sichtbar sind, im Zentrum der Betrachtung (Exkurs 8.2). Forschungsfelder der *postcolonial studies* sind zum einen die kolonisierten Subjekte mit ihren Erfahrungen von Unterdrückung, Widerstand, Geschlecht, Migration und zum anderen die Rolle der Kolonisatoren selbst, denn die Geschichte des Westens kann nicht isoliert betrachtet werden. Kolonialismus und Imperialismus sind unumstößlicher Teil europäischer Geschichte. Der Westen hat die kolonialen Gebiete stets als Gegenwelt konstruiert, um sich selbst davon als positives Antonym (Gegensatz) abheben zu können. Dichotomien

Tab. 8.1 Entwicklungstheorien, die in der Entwicklungsgeographie Anwendung finden (Auswahl; verändert nach Gertel 2007)

Bezeichnung	Theorien		Beispiele
„Entwicklungs-länder"	globale Reichweite	Modernisierungstheorien	Rostow (1953): *The Process of Economic Growth*
„Dritte Welt"		Dependenztheorien	Frank (1980): Abhängige Akkumulation und Unterentwicklung
„der Süden"	mittlere Reichweite	Verflechtungstheorien (Grundbedürfnisansätze)	Elwert et al. (1983): Die Suche nach Sicherheit
		Existenzsicherungstheorien (Verwundbarkeit, *livelihood*)	Watts und Bohle (1993): *Spaces of Vulnerability*
postkoloniale Länder	epistemologische Reichweite	postkoloniale und poststruktu-ralistische Theorien (Diskurs-analysen)	Spivak (1988): *Can the Subaltern Speak?*
globalisierte Räume		*Post-development*-Theorien	Escobar (1995): *The Making and Unmaking of the Third World*

Kapitel 8

Exkurs 8.2 Kritische Theorien – *what's the difference?*

Im kurzen Überblick über die Fachgeschichte wurden mit der Dependenztheorie und der poststrukturalistischen Entwicklungstheorie *(post-development)* gleich zwei kritische Theorien (mit kleinem k, in Abgrenzung zum großen K, was auf die Kritische Theorie der Frankfurter Schule verweist) kennengelernt, die eine grundlegende Kritik am Begriff und an der Praxis von „Entwicklung" üben. Was unterscheidet diese Theorien nun voneinander?

Ein grundlegender Unterschied liegt darin, dass die Dependenztheorie zwar die Modernisierungstheorie und deren Modell eines teleologisch vorgegebenen Entwicklungswe-ges – die von Rostow (1960) beschriebenen Stadien der Entwicklung – ablehnt, aber nicht den Begriff der Entwicklung an sich. Genau dies tut aber die poststruktura-listische Theorie: Sie verwirft die Ideen, die hinter dem Entwicklungsbegriff stehen, und plädiert stattdessen für eine **alternative Entwicklung** oder sogar für Alternativen zur Entwicklung.

Dies ist auch erkenntnistheoretisch zu erklären. Die De-pendenztheorie entwickelt ein alternatives ökonomisches Modell für die Peripherie des globalen kapitalistischen Systems. Dazu analysiert sie politische und ökonomische Faktoren der Weltwirtschaft, meistens auf Basis einer mar-xistischen Theorie. Poststrukturalistische Entwicklungs-theoretiker hingegen üben eine Art Ideologiekritik (Ziai 2012), indem sie die Diskurse über Entwicklung und deren Logik dekonstruieren – also fragen, wie durch das „Reden über" und „Sprechen für" die „Dritte Welt" diese selbst erst konstituiert wird. Die poststrukturalistische Entwicklungs-theorie analysiert jedoch nicht materielle Stoff-, Kapital-und Menschenströme der Weltwirtschaft und entwickelt nicht systematisch ein alternatives ökonomisches Modell zum Entwicklungsparadigma.

Beiden Theorien gemein ist jedoch, dass sie sich eher in ihrer Kritik am Modernisierungsparadigma abarbeiten, als eine systematische Alternative auszuarbeiten – ihre Theorie wird primär ex negativo definiert.

wie zivilisiert/primitiv, modern/rückständig, rational/irrational oder Demokratie/Despotie sind hier in Stellung gebracht worden (Varela und Dhawan 2010, Lossau 2012, Neuburger und Schmitt 2012, Segebart und Schurr 2010). Postkoloniale Theorie fordert uns dazu auf, „noch grundsätzlicher als bisher zu reflektieren, in welche Machtverhältnisse Entwicklungsforschung und -praxis notwendig eingebettet sind" (Lossau 2012, S. 130).

Und was kommt **nach** *post-development*? Auch die Funda-mentalkritik der postkolonialen und poststrukturalistischen Ent-

wicklungstheorie musste sich einer Kritik unterziehen: Zwar wird von vielen Entwicklungsgeographinnen und -geographen eingeräumt, dass die Ideologiekritik der poststrukturalistischen Entwicklungstheorie zu einem Bewusstwerden der diskursiven Logik des Entwicklungsbegriffs beigetragen hat, doch stellt sich die Frage, ob daraus notwendigerweise eine Verabschie-dung nicht nur des Begriffs der Entwicklung, sondern auch ihrer Programme, Projekte und Politiken folgt – oder folgen sollte. Soll man arme, marginalisierte Weltregionen ihrem Schicksal überlassen oder diese auf eine andere Entwicklung oder eine

Alternative von Entwicklung hoffen lassen? Diese Kritik äußert sich in verschiedenen Varianten: Erstens wird hinter der Fundamentalkritik und einer propagierten Alternative von Entwicklung eine Romantisierung der Zustände in armen, marginalen Gesellschaften vermutet, die dem entfremdeten westlichen Modell als „authentischer" (quasi als Utopie) entgegengestellt werde. Zweitens stellt sich für viele ganz einfach das grundlegende Problem, wie Armut, Mangelernährung und Hunger in solchen Gesellschaften überwunden werden können – und ob dies ohne eine irgendwie geartete Form von „Entwicklung" möglich ist. Und drittens scheint es gerade so zu sein, dass viele Menschen in armen, marginalen Gesellschaften ein Leben nach dem Modell des Westens selbst anstreben – die poststrukturalistischen Theoretiker würden demnach an den Bedürfnissen und Wünschen der Menschen in „unterentwickelten" Ländern vorbeitheoretisieren.

Die poststrukturalistische Entwicklungstheorie, so ein weiterer Kritikpunkt, führe damit tendenziell in eine Sackgasse, da sie in einer antipolitischen Grundsatzkritik stehenbleibe – poststrukturalistische Theoretikerinnen und Theoretiker laufen Gefahr, einem **Entwicklungspessimismus** verhaftet zu bleiben, der auf die Konfrontationsstellung mit der Entwicklungswelt geradezu parasitär angewiesen sei. So entstehe eine Dichotomie von Ideologiekritik im „Elfenbeinturm der Wissenschaft", der sich vom Machbarkeitswahn der Entwicklungspraxis abgrenze, diesen aber als Objekt der Kritik benötige (Mosse 2005). Diese Konfrontation braucht den jeweils anderen: Die Dekonstruktion braucht die technokratische Entwicklungspraxis als „den Anderen", den es zu kritisieren gilt, während die Entwicklungspolitik auf die Abgehobenheit dieser Grundsatzkritik verweist, die für die Verbesserung der Praxis nicht dienlich sei. Diese Konfrontationsstellung übersieht jedoch, dass „Entwicklung" in einem spezifischen politischen Feld ausgehandelt wird, das viel ambivalenter ist, als es die poststrukturalistische Entwicklungstheorie zugestehen kann.

8.4 Theorie der Praxis, Theorie in der Praxis – Praxis der Theorie

Nach der poststrukturalistischen Kritik erschien die Entwicklungstheorie in eine Sackgasse geraten zu sein. Wie konnte Entwicklungsgeographie nach *post-development* noch etwas anderes sein als Fundamentalkritik am Entwicklungsbegriff?

Kritik an der poststrukturalistischen Entwicklungstheorie entstand aufgrund der Problematik, dass die poststrukturalistische Entwicklungstheorie vor allem auf der diskursiven Ebene operiert, das heißt auf der Ebene des „Redens über" Entwicklung – sei dies in öffentlichen Diskussionen, theoretischen Schriften oder Planungsdokumenten. Es wird das Entwicklungsdenken offengelegt. Dies blendet jedoch die konkrete Praxis von Akteuren im politischen Feld der „Entwicklung" aus, sei dies in einem Entwicklungsprojekt, in internationalen Konferenzen von Entwicklungsorganisationen oder in Büros der Weltbank.

8.4.1 Theorie der Praxis

Betrachtet man hingegen dieses politische Feld, in dem über „Entwicklung" verhandelt und gerungen wird, so zeigt sich etwas anderes: „Entwicklungsdiskurse" werden oft als eine sinnstiftende Metapher verwendet, um in dem durch viele unterschiedliche Interessen, Machtverhältnisse und widersprüchliche Akteurspraktiken geprägten **politischen Feld der Entwicklungspraxis** eine „Ordnung" herzustellen. Diese dient zur Legitimation, zur Orientierung und zur Durchsetzung bestimmter Programme, kollektiver Handlungen und Umsetzungsregeln. Doch ist das politische Feld, in dem diese Ordnung hergestellt werden soll, eher eine Unordnung – sie ist geprägt von Widersprüchen und Brüchen. Diese lassen das monolithische Bild von Dominanz und Hegemonie des Westens, das in der poststrukturalistischen Ideologiekritik dem Entwicklungsdenken unterstellt wird, fragwürdig erscheinen.

8.4.2 Theorie in der Praxis

Zur Erkenntnis, dass die Praxis durch Brüche und Widersprüche und weniger durch die Dominanz und Hegemonie eines Entwicklungsmodells geprägt ist, kam eine Gruppe von Wissenschaftlerinnen und Wissenschaftlern, die auch in der Entwicklungspraxis tätig waren und dadurch als „teilnehmende" Ethnographinnen und Ethnographen das Wirken der „Entwicklungsidee" im politischen Feld der Entwicklungspraxis beobachten und Letzteres kritisch beleuchten konnten. Dieser ethnographische Blick auf Entwicklung fragte nach den Praktiken, durch die Konzepte, Ideen und Handlungsanweisungen von den unterschiedlichen Akteuren ausgehandelt und interpretiert werden, wie sich Diskurse und Gegendiskurse ausbilden, wie sie von unterschiedlichen Akteuren in der konkreten Umsetzungspraxis von Entwicklungsprogrammen zum Einsatz gebracht werden und wie sie gleichzeitig in der Routine der Alltagspraxis oft wieder unterlaufen werden. Diese Forschungen zeigten, dass sich eine Kluft zwischen den diskursiven Höhen der Politikempfehlungen *(policy)* und der Alltags- und Umsetzungspraxis auftut: Vielfach werden *policies* umgeschrieben oder neu formuliert, ohne dass sich im konkreten Tun der beteiligten Akteure in einem Entwicklungs- oder Regierungsprogramm viel verändern würde. Oder aber diese *policies* werden zu einer Neuverhandlung der Machtposition im Feld instrumentalisiert. Der ethnographische Blick in die Alltagspraxis hilft dabei, das vielfache Scheitern oder die mangelnde Wirkung der Entwicklungspraxis nicht im Denken allein, sondern auch in den Widersprüchen der Mikropolitik der Praxis zu verorten.

Welche (theoretischen) Schlussfolgerungen lassen sich aus diesem Befund ziehen? Während die poststrukturalistische Entwicklungstheorie eine Geschichte der Denklogik des Entwicklungsbegriffs – von Entwicklung als (hegemonialer) Ordnung – entwirft, stehen beim ethnographischen Blick vielmehr die Analyse spezifischer Praktiken und Verhandlungen zwischen

---

Exkurs 8.3 Foucault und Bourdieu – zwei Theoretiker, viele Bedeutungen

Sowohl Michel Foucault, ein französischer Philosoph, als auch Pierre Bourdieu, ein französischer Soziologe, haben die entwicklungstheoretische Debatte in den letzten zwei Jahrzehnten stark geprägt. Dabei zeigt sich, dass deren Schriften für sehr unterschiedliche Fragen und Theorieansätze fruchtbar gemacht werden können.

Zweimal Foucault: Michel Foucaults Arbeiten sind sowohl für die poststrukturalistische Entwicklungstheorie des *post-development* grundlegend als auch für Arbeiten, die diese Theorie eher kritisieren. In der *Post-development*-Debatte kommen vor allem die früheren Werke Foucaults zum Tragen, in denen er eine Archäologie (eine Entwicklungsgeschichte) des Denkens der Moderne ausarbeitete. Ganz ähnlich versuchte dann zum Beispiel Arturo Escobar (1995), eine **Archäologie des Entwicklungsdenkens** – inklusive einer Kritik daran – vorzulegen („Foucault 1"). Ethnographische Studien der Entwicklungspraxis, die unter anderem auch in Abgrenzung zur *Post-development*-Kritik entstanden sind, berufen sich hingegen stärker auf Foucaults spätere Schriften zur Mikrophysik der Macht und zu den **Techniken des Regierens** („Gouvernmentalität" der Entwicklung; Li 2007, Watts 2003), in denen er weniger die Dekonstruktion historisch gewachsener Denksysteme vornahm, sondern sich für die Akteurspraktiken und ihre Einbindung in Wissensformationen interessierte („Foucault 2"; Korf 2004b).

Zweimal Bourdieu: Mit dem Begriff **„Feld"** bezeichnet Pierre Bourdieu (1988) einen Raum sozialer Beziehungen und Praktiken, eine Art Matrix des Sozialen, das durch die Auseinandersetzung um soziale Positionen und Beziehungen geprägt ist. Felder sind ausdifferenzierte soziale Räume mit einer eigenen spezifischen Struktur, in denen Praktiken erzeugt und aktualisiert werden. Jedes Feld hat eine eigene Logik, die spezifischen Regeln und Regularitäten folgt. Felder bringen Strategien und Interessen als handlungsleitende und handlungsgenerierende Kategorien hervor. Das Feld selbst entsteht durch die Handlung seiner Akteure. Das Feld ist als ein Kräftefeld zu denken, als ein nach einer eigenen Logik funktionierendes Spiel um Macht und Einfluss. Spielt ein Akteur das Spiel in seinem Feld gut, so wird er innerhalb seines Feldes mit Anerkennung bedacht.

Bourdieus Theorie der sozialen Praktiken und sein Begriff des Feldes kann für ganz unterschiedliche Beobachtungseinheiten zum Einsatz kommen – mit anderen Worten: Es können unterschiedliche soziale Felder „in Entwicklungsländern" untersucht werden (z. B. informeller Straßenhandel; Etzold 2013). Ein solches soziales (oder politisches) Feld kann sich auf die **Gesellschaftsstrukturen** eines abgelegenen Dorfes oder auch eines Nomadenstammes beziehen („Bourdieu 1"). Ebenso kann man aber auch die „Gesellschaftsstrukturen" des Stammes der Entwicklungsexpertinnen und -experten im komplexen politischen Feld der **Entwicklungspraxis** analysieren oder aber die komplexe Matrix des *head office* der Weltbank und ihrer vielfältigen translokalen Verflechtungen in unterschiedlichsten Programmen und Organisationen („Bourdieu 2"; Graefe und Hassler 2006, Korf 2004b). Allerdings gibt es viele „Entwicklungsländer", in denen die Entwicklungsorganisationen einen so starken Einfluss auf die politische und gesellschaftliche Entwicklung haben, dass das politische Feld der Entwicklungspraxis auch ein wichtiger Teil der sozialen Matrix der jeweiligen Gesellschaft geworden ist (Lund 2010).

---

konkreten **Akteuren und Wissensformationen** im Vordergrund. Hinter der „Fiktion" des Entwicklungsbegriffs als Ordnungsversuch verbirgt sich eine fragmentierte, widersprüchliche Praxis (Korf 2004b; Mosse 2005). Hier bieten sich die Arbeiten von Pierre Bourdieu (Exkurs 8.3) und sein Begriff des „Feldes" an (der bereits oben verwendet wurde). Der Begriff des Feldes nimmt die jeweilige Konfiguration von Akteuren und deren Handlungsspielräume in den Blick, die jedoch immer im Fluss begriffen sind. Sie werden durch Wissensformationen, normative Diskurse und Machtressourcen vorgespurt, eingeengt, aber nicht determiniert, wie dies manche Lesarten der poststrukturalistischen Entwicklungstheorie nahegelegt hatten. Gleichzeitig öffnet Bourdieus Begriff des Feldes wiederum den Blick, wie „die Welt" der Entwicklungshilfe in gesellschaftliche Strukturen sogenannter „Empfängerländer" eingebettet ist. Ebenso kann man mit Bourdieus Theorie sozialer Praktiken aber auch andere soziale und politische Felder in diesen Gesellschaften untersuchen (Dörfler et al. 2003; Deffner und Haferburg 2012, 2014; Exkurs 8.3).

8.4.3 Praxis der Theorie

Der ethnographische Blick auf „Entwicklung" problematisiert zugleich die oft ungeklärte Schnittstelle zwischen Theorie und Praxis, zwischen Entwicklungstheorie (und -forschung) auf der einen und Entwicklungsarbeit (als Projektpraxis und als Politikdiskurs) auf der anderen Seite. Die poststrukturalistische Entwicklungstheorie entscheidet sich für ein Ritual der Abgrenzung und (inneren) Reinigung, indem sie die Praxis als das Andere von sich absondert. Etwas zugespitzt könnte man sagen: Sie benötigt die Praxis nicht für ihre Theorie. Der **ethnographische Blick** wiederum benötigt das Eintauchen in die Praxis, um durch Distanzierung von der Praxis eine Reflexion über genau diese Praxis zu erarbeiten. Doch zugleich erfordert dieses Eintauchen in die Praxis eine kritische, forschungsethische Reflexion, nicht nur über Fragen der Einwilligung der Beforschten zu ihrer ethnographischen Beobachtung, die oft nur teilweise möglich ist, sondern auch über die besondere „postkoloniale Konfiguration" der Entwicklungspraxis selbst, aber auch der Forschung in und an ihr. Im postkolonialen Raum der „Entwicklung" – aber eben auch der Forschung in „Entwicklungsländern" – stellt sich somit immer wieder die Frage nach der Reproduktion eines „kolonialen Habitus" (Dörfler et al. 2003), durch den bewusst und unbewusst Forschende aus dem Westen *über* die Anderen forschen und damit als Autorinnen und Autoren des Wissens bereits wieder in die **postkoloniale Problematik** verflochten sind – selbst dann, wenn es ihr Anliegen ist, *für* die Anderen zu sprechen. Die poststrukturalistische Entwicklungstheorie entlastet sich von dieser Frage durch den Verzicht auf empirische Forschung. Für die anderen Entwicklungsgeographinnen und -geographen bleiben diese problematischen Fragen bestehen, die nicht einfach zu beantworten sind.

Einen möglichen Ansatzpunkt, mit dieser Problematik umzugehen, zeigt Boike Rehbein (2013) mit seiner „Kaleidoskopischen Dialektik" auf, die er im Anschluss an die Kritische Theorie der Frankfurter Schule entwickelt. Rehbein möchte den der Kritischen Theorie zugrundeliegenden eurozentrischen Duktus überwinden und verweist auf neue Bedingungen einer multipolaren Welt und Wissensproduktion, die ein europäisch-nordamerikanisches Herrschaftswissen ablehnt. Im Vollzug einer „globalen Hermeneutik" versucht Rehbein, das gesellschaftlich Andere zu verstehen und die dortigen machtlogischen „Konfigurationen" deutend nachzuvollziehen. Es handelt sich also um eine **rekonstruktive Sozialforschung,** die Handlungen und Kontextbedingungen der Subjekte im Alltagsleben in der Eigenlogik ihrer sozialen Praxis untersucht, zum Beispiel, indem Praktiken analysiert werden, die die Subjekte selbst im Sinne eines „guten Lebens" (s. u.) verfolgen – so schwierig deren Lebenssituationen auch sein mögen und so wenig die „Subalternen" auch die Macht haben sich artikulieren zu können (Spivak 1988).

In dieser Anschauung ist die Überzeugung eingelagert, wie sie Charles Taylor (1994) vertritt, dass Subjekte in ihren Handlungen und Entscheidungen von einer bewussten/reflexiven, aber auch vorbewussten/unartikulierten Vorstellung des „guten Lebens" geleitet sind. Menschen benötigen unaufhebbar einen Sinn dafür, was sie warum und wie tun sollen, um ein gelingendes und sinnhaftes Leben führen zu können. Axel Honneth (1992), Vertreter der dritten Generation der Kritischen Theorie der Frankfurter Schule, argumentiert ex negativo, dass die Menschen ein moralisches Unrechtsempfinden besäßen und eine Gesellschaftskritik von subjektiven (erlebten, empfundenen) Erfahrungen der Missachtung, Demütigung und Anerkennungsverweigerung auszugehen habe (Abschn. 8.5.1).

Rehbeins kaleidoskopische Kritische Theorie setzt sich in Beziehung zu anderen Gesellschaften des Südens und deren Begriffen und Theorien. Sie muss offen lassen, ob diese Gesellschaften überzeugendere Ideen des ***buen vivir*** hervorgebracht und realisiert haben. So bedeutet zum Beispiel das „gute Leben" in Bolivien (in Aymara *suma qamaña*) ein – in der Verfassung verankertes – Gegenmodell zur „kalten" Rationalität der westlich-modernen Zivilisation (Escobar 2010). *Qamaña*

meint leben, wohnen, ausruhen, Zuflucht suchen und andere schützen. Es verweist nicht nur auf Materialität, sondern auf soziale Beziehungen und das Zusammenleben. In Verbindung mit dem Wort *suma*, was so viel wie freundlich, schön oder gut bedeutet, ist das „gute Leben" ein gelingendes Zusammenleben der ganzen Gruppe und nicht nur das Wohlbefinden und die Verwirklichung des Individuums. Somit beinhaltet das Nachdenken über das „gute Leben" zugleich eine Kritik der Gesellschaftsverhältnisse.

8.5 Entwicklungsgeographie als kritische geographische Sozialforschung im globalen Süden

Entwicklung zu erforschen und zu theoretisieren, scheint also sehr kompliziert zu sein. Wie kann angesichts dieser komplizierten Situation heute noch eine kritische und reflektierte Entwicklungsgeographie betrieben werden? Für die Autoren dieses Kapitels liegt die Zukunft der Geographischen Entwicklungsforschung in einer kritischen geographischen Sozialforschung im globalen Süden, wie sie bereits von Dörfler et al. (2003) in ihrem programmatischen Beitrag gefordert und von Müller-Mahn und Verne (2010, 2013) weiterverfolgt wurde (Doevenspeck und Laske 2013). Kritische geographische Sozialforschung „im Entwicklungskontext" oder „im globalen Süden" grenzt sich von „Entwicklungsforschung" ab. Sie stellt nicht den Begriff der Entwicklung in den Mittelpunkt ihres Erkenntnisinteresses – also die Frage danach, wie sich Gesellschaften (in eine bestimmte Richtung hin) entwickeln. Stattdessen beobachtet sie **Gesellschaften im globalen Süden** (ihre Gesellschaftsstrukturen, ihre politischen Herrschaftsverhältnisse, ihre soziale Praxis) und deren Verflechtung in die globale Weltgesellschaft und den globalen Kapitalismus (Abb. 8.5). Der Begriff des „globalen Südens" verweist dabei auf die räumliche Dimension von Entwicklungsdifferenzen, die translokalen Beziehungsgefüge und die Verflechtung der Welt, die Armut, Ausgrenzung und Marginalisierung an bestimmten Orten erschafft (Ouma und Lindner 2010).

Eine solche kritische geographische Sozialforschung kann sich auf eine Vielzahl von Sozialtheorien beziehen. Es wurden bereits die Theorien von Bourdieu und Foucault erwähnt (Exkurs 8.3), deren Reichweite nicht auf das politische Feld der Entwicklungshilfe an sich beschränkt bleibt. So können mit Bourdieus Theorie verschiedene soziale Praktiken in unterschiedlichen sozialen Feldern untersucht werden. In ähnlicher Weise kann Foucaults Diskurstheorie auf ganz verschiedene Diskurse angewendet werden, nicht nur auf den Entwicklungsbegriff. Seine Arbeiten zur Mikrophysik der Macht, die zeigen, wie Wissen und Macht sich bedingen, können in unterschiedlichen Kontexten von Herrschaftsausübung Anwendung finden. Neben Foucault und Bourdieu beziehen sich deutschsprachige Entwicklungsgeogra-

Abb. 8.5 An der Grenze von Laos zu Vietnam, 2015: Illegaler Holzeinschlag in den Ländern Südostasiens zerstört rasch den tropischen Regenwald. Abnehmer des Tropenholzes ist vor allem Japan (Foto: Hans Gebhardt)

phinnen und -geographen auch auf die Schriften der Frankfurter Schule. In all diesen Fällen handelt es sich ebenfalls um eine Form von normativer *grand theory* (Lund 2010), deren heuristischer Nutzen in Bezug auf den jeweiligen Untersuchungsgegenstand kritisch hinterfragt werden muss, da sie sich meist aus gesellschaftlichen Diskussionsbezügen des globalen Nordens heraus entwickelt haben und ihre Nützlichkeit für gesellschaftliche Fragen des globalen Südens sich erst in der empirischen Forschung selbst erweisen kann. In Exkurs 8.4 werden deshalb fünf Bausteine einer kritischen geographischen Sozialforschung im globalen Süden formuliert.

Beispielhaft seien nun im Folgenden zwei gegenwärtige Forschungsfelder skizziert, die sich an den in Exkurs 8.4 dargelegten Bausteinen orientieren. Abschnitt 8.5.1 konzentriert sich dabei auf das soziale und politische Feld moralischer Anerkennung im städtischen Raum und damit auf die Gesellschaftsstrukturen des Städtischen im globalen Süden. Dabei wird sich zeigen, dass es „den Norden" in Form einer Oberschicht und Elite auch im Süden gibt und dass sich daraus eine spezifische moralische Grammatik sozialer Gegensätze entwickelt. Abschnitt 8.5.2 zeigt auf, wie sich das soziale und politische Feld der Entwicklungshilfe innerhalb dieser Gesellschaftsstrukturen verzahnt, aber auch in translokale politische Felder globaler Organisationsstrukturen und Expertenkulturen eingebettet ist. Dabei wird sich auf zwei Themenfelder bezogen, mit denen die Autoren dieses Kapitels durch ihre eigene Forschung besonders vertraut sind.

Für weitere Themenfelder der Geographischen Entwicklungsforschung kann auf folgende Überblicksdarstellungen verwiesen werden: Bohle (2011), Rauch (2009) und Scholz (2004) und eine Sequenz von Themenheften in der Fachzeitschrift „*Geographica Helvetica*" (2001, Heft 56 (1): Institutionen; 2003, Heft 58 (1): Theorie und Praxis; 2006, Heft 61 (1): relationale Humangeographie; 2012, Heft 67 (3): Post-Development; 2014, Heft 68 (1): Bourdieu).

8.5.1 Urbane Ungleichheit: Anerkennungsdefizite in der brasilianischen Stadt

Die strukturelle und soziale Existenzform der brasilianischen Metropole ist ohne die innerstädtischen Favelas nicht (mehr) zu denken (Kap. 6). Die Favelas (Marginalviertel) haben sich über die Jahrzehnte unübersehbar in die urbane Landschaft eingeschrieben. Sie sind der materialisierte Ausdruck einer sozialen Ungleichheit, die ab dem 16. Jahrhundert durch den portugiesischen Kolonialismus und den damit einhergehenden transatlantischen Sklavenhandel etabliert wurde (Rothfuß 2012). So sind rund 70% der rezenten Stadtbevölkerung von Salvador da Bahia Nachfahren von Millionen verschleppter schwarzafrikanischer Sklaven. Als soziales und strukturelles Produkt seiner kolonialhistorischen Vergangenheit weist Salvador ausgeprägte ökonomische, soziale und räumliche Ungleichheiten auf.

Die **Polarisierung** zwischen Armen und Reichen wird strukturell auf den Abb. 8.6 und 8.7 deutlich. Das Mittelschichtsquartier „Jardim Apipema", das direkt an die Favela „Calabar" angrenzt, weist knapp 13 000 Einwohner auf, wovon 69% Weiße sind. Einer Bevölkerungsdichte von 163 Einwohner/ha in Jardim Apipema steht einer von 289 Einwohner/ha im angrenzenden Calabar gegenüber. Rund 60% der Bewohnerinnen und Bewohner von Jardim Apipema haben ein durchschnittliches Monatseinkommen von über zehn Mindestlöhnen (ein gesetzlich festgelegter Mindestlohn entspricht umgerechnet derzeit rund 250 Euro), die Hälfte davon verfügt sogar über mehr als 20 Mindestlöhne. Hingegen sind in der angrenzenden Favela rund 84% der etwa 20 000 Einwohner dunkelhäutig. Dort haben 82% im Durchschnitt lediglich zwischen einem halben und zwei Mindestlöhnen (125 bis 500 Euro) monatlich zum (Über-)Leben zur Verfügung (IBGE 2007).

Die Menschen am unteren Ende der gesellschaftlichen Stratigraphie sind sich bewusst, dass die Eliten kein Interesse an einer Angleichung der Lebensverhältnisse zeigen. Warum auch? Weshalb sollten sie freiwillig oder gar aus Überzeugung auf ihre Privilegien verzichten? Eine ehemalige Mitarbeiterin der Bürgervereinigung von Calabar spricht dies offen aus. Sie bezeichnet die politische Klasse in Brasilien als „Palliativ-Politiker": „Es ist zwar so, dass die Schwarzen befreit wurden, aber was für eine Qualifikation hatten sie? Sie hatten keine Qualifikation und so blieben sie weiter Sklaven. Jetzt waren sie zwar frei, aber nun waren sie Sklaven für Kapital, da sie sonst nicht überleben konnten. Obwohl politische Maßnahmen geschaffen werden, sind diese nur palliative Maßnahmen, keine effektiven Maßnahmen, um der Ungleichheit ein Ende zu setzen. Es sind politische Maßnahmen, die nur die kleinen Problemchen lösen sollen, die Situation abschwächen, um die Bürger zu täuschen, aber in Wahrheit [...] sind die Eliten daran interessiert diese Ungleichheit zu erhalten, damit ihr Status quo erhalten bleibt. Das ist meine Sichtweise."

Die Menschen der Favelas sind sich also im Klaren darüber, dass sich die brasilianische Politik nicht um grundlegende Reformen

Exkurs 8.4 Bausteine einer kritischen geographischen Sozialforschung im globalen Süden

In diesem Exkurs sollen die zentralen Elemente einer kritischen geographischen Sozialforschung im globalen Süden benannt werden, ohne dabei ein bereits ausgereiftes theoretisches Gebäude anzubieten.

- **Kritik der (kapitalistischen) Gesellschaft:** Das kapitalistische Dispositiv produziert zum Teil extreme Einschränkungen, die es dem menschlichen Dasein auferlegt, egal wo auf der Welt. Ein grundlegender Baustein liegt daher in einer Kritik der kapitalistischen Gesellschaft, deren Voraussetzung und Effekt Ungleichheit ist, die aber notwendigerweise euphemisiert und verschleiert werden muss. Der Mensch ist bis ins Innerste gesellschaftlich. „Wer die Wahrheit übers unmittelbare Leben erfahren will, muß dessen entfremdeter Gestalt nachforschen, den objektiven Mächten, die die individuelle Existenz bis ins Verborgenste bestimmt" (Adorno 1979, S. 7).
- **Relationalität:** Die soziale Wirklichkeit besteht aus Relationen. Diese Anschauung teilt Karl Marx (1858, S. 176): „Die Gesellschaft besteht nicht aus Individuen, sondern drückt die Summe der Beziehungen, Verhältnisse aus, worin diese Individuen zueinander stehen." Eine Kritische Theorie der Gesellschaft setzt sich in Relation zu anderen „Süd"-Gesellschaften und deren Begriffen und Theorien. Sie sollte daher offen sein, ob andere Gesellschaften überzeugendere Ideen des *buen vivir* hervorgebracht und realisiert haben. „Die Konstruktion unterschiedlicher Gesellschaften und ihrer Ideen vom besseren Leben als Konfiguration kann einen Mittelweg zwischen Universalismus und Relativismus auch im Bereich der Gesellschaftskritik eröffnen" (Rehbein 2013, S. 167).
- **Hermeneutisches Verstehen und die Anerkennung des Anderen:** Diejenigen Zugänge der Humangeographie, deren Forschungsgegenstand das kulturell Andere darstellt, sind ähnlich der Ethnologie sehr „augenfällig" mit der erkenntnistheoretischen Schwierigkeit und Unschärfe des Handlungsverstehens einer *anderen* Lebenswelt konfrontiert. Zur empirischen Erforschung fremder Gesellschaf-

ten benötigen wir daher die Ingangsetzung eines Lernprozesses, der auf Verstehen beruht. Das hermeneutische Verstehen eines anderen Subjekts, einer anderen Lebenswelt sollte elementarer Bestandteil der Erkenntnistheorie sein. Erst diese ermöglicht eine Aneignung neuer Sichtweisen und auch Infragestellungen des eigenen Denkens. Eine Haltung der Anerkennung versucht sich darin, das Andere nicht über das Eigene zu begreifen und zu definieren – wie es in der Hermeneutik geschieht. Im Modus der Anerkennung wird das fremde Subjekt als psychisch verfasstes Wesen erkannt und respektiert, mit dem sich zwar „mitempfinden" lässt, das jedoch unumstößlich über ein abgegrenztes, eigenständiges Gefühls- und Wahrnehmungszentrum verfügt (Rothfuß 2009).
- **Rekonstruktive Sozialforschung:** Bei einer sozialwissenschaftlichen Betrachtung sozialer Praxis der *Anderen* muss die soziale Umgebung vertraut sein, bevor diese verstanden und erklärt werden kann. Es geht dann darum, die Handlungen und Kontextbedingungen der Subjekte im Alltagsleben in der Eigenlogik *ihrer* sozialen Praxis zu untersuchen. Damit ist ein sinndeutender Nachvollzug bzw. eine Rekonstruktion der dortigen Sozialwelt verbunden. Rekonstruktive Sozialforschung ist die Wissensgenerierung „auf der Grundlage einer Rekonstruktion der Alltagspraxis der Erforschten bzw. auf der Grundlage der Rekonstruktion des Erfahrungswissens, welches für diese Alltagspraxis konstitutiv ist" (Bohnsack 1999, S. 10).
- **Reflexivität:** Kritische Sozialforschung muss ihre eigenen Geltungs- und Existenzbedingungen reflexiv ausweisen können. Bourdieu gliedert Reflexivität in drei Dimensionen: erstens in Bezug auf „die soziale Herkunft [des Forschenden]", zweitens in Bezug auf „die Position des Forschenden im Mikrokosmos des akademischen Feldes" und drittens hinsichtlich des „intellektuellen Bias, der die Welt als Schauspiel wahrnehmen lässt, als ein Ensemble von Bedeutungen, die zu interpretieren sind, und weniger als konkrete Probleme, die nach praktischen Lösungen verlangen" (Bourdieu und Wacquant 1996, S. 66 ff.).

der ungerechten Strukturen bemüht, sondern lediglich „schmerzlindernde" Eingriffe in das ungerechte System vornimmt und damit die Aufrechterhaltung des Status quo gewährleistet, was ein seit Jahrzehnten unverändert hoher Ungleichheitsindex (Gini-Koefizient) unmissverständlich und statistisch nachweisbar bestätigt.

Hier setzt eine anerkennungstheoretisch reaktualisierte Kritische Theorie der Frankfurter Schule an, wie sie von Honneth (1992) entworfen wurde, um die „Pathologien" der Gesellschaft offenzulegen, die sich in Form reproduktiver Herrschaftsver-

hältnisse, Unterdrückung und deformierter Anerkennungsverhältnisse zeigen. In dieser normativen Perspektive werden nach Honneth (1992) drei Formen der **Anerkennung** (Liebe/Freundschaft, Rechtsverhältnisse und Wertgemeinschaft/Solidarität) unterschieden. In der Anerkennungssphäre von Liebe und Freundschaft kann – bezogen auf Brasilien – gezeigt werden, dass auf dieser ersten Stufe der Intersubjektivität ein notwendig auf Wechselseitigkeit basierendes Vertrauen sowie Respekt wenig entwickelt sind und daher nicht zur Grundlage einer autonomen Teilnahme und selbstbewussten Artikulation am und im öffentlichen Leben der Unterdrückten geworden sind. Das

Abb. 8.6 Exklusion im Zentrum: die Favela „Calabar" und das angrenzende Mittelschichtviertel „Jardim Apipema" im Hintergrund in Salvador da Bahia, Brasilien, 2007 (Foto: Eberhard Rothfuß)

Bewohner aus Jardim Apipema sagt über die Situation in der angrenzenden Favela „Calabar": „Calabar ist ein Vulkan! Die Straße dorthin ist sehr gefährlich! Immer wieder sind nachts Schüsse zu hören. Sie bringen sich gegenseitig um wegen Drogen. Dort herrscht das matrimoniale Prinzip. Die Schwarzen kennen keine Gesetze, keine Ordnung, keine Person, die sagt: ‚So und so nicht [...]'. Der Weiße hat eine paternalistische Kultur, es gibt gesellschaftliche Regeln. Der Schwarze kennt keine Regeln [...]. Immer hört man Musik aus der Favela. Sie sind nur da, um sich zu amüsieren und um Kinder zu machen." Mit dieser Zuschreibung einer devianten (von der bürgerlichen Norm abweichenden) Armutskultur, dass also Favelas nicht mehr als Arbeiterviertel gesehen werden, sondern synonym für Gewalt, Drogenhandel und Unregierbarkeit stehen, wird ein Diskurs verfestigt und in jenem ein Subtext transportiert, der den differenziellen Wert von Menschen rechtfertigt und sich in der kollektiven Abschätzigkeit der Mittelschichten gegenüber der gigantischen Menge an Ausgeschlossen ausdrückt.

Diese Grenzziehungen sind gekoppelt mit sozialen und kulturellen Differenzierungen zwischen einem sozialen Innen, „dem Eigenen", und einem sozialen Außen, „dem Anderen". Die Favela wird als der „Ort der Anderen" hergestellt, um damit die **Identitätskategorie** des „bürgerlichen Wir" definieren zu können. Die Konstruktion einer moralischen Grenzlinie, die entlang einer sozialen Praxis als unterschiedliche Kultur kreiert wird, ist letztlich dazu da, die Identität des Bürgertums und dessen (kapitalistische) Leistungsideologie im Kontrast zu einer „Kultur der Bequemlichkeit" der Unterklasse aufzuzeigen. Damit können die eigenen Privilegien gerechtfertigt werden und Sanktionen durch eine „Bestrafung der Armen" (Wacquant 2008) in Form einer Militarisierung des urbanen Raums in Brasilien legitimiert werden.

Die „Strategie", wie sie de Certeau (1988) konzipiert, steht auf der Seite der Starken. Es ist der Elite vorbehalten, über Raum, Zeit und die Akkumulation von Wert(en) zu bestimmen. Den Stadtraum dominiert die Mittel- und Oberschicht durch Prozesse der Selbstexklusion sowie der medialen **Stigmatisierung** der Favelas (Kap. 6). Aus der Perspektive des Alltagslebens der von Anerkennungsverweigerung Betroffenen zeigen sich zweierlei Reaktionsweisen. Einerseits führt die Ablehnung von Anerkennung durch Beschämung und Zuschreibung einer „Kultur der Armut" (Lewis 1969) zu Verhalten der Scham, negativer Selbstbeziehung und Minderwertigkeit. Andererseits, und dies ist bemerkenswert, besitzt die populäre Imagination in der Favela die Fähigkeit, einen utopischen Raum zu schaffen und aufrechtzuerhalten. Der utopische Raum leistet **Widerstand** gegen eine totale panoptische Kontrolle, Überwachung und Vereinnahmung durch die Beherrschenden. Damit vollzieht sich zumindest teilweise urbane Gerechtigkeit.

Die Verweigerung der Anerkennung vonseiten der Privilegierten und die reaktiven Empfindungen der Minderwertigkeit beziehungsweise die Herrschaft durch Beschämung erweisen sich in Brasilien zweifelsohne als ein sehr machtvolles Instrument der Festigung sozialer Ungleichheit. Was aber bleibt am Ende des

Bewusstsein der Bewohner und Bewohnerinnen der Favelas, sich als Vollbürger innerhalb der brasilianischen Gesellschaft zu fühlen und entsprechende Rechte einzufordern, ist daher wenig verinnerlicht. Diese mangelhafte Verinnerlichung einer positiven Selbstbeziehung ist Resultat der spezifischen Anerkennungssphäre des Rechts in Brasilien. Es offenbart sich, dass die differenzielle Wertigkeit menschlichen Lebens, im Generellen der soziale Status der Unterklasse, eher mit jenem von Hunden oder Hühnern zu vergleichen wäre als mit jenem von Menschen, wie es der brasilianische Soziologe Jessé Souza (2008) zynisch formuliert hat. Jahrhunderte lang wurde durch den portugiesischen Kolonialismus ein herabgesetzter Wert und eine Beschämung der Unterklassen praktiziert. Diese führten in der Folge unter anderem zu einer kollektiven Scham der Nachfahren der Sklaven aufgrund ausbleibender Anerkennung (Deffner 2010).

In der Anerkennungssphäre der Wertegemeinschaft und Solidarität kann konstatiert werden, dass die Favelabewohnerinnen und -bewohner und deren Lebensraum von Seiten der Eliten einseitig konstruiert werden. Die hegemonialen Zuschreibungen erfolgen als **Grenzziehungen** zwischen dem normalen Stadtraum, der formalen Stadt und dem abnormalen Raum, der Favela. Ein

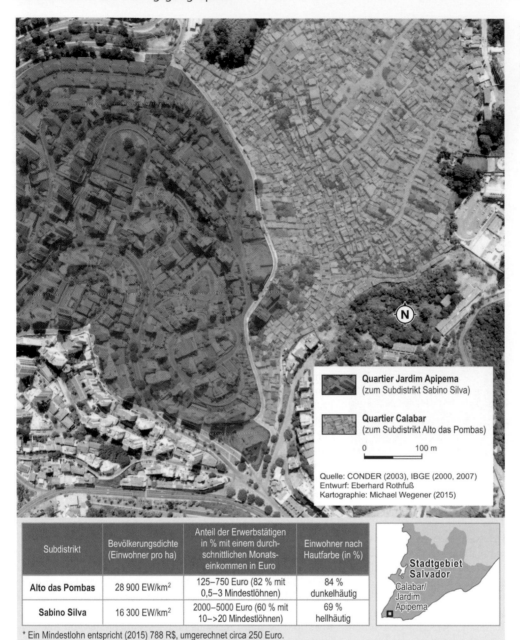

Abb. 8.7 Luftbildaufnahme der ungleichen Nachbarschaft von Calabar und Jardim Apipema und samt sozioökonomischer Struktur (Kartographie: M. Wegener)

Quartier Jardim Apipema
(zum Subdistrikt Sabino Silva)

Quartier Calabar
(zum Subdistrikt Alto das Pombas)

0   100 m

Quelle: CONDER (2003), IBGE (2000, 2007)
Entwurf: Eberhard Rothfuß
Kartographie: Michael Wegener (2015)

Subdistrikt	Bevölkerungsdichte (Einwohner pro ha)	Anteil der Erwerbstätigen in % mit einem durchschnittlichen Monatseinkommen in Euro	Einwohner nach Hautfarbe (in %)
Alto das Pombas	28 900 EW/km²	125–750 Euro (82 % mit 0,5–3 Mindestlöhnen)	84 % dunkelhäutig
Sabino Silva	16 300 EW/km²	2000–5000 Euro (60 % mit 10–>20 Mindestlöhnen)	69 % hellhäutig

* Ein Mindestlohn entspricht (2015) 788 R$, umgerechnet circa 250 Euro.

Stadtgebiet Salvador
Calabar/ Jardim Apipema

Tages von Relevanz für die Menschen in den marginalisierten Stadtvierteln? In Beschämung durch die städtische Welt zu gehen oder sich der Subalternität (Untergeordnetheit) bewusst zu werden, um dann das Beste daraus zu machen? Das intuitiv gegebene Unrechtsempfinden der Unterklasse äußert sich im Willen, für die eigene Integrität und Würde zu kämpfen. Die ihnen von machtvoller Seite zugewiesene Position der Scham gelingt daher nur unvollständig. Die Beschämten zeigen sich widerständig und lassen sich nicht darauf reduzieren und domestizieren. Die Praktiken der *favelados* zeigen eine pragmatische Wendung des „Mit-Machens", um „etwas damit zu machen", denn „wenn man nicht das hat, was man liebt, muss man lieben, was man hat" (de Cer-

teau 1988, S. 31). Die Erkenntnis, dass Erscheinungsformen widerständiger und auch vordergründig angepasster Sozialität die herrschende Ordnung nicht überwinden, sondern viel eher dazu dienen, mit ihr zu verfahren und sie zu ertragen, ist insbesondere für den Kontext der „Peripheren Moderne" Brasiliens wirkmächtig (Souza 2008). In den Alltagspraktiken der Schwachen offenbaren sich „Dionysos" (Maffesoli 1986) statt Empörung und anästhetische Praktiken, das heißt Praktiken, die den **Schmerz betäuben,** statt kollektiven Aufbegehrens. Den „Alltag als Fest" (Maffesoli 1986) zu begreifen, mit listigen Finten und taktischen Manövern den Starken etwas abzuringen, zeichnet den *malandro* (brasilianisch für Lebenskünstler) aus. Wird das Alltagsleben der

Abb. 8.8 Zu viel oder fehlgeleitete Hilfe? Unzählige Fischerboote warten auf hilfsbedürftige Tsunami-Opfer, 2007 (Foto: Pia Hollenbach)

„Starken" mit dem Alltagsleben der „Schwachen" verglichen, so ist zu konstatieren, dass paradoxerweise die Starken mehr und mehr Geographien der Angst (z. B. Selbstexklusion) verfallen, die Schwachen hingegen in ihren marginalisierten Stadträumen in Tausenden Praktiken Geographien des Möglichen als Taktiken hervorbringen, obgleich ihnen die Anerkennung in den verschiedenen Sphären fortwährend verweigert wird.

Diese knappe Darstellung soll weder einer Legitimierung der herrschenden Ordnung dienen, noch einer Entlastung der Unterdrückten bzw. Romantisierung der Alltagswelt in den Favelas gereichen. Vielmehr sollte ersichtlich werden, dass die subalternen Subjekte in einer kolonialhistorisch auf Ungleichheit basierenden Gesellschaftsordnung einen geringen Spielraum besitzen und alle Möglichkeiten für sich nutzen müssen. Dies entlastet die *subcidadania* (Souza 2008) und benennt zugleich die **moralische Verantwortung,** die den Eliten zukommt. Die für unser Empfinden vorherrschende „Empörungsarmut" der Favelabewohner äußert sich in alltäglichen Praktiken der individuellen (verdeckten) Widerständigkeit, den *weapons of the weak* (Scott 1985). Das Paradox dieser sozialen Praktiken liegt darin, dass diese Formen des Umgangs mit sozialer Ungleichheit letztlich rational und nachvollziehbar sind, die herrschende Ordnung jedoch stabilisieren.

8.5.2 Entwicklungspraxis als politisches Feld

26. Dezember 2004: Eine gewaltige Flutwelle, ausgelöst durch einen **Tsunami** im Indischen Ozean, zerstört weite Teile der Küsten Thailands, Sri Lankas, aber auch auf Sumatra (Indonesien) und in Indien. Insbesondere in Thailand und in Sri Lanka sind auch viele westliche Touristinnen und Touristen Opfer der Naturkatastrophe. Die globalen Medien berichten intensiv. Eine unvorstellbare Welle der Solidarisierung und Betroffenheit führt zum

bislang größten Spendenaufkommen weltweit und eine enorme Hilfsmaschinerie kommt in Gang, um **Not- und Wiederaufbauhilfe** in den betroffenen Regionen zu leisten. Unzählige Expertinnen und Experten sowie Projektmanagerinnen und -manager reisen in die Katastrophengebiete und planen und implementieren Hilfsprojekte (Abb. 8.8 und 8.9). So auch in Sri Lanka.

Zehn Jahre danach ist hier von der Euphorie wenig geblieben. Vielmehr scheinen sich Hilfsorganisationen und Tsunami-Opfer entfremdet zu haben: Viele von denjenigen, die Hilfe empfangen haben, beschweren sich in Evaluationsberichten darüber, an der Planung des Aufbaus nicht beteiligt worden zu sein und kulturell unpassende oder mangelhaft verarbeitete Häuser an für ihre Lebensform ungeeigneten Orten zugewiesen bekommen zu haben. Viele Siedlungsprogramme stehen als Investitionsriesen herum, da sie von den für sie bestimmten Menschen nicht angenommen wurden. Was ist das Problem? Sind diese Hilfsempfängerinnen und -empfänger undankbar, weil sie die Gaben der hilfsbereiten Menschen aus dem Westen verschmähen? Oder ist etwas im Prozess des Wiederaufbaus schief gelaufen?

Sheraton Hotel, Ouagadougou, **Burkina Faso:** In einem hochkarätigen *donor meeting* sitzen Vertreterinnen und Vertreter der Weltbank, verschiedener „Geberländer" und einige Minister des

Abb. 8.9 Schilderwald: Wettstreit der Projekte und Geber um Aufmerksamkeit und Sichtbarkeit, 2007 (Foto: Pia Hollenbach)

„Empfängerlandes" Burkina Faso zusammen und beraten über den Abschluss eines *Poverty Reduction Strategy Papers* (PRSP), in dem die nationale Strategie des Landes zur Reduzierung der Armut für die nächsten Jahre verabschiedet wird. Formuliert wurde es von einer Gruppe von Beraterinnen und Beratern *(consultants)*, die bereits das PRSP für Äthiopien, Ghana, Bangladesch und den Senegal entworfen hatten. In diesen *Policy*-Dokumenten werden wohlfeile Programme und Strategien beschrieben – aber ändert sich dadurch etwas an den Lebensumständen armer Menschen außerhalb der Hauptstadt Ouagadougou? Vermutlich recht wenig, wenn man auf die Erfahrungen mit solchen Meetings in den letzten Jahrzehnten sieht. Weiter entwickelt sich jedoch der Jargon der Entwicklungsindustrie, die immer neue Begriffe, Konzepte und Strategien entwirft – und nach kurzer Zeit verwirft und durch andere ersetzt.

Das zweite Beispiel ist fiktiv (die Tragödie des Tsunami war es leider nicht) – und doch könnte es so jederzeit in einem beliebigen sogenannten Empfängerland, das heißt in einem der ärmeren Länder dieser Welt, die auf internationale Hilfe angewiesen sind, so vorgekommen sein. Könnte es sein, dass die Entwicklungszusammenarbeit (EZ) selbst Teil des Problems von „Unterentwicklung" geworden ist? Und müsste eine Entwicklungsgeographie sich dann nicht genau dieser Problematik zuwenden? Tatsächlich ist der Staat in vielen „Entwicklungsländern" von den Finanzströmen der internationalen Entwicklungshilfe abhängig geworden, insbesondere in den ärmsten Ländern der Welt.

Eine kritische Sozialforschung des globalen Südens kann diese Gesellschaften gar nicht mehr erforschen, ohne auf die Arbeit und die **Wirkungen von Entwicklungsorganisationen** und Experten und Expertinnen zu stoßen: Die soziale Matrix der Gesellschaft wird immer auch geprägt vom politischen Feld der Entwicklungszusammenarbeit. Dabei zeigt sich dieser Einfluss nicht nur in der Form von klassischen Projekten (Brunnenbau, landwirtschaftliche Beratung, Aufbau von Gesundheits- und Schulwesen), sondern auch in abstrakten Politikanweisungen, die in internationalen Gremien verfasst und verschuldeten Ländern zur Auflage gemacht werden (z. B. Strukturanpassungsprogramme, die bestimmte marktfreundliche Wirtschaftspolitiken vorschreiben). Dieser Einfluss zeigt sich auch im Wirken von internationalen Nichtregierungsorganisationen, die mit lokalen Partnerorganisationen Projekte durchführen oder aber bestimmte politische Themen in lokalen, nationalen oder auch internationalen Gremien der EZ vertreten (z. B. Frauenrechte). All diese Akteure sind im Stadtbild der Hauptstädte dieser Länder unübersehbar – in ihren modernen Fahrzeugen mit weithin sichtbaren Organisationslabels und Flaggen, ihren Büros und Bannern oder Tafeln, die über laufende Projekte dieser Organisationen berichten.

Die Allgegenwart der Entwicklungsindustrie in diesen Ländern führt zu der These, die Gründe für das Scheitern bzw. die ambivalenten Wirkungen der EZ seien nicht allein in Problemen und Defiziten der „Empfängerländer" (das war die These der Modernisierungstheorie), sondern in der Praxis der EZ selbst zu suchen. Um diese These zu untermauern, braucht es einen

ethnographischen Zugang zur „Welt der EZ": Solche ethnographischen Studien untersuchen die Verflechtung unterschiedlicher, translokal situierter sozialer Felder – internationale Expertengremien, lokale Bürokratien, NGO-Netzwerke –, die in unterschiedlichen politischen Arenen aufeinandertreffen. Sie beobachten die Verhandlungsarena von Entwicklungsprojekten und die dabei entstehenden Schnittstellen und Zwischenräume, in denen **unterschiedliche Denkweisen** und Dispositionen, ganz einfach auch unterschiedliche Vorstellungen darüber, was mit einem Projekt bezweckt werden soll, aufeinandertreffen (Bierschenk und Elwert 1993, Long 2001, Müller-Mahn 1992, Olivier de Sardan 2005). Besonders interessant ist dabei, was bei diesem Aufeinandertreffen so unterschiedlicher, translokaler Akteure und ihrer Interessen, Denkweisen und Dispositionen (Rationalitäten) entsteht und welche Rituale, Machtkämpfe und Verhandlungen dabei auftreten.

Diese Studien zur „Ethnographie der Entwicklungspraxis" haben gezeigt, dass in den Planungen und in der Umsetzung von Projekten oft mehrere parallele „Drehbücher" ablaufen: Einerseits kann man die Rituale, Dokumente und Handwerksinstrumente der „rationalen" Planung beobachten, durch die Projektziele festgelegt werden, andererseits können Umsetzungsstrategien benannt und Verantwortlichkeiten verteilt werden. Neben diesen Zwischenräumen auf der Ebene von Expertinnen und Experten sowie lokalen Partnern gibt es auch noch ähnliche Verhandlungsräume zwischen Projektmitarbeiterinnen und -mitarbeitern sowie sogenannten „Zielgruppen" – also denjenigen, die von Projektmaßnahmen profitieren sollen.

Jean-Pierre Olivier de Sardan (2005) zeigte in seiner Forschung, wie es in landwirtschaftlichen Entwicklungsprogrammen zu einer **Kluft** kommt zwischen der Logik der Projekte, die zum Beispiel mit neuen Pflanzentypen Erträge steigern wollten, und der Überlebenslogik marginaler Bauernfamilien, die darin ein unverantwortliches Risiko eines möglichen Ernteausfalls sahen. David Mosse (2005) wiederum untersucht die soziale Produktion von „Entwicklungserfolgen" – also die soziale Praxis der Bewertung und Einordnung von Informationen, Daten und Argumentationslogiken in Planungsprozessen, durch die erst innerhalb einer Entwicklungsorganisation entschieden wird, ob ein Programm ein Erfolg war oder nicht. Mosse beschreibt anschaulich, wie das, was für Entwicklungsorganisationen oft als (Miss-)Erfolg verbucht wurde, nicht unbedingt diejenigen Aspekte eines Programms waren, die für die „Zielgruppen" oder für lokale Projektpartner im Vordergrund standen (Rothfuß und Korff 2009).

Doch laufen neben diesen Ritualen des Projektalltags oft noch ganz andere Verhandlungen ab, die viel stärker mit den sozialen Feldern der einheimischen Akteure zu tun haben: politische **Auseinandersetzungen** über die Zuteilung von Geldern an bestimmte Orte oder soziale Gruppen, persönliche Auseinandersetzungen über die Zusicherung bestimmter Privilegien (Projektfahrzeuge usw.), aber auch über die Anpassung oft abstrakter, im Westen entwickelter Maßnahmenpakete an lokale Bedürfnisse. Im Extremfall kann dies zu einer „Umwidmung" von Hilfe führen: So zeigt eine Vielzahl von Studien auf, dass humanitäre

Helferinnen und Helfer sich zwar als neutrale Akteure in Konflikten bezeichnen und Hilfe nur am Kriterium der Bedürftigkeit ausrichten möchten. Um zu den Bedürftigen zu gelangen, müssen sie jedoch oft (faule) Kompromisse mit Kriegsherren und Bandenchefs eingehen, die damit neue Gelder für ihre Kriegsökonomie generieren. In einigen Fällen hat dies – unbeabsichtigt – zu einer Stabilisierung von Bürgerkriegsökonomien und damit zu einer Verlängerung bewaffneter Konflikte beigetragen (Doevenspeck 2012, Elwert 1997, Krings und Schneider 2007).

Solche Widersprüchlichkeiten zeigen sich sehr ausgeprägt in der humanitären Hilfe (Kap. 2). Einige Katastrophen lösen aufgrund einer enormen Resonanz in den Medien eine riesige Spendenwelle aus – während andere Katastrophen kaum **Aufmerksamkeit** und wenig Spendenbereitschaft erzeugen. Beide Situationen sind problematisch: In den Katastrophen mit wenig Resonanz fehlt es an Hilfsgütern, um die dramatische Situation in den Griff zu bekommen. Aber auch ein zu hohes Spendenaufkommen kann problematische Seiten haben. Dies zeigte sich in zugespitzter Form nach der Spendenwelle für die Opfer des Tsunami im Indischen Ozean: Die monatelange enorme Resonanz der Katastrophe in den Medien führte zu hohen Erwartungen der Spender, ihr gutes Tun müsse auch schnell in den Katastrophenorten zu einer Besserung der Lage führen und in den Medien zu verfolgen sein. In der Umsetzung der Hilfsmaßnahmen führte dieser öffentliche Druck zu einem von den Medien getriebenen Hilfsaktionismus, sodass die verschiedenen Hilfsorganisationen miteinander um die Aufmerksamkeit in den Medien konkurrierten. Um ihre Spender und die Medien mit Erfolgen zu versorgen, jagten sie sich gegenseitig die besten Standorte für Wiederaufbauprojekte ab. Diese Dynamik führte dazu, dass die Identifizierung, Planung und Umsetzung von Projekten stärker durch die Logik dieses Aktionismus getrieben wurde, als dass sie sich an den unterschiedlichen Bedürfnissen der betroffenen Bevölkerung vor Ort orientiert hätte.

So zeigen sich vielfältige Geographien der humanitären Hilfe, die sowohl in der einheimischen Gesellschaft und ihrer sozialen Matrix eingebettet, als auch translokal mit anderen sozialen Feldern (Hilfsorganisationen, Spenderinnen und Spendern sowie Medien) verflochten sind. Gerade in der „Welt der humanitären Hilfe", die mit Spendengeldern arbeitet, entsteht aus der spezifischen Haltung der Spenderinnen und Spender und der Logik der Medienberichterstattung eine Art Gabenökonomie, in der die Asymmetrie zwischen denen, die geben, und denen, die empfangen, die globale **Machtasymmetrie** zwischen Norden und Süden reproduziert – und oft mit einem „kolonialen Habitus" (Dörfler et al. 2003, S. 20) einhergeht, in dem „westliche" Helfer „hilflosen" (asiatischen, afrikanischen usw.) Opfern aktiv zur Seite stehen. Die Opfer werden zu passiven Hilfsempfängern degradiert, denen eine eigene Handlungslogik und -fähigkeit abgesprochen wird. Es wird für sie statt mit ihnen gehandelt. Dieser „koloniale Habitus" zeigt sich dann in der Ausgestaltung von Projekten (die für die Medien sichtbar sein müssen, zum Beispiel Häuser oder Boote statt Mikrokredite) und in Ritualen der Übergabe von Projekten, in denen die Opfer sich den Gebern gegenüber als dankbar inszenieren müssen. Diese Rituale sind wichtig für die

Abb. 8.10 Rituale der Entwicklungsarbeit: Übergabe eines Projekts an die „Empfänger" in Sri Lanka, 2007 (Foto: Pia Hollenbach)

Kommunikation mit den Spendern und müssen in die vorgefertigten Muster passen, die diese mit „guter Hilfe" in Verbindung bringen (Abb. 8.10). Es ist nicht erstaunlich, dass diese Situation in vielen Fällen zu Frustration unter den Betroffenen in den Katastrophengebieten geführt hat (Korf 2006, Hollenbach 2013).

Aus diesen Beobachtungen zu den Widersprüchlichkeiten des politischen Felds der Entwicklungsprogramme oder der humanitären Hilfe entsteht schließlich die Frage, welche grundlegenden Ideen und moralischen Wertevorstellungen eigentlich Experten und Expertinnen, Projektmanagerinnen und -manager sowie Planerinnen und Planer dazu bringen, sich das Recht zu nehmen, in gesellschaftliche Prozesse mit besonderen Maßnahmen (Projekten) einzugreifen (Korf 2004b, Mosse 2005, Li 2007). Schon 1990 erregte James Ferguson Aufsehen mit seiner These, dass die Entwicklungsbürokratie unter dem Begriff von „Entwicklung" zwar nach außen eine unpolitische Agenda zu verfolgen scheint, die aber sehr politisch ist, da sie alternative Politikentwürfe als der Entwicklung schadend von der politischen Verhandlungsmasse ausschließt. Entwicklung werde damit zu einer „Anti-Politik-Maschine" (Ferguson 1994): Radikale Gesellschaftsreformen, zum Beispiel die Umverteilung von Land, würden so von vornherein aus der Diskussion über die „Entwicklung" eines Landes ausgeschlossen. Mit anderen Worten: Die Anti-Politik-Maschine diene der Durchsetzung der Interessen des Westens und des globalen Kapitalismus, so Ferguson.

Man muss nicht unbedingt Fergusons Argumentation folgen und die EZ lediglich als Erfüllungsgehilfin des Kapitalismus oder der westlichen Geberländer ansehen. Verblüffender ist doch eher die Beobachtung, dass viele Programme, vor allem auch in der humanitären Hilfe mit viel Engagement und guten Absichten initiiert und umgesetzt werden. Warum scheitern diese Projekte dann so oft? Weshalb finden sie oft so wenig Zuspruch bei denen, für die sie geplant und umgesetzt wurden? Tania Li (2007) hat sich diese Frage gestellt. Am Beispiel von Indonesien zeigt sie, wie staatliche Bürokraten, oft im Einklang mit internationalen Hilfsorganisationen, einen „sturen" Willen entwickeln, etwas verbessern zu wollen – sie nennt dies „*the will to improve*"

– auch wenn dieser Wille und die daraus abgeleiteten Aktivitäten oft eine schädliche Wirkung für bestimmte soziale Gruppen aufweisen. Li veranschaulicht dies eindrücklich am Beispiel großräumiger Umsiedlungsprogramme in Indonesien, die im Namen von Fortschritt und Entwicklung zu massiven Vertreibungen und einer Marginalisierung indigener Bevölkerungsgruppen einhergingen. Diese Sturheit des guten Willens, der nicht immer zum Guten führt, kommt oft in Form einer „manipulativen Vernunft" (Musto 1987) daher: Die **manipulative Vernunft** versucht, „andere auf ungefragte oder überfragte Weise, mit oder ohne, gegebenenfalls auch gegen ihren Willen glücklich zu machen" (Macamo 2010, S. 55). Die Sturheit dieses Willens, so könnte die vorläufige These eines ethnographischen Zugangs zur Welt der EZ lauten, wird dafür sorgen, dass die EZ ihre Präsenz in vielen Ländern des globalen Südens noch lange weiterführen, aber nicht unbedingt „Entwicklung" auslösen wird (was immer auch unter Entwicklung verstanden wird).

8.6 Ironie der Entwicklung

Zum Abschluss soll nochmals auf den Titel dieses Kapitels zurückgekommen werden: Was kommt nach der Entwicklungsgeographie? Macht es im 21. Jahrhundert noch Sinn, an dem Begriff der Entwicklung festzuhalten und über „Entwicklung" oder in „Entwicklungskontexten" zu forschen? Es ist ein Anliegen dieses Kapitels aufzuzeigen, dass es auf diese Frage keine klare Lehrbuchantwort im Sinne eines „Dies ist der richtige Weg" geben kann. Diese Frage kann nur jede Geographin, jeder Geograph für sich selbst beantworten. Was an dieser Stelle folgt, sind eher persönliche Gedanken der beiden Verfasser dieses Beitrags, die die Leserin und den Leser zum weiteren Nachdenken anregen sollen – und dazu ermutigen, sich trotz komplizierter ethischer Verwicklungen und methodologischer Fallstricke an einer kritischen und selbstreflektierenden Forschung im globalen Süden zu versuchen.

Die Ironie der ganzen Debatte um „Entwicklung" (mit und ohne Anführungszeichen) liegt vielleicht darin, dass sowohl die Fundamentalkritik der Theoretikerinnen und Theoretiker als auch der Machbarkeitsoptimismus der Praktikerinnen und Praktiker fast unweigerlich im **Zynismus** enden. Aus einer Ironie der Distanzierung vom hohen Ross der Theorie – gegenüber Entwicklungspraxis, Modernisierungstheorie oder aber den Altvorderen des Fachs (mit einem Verständnis von Entwicklungsländerforschung als Regionalgeographie) – wird dann schnell ein Zynismus, der den Ausstieg aus dem Projekt „Entwicklung" propagiert. Dem steht ein weitverbreiteter Zynismus der Macher und Macherinnen gegenüber, der Entwicklungspraktikerinnen und -praktiker, die beim Bier am Abend richtig auspacken und in zynischem Unterton über die Absurditäten ihrer Arbeit lamentieren (Rauch 1993), um dann am nächsten Tag weiterzumachen. Peter Sloterdijk schreibt dazu: „Zynismus ist das aufgeklärte falsche Bewusstsein" (Sloterdijk 1983, S. 37) – es führt zum **Handeln wider besseren Wissens.** Für Sloterdijk, wie für die poststrukturalistische Theorie, bleibt dann nur eine Ethik des (Unter-)

Lassens – ein Nichteingreifen und Geschehenlassen. Sloterdijks Position befriedigt eine theoretische Ästhetik, die selbstbezügliche Züge aufweist – eine Art exkludierende Ironie, die auf sich selbst bezogen bleibt – hier: auf die elitäre Welt der Theorie. Man könnte diese Haltung auch als A-priori-Zynismus bezeichnen: Dieser Zynismus weiß im Vorhinein, dass Entwicklung zum Scheitern verurteilt ist bzw. gar nicht anders kann, als an den eigenen Widersprüchen zu scheitern. Aber was folgt aus einer solchen, rein theoretischen „Ironie der Entwicklung"?

Vielleicht sollte man Ironie eher im Sinne des Ethnologen Clifford Geertz verstehen, der von einer ironischen Wechselbeziehung zwischen Ethnographin bzw. Ethnograph und Informantin bzw. Informant sprach (Geertz 1968) – einer Ironie, die mit **moralischem Engagement** einhergeht. Auf die Entwicklungsgeographie übertragen könnte es sich hier um eine engagierte und empathische Ironie handeln, die sich nicht aus der schwierigen Welt der Praxis und ihrer komplizierten sozialen Felder, um nochmals auf eine Terminologie Bourdieus zurückzugreifen, zurückzieht – der Praxis der Entwicklungsexpertinnen und -experten, aber auch der Praxis der forschenden Ethnographinnen und Ethnographen. Ironie ist hier ein Umweg, eine „Beirrung", wie Julia Verne (2012, S. 192) es genannt hat, die den Blick auf das „Stattdessen" und den „Eigensinn" (Zahnen 2005) lenkt, den wir in der komplizierten Verflechtung aller postkolonialen und westlichen Gesellschaften in der Weltgesellschaft stets vorfinden.

Wie ist ein solcher Blick möglich? Er wird erst dann überhaupt fassbar, wenn Forschende sich auf ein langfristiges Engagement und eine intellektuelle Auseinandersetzung mit denjenigen einlassen, über die und für die oft im Namen der Entwicklung, aber auch der Entwicklungskritik gesprochen wird. Durch ein „Forschen dazwischen" (Husseini de Araújo und Kersting 2012, S. 143 f.), zwischen Theorie und Praxis, zwischen dem Eigenen und dem Anderen, können wir unseren Blick für eine **Verflechtung vielfältiger Epistemologien** (d. h. Theorien über das, was wir wissen können) öffnen, die nicht auf Traditionen und Theorien des Westens – oder gar einer „deutschsprachigen Fachtradition" – begrenzt bleiben. Dies lässt uns vertraute Bilder von Armut und Gewalt, von Entwicklung und Unterentwicklung neu betrachten – und den Eigensinn des Lebens in unterschiedlichsten Kontexten zur Geltung bringen. Mehr scheint uns nach der Entwicklungsgeographie nicht mehr möglich zu sein – aber das ist ja auch nicht ganz wenig.

Zentrale Begriffe und Konzepte

buen vivir (gutes Leben), Dependenztheorie, Entwicklung, Entwicklungspraxis, Ethnographie der Entwicklung, fragmentierende Entwicklung, globaler Süden, kaleidoskopische Dialektik, Kolonialismus, Kritische Theorie, *Livelihood*-Ansatz, Modernisierungstheorie, *post-development,* Postkolonialismus, rekonstruktive Sozialforschung, Theorien mittlerer Reichweite, Verflechtungsanalyse, Verwundbarkeit

Kapitel 8

Literaturempfehlungen

Dörfler T, Graefe O, Müller-Mahn D (2003) Habitus und Feld. Anregungen für eine Neuorientierung der geographischen Entwicklungsforschung auf der Grundlage von Bourdieus „Theorie der Praxis". Geographica Helvetica 58 (19): 11–23

Ein programmatischer Artikel, der für eine geographische Sozialforschung in „Entwicklungsländern" auf der Grundlage von Bourdieus Theorie der Praxis und damit für eine gesellschaftstheoretische Fundierung und Kritik plädiert.

Korf B (2004) Die Ordnung der Entwicklung: Zur Ethnographie der Entwicklungspraxis und ihrer ethischen Implikationen. Geographische Zeitschrift 92 (4): 208–226

Ein programmatischer Artikel zum Forschungsfeld der „Ethnographie der Entwicklung". Dort wird skizziert, wie sich eine Theorie der Entwicklung in und aus der konkreten Praxis von Hilfsorganisationen ableiten lässt.

Lund C (2010): Approaching development: an opiniated review. Progress in Development Studies 10 (1): 19–34

Ein Artikel, der über die Beziehungen zwischen Theorie und Praxis, Forschung und *policy* im Feld der Entwicklung nach der Kritik des *post-development* nachdenkt.

Mbembe A (2014): Kritik der schwarzen Vernunft. Suhrkamp, Berlin

Zugegeben – keine einfache Lektüre, aber eine brillante Kritik des afrikanischen Vordenkers des Postkolonialismus am globalen Kapitalismus, der sich – so Mbembe – seit dem Beginn der Neuzeit aus dem transatlantischen Sklavenhandel entwickelt hat, sich in seiner neoliberalen Spielart weiter ausbreitet und dabei die Figur des „Negers" (als transatlantische „Menschen-Ware") nun auf die gesamte „subalterne Menschheit" ausdehnt.

Potter D, Conway D, Evans R, Lloyd-Evans S (2012) Key Concepts in Development Geography. Sage, London u. a.

Eine Einführung als Textbuch, in dem die wesentlichen Schlüsselbegriffe und -konzepte der Entwicklungsgeographie dargelegt werden. Der gut verständliche Zugang ermöglicht es, Studierende im Bachelor für Fragen der Geographischen Entwicklungsforschung zu begeistern.

Rauch T (2009) Entwicklungspolitik. Westermann, Braunschweig

Rauchs Einführung ist aus Sicht eines Praktikers der deutschen Entwicklungszusammenarbeit geschrieben, der aber auch stets den Dialog mit der Geographischen Entwicklungsforschung gesucht hat und dort wichtige wissenschaftliche Beiträge zu Themen wie Partizipation, kleinbäuerliche Überlebensstrategien und Regionalentwicklung geschrieben hat.

Literatur

Adorno TW (1979) Minima Moralia. Reflexionen aus dem beschädigten Leben. Suhrkamp, Frankfurt a.M.

Bierschenk T, Elwert G (Hrsg) (1993) Entwicklungshilfe und ihre Folgen. Ergebnisse empirischer Untersuchungen in Afrika. Campus, Frankfurt a.M.

Bohle HG (2009) Sustainable Livelihood Security. Evolution and Application. In: Brauch HG, Grin J, Mesjasz C, Krummenacher H, Chadha Behera N, Chourou B, Oswald Spring U, Kameri-Mbote UP (Hrsg) Facing Global Environmental Change: Environmental, Human, Energy, Food, Health and Water Security Concepts. Hexagon Series on Human and Environmental Security and Peace, Bd. 4. Springer, Berlin, Heidelberg u. a., S 521–528

Bohle HG (2011) Vom Raum zum Menschen. Geographische Entwicklungsforschung als Handlungswissenschaft. In: Gebhardt H, Glaser R, Radtke U, Reuber P (Hrsg) Geographie. Physische und Humangeographie. Spektrum Akademischer Verlag, Heidelberg, S 746–763

Bohnsack R (1999) Rekonstruktive Sozialforschung. Einführung in Methodologie und Praxis qualitativer Forschung. Leske und Budrich, Opladen

Bourdieu P (1988) Homo academicus. Suhrkamp, Frankfurt a.M.

Bourdieu P, Wacquant L (1996) Reflexive Anthropologie. Suhrkamp, Frankfurt a.M.

Certeau, de, M (1988) Kunst des Handelns. Merve, Berlin

Chambers R, Conway G (1991) Sustainable rural livelihoods: practical concepts for the 21st century. IDS Discussion Paper, Bd. 296. Institute of Development Studies, Brighton

Coy M (2001) Institutionelle Regelungen im Konflikt um Land. Geographica Helvetica 56(1):28–33

Davis M (2004) Die Geburt der Dritten Welt. Assoziation A, Berlin, Hamburg, Göttingen

Deffner V (2010) Habitus der Scham. Die soziale Grammatik ungleicher Raumproduktion. Eine sozialgeographische Untersuchung der Alltagswelt Favela in Salvador da Bahia (Brasilien) Passauer Schriften zur Geographie, Bd. 26. Universität Passau, Passau

Deffner V, Haferburg C (2012) Raum, Stadt und Machtverhältnisse. Humangeographische Auseinandersetzungen mit Bourdieu. Geographische Zeitschrift 100(3):164–180

Deffner V, Haferburg C (2014) Bourdieus Theorie der Praxis als alternative Perspektive für die „Geographische Entwicklungsforschung". Geographica Helvetica 69(1):7–18

Dörfler T, Graefe O, Müller-Mahn D (2003) Habitus und Feld. Anregungen für eine Neuorientierung der geographischen Entwicklungsforschung auf der Grundlage von Bourdieus „Theorie der Praxis". Geographica Helvetica 58(19):11–23

Doevenspeck M (2012) "Konfliktmineralien": Rohstoffhandel und bewaffnete Konflikte im Ostkongo. Geographische Rundschau 64(2):12–19

Doevenspeck M, Laske J (2013) Entwicklung, Entwicklungsforschung und Geographie. In: Rolfes M, Uhlenwinkel A (Hrsg) Metzler Handbuch 2.0 Geographieunterricht. Ein Leitfaden für Praxis und Ausbildung. Westermann, Braunschweig, S 255–266

Elwert G (1985) Überlebensökonomien und Verflechtungsanalyse. Zeitschrift für Wirtschaftsgeographie 29(2):73–84

Elwert G (1997) Gewaltmärkte: Beobachtungen zur Zweckrationalität der Gewalt. In: Trotha TV (Hrsg) Soziologie der Gewalt. Kölner Zeitschrift für Soziologie und Sozialpsychologie, Bd. Sonderheft 37. Institut für Soziologie und Sozialpsychologie, Opladen, S 59–85

Elwert G, Evers HD, Wilkens W (1983) Die Suche nach Sicherheit: Kombinierte Produktionsformen im sogenannten informellen Sektor. Zeitschrift für Soziologie 12(4):281–296

Escobar A (1995) Encountering Development: The Making and Unmaking of the Third World. Princeton University Press, Princeton

Escobar A (2010) Latin America at a crossroads: alternative modernizations, post-liberalism or post-development? Cultural Studies 24(1):1–65

Etzold B (2013) The Politics of Street Food. Contested Governance and Vulnerabilities in Dhaka's Field of Street Vending. Franz Steiner Verlag, Stuttgart

Evers HD (1987) Subsistenzproduktion, Markt und Staat. Geographische Rundschau 39(3):136–140

Ferguson J (1994) The Anti-Politics Machine. „Development" and Bureaucratic Power in Lesotho. The Ecologist 24(5):176–181

Frank AG (1980) Abhängige Akkumulation und Unterentwicklung. Suhrkamp, Frankfurt a.M.

Gebhardt H, Glaser R, Radtke U, Reuber P (Hrsg.) (2012) Geographie. Physische Geographie und Humangeographie. Spektrum Akademischer Verlag, Heidelberg

Geertz C (1968) Thinking as a moral act: Ethnical dimensions of anthropological fieldwork in the New States. The Antioch Review 28(2):139–158

Gertel J (2007) Geschichte, Struktur und fachwissenschaftliche Leitlinien der Entwicklungstheorien. In: Böhn D, Rothfuß E (Hrsg) Handbuch des Geographieunterrichts. Aulis, Köln, S 52–72

Graefe O, Hassler M (2006) Aktuelle Ansätze einer Relationalen Humangeographie in Entwicklungsländern. Einführung zum Themenheft. Geographica Helvetica 61(1):2–3

Haan, de, L (2012) The Livelihood Approach: A Critical Exploration. Erdkunde 66(4):345–357

Hollenbach P (2013) Dynamics of multi-local gifts: practices of humanitarian giving in post-tsunami Sri Lanka. Development in Practice 23(3):319–331

Honneth A (1992) Kampf um Anerkennung. Zur moralischen Grammatik sozialer Konflikte. Suhrkamp, Frankfurt a.M.

Husseini De Araújo S, Kersting P (2012) Welche Praxis nach der postkolonialen Kritik? Human- und physisch-geographische Feldforschung aus übersetzungstheoretischer Perspektive. Geographica Helvetica 67(3):139–145

Ibge (Instituto Brasileiro de Geografia e Estatística) (2007) Síntese de Indicadores Sociais 2007. Rio de Janeiro. http://biblioteca.ibge.gov.br/visualizacao/monografias/GEBIS%20-%20RJ/sintese_indic/indic_sociais2007.pdf. Zugegriffen: 18. März 2015

Korf B (2004a) War, livelihoods and vulnerability in Sri Lanka. Development and Change 35(2):275–295

Korf B (2004b) Die Ordnung der Entwicklung: Zur Ethnographie der Entwicklungspraxis und ihrer ethischen Implikationen. Geographische Zeitschrift 92(4):208–226

Korf B (2006) Geographien der Moral. Geographische Zeitschrift 94(1):1–14

Krings T, Schneider H (2007) Neue Kriege, Gewaltökonomien und Geographien der Gewalt. Zeitschrift für Wirtschaftsgeographie 51(3–4):145–149

Krüger F (2003) Handlungsorientierte Entwicklungsforschung: Trends, Perspektiven, Defizite. Petermanns Geographische Mitteilungen 147(1):6–15

Krüger F (2007) Erklärungsansätze und Analysemodelle „mittlerer Reichweite". In: Böhn D, Rothfuß E (Hrsg) Entwicklungsländer. Handbuch des Geographieunterrichts, Bd. 8. Aulis, Köln, S 73–79

Laube P, Rossé F (2009) Anthropogeographie: Kulturen, Bevölkerung und Städte. Edubook, Merenschwand

Lewis O (1969) The Culture of Poverty. In: Moynihan DP (Hrsg) On understanding of poverty: Perspectives from the Social Sciences. Basic Books, New York, S 187–199

Li TM (2007) The Will to Improve. Governmentality, Development and the Practice of Politics. Duke University Press, Durham, London

Long N (2001) Development Sociology. Routledge, London

Lossau J (2012) Postkoloniale Impulse für die deutschsprachige Geographische Entwicklungsforschung. Geographica Helvetica 67(3):125–132

Lund C (2010) Approaching development: an opinionated review. Progress in Development Studies 10(1):19–34

Macamo E (2010) Entwicklungsforschung und Praxis – Kritische Anmerkungen aus der Sicht eines Beforschten. Geographische Rundschau 62(10):52–57

Maffesoli M (1986) Der Schatten des Dionysos. Zu einer Soziologie des Orgiasmus. Syndikat, Frankfurt a.M.

Marx K (1858) Grundrisse der Kritik der politischen Ökonomie. MEW 42:176

Menzel U (1991) Das Ende der „Dritten Welt" und das Scheitern der Großen Theorie. Zur Soziologie einer Disziplin in auch selbstkritischer Absicht. Politische Vierteljahresschrift 32(1):4–33

Mosse D (2005) Cultivating development. An ethnography of aid policy and practice. Pluto Press, London

Müller-Mahn D (1992) Bauern, Förster, Planer: Unterschiedliche Problemsicht und die Planung von Entwicklungsprojekten im Aurès-Gebirge Ost-Algeriens. Die Erde 123(4):297–308

Müller-Mahn D, Verne J (2010) Geographische Entwicklungsforschung – alte Probleme, neue Perspektive. Geographische Rundschau 10(62):4–11

Müller-Mahn D, Verne J (2013) Entwicklung. In: Lossau J, Freytag T, Lippuner R (Hrsg) Schlüsselbegriffe der Kultur- und Sozialgeographie. Ulmer UTB, Stuttgart, S 94–107

Musto SA (1987) Die hilflose Hilfe: Ansätze zu einer Kritik der manipulativen Vernunft. In: Schwefel D (Hrsg) Soziale Wirkungen von Projekten in der Dritten Welt. Nomos, Baden-Baden, S 419–503

Neuburger M, Schmitt T (2012) Editorial Theorie der Entwicklung – Entwicklung der Theorie Post-Development und Postkoloniale Theorien als Herausforderung für eine Geographische Entwicklungsforschung. Geographica Helvetica 67(3):121–124

Olivier de Sardan JP (2005) Anthropology and Development: Understanding Contemporary Social Change. Zed Books, London, New York

Ouma S, Lindner P (2010) Von Märkten und Reisenden: Geographische Entwicklungsforschung oder Wirtschaftsgeographien des Globalen Südens? Geographische Rundschau 62(10):12–19

Rauch T (1993) Der Zynismus in der Entwicklungspolitik – Macht und Ohnmacht der Entwicklungsplaner. In: Bierschenk T, Elwert G (Hrsg) Entwicklungshilfe und ihre Folgen. Ergebnisse empirischer Untersuchungen in Afrika. Campus, Frankfurt a.M., S 249–263

Rauch T (2009) Entwicklungspolitik. Westermann, Braunschweig

Rehbein B (2013) Kaleidoskopische Dialektik. Kritische Theorie nach dem Aufstieg des globalen Südens. UVK, Konstanz

Rostow WW (1953) The Processes of Economic Growth. Oxford University Press, Oxford

Rostow WW (1960) The Stages of Economic Growth. A Non-Communist Manifesto. Cambridge University Press, Cambridge

Rothfuß E (2009) Intersubjectivity, intercultural hermeneutics and the recognition of the other – theoretical reflections on the understanding of alienness in human geography research. Erdkunde 2(63):173–188

Rothfuß E (2012) Exklusion im Zentrum. Die brasilianische Favela zwischen Stigmatisierung und Widerständigkeit. Transcript, Bielefeld

Rothfuß E, Korff R (2009) Die Ambivalenz von Entwicklungsforschung und Entwicklungspraxis. Standort. Zeitschrift für Angewandte Geographie 4(9):35–38

Sachs I (1971) La découverte du tiers monde. Flammarion, Paris

Sakdapolrak P (2014) Livelihoods as social practices. Re-energising livelihoods research with Bourdieu's theory of practice. Geographica Helvetica 69(1):19–28

Scholz F (2004) Geographische Entwicklungsforschung. Borntraeger, Berlin

Scoones I (1998) Sustainable Rural Livelihoods. A Framework for Analysis IDS Working Paper, Bd. 72. Institute of Development Studies, Brighton

Scott J (1985) Weapons of the Weak. New Haven, London

Segebart D, Schurr C (2010) Was kommt nach Gendermainstreaming? Herausforderungen an die geographische Entwicklungsforschung in der Geschlechterforschung. Geographische Rundschau 62(10):58–63

Senghaas D (Hrsg) (1974) Peripherer Kapitalismus. Analysen über Abhängigkeit und Unterentwicklung. Suhrkamp, Frankfurt a.M.

Sloterdijk P (1983) Kritik der zynischen Vernunft. Suhrkamp, Frankfurt a.M.

Sloterdijk P (2000) Die Verachtung der Massen. Versuch über Kulturkämpfe in der modernen Gesellschaft. Suhrkamp, Frankfurt a.M.

Souza J (2008) Die Naturalisierung der Ungleichheit: Ein neues Paradigma zum Verständnis peripherer Gesellschaften. VS Verlag für Sozialwissenschaften, Wiesbaden

Spivak GC (1988) Can the subaltern speak? In: Nelson C, Grossberg L (Hrsg) Marxism and the Interpretation of Culture. Urbana, University of Illinois Press, Chicago

Taylor C (1994) Quellen des Selbst. Die Entstehung der neuzeitlichen Identität. Suhrkamp, Frankfurt a.M.

Varela MDM, Dhawan N (2010) Mission Impossible: Postkoloniale Theorie im deutschsprachigen Raum? In: Reuter J, Villa PI (Hrsg) Postkoloniale Soziologie. Empirische Befunde, theoretische Anschlüsse, politische Intervention. Transcript, Bielefeld, S 303–330

Verne J (2012) Ethnographie und ihre Folgen für die Kulturgeographie: eine Kritik des Netzwerkkonzepts in Studien zu translokaler Mobilität. Geographica Helvetica 67(4):185–194

Wacquant L (2008) The Militarization of Urban Marginality: Lessons from the Brazilian Metropolis. International Political Sociology 2(1):56–74

Watts M (2003) Development and Governmentality. Singapore Journal of Tropical Geography 24(1):6–34

Watts M, Bohle HG (1993) The space of vulnerability: the causal structure of hunger and famine. Progress in Human Geography 17(1):43–67

Zahnen B (2005) Fragwürdigkeit und Eigensinn der Geographie. Geographische Zeitschrift 93(4):201–220

Ziai A (2010) Zur Kritik des Entwicklungsdiskurses. Aus Politik und Zeitgeschichte 10:23–29

Ziai A (2012) Post-Development: Fundamentalkritik der „Entwicklung". Geographica Helvetica 67(3):133–138

Kapitel 8

Stichwortverzeichnis

© Springer-Verlag Berlin Heidelberg 2016
T. Freytag et al. (Hrsg.), *Humangeographie kompakt*, DOI 10.1007/978-3-662-44837-3

Printing and Binding: PHOENIX PRINT GmbH, Würzburg